HANS GERSTENBERG

ELEKTROTECHNIK

EINFÜHRUNG
in die
ELEKTROTECHNIK

Von

Ing. HANS GERSTENBERG

Mit 326 Abbildungen,
und 129 Beispielen

19 53

TECHNISCHER VERLAG HERBERT CRAM
BERLIN W 35

Satz: Walter de Gruyter & Co., Berlin W 35
Druck: Reichardt, Groitzsch III/5/5 500/229/51

Vorwort

Wer die Wirkungsweise der vielen im täglichen Leben gebräuchlichen Elektrogeräte, Elektromotoren usw. verstehen will, muß die Grundlagen der Elektrotechnik beherrschen.

Ein vielseitiges Wissen ist erforderlich, um Störungen an elektrotechnischen Geräten und Anlagen schnell und handwerksgerecht beheben zu können.

In einer langen Reihe von Jahren als technischer Lehrer wurde ich oft von meinen Schülern gebeten, elektrotechnische Lehrbücher anzugeben, die mit leicht verständlichen Worten und Beispielen das Wesen und die Grundlagen der Elektrotechnik klar machen, um die zeitraubende und recht mühevolle Arbeit des Diktierens und Niederschreibens zu ersparen. So oft ich dieser Bitte nachkam, hörte ich später immer wieder, daß ein Teil der Bücher zu umfangreich und zu wissenschaftlich, andere zu einfach und ohne leicht verständliche Beispiele geschrieben waren.

Um diese Lücke schließen zu helfen, habe ich mich zur vorliegenden Arbeit entschlossen.

Wie jeder größeren Arbeit so haften auch dieser sicherlich einige Mängel an, sie erhebt daher auch nicht den unbedingten Anspruch in methodischer und pädagogischer Hinsicht wirklich vollkommen zu sein. Es ist auch wohl unmöglich in einem Wurf ein Idealwerk zu schaffen, das jedem wissensdurstigen Anfänger gerecht wird.

Ich habe aber die Überzeugung, daß dieses Werk eines Tages durch Einarbeitung geeigneter Vorschläge, meiner Berufskollegen, zu dem werden wird, was es sein soll, ein wirklich wertvoller Helfer für Lehrer und Lernende.

Ich danke in diesem Zusammenhang meinen Kollegen, besonders den Ingenieuren Hackelt †, Ballhausen, Metscher, Sättele, Dipl.-Ing. Rasig, den Gewerbeoberlehrern Noack, Biermann und Herrn Dr. T. Weyres für wertvolle Mitarbeit.

Ebenso spreche ich den Firmen Siemens & Schuckert A.-G., Siemens & Halske A.-G., Hartmann & Braun A.-G., Allgemeine Elektrizitäts-Gesellschaft, Deutsche Edison Accumulatoren-Company G.m.b.H., AFA Accumulatoren-Fabrik A.-G., E. Busch A.-G., dem Institut für Berufsausbildung in Handel und Gewerbe (Deutscher Ausschuß für Technisches Schulwesen, Datsch e.V.) für Überlassung von Unterlagen und Druckstöcken meinen verbindlichsten Dank aus.

Berlin, im Dezember 1952

Hans Gerstenberg

Inhaltsverzeichnis

I. Einführung in die Gleich- und Wechselstrom-Technik

II. Einführung in die Meß-Technik

I. Einführung in die Gleich- und Wechselstrom-Technik

1. Was ist Elektrizität?

Die Beantwortung der Frage nach dem Wesen der Elektrizität ist dadurch erschwert, daß Elektrizität mit unseren Sinnen nicht wahrgenommen, sondern nur an ihrer Wirkung erkannt werden kann.

Elektrizität befindet sich in jedem Stoff unseres Weltalls — wir nehmen sie daher als etwas vorhandenes hin.

Aufgabe unserer Dynamomaschinen z. B. ist es, die Elektrizität in Bewegung zu setzen, denn erst „strömende" Elektrizität zeigt Wirkungen, die wir wahrnehmen können.

Führt man beispielsweise einem Elektromotor oder einer Glühlampe Elektrizität zu, so leistet die strömende Elektrizität eine bestimmte Arbeit. Der Anker des Motors dreht sich oder die Drahtwendel der Glühlampe leuchtet auf.

Um den Begriff „strömende" Elektrizität in unsere Vorstellungswelt einordnen zu können, müssen wir uns zunächst mit dem Aufbau der Grundstoffe und ihrer chemischen Verbindungen befassen.

Alle Stoffe bestehen aus winzig kleinen Teilchen, den „Atomen". Wir kennen 92 verschiedene Atomsorten in fester, gasförmiger oder flüssiger Form, z. B. Aluminium (chemisches Zeichen „Al"), Eisen (Fe), Kupfer (Cu), Sauerstoff (O), Wasserstoff (H), Quecksilber (Hg) usw. Man nennt diese chemischen Grundstoffe auch „Elemente".

Die Atome sind stets mit anderen Atomen gleicher oder fremder Art zu sogenannten Atomverbänden — den Molekülen — vereinigt, das sind chemische Verbindungen. Ein Molekül Wasser (chemische Bezeichnung H_2O) besteht z. B. aus der Verbindung von 2 Atomen Wasserstoff (H_2) und 1 Atom Sauerstoff (O). Aus den Molekülen bauen sich folglich alle Flüssigkeiten und Gase, alle tierischen und pflanzlichen Stoffe auf.

Ein Atom ist nicht das kleinste Teilchen eines Stoffes, sondern weiter, wenn auch unter großen Schwierigkeiten, zerlegbar. Es besteht hauptsächlich aus zwei verschiedenen Arten von Bausteinen,

1. aus einem elektrisch positiv geladenen Atomkern und
2. aus negativ geladenen kleinsten Teilchen — den Elektronen —,

die sich je nach Art des Grundstoffes in sogenannten Schalen[1]) mit großer Geschwindigkeit um den Atomkern bewegen, ähnlich wie unsere Planeten die Sonne umkreisen.

Die Elektronen sind jedoch nicht nur Bausteine der Atome, die in ihrer Anzahl fest zu ihnen gehören, sondern die in der äußeren Schale kreisenden Elektronen, können sich unter besonderen Umständen — die wir später noch kennenlernen werden — von ihrem Atomkern lösen und auf andere übergehen.

Das einfachste Atom ist das Wasserstoffatom; es besteht aus „einem" Atomkern und nur „einem" kreisenden Elektron. Bei einem Kupferatom sind es in mehreren Schalen zusammen 29, beim Goldatom 79 und beim Uranatom sogar 92 Elektronen.

Der Unterschied zwischen den Stoffen besteht also darin, daß ihre Atomkerne verschieden große elektrische Ladungen besitzen. Der Uran-Atomkern z. B. kann 92 Elektronen in seinem Bann halten; seine Kernladungszahl ist folglich zweiundneunzigmal so groß wie die des Wasserstoff-Atoms.

Die entgegengesetzten elektrischen Aufladungen des Atomkerns und der Elektronen heben sich im Normalzustand auf, so daß ein Atom äußerlich elektrisch neutral ist. Dieser Zustand ist dann vorhanden, wenn die Größe der negativen Ladungen der Elektronen der Größe der positiven Ladungen des Atomkerns entsprechen.

Ein Atom besitzt dagegen eine positive Ladung, wenn ein Teil der zu ihm gehörigen Elektronen von seinem Kern gelöst wurden.

Dasjenige Atom, daß die gelösten Elektronen in seinem Verband aufgenommen hat, besitzt nunmehr einen Elektronen-Überschuß, es ist daher negativ geladen.

Der Atomkern mit seiner positiven Ladung hat nach dem Naturgesetz — ungleichnamige Pole ziehen sich an — das Bestreben, die Elektronen mit ihren negativen Ladungen auf ihren Bewegungsbahnen an sich zu fesseln, andererseits haben die Elektronen mit ihren gleichnamigen elektrischen Ladungen die Eigenschaft, sich gegenseitig abzustoßen.

Diese Erscheinung erkennen wir z. B. beim Reiben von Hartgummi oder Glas, wobei elektrische Anziehungs- und Abstoßungskräfte feststellbar sind.

Bei allen Stoffen, die als sogenannte Leiter in der Elektrotechnik verwendet werden, können sich Elektronen leicht aus ihrem Atomgefüge lösen, sobald eine elektrische Spannung[2]) angelegt wird.

---

[1]) Mit Schalen bezeichnet man die durch die Elektronenbahnen gebildeten scheinbaren Umhüllungen des Kerns eines Atoms.

[2]) Entnehme näheres über den Begriff „Spannung" aus dem Kapitel „1" Seite 4.

Wählt man z. B. einen Kupferleiter und schließt ihn über einen Verbraucher an eine Dynamomaschine oder an galvanische Elemente an, so tritt der vorhergehend bereits erwähnte Zustand im Kupferleiter ein.

Die um die vielen einzelnen Atomkerne des Leiters kreisenden Elektronen erfahren jetzt eine Bewegung bestimmter Richtung. Infolge ihrer winzigen Abmessungen sind sie unter dem Einfluß der angelegten elektrischen Spannung in der Lage, sich längs des Kupferleiters zu bewegen; sie durchdringen den Kupferleiter, wie etwa Wasser einen durchlässigen Stoff, wobei die Moleküle im Gefüge des Leiters mehr oder weniger in Schwingung geraten, so daß eine beträchtliche Wärme entstehen kann.

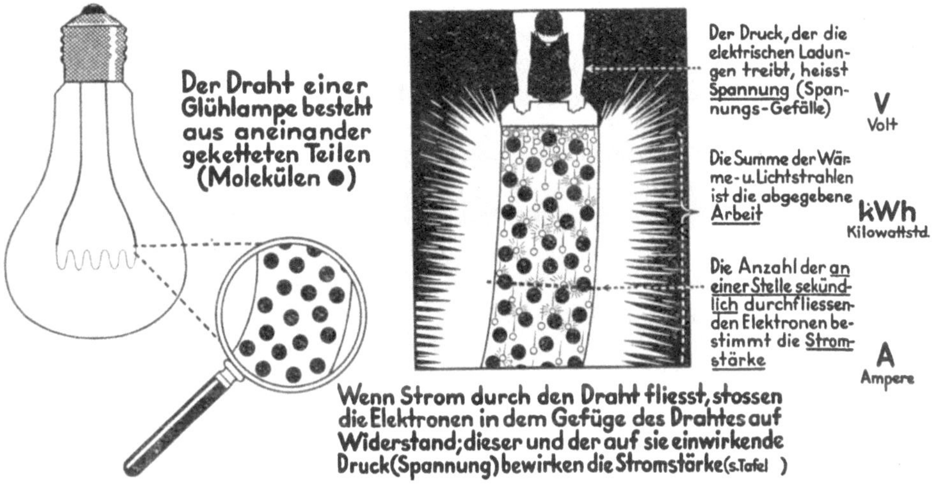

Abb. 1

Der Stromerzeuger hat also die Aufgabe, in dem angeschlossenen Kupferleiter die Elektronen in Bewegung zu setzen; sie erhalten so alle eine gleiche Bewegungsrichtung und wandern in der Längsrichtung des Kupferleiters. Man kann vergleichsweise auch sagen: die Stromquelle saugt wie eine Pumpe die Elektronen an einem Ende aus dem Kupferleiter heraus und drückt an dem anderen Ende wieder Elektronen in den Leiter hinein. Der Stromerzeuger oder die Stromquelle „liefert" folglich keine Elektronen in den angeschlossenen Kupferleiter, sondern setzt lediglich die vorhandenen Elektronen in bestimmter Richtung in Bewegung und bringt so einen „Elektronenstrom" zustande.

Die Bewegung oder Wanderung der vielen Elektronen ist das, was wir „elektrischen Strom" nennen.

Die Bewegungsgeschwindigkeit der Elektronen ist in dem angeschlossenen Kupferleiter jedoch gering. Wenn sich dennoch der Anker eines angeschlossenen Elektromotors nach Schließen des Schalters fast augenblicklich dreht, oder die Glühlampe praktisch sofort Licht spendet, so liegt das an der großen Elektronenmenge, die sich unter dem Einfluß der elektrischen Spannung oder sagen wir des elektrischen Druckes sofort in dem Leiter bewegt. Dieser Druck pflanzt sich nach Schließen des Schalters über die Elektronen etwa mit Lichtgeschwindigkeit (300000 Kilometer in der Sekunde) fort.

Wir suchen uns ein Bild über die Bewegungsrichtung der Elektronen oder, mit anderen Worten, des elektrischen Stromes zu machen und nehmen an, daß in einer Stromquelle, z. B. in einem galvanischen Element, durch chemische Vorgänge in der Minuselektrode sich sehr viel Elektronen ansammeln, also sich eine elektronenreiche Stelle oder ein Elektronenüberschuß, dagegen in der Pluselektrode ein Elektronenmangel oder eine elektronenarme Stelle bildet.

Wir sagen: Die Minuselektrode ist eine Stelle höheren elektrischen Druckes und die Pluselektrode eine Stelle niederen elektrischen Druckes oder: Es herrscht zwischen beiden Elektroden eine elektrische „Spannung". Der Elektronenüberschuß der Minuselektrode hat das Bestreben, sich über den äußeren Teil des Stromkreises mit dem Elektronenmangel der Pluselektrode auszugleichen.

Mit elektrischer Spannung bezeichnet man also das Streben nach Ausgleich.

Es kann folglich niemals eine Stelle allein eine elektrische Spannung besitzen, sondern sie besteht immer zwischen zwei Stellen ungleicher Elektronenverteilung.

Unsere Stromquellen haben daher die Aufgabe, elektrische Spannung oder sagen wir elektrischen Druck zu erzeugen; dies geschieht dadurch, indem man bei ihnen elektronenreiche und elektronenarme Stellen, die sogenannten „elektrischen Pole" schafft.

Die verschiedenen Stromquellen unterscheiden sich lediglich durch die Mittel, mit denen sie diese Aufgabe erfüllen.

Verbindet man z. B. die zwei Pole eines galvanischen Elementes über Kupferleiter mit einem beliebigen Verbraucher, dann werden die Elektronen sofort von dem elektronenreichen Minuspol über die Leiter und Verbraucher in Richtung zum elektronenarmen Pluspol bewegt.

Die Elektronen sind in Metallen mehr oder weniger leicht in einer bestimmten Richtung in Bewegung zu setzen. Schwerer ist es, in salzhaltigen Flüssigkeiten und in feuchten Stoffen möglich.

In Glimmer, Glas, Porzellan, trockenem Papier, Gummi usw. ist eine bestimmte Bewegung der Elektronen sehr schwer.

Wir unterteilen daher alle Stoffe:

1. in solche, in denen Elektronen leicht unter dem Einfluß elektrischer Spannung in Bewegung gesetzt werden; daß sind „elektrische Leiter" und
2. in solche, in denen sich die Elektronen gar nicht oder nur sehr schwer in einer bestimmten Richtung bewegen lassen; das sind „elektische Nichtleiter" oder Isolierstoffe.

Alle Leiter, die in der Elektrotechnik verwendet werden, sind meistens von Nichtleitern, z. B. Luft, Isolierlack, Baumwolle, Seide, Papier usw. umhüllt. Diese hindern den Elektronenstrom, die durch die Leiter vorgeschriebenen Wege (von der Stromquelle nach dem Verbraucher und wieder zur Stromquelle) zu verlassen.

Aus Vorhergehendem konnte entnommen werden, daß der Elektronenstrom vom Minuspol einer Stromquelle über angeschlossene Verbraucher zum Pluspol fließt. Er ist also tatsächlich entgegengesetzt der z. Zt. noch gebräuchlichen Annahme gerichtet.

Der Grund für diese Annahme besteht darin, daß nach der Entdeckung des elektrischen Stromes und dessen Anwendung der eine Pol einer Stromquelle willkürlich mit positiv und der andere mit negativ bezeichnet wurde, wobei man die Stromrichtung vom positiven Pol über die angeschlossenen Verbraucher zum negativen festlegte.

Auf diese Vereinbarung wurden alle elektrotechnischen Regeln und Gesetze aufgebaut und bei elektrischen Maschinen und Geräten sowie deren zeichnerischen Unterlagen zur Grundlage gemacht.

Inzwischen hat die Elektrotechnik eine derart vielseitige Anwendung gefunden, daß eine Umstellung der bisher angenommenen Stromrichtung erhebliche Schwierigkeiten bereiten würde; sie ist daher mit den ursprünglich aufgestellten Regeln auf vielen Gebieten beibehalten worden, außerdem führt auch die falsche Polbezeichnung in der praktischen Elektrotechnik — abgesehen von der Hochfrequenztechnik — zu keinerlei ernsthaften Schwierigkeiten.

Daher wird für die folgenden Kapitel die Stromrichtung vom Pluspol zum Minuspol beibehalten.

2. Der elektrische Stromkreis

Jeder elektrische Stromkreis besteht mindestens aus folgenden vier Teilen:

a) Einer Stromquelle,
das ist eine Einrichtung, die eine Elektronen bewegende Kraft erzeugt.

b) Einem Verbraucher,
das ist ein Gerät, in dem durch Elektronenfluß

Wärme-, Licht-,
Magnetische Bewegungs- und
Chemische Wirkungen

erzeugt und nutzbar gemacht werden.

c) Verbindungsleitungen,
mit denen Verbraucher an die Stromquelle angeschlossen und die Geräte untereinander verbunden werden.

d) Einem Stromunterbrecher oder Schalter,
der im Zuge einer der Verbindungsleitungen angeordnet wird und mit dem der Stromkreis geschlossen oder unterbrochen werden kann.

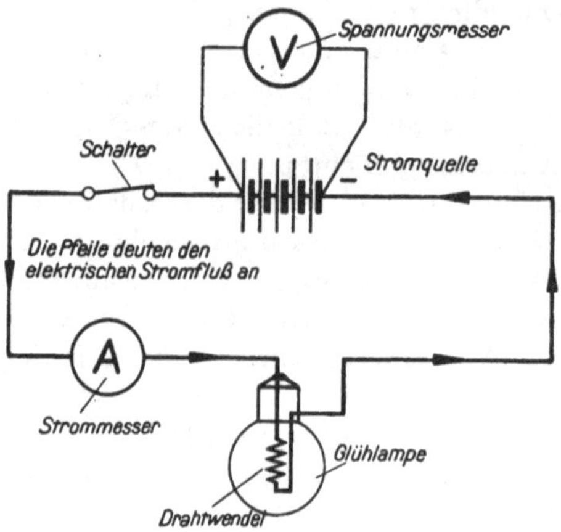

Abb. 2

Der elektrische Strom bewegt sich vom Pluspol der Stromquelle über den Leiter zum Verbraucher, dann durch den Rückleiter zum Minuspol und durch die Stromquelle wieder zum Minuspol.

Wir haben also einen Stromkreislauf vor uns.

Der in einem geschlossenen Stromkreis fließende Elektronenstrom ist nicht sichtbar, sondern nur an seinen Wirkungen erkennbar. Wird der in Abb. 2 dargestellte Stromkreis mittels des Schalters geschlossen, so leuchtet die Glühlampe auf, der Strommesser zeigt die Größe des fließenden Stromes an. Das Aufleuchten tritt ein, weil die Spannung der Stromquelle Strom durch die Verbindungsleitungen und durch die Drahtwendel der angeschlossenen Glühlampe drückt.

Die Drahtwendel setzt dem elektrischen Strom einen größeren Widerstand entgegen als die Zuleitungen. Die Elektronen durchdringen das

Gefüge der Drahtwendel, so daß die Moleküle in starke Bewegung geraten; die Wendel wird dadurch heiß, glüht auf und spendet Wärme und Licht. Die angeschlossene Stromquelle leistet also eine Arbeit.

Um den elektrischen Stromverlauf leichter verstehen zu können, vergleichen wir den Stromkreis mit einem Wasserlauf.

Soll Wasser durch ein Leitungsrohr fließen, so muß ein Druck vorhanden sein, der das Fließen hervorruft.

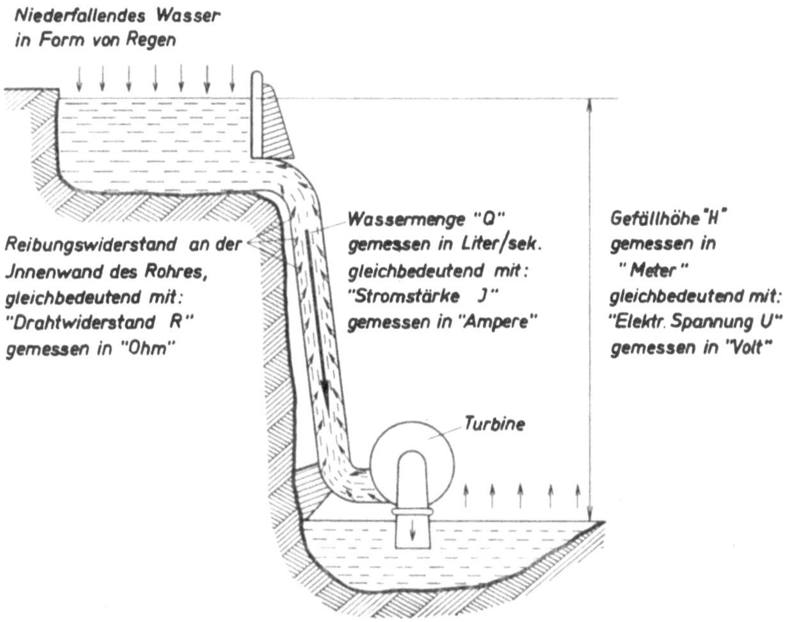

Abb. 3

Dieser Druck tritt z. B. auf, wenn man zwei Wasserbehälter, die einen Höhenunterschied (Gefällhöhe) besitzen, durch eine Rohrleitung miteinander verbindet (Abb. 3).

Der große unerschöpfliche Energiespender für die Erde ist die Sonne. Das Wasser unserer Meere und Flüsse verdunstet, steigt mit der erwärmten Luft aufwärts und bildet Wolken. Bei der Abkühlung der Wolken verdichtet sich der Wasserdunst wieder zu Tropfen, die als Regen oder Schnee auf die Erde fallen und sich in Flüssen und Meeren sammeln.

Das abwärts durch das Rohr fließende Wasser besitzt eine Energie der Bewegung. In Mühlen und Hammerwerken treibt es Wasserräder, in den Wasserkraftwerken die Turbinen.

3. Die elektrischen Grundgrößen und ihre Maßeinheiten

a) Die elektrische Spannung

Der Druck, der das Wasser, wie in Abb. 3 dargestellt ist, durch das Rohr treibt, steigt mit der Gefällhöhe „H", er hängt also von dem Höhenunterschied der Wasserstände ab. Ähnlich ist es auch in einem elektrischen Stromkreis. Bei jeder Stromquelle ist die Spannung um so größer, je größer der Elektronenüberschuß am Minuspol gegenüber dem Elektronenmangel am Pluspol ist.

Die Maßeinheit für die elektrische Spannung ist das „Volt".

Ein Volt (V) ist diejenige Spannung, die imstande ist, durch einen Widerstand von 1 Ohm eine Stromstärke von 1 Ampere zu drücken.	1

Geräte zum Messen der Spannung heißen Spannungsmesser oder Voltmeter. Große elektrische Spannungen werden in

Kilovolt (kV) = 1000 Volt

gemessen. Kleine elektrische Spannungen werden in

Millivolt (mV) = 1 Tausendstel Volt

oder

Mikrovolt (μV) = 1 Millionstel Volt

gemessen.

b) Die elektrische Stromstärke

Die in einer bestimmten Zeiteinheit durch ein Wasserrohr fließende Wassermenge kann man auch Wasserstrom-Stärke nennen. Die Größe der Wassermenge je Sekunde ist abhängig von dem Reibungswiderstand, den das fließende Wasser an der Rohrwand überwinden muß und besonders von der Kraft, mit der das Wasser durch das Rohr gedrückt wird. Die Wassermenge je Sekunde ist demnach um so größer, je mehr Gefällhöhe oder Druck vorhanden ist.

Ähnlich verhält es sich auch mit dem elektrischen Strom. Auch er ist abhängig von dem Leitungswiderstand und von der Höhe der elektrischen Spannung, also von dem elektrischen Druck, der zwischen dem Minus- und Plus-Pol der angelegten Stromquelle herrscht. Das Maß für die elektrische Stromstärke heißt „Ampere".

Der elektrische Strom, der in einem elektrischen Gerät eine bestimmte Wirkung hervorrufen soll, wird also in Ampere gemessen. Damit ist die

Menge der Elektronen gemeint, die in einer Sekunde durch den Querschnitt des Leiters fließt.

Strömen durch den Querschnitt eines Leiters z. B. 6300000000000000000 (6,3 Trillionen) Elektronen je Sekunde, so sagen wir: es fließt ein Strom von 1 Ampere.

Wir können uns diese Maßeinheit auch durch die chemischen Wirkungen des elektrischen Stromes, den dieser in leitenden Flüssigkeiten (Metallsalzlösungen, auch Elektrolyten genannt) hervorruft, wie folgt erklären.

In dem in Abb. 4 dargestellten Glasgefäß mit einer Kupfervitriollösung (bestehend aus Kupfer und Schwefelsäure) befinden sich 2 Kupferplatten, die an eine Stromquelle angeschlossen sind.

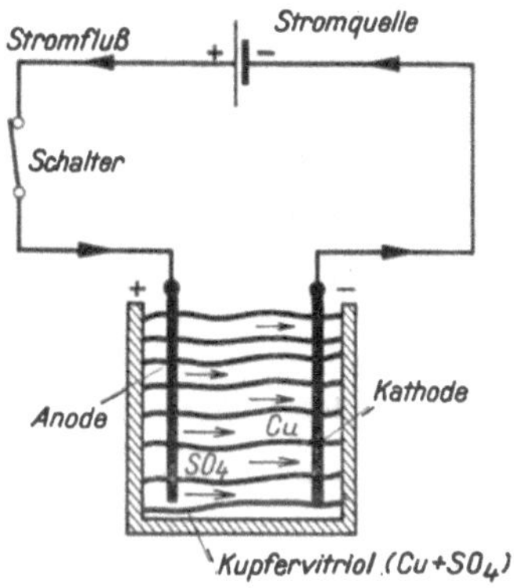

Abb. 4

Nach Schließen des Schalters fließt von der Stromquelle elektrischer Strom von der positiven Elektrode (Anode genannt) durch die Kupfervitriollösung nach der negativen Elektrode (Kathode genannt) und von hier wieder zurück zur Stromquelle.

Der elektrische Strom zersetzt die Kupfervitriollösung. Man nennt die durch den elektrischen Strom erhaltenen Bestandteile des Elektrolyten „Ionen" (d. h. Wanderer). Diese Kupferteilchen sind positiv elektrisch, sie wandern nach der Kathode und bedecken diese, es entsteht ein Kupferüberzug. Der Schwefelsäurerest ist negativ elektrisch, er wandert nach der Anode und bildet an dieser neues Kupfervitriol, so daß die Anode sich allmählich zersetzt. Die Kathode erhält einen um so stärkeren metallischen Niederschlag, je stärker der Strom ist und je länger er durch den Elektrolyt fließt. Man nennt den beschriebenen Vorgang „Elektrolyse".

Ein weiteres Beispiel; wenn sich in einer stromdurchflossenen Lösung von salpetersaurem Silber (Silbernitrat) eine bestimmte Gewichtsmenge Silber in der Zeiteinheit 1 Sekunde auf der Minus-Elektrode (Kathode) abgelagert hat, so ist das ein Beweis dafür, daß ein entsprechend großer Strom durch den Elektrolyt geflossen ist.

Entsprechend diesem Versuch hat man die Maßeinheit „1 Ampere" wie folgt festgesetzt:

Ein Ampere (A) ist derjenige gleichbleibende elektrische Strom (J), der beim Durchgang durch eine wässerige Silbernitratlösung 1,118 mg Silber je Sekunde ausscheidet.

2

Die Geräte zur Messung der Stromstärke nennt man kurz Strommesser oder Amperemeter.

Die Ausscheidungs- oder Niederschlagsmenge kann man mit folgender Gleichung von Faraday errechnen:

$$\boxed{G = a \cdot J \cdot t}$$

Darin bedeutet:

G = Gewicht der Niederschlagsmenge in mg,

a = Elektrochemisches Äquivalent[1]), darunter versteht man die von 1 Ampere in 1 Sekunde ausgeschiedene Gewichtsmenge in mg (s. Tabelle im Anhang),

J = Stromstärke in Ampere,

t = Zeit des Stromflusses in Sekunden.

Beispiel Nr. 1:

Wie groß ist das Gewicht an Zink, welches in $2\frac{1}{2}$ Stunden in einem Zinkbad durch eine Stromstärke von 75 Ampere ausgeschieden wird?

Gegeben: $t = 9000$ s
$J = 75$ A
$a = 0{,}34$ (s. Tabelle im Anhang).

Gesucht: $G = ?$

Lösung:

$$G = a \cdot J \cdot t = 0{,}34 \cdot 75 \cdot 9000 = 229\,500 \text{ mg} = \mathbf{0{,}229\ kg}$$

Bei den chemischen Wirkungen des elektrischen Stromes in Metallbädern spricht man in wirtschaftlicher Hinsicht von Stromausbeutezahlen. Man meint damit den Prozentsatz der tatsächlich gewonnenen Niederschlagsmenge.

Beispiel Nr. 2:

In einem Silberbad fließt ein Strom von 45 Ampere 2 Stunden lang. Die Stromausbeute beträgt 95%. Wie groß ist die gewonnene Silbermenge?

Gegeben: $a = 1{,}118$ mg (s. Tabelle)
$J = 45$ A
$t = 2$ Stunden $= 7200$ s

[1]) Gegenwert.

Stromausbeute: η (sprich Eta) $= 0{,}95$
Gesucht: $G = ?$
Lösung:

$$G = a \cdot J \cdot t \cdot \eta = 1{,}118 \cdot 45 \cdot 7200 \cdot 0{,}95 = 344120 \text{ mg} \sim \mathbf{0{,}344 \text{ kg}}$$

Große Stromstärken werden in Kilo-Ampere oder Mega-Ampere gemessen:

1 Kilo-Ampere (kA) = 1000 Ampere
1 Mega-Ampere (MA) = 1 000 000 Ampere

Kleine Stromstärken werden in Milli-Ampere oder Mikro-Ampere gemessen:

1 Milli-Ampere (mA) = 0,001 Ampere
1 Mikro-Ampere (μA) = 0,000001 Ampere

c) Der elektrische Widerstand

Das Wasser muß beim Fließen durch das Rohr den Reibungswiderstand an der Rohrwand überwinden. Dieser Reibungswiderstand ist um so größer, je kleiner der Rohrdurchmesser ist und um so geringer, je größer der Rohrdurchmesser ist. Der Reibungswiderstand richtet sich außerdem nach der Beschaffenheit der inneren Rohrwand und nach der Länge des Wasserrohres, man kann auch sagen, doppelte Rohrlänge bedeutet doppelten Widerstand.

Ähnlich verhält sich der Widerstand eines elektrischen Leiters. Die Leitung setzt, je nachdem aus welchem Material sie besteht, der Elektronenbewegung einen verschieden großen Widerstand entgegen.

Die Elektronen stoßen oder reiben sich an den Molekülen des leitenden Stoffes. Dadurch geht ein Teil ihrer Bewegungs-Energie verloren.

Soll in dem Leiter ein Elektronenstrom zustande kommen, so muß dieser Widerstand von der anliegenden elektrischen Spannung überwunden werden. Die Spannung muß um so größer sein, je mehr Elektronen in einer Sekunde pro 1 mm^2 Leiterquerschnitt bewegt werden sollen.

Der elektrische Leitungswiderstand ist wie beim Reibungswiderstand in einem Wasserrohr um so größer, je kleiner der Leiterquerschnitt und je größer seine Länge ist. Umgekehrt ist der Leitungswiderstand um so niedriger je größer der Querschnitt und je kleiner die Leiterlänge ist (s. S. 18 u. 19).

Die Einheit für den elektrischen Widerstand heißt „Ohm" (Ω)[1], zu Ehren des Deutschen Physikers Ohm. Diese Maßeinheit wurde international wie folgt festgelegt:

---

[1]) Griechischer Buchstabe Omega Ω.

1 Ohm ist der Widerstand (*R*) einer Quecksilbersäule von 1 qmm Querschnitt und einer Länge von 1063 mm, bei einer Temperatur von 0° C. 3

Geräte zur Messung des Widerstandes nennt man Ohmmeter. Kleine Widerstände werden in Ohm (*Ω*), große in Kiloohm (K*Ω*) und Megohm (M*Ω*) gemessen.

4. Das Ohmsche Gesetz

Im letzten Kapitel haben wir die drei elektrotechnischen Grundgrößen:

Spannung, Strom und Widerstand

mit ihren Maßeinheiten kennengelernt und festgestellt, daß in einem geschlossenen Stromkreis die elektrische Spannung der Stromquelle einen Elektronenstrom durch den Stromkreis-Widerstand drückt. Spannung, Strom und Widerstand stehen in jedem Stromkreis in einem gesetzmäßigen Zusammenhang.

Wir wollen uns diesen mit den in folgenden Abbildungen dargestellten Versuchs-Stromkreisen klar machen:

I. Versuch

(s. hierzu Abb. 5, 6 u. 7)

In nachfolgenden 3 Stromkreisen wird die Abhängigkeit der Größe des elektrischen Stromes von der Höhe der Spannung bei gleichbleibendem Widerstand nachgewiesen:

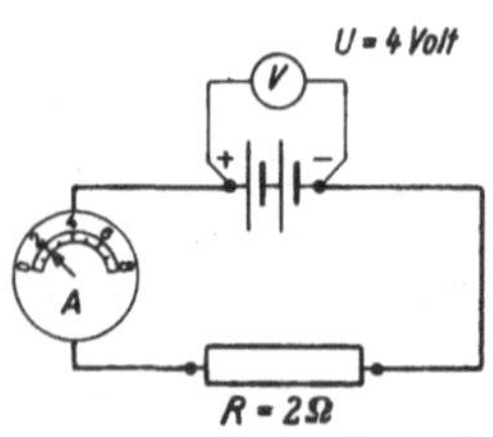

Abb. 5. Das Amperemeter zeigt bei einer Spannung von 4 Volt und einem Widerstand von 2 *Ω* eine Stromstärke von 2 Amp. an.

II. Versuch

(s. hierzu Abb. 8, 9 u. 10)

Nachweis der Abhängigkeit des elektrischen Stromes von der Größe des Widerstandes bei gleichbleibender Spannungshöhe:

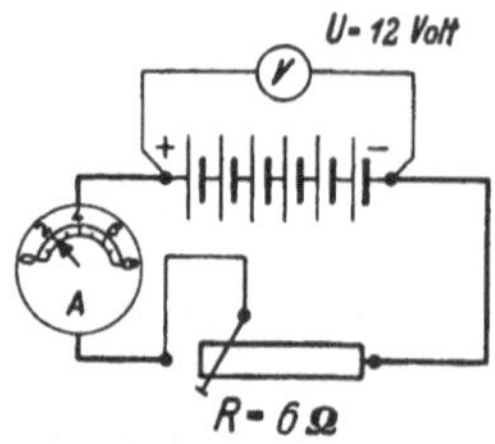

Abb. 8. Bei einer Spannung von 12 Volt und einem Widerstand von 6 *Ω* zeigt das Amperemeter eine Stromstärke von 2 Amp. an.

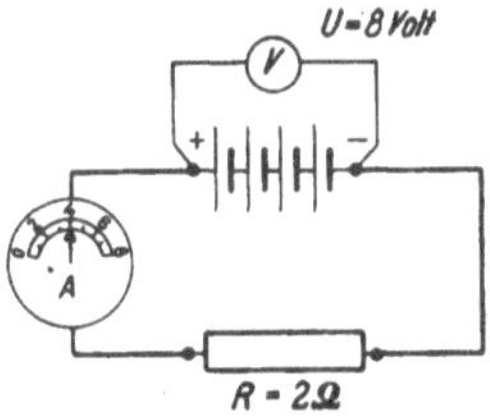

Abb. 6. Bei einer Spannung von 8 Volt zeigt das Amperemeter eine Stromstärke von 4 Amp. an.

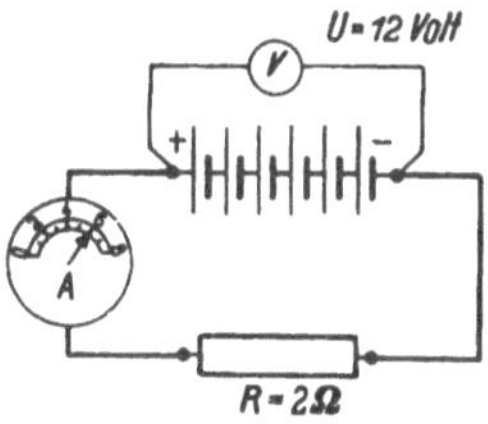

Abb. 7. Nach einer weiteren Erhöhung der Spannung auf 12 Volt ist die Stromstärke auf 6 Amp. angewachsen.

Ergebnis:

Bei gleichbleibendem Widerstand und größer werdender Spannung steigt die Stromstärke.

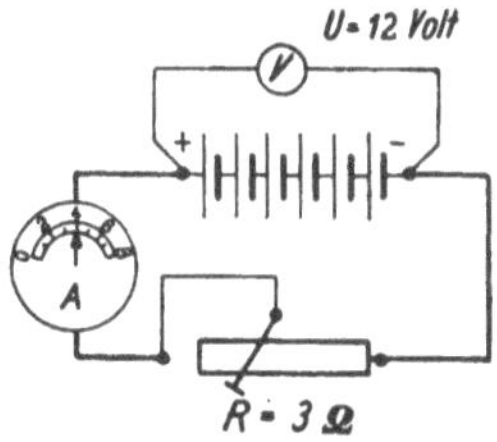

Abb. 9. Nach einer Widerstandsverkleinerung auf 3 Ω zeigt das Amperemeter eine Stromstärke von 4 Amp. an.

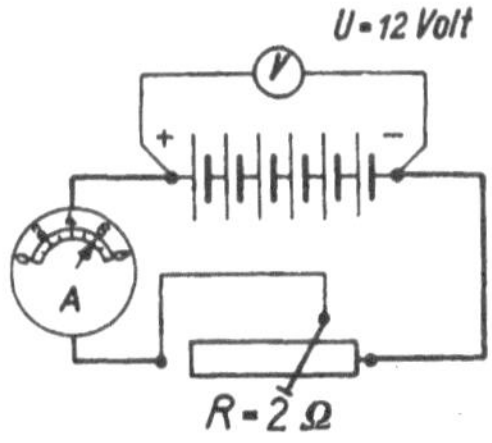

Abb. 10. Nach einer weiteren Verkleinerung des Widerstandes auf 2 Ω ist die Stromstärke auf 6 Amp. angewachsen.

Ergebnis:

Bei gleichbleibender Spannung und kleiner werdendem Widerstand steigt die Stromstärke.

Folgerung:

Aus diesen Versuchen ergibt sich die Richtigkeit der vorhergehenden Behauptung, daß in jedem Stromkreis die elektrischen Grundgrößen in einem gesetzmäßigen Zusammenhang stehen. Wir prägen uns daher folgenden Merksatz ein, der zu Ehren des Deutschen Physikers Ohm als Ohm'sches Gesetz bezeichnet wird:

> In einem geschlossenen Stromkreis steigt die elektrische Stromstärke an mit größer werdender Spannung oder kleiner werdendem Widerstand

Dieses „Ohm'sche Gesetz", in einer „mathematischen Gleichung" ausgedrückt, lautet:

$$\boxed{J = \frac{U}{R}}$$

Darin bedeutet:

J = Stromstärke, gemessen in Ampere
U = Spannung, gemessen in Volt
R = Widerstand, gemessen in Ohm.

Sind in einem Stromkreis zwei Größen des Ohm'schen Gesetzes bekannt, so kann man durch Umstellung obenstehender Grundformel die dritte unbekannte Größe ermitteln.

Es ergibt sich die Spannung „U", die einen Strom „J" durch einen Widerstand „R" drücken soll, aus der Gleichung

$$U = J \cdot R$$

Der Widerstand „R", durch den die Spannung „U" einen bestimmten Strom „J" fließen läßt, ergibt sich aus der Gleichung

$$R = \frac{U}{J}$$

Beispiel Nr. 3:

Der Widerstand einer Auto-Scheinwerfer-Glühlampe beträgt 3 Ohm; sie ist an eine Spannung von 12 Volt angeschlossen. Wie groß ist die Stromstärke in Ampere von der die Glühlampe durchflossen wird?

Gegeben: $R = 3\ \Omega,\quad U = 12\ \mathrm{V}$

Gesucht: $J = ?$

Lösung: $J = \frac{U}{R} = \frac{12}{3} = 4\ \mathrm{A}$

Beispiel Nr. 4:

Durch die Wicklung eines Läutewerkes mit einem Widerstand von 15 Ohm muß eine Stromstärke von 270 Milli-Ampere fließen. Für welche Spannung ist dieses Läutewerk gebaut:

Gegeben: $R = 15\ \Omega,\ J = 270\ \mathrm{mA} = 0{,}27\ \mathrm{A}$

Gesucht: $U = ?$

Lösung: $U = J \cdot R = 0{,}27 \cdot 15 = 4{,}05\ \mathrm{V}$

Das Läutewerk ist also für eine Spannung von 4 Volt gebaut.

Beispiel Nr. 5:

Ein Drehspul-Strommesser mit einem Meßbereich von 60 Ampere und einem Widerstand von 0,2 Ohm wird versehentlich als Voltmeter an eine Stromquelle mit einer Spannung von 220 Volt angeschlossen. Wie wirkt sich dieser falsche Anschluß für das Meßgerät aus?

Gegeben: Meßbereich $J = 60$ A, Widerstand des Meßwerks $R = 0{,}2\ \Omega$, $U = 220$ Volt.

Gesucht: Stromaufnahme $J = ?$

Lösung: $J = \frac{U}{R} = \frac{220}{0{,}2} = 1100$ A.

Folgerung: Die Drehspule des Meßwerks brennt infolge der viel zu hohen Stromstärke durch.

Beispiel Nr. 6:

Der Heizwiderstand eines Glührohres nimmt eine Stromstärke von 1,25 Ampere auf, er ist an eine Spannung von 24 Volt angeschlossen. Wieviel Ohm besitzt der Heizwiderstand?

Gegeben: $J = 1{,}25$ A, $U = 24$ V.

Gesucht: $R = ?$

Lösung: $R = \frac{U}{J} = \frac{24}{1{,}25} = 19{,}2\ \Omega$

Beispiel Nr. 7:

Ein veränderlicher Widerstand mit den Stufen 4, 6, 10, 12, 20, 30 und 120 Ohm ist an eine Stromquelle mit einer Spannung von 24 Volt angeschlossen. Welche Stromstärken lassen sich nacheinander einstellen?

Gegeben:

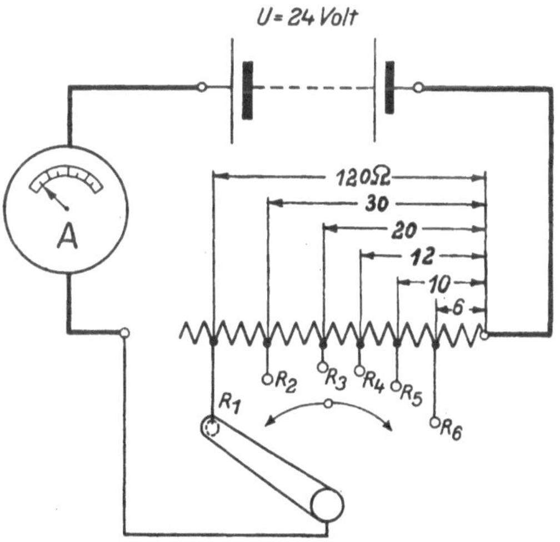

Abb. 11

Lösung:

$$J_1 = \frac{U}{R_1} = \frac{20}{120} = \sim 0{,}2 \text{ A.}$$

$$J_2 = \frac{U}{R_2} = \frac{24}{30} = 0{,}8 \text{ A.}$$

$$J_3 = \frac{U}{R_3} = \frac{24}{20} = 1{,}2 \text{ A.}$$

$$J_4 = \frac{U}{R_4} = \frac{24}{12} = 2{,}0 \text{ A.}$$

$$J_5 = \frac{U}{R_5} = \frac{24}{10} = 2{,}4 \text{ A.}$$

$$J_6 = \frac{U}{R_6} = \frac{24}{6} = 4{,}0 \text{ A.}$$

Nachfolgende Abbildung erläutert nochmals in anschaulicher Weise das Ohm'sche Gesetz.

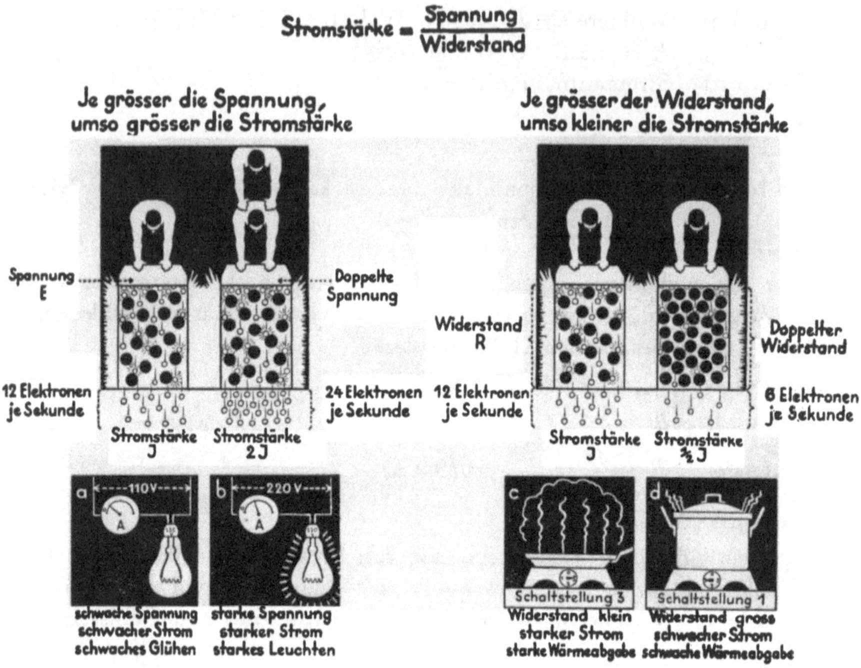

Abb. 12

5. Grenzfälle des Ohmschen Gesetzes

a) Der Kurzschluß

Verkleinert man in einem Stromkreis bei gleichbleibender Spannung den Widerstand, so wird nach dem Ohmschen Gesetz

$$J = \frac{U}{R}$$

der Strom entsprechend größer. Er kann beispielsweise das Hundertfache des normalen Stromes betragen, wenn der Stromkreiswiderstand seinen kleinsten Ohmschen Wert erreicht.

Das ist beim Kurzschluß der Fall, d. h. bei unbeabsichtigter Verbindung zweier Pole einer Stromquelle auf dem kürzesten Leitungswege; unter Umgehung der Verbraucher.

Die Spannung drückt im Moment des Kurzschlusses einen sehr hohen Strom durch den Stromkreis, wobei sich die Verbindungsleitungen so stark erwärmen, daß sie glühend werden, ja schmelzen; außerdem kann die Stromquelle bei diesem Vorgang großen Schaden erleiden und unbrauchbar werden. Durch die bei einem Kurzschluß entstehende Wärme und Funkenbildung kann außerdem in der Nähe befindliches leicht entzündbares Material in Brand geraten.

Es ist daher unsere Aufgabe, elektrische Anlagen so herzustellen, daß die Entstehung eines Kurzschlusses nach Möglichkeit vermieden wird. Dies ist für die Sicherheit der elektrischen Anlagen von ganz besonderer Bedeutung.

Die Stärke des Kurzschlußstromes ist abhängig von der Größe der elektromotorischen Kraft (EMK)[1]) der angelegten Stromquelle und der Größe des Gesamtwiderstandes des Kurzschlußstromkreises.

Beispiel Nr. 8:

Die Elektromotorische Kraft (EMK) einer Stromquelle beträgt 230 Volt und der innere Widerstand R_i = 0,5 Ohm. Der Widerstand des übrigen kurzgeschlossenen Stromkreises beträgt R_K = 0,1 Ohm. Wie hoch ist der Kurzschlußstrom I_K?

Gegeben: EMK = 230 V, $R_i = 0{,}5\ \Omega$, $R_K = 0{,}1\ \Omega$

Gesucht: $I_K = ?$

Lösung:

Zuerst muß der Gesamtwiderstand „R_{ges}" des Kurzschlußstromkreises ermittelt werden, er beträgt:

$$R_{ges} = R_i + R_K = 0{,}5 + 0{,}1 = 0{,}6\ \Omega,$$

Dann ist nach dem Ohm'schen Gesetz die Höhe des Kurzschlußstromes:

$$I_K = \frac{\text{EMK}}{R_{ges}} = \frac{230}{0{,}6} = 383{,}3\ \text{A}.$$

b) Der Isolator

Vergrößert man in einem Stromkreis den Widerstand immer mehr, bis er schließlich unendlich groß ist, dann ist die Stärke des elektrischen Stromes sehr klein oder sogar Null geworden. Es gibt Stoffe, in denen unter dem Einfluß einer angelegten selbst hohen elektrischen Spannung die Elektronen nicht in der Lage sind, sich im Molekulargefüge zu bewegen. Diese Stoffe setzen also der Bewegung der Elektronen von einem Pol zum anderen der angelegten Stromquelle einen sehr großen Widerstand entgegen, man nennt sie daher „Nichtleiter" oder „Isolatoren".

Wird die elektrische Spannung, die an einen solchen Nichtleiter gelegt ist, mehr und mehr erhöht, so kommt schließlich doch ein Elek-

---

[1]) Siehe hierüber näheres Seite 54.

tronenfluß zustande; man spricht dann von einem elektrischen Durchschlag (bzw. von der elektrischen Durchschlagfestigkeit der Isolierstoffe).

Die große Bedeutung der Nichtleiter- oder Isolierstoffe ergibt sich z. B. daraus, daß der elektrische Strom durch einen Kupferdraht nur dann ohne größere Verluste geleitet werden kann, wenn der Draht in seiner ganzen Länge von Nichtleitern, wozu auch die Luft gehört, umgeben, also isoliert angeordnet ist.

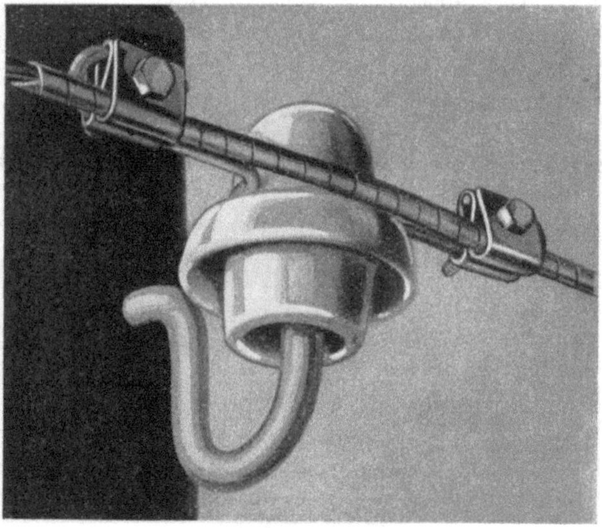

Abb. 13

Abbildung 13 zeigt uns einen Isolator, der die Aufgabe hat, die elektrische Freileitung gegen Erde zu isolieren und zu stützen, man nennt ihn daher auch „Stützisolator".

6. Der elektrische Widerstand metallischer Leiter

Der Widerstand eines Leiters ist von drei Größen abhängig:

a) Von seiner Länge

Ähnlich wie ein Wasserrohr mit zunehmender Länge dem Durchfluß des Wassers einen steigenden Reibungswiderstand entgegensetzt, so erhöht sich auch der Widerstand eines Leiters mit steigender Länge.

Legt man an einen Leiter, der, wie Abb. 14 zeigt, zwischen 2 Säulen gespannt ist, eine Spannung an, so fließt durch ihn elektrischer Strom, dessen Höhe das angeschlossene Amperemeter durch einen Zeigerausschlag anzeigt. Bewegt man die Verbindungsleitung nach rechts, so geht der Ausschlag des Zeigers zurück, weil der Stromfluß geringer wird. Daraus ergibt sich, daß der Widerstand eines Leiters mit steigender Länge größer wird, d. h. im gleichen Verhältnis sich ändert.

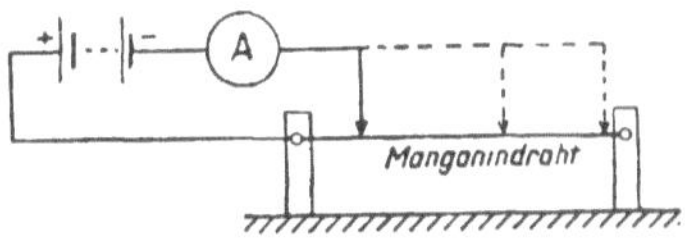

Abb. 14

b) Von seinem Querschnitt

Aus Abb. 15 ist zu ersehen, daß durch das Rohr mit großem Durchmesser in einer bestimmten Zeit eine bedeutend größere Wassermenge fließt als durch das Rohr mit kleinem Durchmesser. So ist es auch bei einem elektrischen Leitungsquerschnitt.

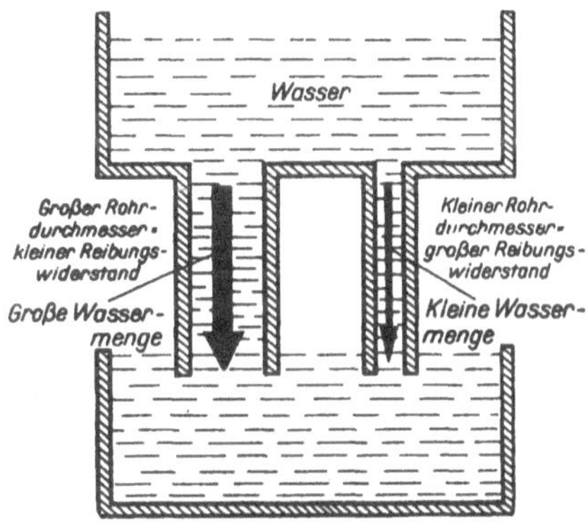

Abb. 15

Ein großer Leitungsquerschnitt bietet dem Durchfluß des elektrischen Stromes einen kleinen Widerstand, es kann eine große Stromstärke ohne besonders große Wärmeverluste hindurchfließen.

Ein kleiner Leitungsquerschnitt bietet dem Durchfluß des Stromes dagegen einen großen Widerstand, es kann folglich nur eine kleine Stromstärke hindurchfließen.

Schlußfolgerung: Die Stromstärke ist verhältnisgleich dem Leitungsquerschnitt „F“.

c) Vom Werkstoff, aus dem der Draht hergestellt ist, bzw. vom spezifischen Widerstand

Leitungsdrähte aus verschiedenen Werkstoffen mit gleichen Querschnitten und Längen setzen dem Durchfluß des elektrischen Stromes verschieden große Widerstände entgegen. In Abb. 16 sind 3 Leitungen mit gleichen Längen und Querschnitten aus verschiedenen Werkstoffen ausgespannt. Schließt man die 3 Leitungen nacheinander einzeln an die Stromquelle an, so macht der Zeiger des Strommessers verschieden große Ausschläge.

Ist z. B. die Konstantanleitung angeschlossen, so macht der Zeiger einen kleinen Ausschlag, beim Anschluß der Aluminiumleitung ist der Zeigerausschlag größer und beim Anschluß der Kupferleitung noch größer.

Da sich die Stärke des elektrischen Stromes nach der Größe des Leitungswiderstandes richtet, geht aus dieser Messung hervor, daß die Konstantanleitung dem Durchfluß des Stromes einen großen Widerstand entgegensetzt. Bei der Aluminiumleitung ist er kleiner und bei der Kupferleitung am kleinsten.

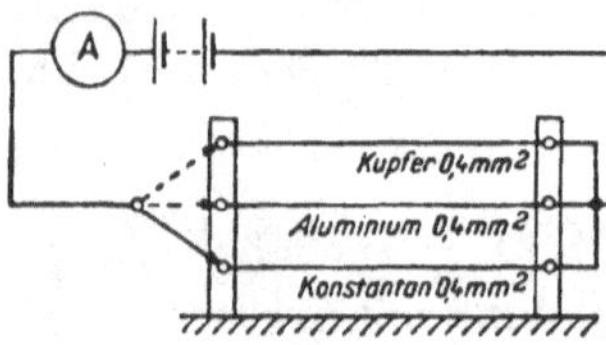

Abb. 16

Daraus ergibt sich, daß der elektrische Widerstand auch vom Werkstoff des Leiters abhängig ist.

Die Abhängigkeit des Widerstandes vom Werkstoff umfaßt der Begriff „Spezifischer Widerstand".

> Der spezifische Widerstand wird ausgedrückt durch eine Zahl, die angibt, wie groß der Widerstand eines Leiters ist bei einer Länge von 1 m, einem Querschnitt von 1 qmm und einer Temperatur von 20° C. 4

„Spezifischer Widerstand" nennen wir den Widerstand eines Leiters von 1 m Länge mit einem Querschnitt von 1 mm² bei einer Bezugstemperatur von 20° Celsius, deshalb, weil der Widerstand bei den vielen Leitersorten in diesem Sinne nur noch vom Werkstoff abhängig ist (siehe Tabelle im Anhang).

Um den Widerstand eines beliebig langen Leiters mit einem beliebigen Querschnitt errechnen zu können, denken wir uns z. B. einen Kupferleiter mit einer Länge von 100 m und einem Querschnitt von 1 mm². Der Widerstand dieses Leiters ist das hundertfache des spezifischen Widerstandswertes, den wir der Tabelle entnehmen (er beträgt 0,0175).

Wir erhalten demnach für unseren angenommenen Leiter einen Widerstand von:

$$100 \cdot 0{,}0175 = 1{,}75\ \Omega$$

Da nicht alle Leiter, die in der Praxis verwendet werden, einen Querschnitt von 1 mm^2 haben, wählen wir nunmehr einen 100 m langen Kupferleiter mit einem Querschnitt von **4 mm^2**. Der Widerstand dieses Leiters ist geringer als der Widerstand des zuerst angenommenen, und zwar beträgt er nur den vierten Teil. Wir müssen folglich, um die Größe des Widerstandes zu erhalten, den oben errechneten Wert von 1,75 Ohm durch den Querschnit von 4 mm^2 teilen und erhalten somit für 100 m Kupferdraht mit 4 mm^2 Querschnitt einen Widerstand von:

$$\frac{1,75}{4} = 0,4375\ \Omega$$

Wir drücken den besprochenen Zusammenhang mathematisch aus und erhalten damit folgende wichtige Formel für die Ermittlung von Leitungs-Widerständen.

$$\boxed{R = \frac{l \cdot \varrho}{F}}$$

Darin bedeutet:

R = Widerstand des Leiters, gemessen in Ohm
l = Länge des Leiters, gemessen in Meter
F = Querschnitt des Leiters, gemessen in mm^2
ϱ (sprich Rho) = Spezifischer Widerstand des für den Leiter verwendeten Werkstoffes.

Sind drei Größen dieser Grundformel bekannt, so kann man damit die vierte unbekannte Größe durch Umstellung der Formel errechnen. Ist z. B. der Widerstand R, der Querschnitt F und der spezifische Widerstand „ϱ" des Werkstoffes eines Spulendrahtes bekannt, so ergibt sich die Länge des Drahtes aus der Formel:

$$l = \frac{F \cdot R}{\varrho}$$

Der Querschnitt eines Drahtes ergibt sich aus nachstehender Formel, wenn die Länge l, der Widerstand R und der spezifische Widerstand ϱ bekannt sind:

$$F = \frac{l \cdot \varrho}{R}$$

Ist dagegen der Widerstand R, der Querschnitt F und die Länge l eines Spulendrahtes bekannt, so kann man aus nachstehender Formel den spezifischen Widerstand ϱ und demnach aus der Tabelle (siehe Anhang) den verwendeten Werkstoff des Spulendrahtes ermitteln:

$$\varrho = \frac{R \cdot F}{l}$$

Beispiel Nr. 9:

Der Widerstand einer Leitung beträgt 12,6 Ohm, die Länge 25 m und der Querschnitt 0,8 qmm. Aus welchem Werkstoff besteht die Leitung?

Gegeben: $R = 12{,}6\ \Omega$, $F = 0{,}8$ qmm, $l = 25$ m
Gesucht: $\varrho = ?$
Lösung:

Durch Umstellung der Grundformel $R = \frac{l \cdot \varrho}{F}$ ergibt sich der spezifische Widerstand:

$$\varrho = \frac{R \cdot F}{l} = \frac{12{,}6 \cdot 0{,}8}{25} = \mathbf{0{,}4}$$

Nach der Tabelle entspricht der ausgerechnete Wert dem Werkstoff „Manganin".

Beispiel Nr. 10:

Die Hin- und Rückleitung zwischen einem Generator und Regler ist 12 m lang. Der Querschnitt beträgt 10 mm², der Werkstoff der Leitung ist Kupfer. Wie groß ist der Widerstand?

Gegeben: $l = 12$ m, $\varrho = 0{,}0175$, $F = 10$ qmm
Gesucht: $R = ?$
Lösung:

$$R = \frac{l \cdot \varrho}{F} = \frac{12 \cdot 0{,}0175}{10} = \mathbf{0{,}021\ \Omega}$$

Beispiel Nr. 11:

Der Widerstand einer 105 m langen Aluminiumleitung darf nur 0,6 Ohm betragen. Wie groß muß der Querschnitt sein?

Gegeben: $R = 0{,}6\ \Omega$, $l = 105$ m, $\varrho = 0{,}03$
Gesucht: $F = ?$
Lösung:

$$F = \frac{l \cdot \varrho}{R} = \frac{105 \cdot 0{,}03}{0{,}6} = \mathbf{5{,}2\ qmm}$$

Da dieser Querschnitt nicht handelsüblich ist, muß der nächst höhere Querschnitt, nämlich **6 qmm** gewählt werden.

7. Die Leitfähigkeit der verschiedenen Werkstoffe

Bei einer Wasserleitung setzt ein Rohr mit glatter Innenwandung dem Durchfluß des Wassers wenig Reibungswiderstand entgegen. Das Wasser wird durch ein solches Rohr besser hindurchgeleitet als durch ein Rohr mit rauher Innenwandung.

Ähnlich ist es auch mit der elektrischen Leitfähigkeit der verschiedenen Werkstoffe.

Die Drähte eines Stromkreises leiten den elektrischen Strom, je nachdem aus welchem Werkstoff sie bestehen, gut oder schlecht. Diese Eigenschaft wird durch den Begriff „Leitfähigkeit" ausgedrückt. Die Leitfähigkeit eines Drahtes ist um so besser, je größer bei gleicher Drahtlänge der elektrische Strom bei einer gleichbleibenden Spannungshöhe ist.

Hat man z. B. einen Draht von 1 mm² Querschnitt und einem Widerstand von 1 Ω vor sich, so ist, je nachdem aus welchem Werkstoff der Draht besteht, seine elektrische Leitfähigkeit klein oder groß. Praktisch wird dies ausgedrückt durch verschieden große Längen eines Drahtes, von 1 mm² Querschnitt und einen Widerstand von 1 Ω, aus verschiedenartigen Werkstoffen.

Man bezeichnet die Leitfähigkeit mit dem Buchstaben „$\varkappa$" (sprich Kappa) und errechnet sie, indem man den Widerstand von 1 Ω durch den spezifischen Widerstand ϱ des vorliegenden Werkstoffes teilt.

$$\text{Leitfähigkeit} = \frac{1\,\Omega}{\text{spezifischer Widerstand}} \quad \text{oder } \varkappa = \frac{1}{\varrho}$$

Die Maßeinheit für die Leitfähigkeit heißt „Siemens", man bezeichnet sie mit dem Buchstaben „S".

Beispiel Nr. 12:

Wie groß ist die Leitfähigkeit der Werkstoffe Silber und Aluminium, wenn der spezifische Widerstand nach der Tabelle für Silber 0,016 und für Aluminium 0,028 beträgt?

Lösung:

1. Leitfähigkeit für Silber: $\varkappa = \frac{1}{\varrho} = \frac{1}{0{,}016} = \mathbf{62{,}5\ S}$

2. Leitfähigkeit für Aluminium: $\varkappa = \frac{1}{\varrho} = \frac{1}{0{,}028} = \mathbf{33\ S}$

Das heißt: Ein Silberdraht von 1 mm² Querschnitt und 1 Ω Widerstand hat eine Länge von 62,5 m, dagegen ein Aluminiumdraht von 1 mm² Querschnitt und 1 Ω Widerstand nur eine solche von 33 m.

8. Die Widerstandsveränderung durch Temperaturänderung

Fast alle Widerstandsmaterialien sind temperaturabhängig, d. h. sie verändern mehr oder weniger ihre Ohm'sche Größe bei Temperaturschwankungen. Widerstände aus Kupfer, Aluminium, Eisen, Nikelin usw. verringern ihre Leitfähigkeit mit steigender Temperatur, sie besitzen deshalb einen „positiven" Temperaturkoeffizienten.

Andere Stoffe, wie Kohle oder leitende Flüssigkeiten (Elektrolyte) verkleinern ihren Widerstand bei steigender Temperatur, sie besitzen also einen „negativen" Temperaturkoeffizienten.

> Der Temperaturkoeffizient ist diejenige Zahl, die angibt, um wieviel ein Widerstand von 1 Ohm sich bei einer Temperaturerhöhung von 1°·Celsius erhöht oder verkleinert. 5

Die Temperaturkoeffizienten für einige Widerstandsmaterialien sind in der Tabelle im Anhang angegeben.

Der Widerstand eines Leiters richtet sich also nicht nur nach der Länge, dem Querschnitt und Werkstoff, sondern auch nach seiner jeweiligen Temperatur.

Daraus ergibt sich praktisch, daß die Stromstärke in einem Stromkreis sich unter anderem auch nach der Temperatur des Stromkreiswiderstandes richtet.

Die Größe des Widerstandes eines „erwärmten" Leiters setzt sich, wie wir aus vorhergehendem entnehmen konnten, zusammen aus dem Widerstand vor der Temperaturerhöhung und der Widerstandszunahme nach der Temperaturerhöhung.

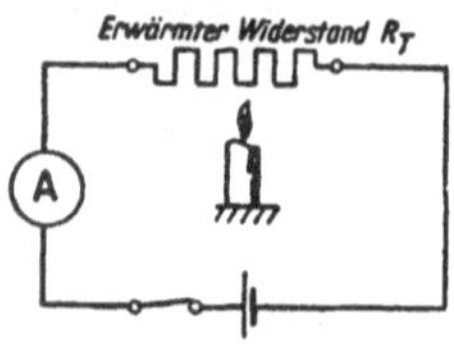

Abb. 17

Stellen wir uns einen Leiter vor aus Kupfer mit einem Widerstand von 1 Ω und einer Anfangstemperatur von 15° C, so erfährt dieser bei einer Temperaturerhöhung um 1° C eine Widerstandszunahme von:

$$1\ \Omega \cdot 0{,}004 = 0{,}004\ \Omega$$

(Siehe hierzu auch die Tabelle über Temperaturkoeffizienten im Anhang. Hiernach beträgt der Temperaturkoeffizient für Kupfer $\alpha = 0{,}004$.)

Der Gesamtwiderstand des auf 16° erwärmten Leiters ist folglich angewachsen auf:

$$1\ \Omega + 1\ \Omega \cdot 0{,}004 = 1{,}004\ \Omega$$

Ist die Temperaturzunahme nicht nur 1°, sondern beispielsweise 40°, so ist die Widerstandszunahme auf das 40fache angestiegen. Der erwärmte Widerstand beträgt nun:

$$1\ \Omega + 1\ \Omega \cdot 0{,}004 \cdot 40 = 1{,}16\ \Omega$$

Hat der Widerstand nicht nur eine Größe von 1 Ω, sondern z. B. 20 Ω, so ist bei gleicher Temperaturerhöhung (also von 15° auf 55°) der Widerstand auf:

$$20\ \Omega + 20\ \Omega \cdot 0{,}004 \cdot 40 = 23{,}2\ \Omega$$

angewachsen.

Wählt man für den Widerstand nach einer Temperaturerhöhung die Bezeichnung „R_t", für den Widerstand vor der Temperaturerhöhung die Bezeichnung „R_0", für die Temperaturerhöhung den Buchstaben „t" und für den Temperaturkoeffizienten den griechischen Buchstaben „α" (sprich Alpha), so kann man die letzte Gleichung auch in der folgenden allgemeinen Form schreiben:

$$\boxed{R_t = R_0 + R_0 \cdot \alpha \cdot t}$$

Darin bedeutet:

R_t = Widerstand, gemessen nach der Temperaturerhöhung „t".
R_0 = Widerstand, gemessen vor der Temperaturerhöhung.
α = Temperaturkoeffizient des verwendeten Widerstand-Werkstoffes.
t = Temperaturzunahme, die sich aus der Differenz zwischen Endtemperatur und Anfangstemperatur ergibt.

Sind 3 Größen dieser Gleichung bekannt, so kann man durch Umstellung der Grundformel die gesuchte unbekannte Größe errechnen. Sind z. B von einem Vorschalt-Widerstand die Anfangstemperatur und der Ohmsche Widerstand „R_0" bekannt, ferner seine Ohmsche Größe „R_t" nach einer bestimmten Temperaturerhöhung und außerdem der Werkstoff, so kann man mit nachstehender Formel die Temperaturerhöhung (gegenüber der Anfangstemperatur) errechnen.

$$t = \frac{R_t - R_0}{R_0 \cdot \alpha}$$

Den Widerstand „R_0" bei einer bestimmten Temperatur kann man mit Hilfe nachstehender Gleichung ermitteln:

$$R_0 = \frac{R_t}{1 + \alpha \cdot t}$$

Der Temperaturkoeffizient ergibt sich aus:

$$\alpha = \frac{R_t - R_0}{R_0 \cdot t}$$

Beispiel Nr. 13:

Ein Widerstand, bestehend aus Nickelindraht, hat bei einer Temperatur von 16° C, 35 Ohm. Wie groß ist der Widerstand nach einer Temperaturerhöhung von 164° C?

Gegeben: $t = 164^\circ$ C, $R_0 = 35\ \Omega$

$\alpha = 0{,}00028$

Gesucht: $R_t = ?$

Lösung:

$$R_t = R_0 + R_0 \cdot \alpha \cdot t = 35 + 35 \cdot 0{,}00028 \cdot 164$$
$$= 35 + 1{,}6 = \mathbf{36{,}6\ \Omega}$$

Beispiel Nr. 14:

Eine Spule als Vorwiderstand für einen Spannungsmesser besitzt bei einer Anfangstemperatur von 15° Celsius einen Widerstand von 14000 Ohm. Nach einer gewissen Betriebszeit hat sich der Widerstand auf $R_t = 14011{,}2\ \Omega$ erhöht. Der Werkstoff der Spule ist Manganin. Wie groß ist die Temperaturzunahme?

Gegeben: $R_0 = 14000$ Ohm bei 15° C, $\alpha = 0{,}00002$,

$R_t = 14011{,}2\ \Omega$

Gesucht: $t = ?$

Lösung: Durch Umstellung der Grundformel

$R_t = R_0 + R_0 \cdot \alpha \cdot t$ ergibt sich:

$$t = \frac{R_t - R_0}{R_0 \cdot \alpha} = \frac{14011{,}2 - 14000}{14000 \cdot 0{,}00002} = \mathbf{40^\circ\ C}$$

Nach den Regeln des Verbandes Deutscher Elektrotechniker (VDE) für die Bewertung und Prüfung von elektrischen Maschinen und Transformatoren dürfen sich ihre Wicklungen über bestimmte Temperaturen hinaus nicht erwärmen. Es wird daher bei der Berechnung der Widerstandsveränderung von Kupfer, die Anfangstemperatur „t_0" des Widerstandes (im kalten Zustand) berücksichtigt. Zu diesem Zweck wird bei der Berechnung der Widerstandsveränderung an Stelle des Temperaturkoeffizienten „α" (lt. Tabelle 0,004) für Kupfer der Wert

$$\alpha = \frac{1}{235 + t_0}$$

eingesetzt. Demnach erhalten wir für die Berechnung eines Kupferwiderstandes im erwärmten Zustand folgende Gleichung:

$$\boxed{R_t = R_0 + \frac{t}{235 + t_0} \cdot R_0}$$

Beispiel Nr. 15:

Der Widerstand der Feldwicklung eines Gleichstrom-Motors beträgt bei einer Anfangstemperatur von 15° C, 190 Ohm. Nach einer Belastungsprobe beträgt der Widerstand 220 Ohm. Welche Temperaturerhöhung hat die Feldwicklung erfahren? Werkstoff: Kupfer.

Gegeben: $t_0 = 15^0$ C, $R_0 = 190$ Ohm, $R_t = 220\ \Omega$

Gesucht: $t = ?$

Lösung:

Durch Umstellung der Formel:

$$R_t = R_0 + \frac{t}{235 + t_0} \cdot R_0$$

erhalten wir die Formel für die Ermittlung der Temperaturerhöhung.

Wir schaffen zunächst „R_0" auf die linke Seite der letzten Formel:

$$R_t - R_0 = \frac{t}{235 + t_0} \cdot R_0$$

und erhalten schließlich:

$$t = \frac{(R_t - R_0) \cdot (235 + t_0)}{R_0}$$

Setzen wir nun in diese Formel die in der Aufgabe genannten Werte ein, so erhalten wir eine Erhöhung der Temperatur von:

$$t = \frac{(R_t - R_0) \cdot (235 + t_0)}{R_0} = \frac{(220 - 190) \cdot 235 + 15}{190} = \mathbf{39{,}5^0}\ \mathrm{C}$$

9. Temperaturabhängige Widerstände in besonderen Einrichtungen

Es gibt Widerstände, die in bestimmten Schaltanordnungen ihre Widerstandswerte selbsttätig so verändern, daß der durch sie fließende elektrische Strom beim An- und Absteigen der angelegten elektrischen Spannung, innerhalb bestimmter Grenzen, praktisch konstant bleibt.

Das wird beispielsweise dadurch erreicht, daß ein Eisendraht in ein mit Wasserstoff gefülltes Glasgefäß eingebracht wird. Legt man an den Eisendraht nun eine elektrische Spannung, so wächst der durch den Eisendraht hervorgerufene Spannungsabfall bei steigender äußerer Spannung und somit steigender Stromstärke.

Von einem bestimmten Stromwert an, bei dem der Eisendraht zu glühen beginnt, nimmt der Spannungsabfall, wenn die angelegte Spannung ansteigt, so schnell zu, daß die Stromstärke unverändert bleibt. Sie steigt erst dann weiter an, wenn die angelegte Spannung einen bestimmten Wert überschreitet.

In diesem Bereich wird daher ein mit dem Eisenwasserstoff-Widerstand in Reihe liegender Verbraucher trotz der in gewissen Grenzen veränderlichen Spannung, von einer gleichbleibenden Stromstärke durchflossen.

Eisenwasserstoff-Widerstände sind in der Lage, Spannungsschwankungen bis $\pm 20\%$ auszugleichen. Sie werden für konstante Stromstärken in Größenordnungen von 0,1 bis 20 Amp. gefertigt.

Einfache Eisenwasserstoff-Widerstände haben allerdings den Nachteil, daß sie sofort nach Schließen des Stromkreises einen bedeutend höheren Strom durchlassen als nach einigen Sekunden. Dies liegt daran, daß der kalte Eisendraht anfangs einen geringeren Widerstand besitzt; außerdem fehlen anfangs noch die Wärmeverluste durch den, den Draht kühlenden Wasserstoff.

10. Heißleiter

Mit Heißleiter bezeichnet man diejenigen Widerstandsdrähte, deren Ohmsche Größe mit steigender Temperatur abnimmt.

Ihr Widerstand z. B. bei einer Anfangstemperatur von 15^0 Celsius ist immer höher als ihr Widerstandswert im warmen Zustand. Als Werkstoffe für derartige Heißleiter kommen besonders in Frage: Uranoxyd, Kupferoxyd und Magnesium-Titanoxyd (Urdox).

Kupferoxyd-Heißleiter sind luftbeständig, während die anderen genannten Werkstoffe sauerstoffempfindlich sind. Sie dürfen daher nur im Vakuum oder unter Schutzgas mit Strom belastet werden.

Schaltet man z. B. einen Urdoxwiderstand hintereinander mit einem Eisenwasserstoffwiderstand, so tritt der im vorhergehenden Kapitel erwähnte hohe Spitzenstrom nach Einschalten eines Eisenwasserstoffwiderstandes nicht mehr auf.

11. Der Spannungsabfall

Ähnlich wie bei einem Wasserstrom in einer Rohrleitung ein Druckabfall entsteht, so tritt auch bei jedem elektrischen Stromfluß ein Spannungsabfall auf.

Das ist folglich bei allen stromdurchflossenen Leitungen einer elektrischen Anlage der Fall.

Der Spannungsabfall hat zur Folge, daß die zwischen den Anschlußklemmen eines Verbrauchers vorhandene Spannung immer kleiner ist als die Spannung zwischen den Ausgangsklemmen der Stromquelle.

Um den Spannungsabfall so klein wie möglich zu halten, befassen wir uns im Folgenden mit den Grundlagen, die für die Bemessung von Stromkreis-Leitungen notwendig sind. Der Gesamtwiderstand eines Stromkreises setzt sich aus den Einzelwiderständen

1. der angelegten Stromquelle,
2. des Verbrauchers,
3. der Verbindungsleitungen und
4. den Übergangswiderständen zwischen Anschlüssen und Kontakten

zusammen.

Wenn durch den angeschlossenen Verbraucher Strom fließen soll, so ist zur Überwindung des inneren Widerstandes der Stromquelle und des Leitungswiderstandes eine elektrische Spannung erforderlich um deren Betrag die Elektromotorische Kraft (EMK) der Stromquelle, am Verbraucher, abfällt.

Die für den Betrieb des Verbrauchers zur Verfügung stehende Betriebsspannung ist folglich um diesen Spannungsabfall geringer als die Elektromotorische Kraft der Stromquelle.

Der Spannungsabfall, der in einer stromdurchflossenen Leitung auftritt, ist in seiner Größe abhängig von der Länge, dem Querschnitt und dem verwendeten Werkstoff, also wie bereits erwähnt, von dem elektrischen Widerstand und ferner von der Höhe des elektrischen Stromes, der durch die Leitungen fließt.

Durch die Wahl eines entsprechenden Leitungs-Querschnittes muß dafür gesorgt werden, daß sich der Spannungsabfall der Leitungen in wirtschaftlich zulässigen Grenzen hält, damit der angeschlossene Verbraucher die volle Nennspannung erhält, für die er gebaut ist.

In jedem Stromkreis haben wir es mit 4 Spannungsgrößen zu tun.

1. Mit der Elektromotorischen Kraft (EMK) oder Spannung der Stromquelle.
2. Mit der Klemmenspannung „U_1“ der Stromquelle.
3. Mit der Spannung „U_2“ die an dem Verbraucher liegt und
4. mit dem Spannungsabfall, der sich ergibt aus dem Unterschied zwischen der Spannung der Stromquelle und der an dem Verbraucher liegenden Spannung.

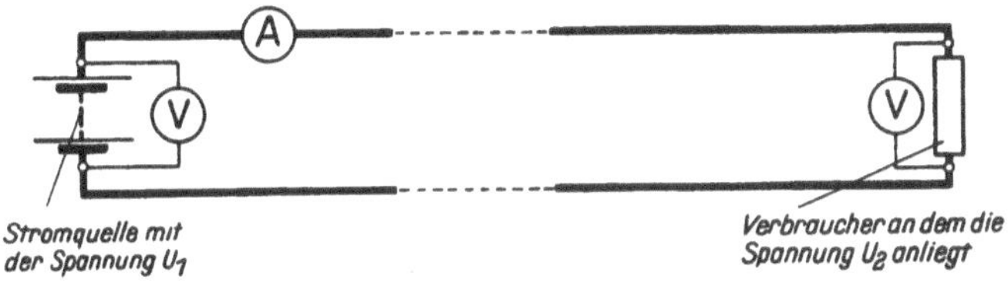

Abb. 18

Nach dem Ohmschen Gesetz errechnet man den Spannungsabfall elektrischer Leitungen mit der Formel:

$$\boxed{u = J \cdot R}$$

Darin bedeutet:

u = Spannungsabfall, gemessen in Volt

J = Stromstärke, welche durch die Hin- und Rückleitung zum Verbraucher fließt, gemessen in Ampere

R = Widerstand der Hin- und Rückleitung, gemessen in Ohm.

Beispiel Nr. 16:

Die Hin- und Rückleitung zu einem Elektromotor beträgt 18 m und der Querschnitt 4 mm². Der Motor nimmt eine Stromstärke von 7 Ampere auf. Wie groß ist der Spannungsabfall, wenn der Werkstoff der Leitung Kupfer ist?

Gegeben: $F = 4$ mm², $l = 18$ m, $J = 7$ A, $\varrho = 0{,}0175$

Gesucht: $u = ?$

Lösung: Zuerst muß der Widerstand der Leitung ermittelt werden, er ergibt sich aus:

$$R = \frac{l \cdot \varrho}{F} = \frac{18 \cdot 0{,}0175}{4} = 0{,}078\ \Omega$$

Dann ist der Spannungsabfall:

$$u = J \cdot R = 7 \cdot 0{,}078 = \mathbf{0{,}54\ V}$$

Diese etwas umständliche Schreibweise kann man sich ersparen, wenn man in die Formel $u = J \cdot R$ für „R" den Ausdruck:

$$\frac{l \cdot \varrho}{F}$$

einsetzt. Die Formel für die Ermittlung des Spannungsabfalls lautet dann:

$$\boxed{u = \frac{l \cdot J \cdot \varrho}{F}}$$

Beispiel Nr. 17:

Durch eine Kupferleitung mit einem Querschnitt von 4 mm² fließt ein elektrischer Strom von 12 Amp. Wie groß ist der Spannungsabfall 1. bei einer Länge von 18 m, und 2. bei einer Länge von 76 m?

Gegeben: $l_1 = 18$ m, $l_2 = 76$ m, $F = 4{,}5$ mm²
$J = 12$ A, $\varrho = 0{,}0175$

Gesucht: 1. Spannungsabfall bei einer Leitungslänge von 18 m
2. Spannungsabfall bei einer Leitungslänge von 76 m

Lösung:

$$1.\quad u = \frac{l_1 \cdot J \cdot \varrho}{F} = \frac{18 \cdot 12 \cdot 0{,}0175}{4} \sim \mathbf{0{,}95\ V}$$

$$2.\quad u = \frac{l_2 \cdot J \cdot \varrho}{F} = \frac{76 \cdot 12 \cdot 0{,}0175}{4} \sim \mathbf{4{,}00\ V}$$

Beispiel Nr. 18:

Wie groß ist der Spannungsabfall in vorhergehendem Beispiel, wenn in der 18 m langen Leitung die Stromstärke von 12 auf 19 Amp. erhöht wird?

Lösung:

$$u = \frac{l \cdot J \cdot \varrho}{F} = \frac{18 \cdot 19 \cdot 0{,}0175}{4} = \sim \mathbf{1{,}5\ V}$$

Beispiel Nr. 19:

Eine Kupferleitung mit einem Querschnitt von 16 mm² und einer Länge von 116 m wird von 25 Amp. durchflossen. Die anliegende Spannung beträgt 220 Volt. Wie groß ist der Spannungsverlust in % der Netzspannung?

Gegeben: $U = 220$ V, $l = 116$ m, $J = 25$, ϱ nach Tabelle 0,0175

Gesucht: $u = ?$ in %

Lösung:

$$u = \frac{l \cdot J \cdot \varrho}{F} = \frac{116 \cdot 25 \cdot 0{,}0175}{16} = 3{,}16\ \text{Volt}$$

$$\frac{3{,}16}{220} \cdot 100 = 1{,}43\,\%$$

Beispiel Nr. 20:

Der Widerstand einer elektrischen Leitung beträgt 0,4 Ohm. Durch unsachgemäße Anschlüsse erhöht sich der Widerstand um 1,8 Ohm. Wie hoch ist der Spannungsabfall in Volt und in Prozent in dieser Leitung, wenn sie von 4,9 Amp., bei einer Spannung von 220 Volt durchflossen wird. Wie hoch ist ferner die Restspannung?

Gegeben: Widerstand der Leitung $R_1 = 0{,}4$ Ohm, Übergangswiderstand der Anschlüsse $R_2 = 1{,}8\ \Omega$, $J = 4{,}9$ A, $U = 220$ V

Gesucht:
1. Spannungsabfall $u_1 = ?$ in Volt
2. Spannungsabfall $u_2 = ?$ in %
3. Restspannung $U_1 = ?$

Lösung:

Zu 1. $u_1 = J \cdot (R_1 + R_2) = 4{,}9 \cdot (0{,}4 + 1{,}8) = 4{,}9 \cdot 2{,}2 = 10{,}78$ V

Zu 2. $u_2 = \frac{10{,}78 \cdot 100}{220} = 4{,}9\,\%$

Zu 3. $U_1 = U - u = 220 - 10{,}78 = \mathbf{209{,}22}$ **V**

Beispiel Nr. **21**:

In einer elektrischen Anlage mit einer Spannung von 220 Volt soll der Spannungsabfall 4% der Netzspannung nicht übersteigen. Welchen Höchstwiderstand darf die Zuleitung haben, wenn eine Stromstärke von 35 Amp. angenommen wird.

Gegeben: $U = 220$ V, $u = 4\%$, $J = 35$ A

Gesucht: $R = ?$

Lösung:

Der zulässige Spannungsabfall in Volt beträgt:

$$u = \frac{4 \cdot 220}{100} = 8{,}8 \text{ V}$$

Dann darf der Widerstand der Zuleitung sein:

$$R = \frac{u}{J} = \frac{8{,}8}{35} \approx 0{,}25\ \Omega$$

12. Die Schaltung von Widerständen

a) Hintereinanderschaltung

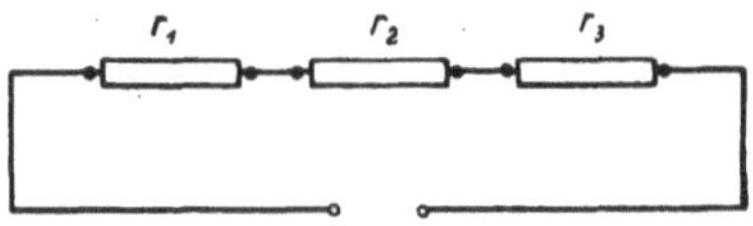

Abb. 19

Bei der Hintereinanderschaltung, wie sie in Abb. 19 dargestellt ist, ist der Gesamtwiderstand des Stromkreises so groß wie die Summe der Einzelwiderstände, so daß wir schreiben können

$$\boxed{R_{ges} = r_1 + r_2 + r_3}$$

Schließt man Widerstände in Hintereinanderschaltung an eine Stromquelle an, so ist der fließende elektrische Strom an allen Punkten des Stromkreises gleich stark.

Beispiel Nr. 22:

4 Einzelwiderstände mit den Größen 3; 2; 4,75 und 6 Ohm sind hintereinander geschaltet. Wie groß ist der Gesamtwiderstand?

Gegeben: $r_1 = 3\ \Omega,\ r_2 = 2\ \Omega,\ r_3 = 4{,}75\ M,\ r_4 = 6\ \Omega$

Gesucht: $R_{ges} = ?$

Lösung:

$R_{ges} = r_1 + r_2 + r_3 = r_4 = 3 + 2 + 4{,}75 + 6 = \mathbf{15{,}75}\ \Omega$

Bei den verschiedenen Schaltungsarten von Widerständen kommen die Kirchhoffschen Gesetze zur Anwendung.

Nachfolgend werden wir uns daher das erste dieser Gesetze für Stromkreise mit Widerständen in Hintereinanderschaltung klar machen, es heißt:

In jedem geschlossenen Stromkreis ist die Summe der einzelnen Spannungsabfälle „u" so groß wie die Elektro-Motorische-Kraft „E" der angelegten Stromquelle.	6

Beispiel Nr. 23:

Der äußere Teil eines Stromkreises besteht aus den Widerständen $r_1 = 2{,}5$ Ohm, $r_2 = 4$ Ohm und $r_3 = 5$ Ohm. Die EMK der angelegten Stromquelle beträgt 24 Volt und ihr innerer Widerstand $r_i = 0{,}5$ Ohm.

Es ist zu ermitteln, ob in diesem Stromkreis die Summe der Spannungsabfälle an den einzelnen Widerständen so groß ist, wie die EMK (E) der Stromquelle.

Gegeben: $E = 24\ \text{V},\ r_i = 0{,}5\ \Omega,\ r_1 = 2{,}5\ \Omega,$
$r_2 = 4\ \Omega$ und $r_3 = 5\ \Omega$

Lösung:

Zuerst muß die Höhe des Stromes, der in diesem Stromkreis fließt, ermittelt werden. Bei einem Gesamtwiderstand von:

$$R_{ges} = r_i + r_1 + r_2 + r_3 = 0{,}5 + 2{,}5 + 4 + 5 = 12\ \Omega$$

beträgt dieser:

$$J = \frac{E}{R_{ges}} = \frac{24}{12} = 2\ \text{A}$$

Somit treten an den einzelnen Widerständen folgende Spannungsabfälle auf:

an Widerstand r_i: $u_1 = J \cdot r_i = 2 \cdot 0{,}5 = 1$ V
„ r_1: $u_2 = J \cdot r_1 = 2 \cdot 2{,}5 = 5$ V
„ r_2: $u_3 = J \cdot r_2 = 2 \cdot 4 = 8$ V
„ r_3: $u_4 = J \cdot r_3 = 2 \cdot 5 = 10$ V

Wir wenden nun das vorgenannte I. Kirchhoffsche Gesetz an, das in mathematischer Fassung für unseren Fall lautet:

$$u_1 + u_2 + u_3 + u_4 = E$$

In dieser Formel setzen wir nun die entsprechenden Werte ein und erhalten so die Lösung unserer Aufgabe:

$$1\text{ V} + 5\text{ V} + 8\text{ V} + 10\text{ V} = 24\text{ V}$$

b) Die Parallelschaltung

Bei der Parallelschaltung von Einzelwiderständen kommt das zweite Kirchhoffsche Gesetz der Stromverzweigung zur Anwendung, es lautet:

> Bei jeder Stromverzweigung ist die Summe der abfließenden Zweigströme „i“ so groß wie der zufließende Strom „J“. 7

Dies in einer Gleichung ausgedrückt lautet:

$$\boxed{J = i_1 + i_2 + i_3 + \ldots + i_n} \quad \text{oder} \quad \boxed{J = \Sigma i}$$ [1]

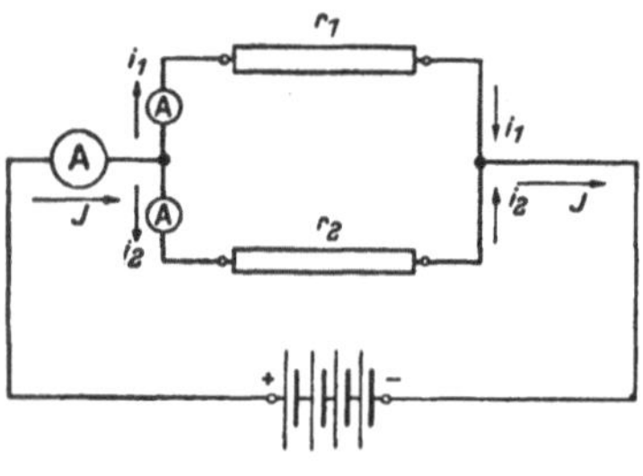

Abb. 20

Kommt der Strom „J“ im linken Stromverzweigungspunkt der Abb. 20 an, so teilt er sich in die Teilströme „i_1“ und „i_2“. Es fließt durch den kleineren Zweigwiderstand der größere Teilstrom und durch den größeren Zweigwiderstand der kleinere Teilstrom.

Wir fassen dieses in folgendem wichtigen Lehrsatz zusammen:

> Bei jeder Stromverzweigung verhalten sich die Größen der Zweigströme umgekehrt wie die Größen der Zweigwiderstände. 8

[1]) Σ = Summe aller. Sprich: groß J ist gleich der Summe aller kleinen i.

Soll das vorher Gesagte in einer mathematischen Gleichung ausgedrückt werden, so schreiben wir:

$$i_1 : i_2 = r_2 : r_1$$

In einer Verhältnisgleichung ist bekanntlich das Produkt der Außenglieder gleich dem Produkt der Innenglieder, wir können folglich auch schreiben:

$$i_1 \cdot r_1 = i_2 \cdot r_2$$

Da $i \cdot r = U$ ist, ergibt sich, daß in dem Kirchhoffschen Gesetz nichts enthalten ist, was uns nicht schon durch das Ohmsche Gesetz bekannt wäre.

Die Spannung „U“ zwischen dem linken und rechten Stromverzweigungspunkt drückt nämlich nach dem Ohmschen Gesetz durch „r_2“ einen um so viel mal niedrigeren Teilstrom „i_2“, als „r_2“ größer als „r_1“ ist. Wir nehmen aus diesem Grunde an, zwischen dem linken und rechten Verzweigungspunkt des Stromkreises der Abb. 20 bestehe eine elektrische Spannung von 40 Volt, der Zweigwiderstand r_1 sei 4 Ohm und der Zweigwiderstand r_2 sei 8 Ohm, dann ist die Stromstärke, die durch „r_1“ fließt:

$$i_1 = \frac{U}{r_1} = \frac{40}{4} = 10 \text{ A}$$

und die Stromstärke, die durch r_2 fließt:

$$i_2 = \frac{U}{r_2} = \frac{40}{8} = 45 \text{ A}$$

Die Spannungsabfälle an den einzelnen Widerständen betragen somit:

$$u_1 = i_1 \cdot r_1 = 10 \cdot 4 = 40 \text{ V}$$
$$u_2 = i_2 \cdot r_2 = 5 \cdot 8 = 40 \text{ V}$$

c) Die Berechnung des Gesamtwiderstandes bei zwei parallelgeschalteten Widerständen

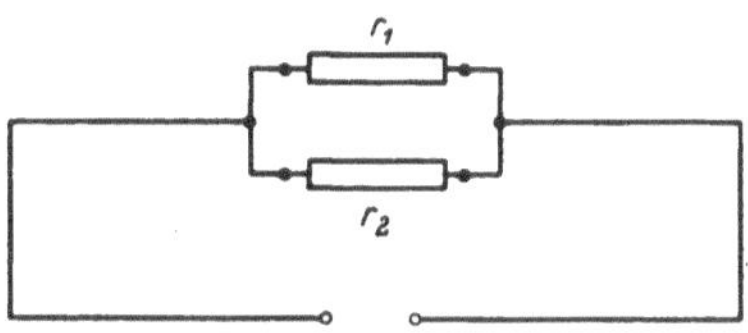

Abb. 21

Nennt man bei 2 parallelgeschalteten Einzelwiderständen die zu berechnende Größe des Gesamtwiderstandes „R_{ges}“, so ergibt sich die Höhe der angelegten Spannung, wenn die Größe der Teilströme bekannt ist, aus:

$$U = R_{ges} \cdot (i_1 + i_2),$$

wobei $i_1 + i_2 = J$ ist.

Ersetzt man

$$i_1 + i_2 \text{ durch } \frac{U}{r_1} + \frac{U}{r_2}$$

so kann man die erste Gleichung auch in folgender Form schreiben:

$$U = R_{ges} \cdot \left(\frac{U}{r_1} + \frac{U}{r_2}\right).$$

Nach Herausheben von „U" auf beiden Seiten der Gleichung ergibt sich folgende Schreibweise:

$$\frac{1}{R_{ges}} = \frac{1}{r_1} + \frac{1}{r_2}$$

und schließlich durch Umstellung dieser Gleichung nach „R_{ges}" die gesuchte Formel zur Ermittlung des Gesamtwiderstandes bei zwei parallel geschalteten Einzelwiderständen:

$$\boxed{R_{ges} = \frac{r_1 \cdot r_2}{r_1 + r_2}}$$

Die Parallelschaltung von zwei Einzelwiderständen bedeutet praktisch eine Querschnittsvergrößerung, so daß der Gesamtwiderstand immer kleiner sein muß als der kleinste Einzelwiderstand.

Beispiel Nr. 24:

2 Widerstände mit den Größen 8 und 6 Ohm sind parallel geschaltet. Wie groß ist der Gesamtwiderstand?

Gegeben: $r_1 = 8\ \Omega$, $r_2 = 6\ \Omega$

Gesucht: $R_{ges} = ?$

Lösung:

$$R_{ges} = \frac{r_1 \cdot r_2}{r_1 + r_2} = \frac{8 \cdot 6}{8 + 6} = 3{,}42\ \Omega$$

Beispiel Nr. 25:

In einem Stromkreis sind zwei Widerstände mit den Größen 4 und 12 Ohm parallel geschaltet. Die Spannung beträgt 24 Volt. Welche Stromstärke fließt in den Zuleitungen?

Gegeben: $r_1 = 4\ \Omega$, $r_2 = 12\ \Omega$, $U = 24$ V

Gesucht: $J = ?$

Lösung:

Um die Stromstärke ermitteln zu können, muß zunächst der Gesamtwiderstand errechnet werden:

$$R_{ges} = \frac{r_1 \cdot r_2}{r_1 + r_2} = \frac{4 \cdot 12}{4 + 12} = 3\ \Omega$$

Nun ergibt sich die Stromstärke nach dem Ohmschen Gesetz:

$$J = \frac{U}{R} = \frac{24}{3} = 8\ \mathrm{A}$$

d) Die Berechnung des Gesamtwiderstandes bei mehr als zwei parallel geschalteten Widerständen

Bei der Parallelschaltung von mehr als 2 Einzelwiderständen ergibt sich der Gesamtwiderstand, indem man zunächst die Leitwerte der Einzelwiderstände bildet und sie zu einem Gesamtleitwert addiert. Durch Umkehrung des Gesamtleitwertes findet man dann den Gesamt- oder Ersatzwiderstand:

$$\boxed{\text{Leitwert: } x = \frac{1}{R_{ges}} = \frac{1}{r_1} + \frac{1}{r_2} + \frac{1}{r_3} + \frac{1}{r_4}}$$ gemessen in „Siemens".

Beispiel Nr. 26:

Die Widerstände mit folgenden Größen 2, 3, 7 und 12 Ohm sind parallel geschaltet. Wie groß ist der Gesamtwiderstand?

Gegeben:

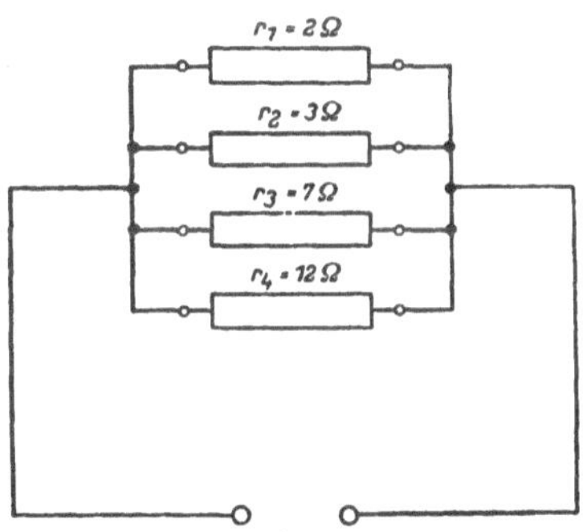

Abb. 22

Gesucht: $R_{ges} = ?$

Lösung: Zuerst bestimmen wir durch Addition der Einzelleitwerte den Gesamtleitwert:

$$\frac{1}{R_{ges}} = \frac{1}{r_1} + \frac{1}{r_2} + \frac{1}{r_3} + \frac{1}{r_4} = \frac{1}{2} + \frac{1}{3} + \frac{1}{7} + \frac{1}{12}$$

Ungleichnamige Brüche werden addiert, indem man sie zunächst auf einen gemeinsamen Nenner bringt und dann ihre Zähler addiert, also:

$$\frac{1}{R_{ge4}} = \frac{42}{84} + \frac{28}{84} + \frac{12}{84} + \frac{7}{84} = \frac{89}{84}$$

$$\frac{1}{R_{ges}} = \frac{89}{84}$$

Da wir nicht den Leitwert $\frac{1}{R_{ges}}$ suchen, sondern „R_{ges}" kehren wir beide Seiten der vorstehenden Gleichung um, so daß wir folgende Schreibweise erhalten:

$$\frac{R_{ges}}{1} = \frac{84}{89}$$

Da eine Zahl, wenn man sie durch 1 teilt, in ihrer ursprünglichen Größe bestehen bleibt, lassen wir die Zahl 1 fortfallen und schreiben:

$$R_{ges} = \frac{84}{89} = \mathbf{0{,}94\ \Omega}$$

Beispiel Nr. 27:

Drei Widerstände mit den Größen $r_1 = 4\ \Omega$, $r_2 = 6\ \Omega$ und $r_3 = 5\ \Omega$ sind parallel geschaltet.

Wie groß ist 1. der Gesamtwiderstand und 2. welche Stromstärke fließt in den Zuleitungen, wenn die angelegte Spannung 24 Volt beträgt?

Lösung:

Zu 1. $$\frac{1}{R_{ges}} = \frac{1}{r_1} + \frac{1}{r_2} + \frac{1}{r_3} = \frac{1}{4} + \frac{1}{6} + \frac{1}{5}$$

$$= \frac{15}{60} + \frac{10}{60} + \frac{12}{60} = \frac{37}{60}$$

$$\frac{1}{R_{ges}} = \frac{37}{60}$$

$$R_{ges} = \frac{60}{37} = \mathbf{1{,}62\ \Omega}$$

Zu 2. $$J = \frac{U}{R} = \frac{24}{1{,}62} = \mathbf{14{,}8\ A}$$

Beispiel Nr. 28:

Im nebenstehend dargestellten Stromkreis liegt an den Punkten A und B eine Spannung von 24 Volt. Durch die einzelnen Zweige fließen die eingetragenen Ströme. Wie groß ist 1. der Gesamtstrom und 2. der Widerstand jedes Zweiges?

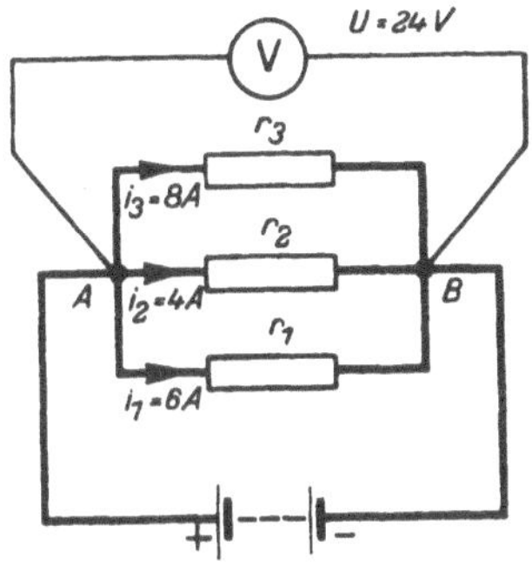

Abb. 23

Gegeben:

$U = 24$ V, $i_1 = 6$ A, $i_2 = 4{,}0$ A, $i_3 = 8$ A

Gesucht:

1. $J = ?$

2. $r_1 = ?$, $r_2 = ?$, $r_3 = ?$

Lösung:

Zu 1: $J = i_1 + i_2 + i_3 = 6 + 4 + 8 = 18$ A

Zu 2: $r_1 = \frac{U}{i_1} = \frac{24}{6} = 4\ \Omega$

$$r_2 = \frac{U}{i_2} = \frac{24}{4} = 6\ \Omega$$

$$r_3 = \frac{U}{i_3} = \frac{24}{8} = 3\ \Omega$$

Beispiel Nr. 29:

In Abb. 24 sind mehrere Einzelwiderstände in Parallel- und Hintereinanderschaltung angeordnet. Wie groß ist der Gesamtwiderstand und der elektrische Strom in den Zuleitungen, wenn eine Stromquelle mit einer Spannung von 30 Volt angeschlossen ist?

Gegeben:

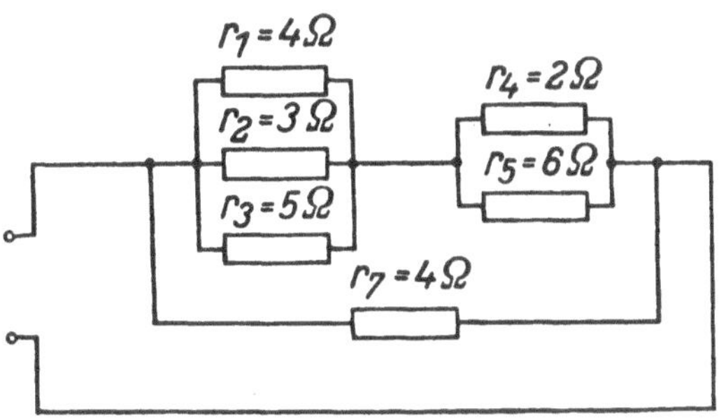

Abb. 24

Gesucht: 1. $R_{ges} = ?$
2. $J = ?$

Lösung zu 1:

Wir berechnen zuerst den Ersatzwiderstand „X_1" aus den 3 parallel geschalteten Einzel-Widerständen r_1, r_2 und r_3:

$$\frac{1}{X_1} = \frac{1}{r_1} + \frac{1}{r_2} + \frac{1}{r_3} = \frac{1}{4} + \frac{1}{3} + \frac{1}{5}$$

$$= \frac{15}{60} + \frac{20}{60} + \frac{12}{60}$$

$$\frac{1}{X_1} = \frac{47}{60}$$

$$X_1 = \frac{60}{47} = 1{,}27\ \Omega$$

Der Ersatzwiderstand aus den Einzelwiderständen r_4 und r_5 ergibt sich zu:

$$X_2 = \frac{r_4 \cdot r_5}{r_4 + r_5} = \frac{2 \cdot 6}{2 + 6} = 1{,}5\ \Omega$$

Dann ist der Ersatzwiderstand aus den berechneten Widerständen X_1 und X_2.

$$X_3 = X_1 + X_2 = 1{,}27 + 1{,}5 = 2{,}77\ \Omega$$

Nach diesen Vorberechnungen ermitteln wir den Gesamtwiderstand zu:

$$R_{ges} = \frac{X_3 \cdot r_7}{X_3 + r_7} = \frac{2{,}77 \cdot 4}{2{,}77 + 4} = \mathbf{1{,}63\ \Omega}$$

Lösung zu 2:

$$J = \frac{U}{R_{ges}} = \frac{30}{1{,}6} = \mathbf{18{,}7\ A}$$

13. Spannungsteiler

Ist die elektrische Spannung einer vorhandenen Stromquelle höher als die erforderliche Betriebsspannung eines Verbrauchers, so kann die zu hohe Spannung mit Hilfe eines Spannungsteilers (auch Potentiometer genannt) für den Verbraucher geteilt werden.

Der Spannungsteiler in Abb. 25 besteht aus einem Widerstand mit gleicher Widerstandsverteilung. Auf dem Widerstand ist ein Schleifer angeordnet, der beliebig nach rechts oder links verstellt werden kann.

Wird die vorhandene Spannung an den Spannungsteiler angelegt, so kann mit Hilfe des Schleifers von dem Widerstand die erforderliche Teilspannung (für den Verbraucher) abgegriffen werden.

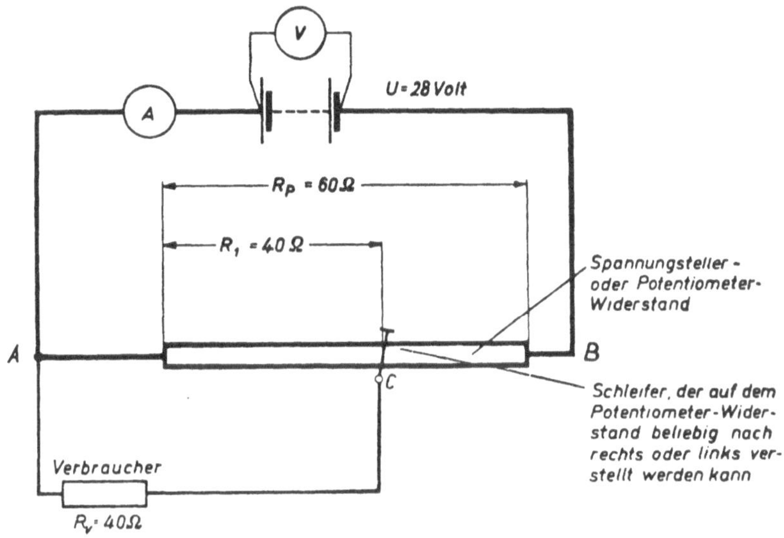

Abb. 25

Wird der Schleifer nach links an den Anfang des Spannungsteiler-Widerstandes geschoben, so ist die abgegriffene Spannung gleich Null, was man dem in Abb. 25 dargestellten Stromlaufplan entnehmen kann.

Durch Verschieben des Schleifers nach rechts steigt die abgegriffene Spannung für den angeschlossenen Verbraucher an und erreicht, wenn sich der Schleifer rechts am Ende des Widerstandes befindet, abgesehen von dem Spannungsabfall in den Zuleitungen, die Höhe der angelegten Spannung.

Wir werden nun bei der in vorhergehender Abbildung dargestellten Schleiferstellung die Höhe der abgegriffenen Teilspannung errechnen. Wir ermitteln zu diesem Zweck zunächst den Teilwiderstand zwischen den Punkten A—C. Dieser setzt sich zusammen aus dem abgegriffenen Widerstand R_1 und dem Widerstand des Verbrauchers R_V:

$$R_{A-C} = \frac{R_1 \cdot R_V}{R_1 + R_V} = \frac{40 \cdot 40}{40 + 40} = 20\ \Omega$$

Dann ist der Gesamtwiderstand zwischen den Punkten A—B:

$$R_{A-B} = R_{A-C} + (R_p - R_1) = 20 + (60 - 40) = 40\ \Omega$$

Die Höhe des elektrischen Stromes, der in der Zuleitung bis zum Punkt „A“ fließt, beträgt:

$$J = \frac{U}{R_{A-B}} = \frac{28}{40} = 0{,}7 \text{ A}$$

Die von dem angeschlossenen Verbraucher „R_V“ an den Punkten A—C abgegriffene Spannung hat somit eine Höhe von:

$$U_{A-C} = J \cdot R_{A-C} = 0{,}7 \cdot 20 = \mathbf{14\ V}$$

Bei Bewegung des Schleifers nach rechts steigt die abgegriffene Spannung an, während sie bei einer Bewegung des Schleifers nach links fällt.

N. B. Der Wirkungsgrad η (sprich Eta)[1]) einer Spannungsteiler-Schaltung ist sehr gering. Man versteht darunter das Verhältnis der im Verbraucher R_V umgesetzten Leistung zum Gesamtleistungsverbrauch.

Die Formel, mit der der Wirkungsgrad errechnet werden kann, lautet:

$$\boxed{\eta = \frac{\dfrac{U^2_{A-C}}{R_V}}{U \cdot J}}$$

Spannungsteiler werden in elektrischen Meßanlagen vielfach verwendet.

14. Leitungsberechnung

a) Allgemeines

Bei der Planung elektrischer Anlagen müssen nach Ermittlung der Anschlußwerte[2]) die Querschnittsgrößen der Leitungen berechnet werden.

Die Berechnung erfolgt allgemein nach den Gesichtspunkten der Feuersicherheit, Belastbarkeit, Festigkeit und wirtschaftlichen Ausnützung der Leitungen. Maßgebend dabei sind die Vorschriften des Verbandes Deutscher Elektrotechniker (VDE).

Die Leitungsquerschnitte müssen so bemessen werden, daß sich der Spannungsabfall in wirtschaftlich günstigen Grenzen hält. Ist z. B. der Spannungsabfall infolge geringer Leitungsquerschnitte groß, dann erhalten die angeschlossenen Verbraucher zu wenig Spannung und können nicht den gewünschten Zweck erfüllen, so spenden z. B. die an-

---

[1]) Griechischer Buchstabe.

[2]) Anschlußwerte = Elektrische Leistung in Watt oder Kilowatt, die von den angeschlossenen Verbrauchern aufgenommen wird, siehe näheres hierüber Seite 57.

geschlossenen Glühlampen wenig Licht oder Elektromotoren laufen zu langsam und geben zu kleine Drehkräfte ab.

Aus diesem Grunde ist es Vorschrift, daß die Spannungsabfälle festgesetzte Werte nicht überschreiten, z. B. in Lichtanlagen 2% und in Kraftanlagen 3% der Netzspannung; die Stromabnehmer werden dadurch vor unnötig hohem Leistungsverlust geschützt.

b) Gleichstrom-Zweileiter-Anlagen

Der Spannungsabfall in einer Leitung kann mit der Formel $u = J \cdot R$ errechnet werden, da meistens aber Länge, Querschnitt und Werkstoff der Leitung angegeben werden und nicht der Widerstand „R", so setzt man in diese Formel für „R" den Ausdruck $\frac{l \cdot \varrho}{F}$ ein und erhält dann die Formel:

$$u = \frac{l \cdot J \cdot \varrho}{F}.$$

In jedem Stromkreis ist eine Hinleitung zum Verbraucher und eine Rückleitung zur Stromquelle erforderlich. Wir müssen daher in die letzte Formel auch die doppelte Länge also $2 \cdot l$ einsetzen und erhalten so folgende Schreibweise:

$$u = \frac{2 \cdot l \cdot J \cdot \varrho}{F}.$$

Da sich mit den spezifischen Widerstandswerten (z. B. ϱ für Kupfer 0,0175) nicht gut rechnen läßt, setzt man in vorstehende Formel an Stelle des spezifischen Widerstandes „ϱ" die Leitfähigkeit „$\varkappa$" ein und erhält dann die Formel:

$$\boxed{u = \frac{2 \cdot l \cdot J}{\varkappa \cdot F}}$$

Nachstehend ist nochmals die Bedeutung der einzelnen Buchstaben erklärt:

u = Spannungsabfall, gemessen in Volt.

l = Einfache Länge von der Stromquelle, Verteilungsstelle oder Schalttafel bis zum Verbraucher, gemessen in Meter.

J = Stromstärke, gemessen in Ampere.

$\varkappa$ = Leitfähigkeit des verwendeten Leiterwerkstoffes (siehe Tabelle).

F = Querschnitt des Leiters, gemessen in mm^2.

Durch Umstellung der letzten Gleichung erhalten wir für die Querschnittsermittlung folgende Formel:

$$\boxed{F = \frac{2 \cdot l \cdot J}{\varkappa \cdot u}}$$

Nunmehr wollen wir uns mit dem Berechnungsgang für die Querschnittsvermittlung befassen:

Beispiel Nr. 30:

Ein Motor für eine Netzspannung von 220 Volt und eine Stromaufnahme von 14 Ampere soll von einer Verteilungstafel 38 m entfernt aufgestellt werden. Wie groß muß der Querschnitt der Anschlußleitung sein, wenn der Spannungsabfall 3% der Netzspannung nicht überschreiten soll? Der Werkstoff der Leitung ist Kupfer.

Gegeben:

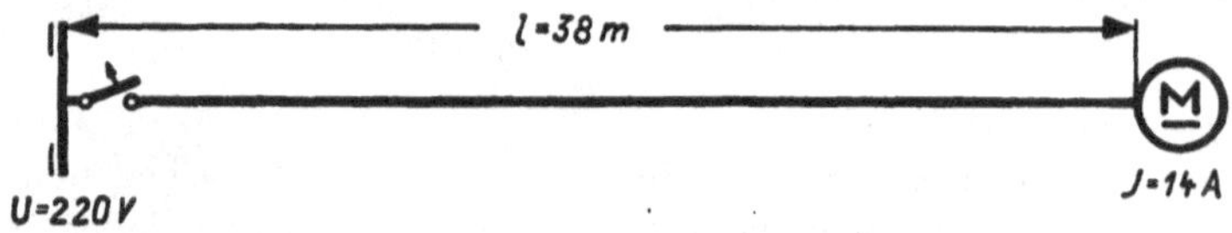

Abb. 26

Gesucht: $F = ?$
Lösung:

$$F = \frac{2 \cdot l \cdot J}{\varkappa \cdot u} = \frac{2 \cdot 38 \cdot 14}{57 \cdot 6{,}6} = \mathbf{2{,}8\ mm^2}$$

Da der errechnete Querschnitt nicht handelsüblich ist, wählen wir aus der Tabelle den nächst darunterliegenden Querschnitt von 2,5 mm².

Kontrolle auf zulässige Belastbarkeit (Feuersicherheit).

Wir haben einen kleineren Querschnitt als den errechneten gewählt und müssen nun prüfen, ob derselbe mit 14 Ampere belastet werden darf, ohne daß er eine unzulässig hohe Erwärmung annimmt.

Nach der Tabelle darf ein Querschnitt von 2,5 mm² mit 21 Ampere höchstbelastet und mit 15 Ampere gesichert werden. Wir gehen bei dieser Kontrolle immer von der Sicherungsstromstärke aus, folglich kann der gewählte Querschnitt von 2,5 mm² beibehalten werden.

Kontrolle auf zulässigen Spannungsabfall.

Der gewählte Querschnitt von 2,5 mm² verursacht gegenüber dem errechneten Querschnitt von 2,8 mm² einen Spannungsabfall von:

$$u = \frac{2 \cdot l \cdot J}{\varkappa \cdot F} = \frac{2 \cdot 38 \cdot 14}{57 \cdot 2{,}5} = 7{,}4\ \mathrm{V}$$

Da ausdrücklich gefordert ist, daß der Spannungsabfall 3% von 220 Volt also 6,6 Volt nicht übersteigen darf, muß aus diesem Grunde der nächsthöhere Querschnitt von 4 mm² gewählt werden.

Beispiel Nr. 31:

An einer Hauptschalttafel soll in einer Entfernung von 40 m eine Verteilungstafel angeschlossen werden, von der mehrere Stromkreise mit einem Gesamtanschlußwert von 23 kW abgehen. Der Spannungsverlust in der Verbindungsleitung soll 2,5% der Netzspannung von 220 Volt nicht überschreiten. Wie groß muß der Querschnitt sein 1. bei Kupfer und 2. bei Aluminium?

Gegeben:

Einfache Länge $l = 40$ m, $N = 23$ kW, $u = 2{,}5\%$ von 220 V $= 5{,}5$ V, $U = 220$ V

Gesucht:

1. Kupferdurchschnitt $F_{Cu} = ?$
2. Aluminiumquerschnitt $F_{Al} = ?$

Lösung:

Aus der gegebenen Belastung in kW errechnen wir zunächst die Stromstärke. Durch Umstellung der Leistungsformel $N = U \cdot J$ (siehe hierzu auch das Kapitel „Die elektrische Leistung“, Seite 54) erhalten wir:

$$J = \frac{N}{U} = \frac{25000}{220} \sim 114 \text{ A}^{1)}$$

Zu 1.

$$F = \frac{2 \cdot l \cdot J}{\varkappa \cdot u} = \frac{2 \cdot 40 \cdot 114}{57 \cdot 5{,}5} = \mathbf{29{,}09\ mm^2}$$

Der errechnete Querschnitt ist nicht handelsüblich, wir wählen daher aus der Tabelle einen Querschnitt von 35 mm².

Kontrolle auf zulässige Belastbarkeit (Feuersicherheit).

Nach der Tabelle darf der Querschnitt von 35 mm² mit 110 Ampere höchstbelastet und mit 100 Ampere gesichert werden. Da in der Verbindungsleitung ein Strom von 114 Ampere fließt, müssen wir nach der Tabelle (siehe Anhang) den nächsthöheren Querschnitt von 50 mm² (Nennstrom der Sicherung 125 Amp.) wählen.

Kontrolle auf zulässigen Spannungsverlust.

$$u = \frac{2 \cdot l \cdot J}{\varkappa \cdot F} = \frac{2 \cdot 40 \cdot 114}{57 \cdot 50} = 3{,}2 \text{ V}$$

---

[1]) Das Zeichen $\sim$ heißt „rund“.

Der Spannungsverlust bleibt innerhalb der vorgeschriebenen Grenze von 5,5 Volt.

Zu 2.

$$F_{Al} = \frac{2 \cdot l \cdot J}{\varkappa \cdot u} = \frac{2 \cdot 40 \cdot 114}{33 \cdot 5,5} = \mathbf{50,2\ mm^2}$$

Da der errechnete Querschnitt nicht handelsüblich ist, wählen wir unter Berücksichtigung der zulässigen Belastbarkeit aus der Tabelle einen Querschnitt von 50 mm².

Der Spannungsabfall ist:

$$u = \frac{2 \cdot l \cdot J}{\varkappa \cdot F} = \frac{2 \cdot 40 \cdot 114}{33 \cdot 50} = 5,5\ \text{V}$$

Der Spannungsabfall überschreitet nicht den Wert von 5,5 Volt.

Der gewählte Querschnitt kann folglich beibehalten werden.

Durch vorhergehende Beispiele konnten wir feststellen, daß die Belastungstabelle für die Querschnittsermittlung unentbehrlich ist und ihr Gebrauch die Querschnittsberechnung unter Umständen sogar überflüssig macht. Dabei ist folgendes zu beachten:

1. Wenn die Leitungslängen klein sind, ist naturgemäß auch der Spannungsabfall klein. Man wählt dann unter Berücksichtigung der Stromstärke den Querschnitt aus der Belastungstabelle und errechnet, ob sich der auftretende Spannungsabfall in den vorgeschriebenen Grenzen hält.
2. Sind dagegen die Leitungslängen groß, so muß mit Rücksicht auf die zugelassene Höhe des Spannungsabfalls der Leitungsquerschnitt errechnet werden. An Hand der Belastungstabelle muß dabei (wie bei den vorhergehenden Beispielen bereits gezeigt wurde) geprüft werden, ob der errechnete Querschnitt auch hinsichtlich der Erwärmung ausreicht.

Es soll nun an einem weiteren Beispiel die Berechnung einer Leitung mit mehreren Abzweigungen gezeigt werden.

Beispiel Nr. 32:

Der Querschnitt für die in Abb. 27 dargestellte Hauptleitung mit mehreren Abzweigungen ist als gleichbleibender Querschnitt zu berechnen. Die Netzspannung beträgt 220 Volt, der Spannungsabfall soll 3% der Netzspannung nicht überschreiten.

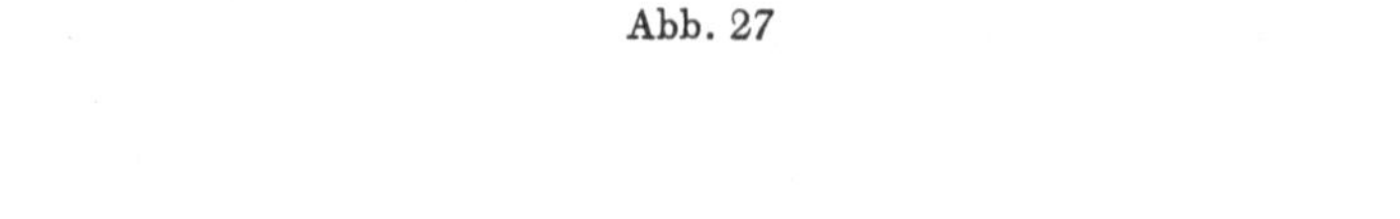

Abb. 27

Gegeben:

$U = 220$ V, $J_1 = 26$ A, $J_2 = 16$ A, $J_3 = 8$ A, $l_1 = 6$ m, $l_2 = 4$ m, $l_3 = 3$ m, $u = 3\%$ von 220 V $= 6{,}6$ V

Gesucht: $F = ?$

Lösung:

In der Leitungslänge $l = 6$ m tritt die höchste Strombelastung mit $26 + 16 + 8 = 50$ Amp. auf. Wir wählen daher aus der Tabelle mit Rücksicht auf Feuersicherheit einen gemeinsamen Querschnitt von $F = 16$ mm² (Nennstromstärke der Sicherung 60 Amp.).

Kontrolle auf zulässigen Spannungsabfall in der Leitungslänge $l = 6$ m

$$u = \frac{2 \cdot l \cdot J}{\varkappa \cdot F} = \frac{2 \cdot 6 \cdot 50}{57 \cdot 16} = 0{,}66 \text{ V}$$

Der Spannungsabfall hält sich in den zugelassenen Grenzen, der gewählte Querschnitt kann folglich verwendet werden.

c) Gleichstrom-Dreileiter-Anlagen

Ein Vorteil der Gleichstrom-Dreileiteranlagen ist, daß in diesen Anlagen 2 Spannungsgrößen zur Verfügung stehen. So kann man Motoren oder andere Verbraucher mit großen Anschlußwerten an die höhere Spannung und Beleuchtungsanlagen an die niedere Spannung anschließen. Dabei ist jedoch auf gleichmäßige Lastverteilung zu achten, damit der Mittelleiter möglichst stromlos bleibt. Nachfolgend werden wir uns durch ein Beispiel mit dem Berechnungsgang vertraut machen.

Beispiel Nr. 33:

Die Entfernung von der Hauptschalttafel bis zur Verteilungsschalttafel beträgt 30 m. Zwischen dem Außenleiter „*P*" und dem Mittelleiter „*Mp*" einerseits und Außenleiter „*N*" und dem Mittelleiter andererseits, sind je 5,2 kW angeschlossen. Die Spannung zwischen den Außenleitern beträgt 440 Volt. Es ist zu errechnen:

1. Der Gesamt-Anschlußwert.
2. Stromstärke in den Außenleitern.
3. Der Kupferquerschnitt für die Außenleiter; der Spannungsabfall soll 1,5% der Netzspannung nicht übersteigen.
4. Wahl des Mittelleiterquerschnitts.

Gegeben:

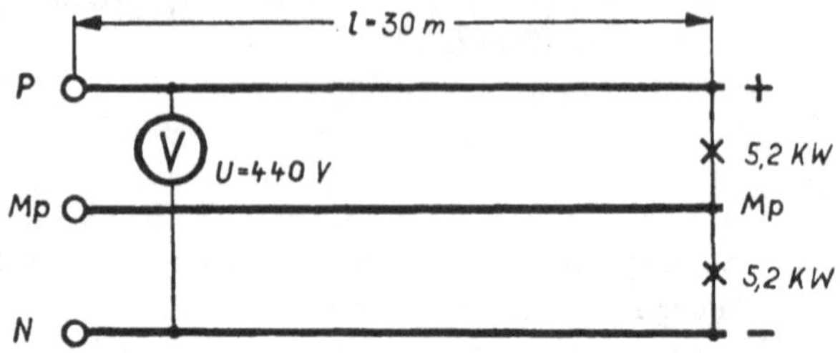

Abb. 28

Lösung:

Zu 1. Gesamt-Anschlußwert $N = 5{,}2 + 5{,}2 = 10{,}2$ kW $= 10200$ W..

Zu 2. $$J = \frac{N}{U} = \frac{10400}{440} \approx 23{,}6 \text{ A}$$

Zu 3. Aus der Belastungstabelle wählen wir einen Querschnitt von:

$$F = 6 \text{ mm}^2$$

Kontrolle auf zulässigen Spannungsabfall

$$u = \frac{2 \cdot l \cdot J}{\varkappa \cdot F} = \frac{2 \cdot 30 \cdot 23{,}6}{57 \cdot 6} = \mathbf{4{,}1 \text{ Volt}}$$

Der Spannungsabfall hält sich in den zugelassenen Grenzen. Der gewählte Querschnitt reicht aus.

Zu 4.

Der Mittelleiterquerschnitt muß mindestens $\frac{1}{2}$ des Außenleiterquerschnittes betragen. Wir wählen daher einen Querschnitt von 4 mm² hierfür.

15. Die Absicherung elektrischer Anlagen

a) Die Aufgabe einer Sicherung

Elektrische Sicherungen haben den Zweck, Einrichtungen vor Zerstörung durch zu hohe Erwärmung der Stromkreis-Leitungen zu schützen und dadurch Sachschaden und die Gefährdung von Menschenleben zu verhüten.

Unter Sicherungen versteht man allgemein Schmelzsicherungen und selbsttätige Überstromschalter, die auch Überstromautomaten oder einfach „Selbstschalter" genannt werden.

Wir unterscheiden in diesem Zusammenhang zwischen Sicherungen, die dem Schutz der angeschlossenen Geräte dienen und solchen, die eine unerträglich hohe Erwärmung der Zuleitungen durch Überströme vermeiden.

b) Der Leitungsschutz

Elektrische Sicherungen für den Leitungsschutz müssen mit ihren Abschmelz- oder Abschaltstromstärken nach der Strombelastbarkeit der Leitungen bemessen sein. Die Höhe der gewählten Nennstromstärke einer Sicherung richtet sich:

1. nach der Größe des Leitungsquerschnittes,
2. nach den Abkühlungsverhältnissen und
3. nach dem zulässigen Spannungsabfall

der zu schützenden Leitungen.

Bei der Wahl einer Sicherung ist zu berücksichtigen, daß ein blanker Leiter in freier Luft eine höhere Dauererwärmung ertragen kann. Die Wärmeabgabe ist günstiger als bei einer isolierten Leitung, die außerdem vielleicht in einem Raum mit hoher Temperatur verlegt ist. Bei der Wahl der Sicherung ist ferner zu prüfen, ob vielleicht eine Leitung verlegt worden ist, deren Querschnitt größer ist, als für den Betriebsstrom notwendig gewesen wäre, um einen möglichst geringen Spannungsabfall zu erhalten.

Aus vorerwähnten Gründen ist es daher bei der Wahl der Nennstromstärke einer Sicherung nicht ratsam, die Leitung nach dem Dauerstrom, den die Leitung aushalten kann, abzusichern, sondern nach der tatsächlichen Höhe des Betriebsstromes, der in der Leitung wirklich fließt. Dadurch wird erreicht, daß bei Auftreten von Überlastungen die Sicherung anspricht, d. h. das farbige Meldeplättchen auf der Vorderseite der Sicherung sich löst.

c) Der Geräteschutz

Um außer dem Leitungsschutz auch einen wirksamen Schutz mehrerer angeschlossener elektrischer Geräte zu haben, genügt es nicht, die Stärke der Sicherungen nach der Höhe des Anschlußwertes aller angeschlossenen Geräte — unter Berücksichtigung der Belastbarkeit der Leitungen — zu wählen. Besonders empfindliche Geräte könnten so bei auftretenden Störungen schon durch geringe Überströme Beschädigungen erleiden, weil die zu hohe Sicherung in der Zuleitung nicht anspricht.

Nehmen wir in diesem Zusammenhang beispielsweise an, eine Zuleitung sei mit der kleinsten Patronensicherung — das ist nach den VDE-Vorschriften eine 6-Ampere-Sicherung — geschützt, so wird diese bei Auftreten eines 1,5fachen Überstromes innerhalb einer Stunde die Leitung von der Stromquelle abtrennen.

Würde das in Frage kommende Gerät jedoch durch irgendeinen Fehler bereits bei einem Überstrom von beispielsweise 2 Ampere beschädigt werden, so bildet die gewählte Leitungssicherung keinen Schutz für dieses Gerät.

Es ist deshalb bei jeder Sicherungswahl darauf zu achten, ob etwa auftretende Überströme, die unter dem Abschaltstrom der in der Zuleitung angeordneten Sicherung liegen, dem angeschlossenen Gerät Schaden zufügen können.

Ist das der Fall, so muß eine zusätzliche Sicherung entsprechender Größe für das Gerät vorgesehen werden.

d) Die Schmelzsicherung

Jeder elektrische Leiter darf nach den VDE-Vorschriften nur bis zu einem bestimmten Höchststrom belastet werden. Die Höhe dieses Belastungsstromes richtet sich im allgemeinen nach der Querschnittsgröße und der Leitfähigkeit des verwendeten Leiterwerkstoffes (siehe hierzu auch die Tabelle im Anhang). Würde man den Leiter unter Außerachtlassung der bestehenden Vorschriften höher als zulässig belasten, ohne ihn durch eine Sicherung zu schützen, so würde sich der Leiter zu sehr erwärmen. Die Temperatur erreicht schließlich eine derartige Höhe, daß die Isolation beschädigt wird und die Leitung letzten Endes schmilzt.

Um das zu verhüten, wird am Leitungsanfang eine Querschnittverjüngung vorgesehen (siehe Abb. 29), die so bemessen sein muß, daß bei unzulässig hohen Überströmen ihre Erwärmung so hoch wird, daß sie durchschmilzt und die zu schützende Leitungsstrecke von der Stromquelle trennt.

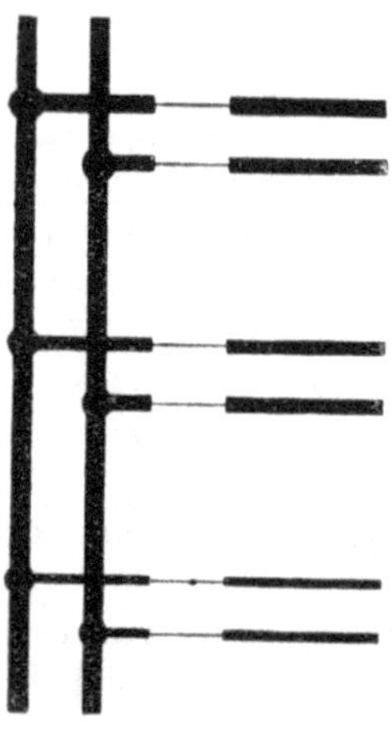

Abb. 29

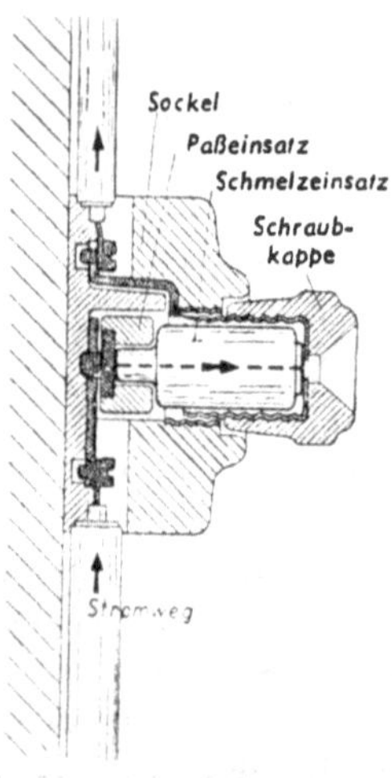

Abb. 29 a. Eine im Leitungszug angeordnete Patronen-Schmelzsicherung

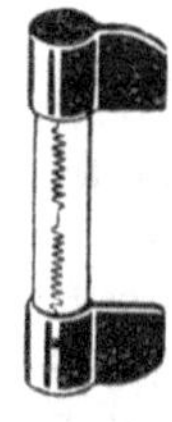

Abb. 29 b. Glasrohr-Schmelzsicherung

Die Querschnittverjüngung stellt also eine Sicherung dar. Sie muß jedoch so bemessen sein, daß sie, bevor eine schädliche Erwärmung der zu schützenden Leitung eintritt, innerhalb einer vorgeschriebenen Zeit durchschmilzt.

Mit Nennstromstärke bezeichnet man in diesem Zusammenhang diejenige Stromstärke, mit der eine Sicherung ständig belastet werden darf, ohne daß sie eine unzulässig hohe Erwärmung annimmt und durchschmilzt.

Sicherungen bis 10 Amp. müssen nach den VDE-Vorschriften den 1,5fachen Nennstrom eine Stunde lang aushalten können und mit dem 2,1fachen Nennstrom innerhalb einer Stunde die zu schützende Leitung abtrennen. Sicherungen von 15 ÷ 20 Amp. müssen den 1,4-fachen Nennstrom eine Stunde lang aushalten und mit dem 1,75fachen Nennstrom innerhalb einer Stunde zum Abschmelzen kommen, während Sicherungen von 35—60 Ampere so eingerichtet sein müssen, daß sie nur den 1,3fachen Nennstrom eine Stunde lang aushalten und mit dem 1,6fachen Nennstrom innerhalb einer Stunde die zu schützende Leitung abtrennen.

e) Die „träge“ Sicherung

Mit träge bezeichnet man die Eigenschaft einer bestimmten Sicherungsart, Stromstöße, die das Mehrfache des Nennstromes ausmachen, Bruchteile von Sekunden oder sogar einige Sekunden lang auszuhalten. Bei länger andauernder Überlast schmilzt die träge Sicherung wie jede normale Sicherung praktisch sofort durch.

Normale Sicherungen werden aus diesem Grunde im Gegensatz zu trägen Sicherungen auch „flinke“ Sicherungen genannt.

Der Vorteil der trägen Sicherung liegt darin, daß die Leitungen besser, also wirtschaftlicher in bezug auf die elektrische Belastung, ausgenutzt werden können.

f) Die Selbstschalter

Selbstschalter, auch Automaten genannt, werden in elektrischen Stromkreisen als Dauersicherungen verwendet. Sie haben die vorher besprochenen Schmelzsicherungen, die nach Ansprechen (Durchschmelzen) jedesmal durch Neue ersetzt werden müssen, in großem Umfange verdrängt.

Selbstschalter haben (ebenso wie Schmelzsicherungen) die Aufgabe, Stromkreise bei Auftreten unzulässig hoher Überströme nach bestimmten Zeiten oder sofort selbsttätig (automatisch) abzuschalten. Sie haben gegenüber den Schmelzsicherungen den Vorteil

einmaliger Anschaffung
dauernder Betriebsbereitschaft
sofortiger Wiedereinschaltbarkeit
und wirtschaftlicherer Ausnutzung
der Leitungen.

Die Selbstschalter vereinigen in sich alle technischen Vorzüge, wie verzögerte Überstrom-, unverzögerte Kurzschluß- und Hand-Auslösung. Ihre Konstruktion ist so gewählt, daß Kurzschlußströme von etwa 1200 Ampere bei 380 Volt Wechsel-, oder 250 Volt Gleichspannung sicher abgeschaltet werden.

Abb. 30. Einschraubform

Abb. 30a. Aufbauform

Durch drücken des großen Einschaltknopfes werden die Selbstschalter in Betrieb gesetzt und durch drücken des kleinen Auslöseknopfes wieder ausgeschaltet.

Im eingeschaltenen Zustand kann die Auslösung außerdem 1. auf „thermische Art" oder 2. auf „magnetische Art" erfolgen.

Aus folgenden Abbildungen kann man entnehmen, daß die thermische Ausschaltung mit Hilfe eines Bimetall-Auslösers erfolgt, letzteres tritt ein, wenn bei kleinen Überströmen nach einiger Zeit die Leitungserwärmung unzulässig ansteigt. Da der Überstrom gleichzeitig auch durch eine Magnetspule fließt, bewirkt diese bei hohen Über- oder Kurzschlußströmen eine sofortige Ausschaltung.

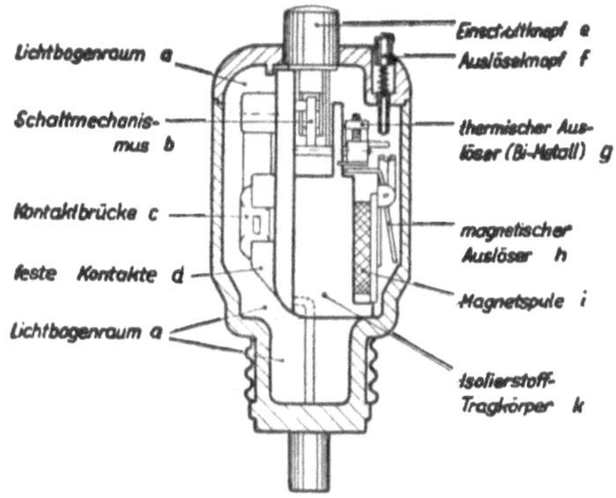

Abb. 31. Darstellung des inneren Aufbaues

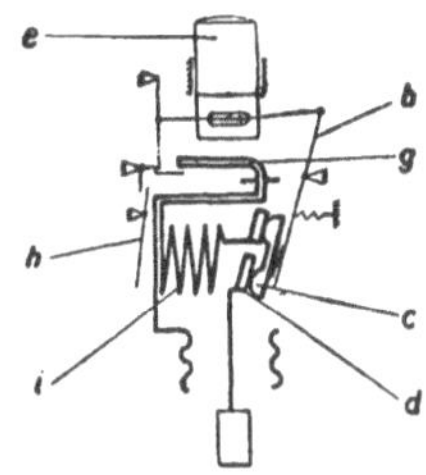

Abb. 31 a. Schematische Darstellung und Stromlaufbahn

Wirkungsweise der Auslösung.

1. Thermische Auslösung.

Das Bimetall besteht, wie der Name sagt, aus zwei (aufeinandergewalzten) Metallen mit verschiedenen Wärmeausdehnungs-Koeffizienten. Es wird durch den unzulässig hohen Betriebsstrom-Durchfluß so stark erwärmt, daß es sich zwangsläufig durchbiegt [1]), wodurch die mit ihm verbundene Auslösungsklinke (thermischer Auslöser „g") betätigt und dadurch die Schaltkontakte sich öffnen. Der Stromkreis ist damit unterbrochen.

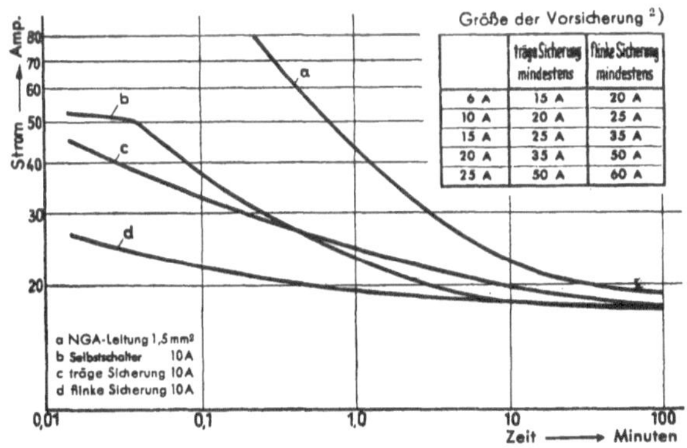

Größe der Vorsicherung [2])

	träge Sicherung mindestens	flinke Sicherung mindestens
6 A	15 A	20 A
10 A	20 A	25 A
15 A	25 A	35 A
20 A	35 A	50 A
25 A	50 A	60 A

Abb. 32. Schaulinien über die wirtschaftlichere Ausnutzung von Leitungen mit Hilfe von Selbstschaltern

[1]) Durch Abkühlung geht die Durchbiegung wieder zurück.

[2]) Die erste Spalte gibt die Größen der Selbstschalter an.

2. Magnetische Auslösung.

Da der Betriebsstrom auch gleichzeitig durch die Magnetspule fließt, entsteht mit zunehmender Größe eine steigende magnetische Anziehungskraft. Bei sehr hohen Über- bezw. Kurzschlußströmen ist die magnetische Anziehungskraft so groß, daß die Auslöseklinke (magnetischer Auslöser „h") sofort angezogen und die Schaltkontakte sich öffnen.

Selbstschalter haben eine besondere, der Erwärmungskurve der Leitungen angepaßte Auslöse-Charakteristik.

Selbstschalter gestatten gegenüber den Schmelzsicherungen gleicher Nennstromstärke eine höhere Ausnutzung der Leitungen ohne daß eine unzulässig hohe Erwärmung derselben eintritt. Siehe hierzu auch Abb. 32.

16. Die elektrische Leistung

Wenn ein Generator (Dynamo-Maschine) in einem angeschlossenen Stromkreis mit Verbrauchern einen elektrischen Stromfluß hervorrufen soll, so muß ihm durch eine Antriebsmaschine mechanische Arbeit zugeführt werden.

Bei Drehung des Generatorankers entsteht in seinen Wicklungen eine elektromotorische Kraft (EMK) und zwischen den Bürstenanschlüssen eine elektrische Klemmenspannung „U".

Von der Höhe dieser Spannung ist die vom Generator abgegebene elektrische Leistung abhängig. Diese Leistung richtet sich jedoch nicht allein nach der Höhe der Generatorspannung, sondern auch nach der Stärke des elektrischen Stromes „*J*", den der Generator hervorrufen kann.

Je größer der elektrische Strom ist, den der Generator zum Fließen bringt, um so größer muß selbstverständlich auch die zugeführte mechanische Arbeit durch die Antriebsmaschine sein.

Die Größe der elektrischen Leistung, die eine Stromquelle abgeben kann, ergibt sich demnach aus der Höhe der elektrischen Spannung, die sie erzeugen kann und ferner aus der Stärke des elektrischen Stromes, den sie in dem angeschlossenen Stromkeis zum Fließen bringt.

Die elektrische Leistung wird in der Maßeinheit „Watt" gemessen. Diese Maßeinheit der Leistung haben wir, wenn in einem Stromkreis bei einer Spannung von 1 Volt ein Strom von 1 Ampere fließt:

$$1 \text{ Watt} = 1 \text{ Volt} \times 1 \text{ Ampere}$$

Zum leichteren Verständnis vergleichen wir die elektrische Leistung mit der mechanischen Leistung des Schaufelrades einer Turbine.

Die mechanische Leistung der Turbine ist abhängig von der Wassermenge, welche sekundlich aus einer bestimmten Gefällhöhe auf die Schaufeln trifft. Fällt z. B. eine Wassermenge von 75 Liter = 75 kg aus einer Gefällhöhe von 1 Meter in einer Sekunde auf die Schaufeln des Wasserrades, so haben wir eine Wasserkraft von 75 kg × 1 Meter = 75 Meterkilogramm pro Sekunde (mkg/s) oder wie man auch sagt eine Pferdestärke (1 PS) vor uns. Es ist also:

$$1 \text{ PS} = 75 \text{ mkg/s}$$

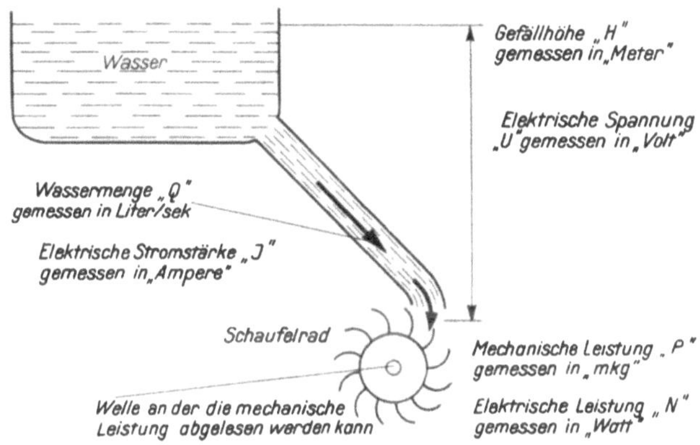

Abb. 33

Die mechanische Leistung eines Wasserrades ist folglich abhängig von der Wassermenge, gemessen in kg oder Liter pro Sekunde und der Gefällhöhe gemessen in Meter, also:

Mechanische Leistung = Gefällhöhe × Wassermenge je Sekunde

Ähnlich ist es auch mit der Leistung einer elektrischen Stromquelle. Vergleicht man die Gefällhöhe mit der elektrischen Spannung und die Wassermenge pro Sekunde mit der elektrischen Stromstärke, so ergibt sich die elektrische Leistung aus „Spannung mal Stromstärke". In einer Gleichung ausgedrückt heißt das:

$$\boxed{N = U \cdot J}$$

Darin bedeutet:

N = Elektrische Leistung, gemessen in Watt
U = Spannung, gemessen in Volt
J = Stromstärke, gemessen in Ampere.

Kleine Leistungen werden in „Watt" angegeben und große elektrische Leistungen in „Kilo-Watt":

1 Kilowatt = 1000 Watt

Zwischen den mechanischen und elektrischen Maßeinheiten der Leistung bestehen folgende Beziehungen:

$$1 \text{ mkg/s} = 9{,}81 \text{ Watt}$$
$$1 \text{ PS} = 75 \cdot 9{,}81 \text{ W} = 736 \text{ Watt}$$

Beispiel Nr. 34:

Wieviel PS entsprechen einer elektrischen Leistung von 3680 Watt?

Lösung:

$$\frac{3680}{736} = 5 \text{ PS}$$

Beispiel Nr. 35:

An eine Stromquelle mit einer elektrischen Spannung von 220 Volt ist ein Motor angeschlossen. Das Amperemeter zeigt eine Stromstärke von 13,5 Ampere an, mit welcher Leistung ist die Stromquelle belastet?

Gegeben: $U = 220$ Volt, $J = 13{,}5$ Ampere

Gesucht: $N = ?$

Lösung:

$$N = U \cdot J = 220 \cdot 13{,}5 = 2970 \text{ Watt}$$

Beispiel Nr. 36:

Ein Gleichstrom-Motor ist an eine Stromquelle mit 220 Volt angeschlossen, er nimmt bei voller Belastung eine Leistung von 1100 Watt auf. Wie groß ist der Strom, der in diesem Stromkreis fließt?

Gegeben: $U = 220$ Volt, $N = 1100$ Watt

Gesucht: $J = ?$

Lösung:

Durch Umstellung der Leistungsformel $N = U \cdot J$ erhalten wir die Formel zur Ermittlung der Stromstärke:

$$J = \frac{N}{U} = \frac{1100}{220} = 5\text{ A.}$$

17. Die aufgenommene Leistung eines Verbrauchers

Die elektrische Leistung, die ein Verbraucher in einem Stromkreis aufnimmt, kann man in ihrer Größe ermitteln, wenn man die Ohmsche Größe des Verbrauchers und die Größe der Stromstärke kennt, die durch den Verbraucher fließt oder die Höhe der angelegten Spannung.

Setzt man in der Leistungsformel $N = J \cdot U$ für „U“ den Ausdruck „$J \cdot R$“ ein, so erhält die Formel folgendes Aussehen:

$$N = J \cdot J \cdot R$$

Da man für „$J \cdot J$“ auch „J^2“ setzen kann, schreiben wir die Formel in folgender Weise:

$$\boxed{N = J^2 \cdot R}$$

Setzt man dagegen in der Leistungsformel $N = J \cdot U$ für „J“ den Ausdruck $\frac{U}{R}$ ein, so erhält die Formel folgendes Aussehen:

$$N = \frac{U \cdot U}{R} \text{ oder einfach } \boxed{N = \frac{U^2}{R}}$$

Beispiel Nr. 37:

Ein Tauchsieder von 24,2 Ohm ist an eine elektrische Spannung von 110 Volt angeschlossen. Welche Leistung nimmt der Widerstand auf?

Gegeben: $R = 24{,}2\ \Omega$, $U = 110$ V

Gesucht: $N = ?$

Lösung:

$$N = \frac{U^2}{R} = \frac{110^2}{24{,}2}$$

$$= \frac{110 \cdot 110}{24{,}2} = \mathbf{500\ W}$$

Beispiel Nr. 38:

Wie groß ist die Leistung, die der Tauchsieder in vorhergehendem Beispiel aufnimmt, wenn der Widerstand versehentlich an eine Spannung von 220 Volt angeschlossen wird?

Gegeben: $U = 220$ V, $R = 24{,}2\ \Omega$

Gesucht: $N = ?$

Lösung:

$$N = \frac{U^2}{R} = \frac{220^2}{24{,}2}$$

$$= \frac{220 \cdot 220}{24{,}2} = \mathbf{2000\ W}$$

d. h. der Tauchsieder ist nach kurzer Zeit durchgebrannt.

Schlußfolgerung:

Ein Verbraucher, der beispielsweise für eine elektrische Spannung von 110 Volt gebaut ist, nimmt bei einem versehentlichen Anschluß an eine doppelt so hohe Spannung das vierfache seiner normalen Leistung auf.

Es ist daher beim Anschluß elektrischer Geräte unbedingt darauf zu achten, für welche Betriebsspannung dieselben gebaut sind, damit sie nicht durch Überlastungen zerstört werden.

Die Formel $N = J^2 \cdot R$ wird vielfach auch zur Ermittlung der sogenannten Stromwärmeverluste, die in Leitungen oder Verbrauchern auftreten, verwendet.

In Worten ausgedrückt sagt uns diese Formel die sehr wichtige Tatsache, daß die Stromwärme-Verluste dem Quadrate der Stromstärke proportional sind. d. h. erhöht man den Strom in einem Widerstand auf seinen zweifachen Wert, so steigt der Leistungsverlust in Form von Wärme auf das Vierfache seines früheren Wertes an.

Beispiel Nr. 39:

Fließt durch einen Heiz-Widerstand von 4 Ohm ein Strom von 5 Ampere, so nimmt er eine Leistung von:

$$N = J^2 \cdot R = 5^2 \cdot 4 = 5 \cdot 5 \cdot 4 = 100\ \mathrm{W}$$

auf, die in Wärme umgesetzt wird. Erhöht man nun den Strom von 5 auf 10 Amp., so beträgt die Leistung jetzt:

$$N = J^2 \cdot R = 10^2 \cdot 4 = 10 \cdot 10 \cdot 4 = \mathbf{400\ W}$$

sie ist also auf den vierfachen Wert angestiegen.

Beispiel Nr. 40:

Eine Leitung besitzt einen Widerstand von 0,7 Ohm. Wie hoch ist die Leistung, die in dieser Leitung in Form von Wärme verloren geht, wenn sie von einem Strom von 20 Amp. durchflossen wird?

Gegeben: $J = 20$ A, $R = 0{,}7\ \Omega$

Gesucht: Verlustleistung $N = ?$

Lösung:

$$N = J^2 \cdot R = 20^2 \cdot 0{,}7$$
$$= 20 \cdot 20 \cdot 0{,}7 = \mathbf{280\ W}$$

Beispiel Nr. 41:

In einem Stromkreis werden nach Einschalten eines Widerstandes 62 Ampere gemessen. Der Widerstand hat 0,4 Ohm. Welche elektrische Leistung nimmt er auf?

Gegeben: $J = 62$ A, $R = 0{,}4\ \Omega$

Gesucht: $N = ?$

Lösung:

$$N = J^2 \cdot R = 62^2 \cdot 0{,}4 = 62 \cdot 62 \cdot 0{,}4 = \mathbf{1537\ W} = \mathbf{1{,}537\ kW}$$

Beispiel Nr. 42:

Ein Gleichstrom-Generator ist mit einem Widerstand, der eine elektrische Leistung von 350 Watt aufnimmt, belastet. Das angeschlossene Amperemeter zeigt eine Stromstärke von 12,5 Amp. an. Wieviel Ohm hat der Belastungswiderstand?

Gegeben: $N = 350$ W, $J = 12{,}5$ A

Gesucht: $R = ?$

Lösung:

Durch Umstellung der Formel $N = J^2 \cdot R$ erhalten wir die Formel zur Ermittlung des Widerstandes:

$$R = \frac{N}{J^2} = \frac{350}{12{,}5^2} = \frac{350}{12{,}5 \cdot 12{,}5}$$
$$= \frac{350}{156{,}25} = \mathbf{2{,}23\ \Omega}$$

18. Die elektrische Arbeit

Wenn die Lieferung elektrischer Energie bewertet oder bezahlt werden soll, so genügt es nicht allein, die Größe der entnommenen Leistung zu kennen, sondern man muß auch wissen, wie lange Zeit sie dem Netz entnommen wird.

Aus der Multiplikation dieser beiden Größen Leistung mal Zeit ergibt sich die elektrische Arbeit, die von einer Stromquelle beim Betrieb eines Verbrauchers verrichtet wird.

Wir erhalten somit folgende Formel:

$$\boxed{A_E = N \cdot t}$$

Darin bedeutet:

A_E = elektrische Arbeit,
N = elektrische Leistung,
t = Entnahmezeit.

Je nachdem in welchen Maßeinheiten wir die elektrische Leistung und die Zeit in vorstehende Formel einsetzen, wird die Größe der errechneten elektrischen Arbeit in Wattsekunden (Ws), Wattstunden (Wh) oder Kilowattstunden (kWh) gemessen.

$$A_E = N_{\mathrm{Watt}} \cdot t_{\mathrm{Sekunden}} \quad (\mathrm{Ws})$$
$$A_E = N_{\mathrm{Watt}} \cdot t_{\mathrm{Stunden}} \quad (\mathrm{Wh})$$
$$A_E = N_{\mathrm{kW}} \cdot t_{\mathrm{Stunden}} \quad (\mathrm{kWh})$$

Meistens werden elektrische Arbeiten in Kilowattstunden gemessen, wir merken uns daher:

> Entnimmt man 1000 Watt eine Stunde lang
> einem Versorgungsnetz, so hat man: 9
> 1 Kilowattstunde = 1 kWh
> verbraucht.

Die Elektrizitätswerke berechnen die gelieferte elektrische Arbeit nach kWh.

Beispiel Nr. 43:

Wie groß ist die elektrische Arbeit, wenn der elektrische Antriebsmotor einer Drehbank 350 Watt, 7,5 Stunden dem Netz entnimmt?

Gegeben: $N = 350$ W, $t = 7{,}5$ h
Gesucht: $A_E = ?$
Lösung:

$$A_E = N \cdot t = 350 \cdot 7{,}5 = 2475 \text{ Wh} = \mathbf{2{,}475\ kWh}$$

Wird die kWh vom Elektrizitätswerk mit 10 Pfennig berechnet, so sind also $10 \cdot 2{,}475 = 24{,}75$ Pfennig Stromkosten für diese Arbeit zu bezahlen.

19. Die Ermittlung der elektrischen Anschlußwerte[1]) bei Verbrauchern

Die elektrische Arbeit, die eine Stromquelle leistet, wenn Verbraucher mit gleichbleibender Belastung an derselben angeschlossen sind, kann man mit Hilfe des elektrischen Zählers ermitteln. Aus den gezählten Kilowattstunden kann man durch Anwendung nachstehender Gleichung die Leistung des angeschlossenen Verbrauchers errechnen:

$$\boxed{N = \frac{3600}{z \cdot t}}$$

Darin bedeutet:

N = Anschlußwert des Verbrauchers in kW

z = Anzahl der Ankerumdrehungen des Zählers für 1 Kilowattstunde

t = Zeit einer Ankerumdrehung gemessen in Sekunden.

Beispiel Nr. 44: 1. Wie groß ist der Anschlußwert (aufgenommene Leistung) eines Radiogerätes, das an einen Zähler mit 4800 Ankerumdrehungen pro 1 Kilowattstunde angeschlossen ist? Die Zeit einer Ankerumdrehung beträgt 10 Sekunden. Bei der Prüfung ist ein anderer Verbraucher an den Zähler nicht angeschlossen, auch ist der Isolationszustand der Anlage einwandfrei. 2. Wie groß sind die Betriebskosten in einem Monat (30 Tage), wenn der Empfänger täglich 4 Stunden in Betrieb ist? Der Kilowattstunden-Preis beträgt 20 Pfennig.

Lösung:

Zu 1. $N = \frac{3600}{z \cdot t} = \frac{3600}{4800 \cdot 10} = 0{,}075 \text{ KW} = \mathbf{75\ W}$

Zu 2. $\text{Betriebskosten} = \frac{N \times \text{Stundenzahl} \times \text{KWh-Preis}}{1000}$

$$= \frac{75 \cdot 120 \cdot 20}{1000} = 180 \text{ Pfg.} = \mathbf{1{,}80\ DM.}$$

20. Der Magnetismus

Die Eigenschaft bestimmter Stoffe, Eisenteilchen anzuziehen, bezeichnet man mit Magnetismus. Die Träger des Magnetismus heißen Magnete.

---

[1]) Anschlußwerte = Elektrische Leistung in Watt oder Kilowatt, die ein Verbraucher aufnimmt.

a) Natur-Magnete

Der wichtigste Stoff unter denen, die von Natur aus die Eigenschaft besitzen, Eisenteilchen anzuziehen, ist der Magneteisenstein. Er besteht aus Eisenoxyduloxyd, das ist eine Verbindung von Eisen und Sauerstoff (chemische Bezeichnung Fe_3O_4).

Magneteisensteine wurden zuerst in der thessalischen Landschaft Magnesia (Klein-Asien), daher der Name, gefunden, außerdem findet man sie u. a. in Schweden und im Ural (Rußland).

b) Künstliche Magnete

Künstliche Magnete bestehen aus Eisen oder Stahl, die durch besondere technische Behandlung die Eigenschaft erhalten haben, Eisenteile anzuziehen.

c) Wie stellt man einen künstlichen Magneten her?

Bestreicht man eine Zeitlang einen Stahlstab mit einem Naturmagneten von der Mitte dem Ende zu (wie in Abb. 34 dargestellt ist), so spielt sich in dem Stahlstab ein Magnetisierungsvorgang ab, der Stahlstab wird dadurch zum Magneten.

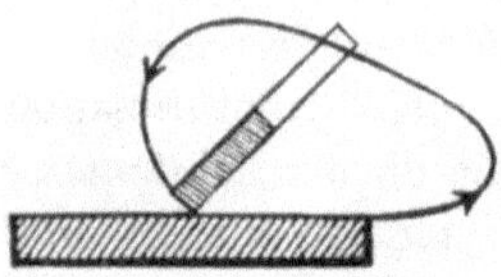

Abb. 34. Magnetisieren eines Stahlstabes

Diesen Vorgang kann man sich so erklären, daß die kleinsten Einzelteilchen (Moleküle) des Stahlstabes selbst winzige Einzelmagnete (Molekularmagnete) sind.

Diese kleinen Einzelmagnete liegen vor dem Magnetisieren wirr durcheinander. Dadurch heben sich ihre magnetischen Kräfte gegenseitig auf, so daß ein Magnetismus äußerlich nicht in Erscheinung treten kann.

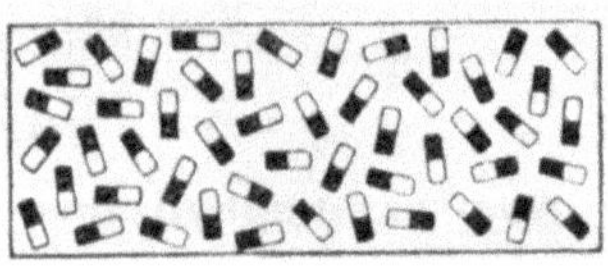

Abb. 35. Unmagnetischer Eisenstab

Durch Bestreichen des Stahlstabes mit einem Naturmagneten von der Mitte dem Ende zu ordnen sich alle Molekularmagnete in eine Richtung, so daß sich im Innern ihre magnetischen Kräfte nicht mehr gegenseitig aufheben, sondern addieren, es treten daher an beiden Enden starke Kräfte auf. Wenn alle Molekularmagnete gerichtet sind, spricht man von einer magnetischen Sättigung des Eisens (vgl. S. 83).

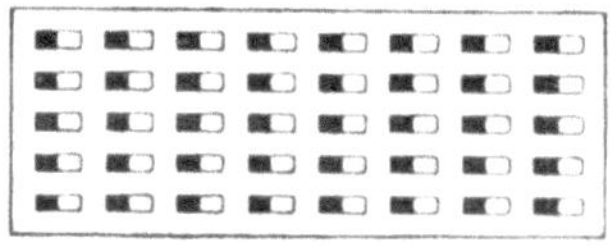

Abb. 36. Magnetischer Eisenstab

Taucht man, zum Beweis des oben gesagten, einen Stabmagneten in Eisenfeilspäne und hebt ihn wieder auf, so bleibt ein großer Teil der Eisenfeilspäne an den Enden und nur ein kleinerer Teil in der Mitte des Magneten haften. Daraus erkennen wir, daß also jeder Magnet zwei Stellen hat, an denen sich besonders große Anziehungskräfte zeigen, wir nennen diese Stellen Magnetpole.

Abb. 37. Magnetstab mit Eisenfeilspänen

Beim Stabmagneten wirkt immer nur ein Pol auf eine zu hebende Last. Soll die Anziehungskraft beider Pole ausgenützt werden, so formt man den Stabmagneten zu einem Hufeisenmagneten, wie Abb. 38 zeigt. Die Anziehungskraft wird dadurch größer.

Abb. 38. Hufeisenmagnet mit Anker

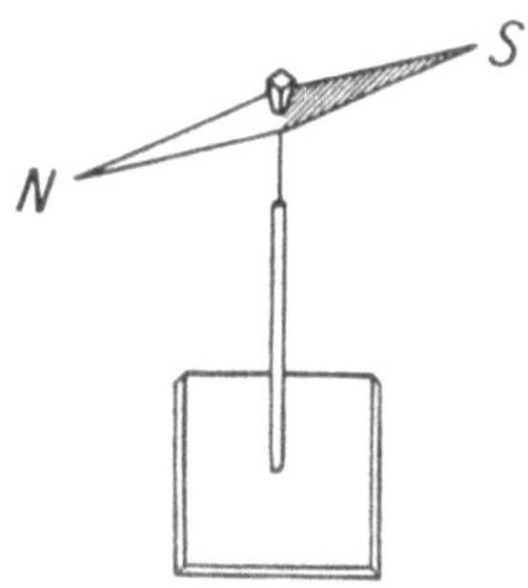

Abb. 39. Magnetnadel

Wird ein Stabmagnet zu einer Magnetnadel geformt und ordnet man diese drehbar an, so daß sie sich frei bewegen kann, dann spielt sich die Magnetnadel, so oft man sie auslenkt, immer wieder in dieselbe Richtung ein.

Da die Erde selbst ein riesiger Magnet ist, stellt sich die drehbar angeordnete Magnetnadel in die magnetische Nord-Süd-Richtung der Erde ein. Die magnetischen Pole der Erde fallen aber nicht mit den geographischen Polen zusammen. Der geographische Nordpol liegt auf der Halbinsel Bootiafelix in Nordamerika, der Südpol südlich von Australien auf dem 72. Breitengrad. Die Magnetnadel zeigt also nicht genau in die geographische Nord-Süd-Richtung der Erde. Sie weicht um einen bestimmten Winkel (der auf jedem Ort der Erde verschieden groß ist), den man mit Mißweisung oder Deklination bezeichnet, von der geographischen Nord-Süd-Richtung ab. Das eine Ende der drehbar angeordneten Magnetnadel stellt sich also mit einer bestimmten Mißweisung in Richtung des „geographischen Nordpols" der Erde ein, wir bezeichnen daher dieses Ende der Nadel mit nordweisenden Pol oder einfach „Nordpol".

Das andere Ende zeigt entgegengesetzt mit der gleichen Abweichung in Richtung des „geographischen Südpols" der Erde, wir bezeichnen daher dieses Ende der Magnetnadel mit „Südpol".

Daraus ergibt sich, daß man eine drehbar gelagerte Magnetnadel als Richtungsweiser oder Kompaß verwenden kann. Man muß jedoch darauf achten, daß sich in der Nähe des Kompasses keine eisenhaltigen Teile befinden, da sonst die Kompaßnadel abgelenkt wird und nicht mehr richtig anzeigt. Die Ursache hierfür ist das Bestreben der Magnetnadel Eisenteile anzuziehen. Da die Nadel sehr beweglich gelagert ist, wird sie folglich abgelenkt, es tritt eine Mißweisung ein.

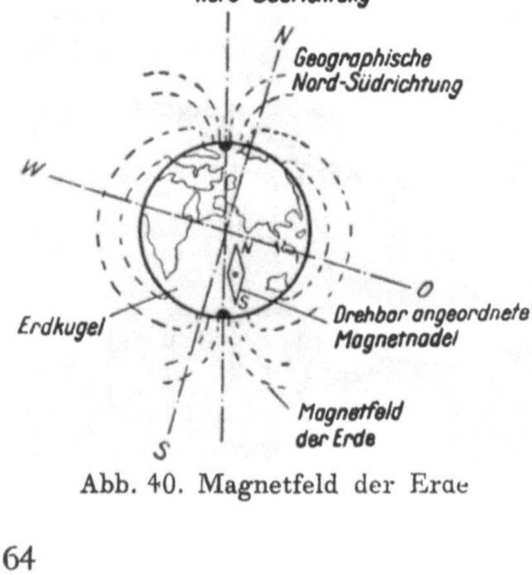

Abb. 40. Magnetfeld der Erde

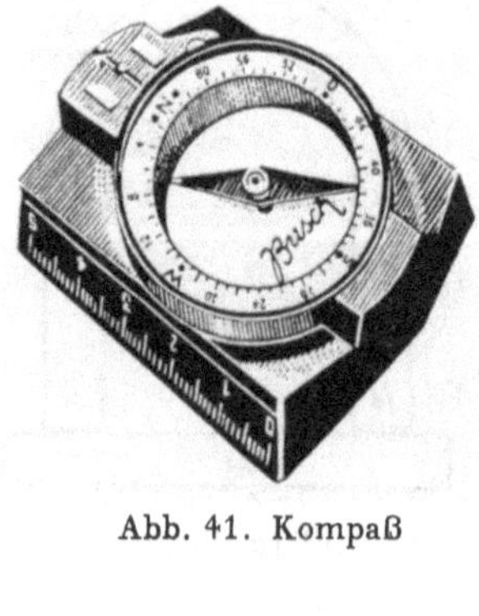

Abb. 41. Kompaß

d) Das Gesetz des Magnetismus

Bringt man zwei Magnete, wie folgende Abbildungen zeigen, in geringer Nähe zusammen, so üben sie aufeinander Kraftwirkungen aus.

Der Nordpol des Stabmagneten zieht den Südpol der Magnetnadel an, so daß die Magnetnadel in der gezeigten Anordnung eine Drehbewegung entgegen dem Uhrzeiger-Lauf (edul) ausführen muß.

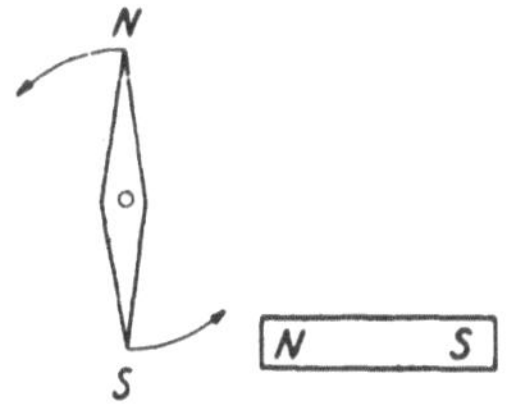

Abb. 42. Feststellen der Polarität eines Magneten

Der Südpol des Stabmagneten stößt den Südpol der Magnetnadel ab, so daß die Magnetnadel in der gezeigten Anordnung eine Drehbewegung im Uhrzeiger-Lauf (mul) ausführen muß.

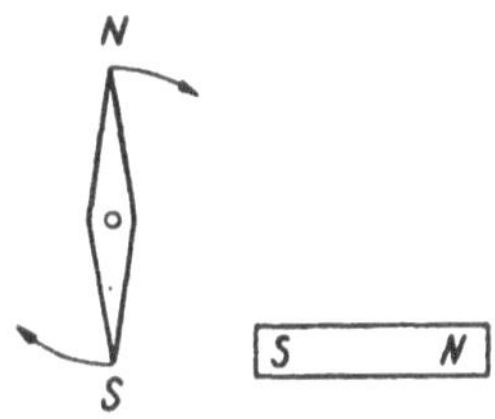

Abb. 43

Aus diesen Versuchen ergibt sich ein wichtiges Gesetz des Magnetismus:

Gleichnamige Magnetpole stoßen sich ab und angleichnamige Pole ziehen sich an.	10

Wir haben außerdem in vorhergehendem auch kennengelernt, wie man den Nord- und Südpol eines Magneten durch eine Magnetnadel feststellen kann.

Nähert man also dem unbekannten Pol eines Magneten eine drehbar gelagerte Magnetnadel mit bekannter Polarität, so wird die Magnetnadel z. B. abgestoßen, wenn sich zwei gleichnamige Pole gegenüberstehen.

e) Die Richtung der magnetischen Kraft

Legt man über einen Stabmagneten ein Blatt Papier und streut auf dasselbe Eisenfeilspäne, so ordnen sich bei leichtem Klopfen diese linienförmig, von einem Pol zum anderen Pol verlaufend, um den Magneten an.

Da sich in nächster Umgebung der Pole des Stabmagneten viel Eisenfeilspäne sammeln und in der weiteren Umgebung wenig, schließen wir daraus, daß die magnetische Anziehungskraft in nächster Umgebung der Pole des Stabmagneten groß ist, während sie in der weiteren Umgebung schwächer wird.

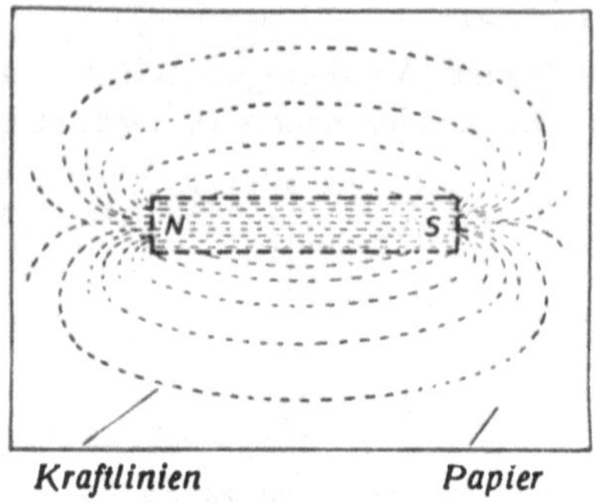

Abb. 44

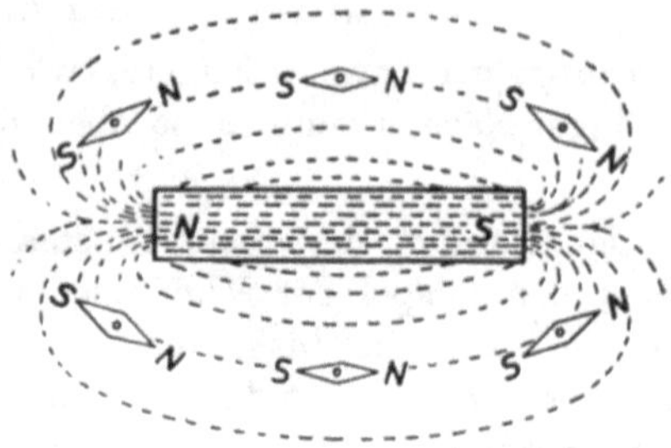

Abb. 45

Der Richtungssinn der Magnetlinien ergibt sich aus folgendem Versuch: An Stelle der Eisenfeilspäne ordnen wir um einen Magneten mehrere kleine Magnetnadeln drehbar an. Während diese sich sonst in die Nord-Süd-Richtung der Erde einspielen, stellen sie sich jetzt in Richtung der Magnetlinien ein und zeigen mit ihren Nordpolen nach dem Südpol des Stabmagneten.

Man hat festgesetzt, daß die Richtung der magnetischen Kraft mit der Richtung zusammenfallen soll, in die die Nordpole der Magnetnadeln gezogen werden. Auf Grund dieser Definition stellt man sich vor, daß die Magnetlinien am Nordpol des Stabmagneten austreten und am Südpol wieder eintreten.

Es handelt sich jedoch bei den Magnetlinien nicht um irgendeine Bewegung, sondern die Magnetlinien geben nur die Richtung einer im Raume um den Magneten herrschenden magnetischen Kraft an.

Da sich durch die Ablenkung der Magnetnadeln eine gewisse Kraft in Richtung dieser Linien offenbart, nennen wir diese auch „Kraftlinien". Der Raum in dem magnetische Kraftlinien wirksam sind, wird „magnetisches Feld" genannt. Man bezeichnet daher diese Linien auch Feldlinien.

Aus vorhergehendem konnten wir entnehmen, daß die Kraftlinien um einen Magneten einen bestimmten Verlauf bilden. Auf diesem suchen sich die Kraftlinien immer den Weg, der den kleinsten magnetischen Widerstand bietet. Ein Weg durch die Luft z. B. ist für die Kraftlinien ein großer magnetischer Widerstand.

Zum Beweis hierfür legen wir einen Stabmagneten unter ein Stück starkes Papier und streuen auf dasselbe Eisenfeilspäne. Bei leichtem Klopfen des Papiers erhalten wir dasselbe Bild des Kraftlinienverlaufs, das wir bereits in Abb. 44 gesehen haben. Wir legen dann in den Weg der

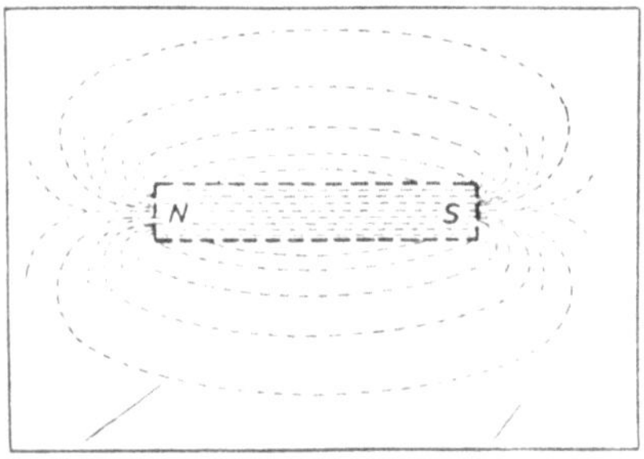

Abb. 46

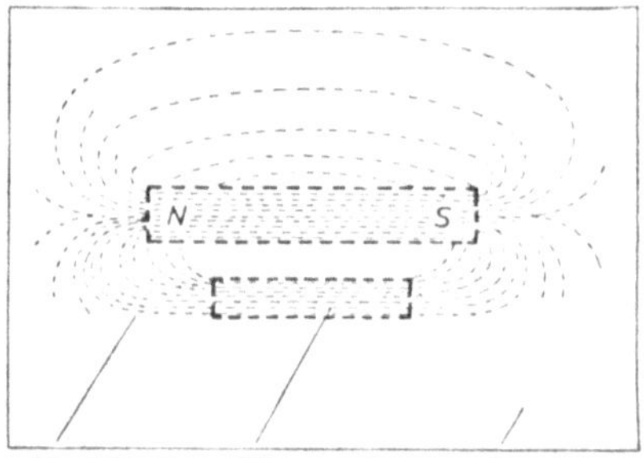

Abb. 47

Kraftlinien einen Eisenstab und stellen eine erhebliche Beeinflussung des Kraftlinienverlaufs fest, da die Kraftlinien den Weg durch den Eisenstab bevorzugen.

Es sieht so aus, als ob der Eisenstab die Feldlinien in sich hineinsaugt.

Entfernen wir nun den Stabmagneten, so vermag der Eisenstab einen Teil der Eisenfeilspäne festzuhalten, er ist selbst magnetisch geworden.

f) Die Kraftlinie

Das Feld um einen Magneten stellt man sich als Summe einer Anzahl von Feld- oder Kraftlinien vor, die in sich geschlossen bogenartig vom Nordpol zum Südpol verlaufen. Die Bezeichnung Kraftlinie ist jedoch nicht wörtlich zu nehmen, denn ebensowenig wie z. B. das Sonnenlicht aus einzelnen Strahlen besteht, wenn man auch von Sonnenstrahlen spricht, besteht das Feld aus einzelnen Linien. Es erfüllt vielmehr den Raum um einen Magneten lückenlos.

Mit Kraftlinie ist lediglich eine bestimmte Einheit der Kraft festgelegt, die mit „Dyn" bezeichnet wird.

Unter 1 dyn versteht man die Kraft, die einem Körper von der Masse 1 g eine Beschleunigung von 1 cm/s^2 erteilt. 11

Ist z. B. die Anziehungskraft einer Polfläche von 1 cm^2 eines Magneten in einem Abstand von 1 cm, 40 dyn, so sagt man es treten 40 Kraftlinien aus diesem Quadratzentimeter Polfläche aus.

g) Die magnetischen Maßeinheiten

In vorhergehendem Kapitel wurde dargelegt, daß zwischen dem Nord- und Südpol eines Magneten ein magnetisches Feld besteht. Dieses wird, wie in Abb. 44 veranschaulicht ist, durch sogenannte Kraftlinien dargestellt. Man sagt über die Stärke eines Magnetfeldes in diesem Zusammenhang z. B., das Feld besteht aus 80000 Kraftlinien.

Die Kraftlinie gilt folglich als Maß für die Feldstärke „$\mathfrak{H}$". An Stelle der Einheit der Kraftlinie setzt man auch häufig den Namen des Physikers Maxwell. Wir merken uns also:

Ein Maxwell ist die magnetische Kraft einer Kraftlinie.	12

Denkt man sich ein homogenes[1]) Feld im Luftraum oder Luftspalt zwischen zwei Magnetpolen, so bewertet man die „Kraftflußdichte" oder die magnetische Induktion nach der Anzahl der Kraftlinien pro cm² Polfläche.

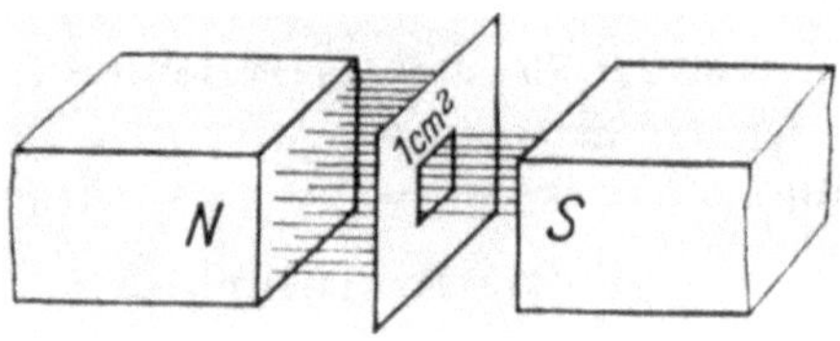

Abb. 48

Eine Kraftlinie pro cm² gilt daher als Einheit für die Kraftflußdichte z. B. im Luftraum zwischen 2 Magnetpolen. Eine Kraftlinie pro cm² bezeichnet man in diesem Zusammenhang mit dem Namen „Gauß". Wir merken uns also:

Ein Gauß bedeutet eine Kraftlinie je cm² in einem Magnetfeld	13

oder $$1 \text{ Gauß} = 1 \text{ Maxwell/cm}^2.$$

Ein Magnetfeld ist folglich um so stärker je mehr Kraftlinien pro cm² aus dem Pol in den umgebenden Raum austreten.

Will man bei vorstehend abgebildeten Magneten die Gesamtkraftlinienzahl, die im homogenen Feld vom Nordpol zum Südpol verläuft, ermitteln, so muß man die Feldstärke mit der gesamten Polfläche multiplizieren. Die sich daraus ergebenden Gesamtkraftlinien werden in „Maxwell" gemessen.

[1]) Verlaufen die Kraftlinien in einem magnetischen Feld alle parallel und ganz dicht, so spricht man von einem „homogenen" Feld.

Wählt man für die einzelnen Werte entsprechende Buchstaben, so erhalten wir folgende Gleichung:

$$\boxed{\Phi = \mathfrak{B} \cdot F}$$

Darin bedeutet:

Φ (sprich Phi) = Gesamtkraftlinienzahl oder Kraftfluß gemessen in Maxwell.

$\mathfrak{B}$ = Kraftflußdichte gemessen in Gauß (Anzahl der Kraftlinien pro cm^2 Polfläche).

F = Polfläche, gemessen in cm^2.

Beispiel Nr. 45:

Die Polfläche eines Magneten beträgt 25 cm^2 und die Kraftflußdichte 80 Gauß. Wie groß ist die Gesamtkraftlinienzahl?

Gegeben: $F = 25\ cm^2$, $\mathfrak{B} = 80$ Gauß

Gesucht: $\Phi = ?$

Lösung: $\Phi = F \cdot \mathfrak{B} = 25.80 =$ **2000 Maxwell**

Beispiel Nr. 46:

Wie groß ist die Kraftflußdichte eines Magneten, wenn die Gesamtkraftlinienzahl 3000 Maxwell und die Polfläche 20 cm^2 beträgt?

Gegeben: $\Phi = 3000$ Maxwell, $F = 20\ cm^2$

Gesucht: $\mathfrak{B} = ?$

Lösung: Aus der Grundformel $\Phi = F \cdot \mathfrak{B}$ ergibt sich durch rechnerische Umstellung die Kraftflußdichte zu:

$$\mathfrak{B} = \frac{\Phi}{F} = \frac{3000}{20} = \mathbf{150\ Gauß}$$

h) Der Elektromagnetismus

Taucht man einen stromdurchflossenen Leiter in Eisenfeilspäne und hebt ihn wieder auf, bleibt ein Teil der Eisenfeilspäne an dem Leiter haften. Nach Unterbrechung des Stromflusses im Leiter fallen die Eisenfeilspäne wieder ab.

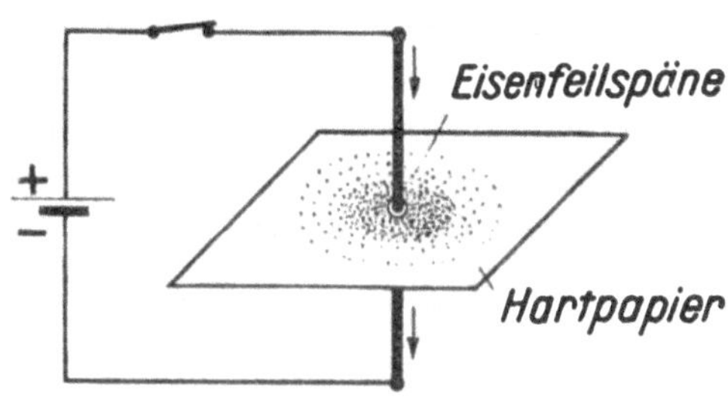

Abb. 49

Wir führen nun durch ein Stück Hartpapier einen Leiter, der an eine Stromquelle angeschlossen wird. Auf das Papier streuen wir Eisenfeilspäne und schließen den Schalter, so daß Strom durch den Leiter fließt. Klopft man nun leicht an das Papier, so ordnen sich die Eisenfeilspäne kreisförmig um den Leiter.

In der näheren Umgebung des stromdurchflossenen Leiters ordnen sich die Eisenfeilspäne leicht, während dies in einiger Entfernung schwächer wird. In noch größerer Entfernung bleiben sie unbeweglich liegen.

Wir folgern daraus, daß die Stärke des durch den stromdurchflossenen Leiter hervorgerufenen Magnetfeld um so größer ist, je kleiner der Abstand vom Leiter ist.

Bringt man kleine Magnetnadeln in die Nähe des stromdurchflossenen Leiters (Abb. 50), so werden sie beim Einschalten des Stromes aus ihrer normalen Nord-Süd-Richtung abgelenkt und stellen sich in Richtung der Kreise ein, die vorher von den Eisenfeilspänen gebildet wurden.

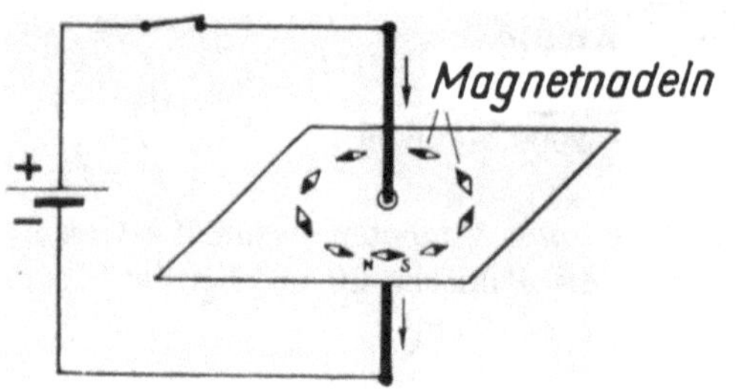

Abb. 50

Aus diesen Versuchen ergibt sich die sehr wichtige Erkenntnis, daß sich um stromdurchflossene Leiter magnetische Felder befinden.

Die Richtung des magnetischen Kraftflusses um einen stromdurchflossenen Leiter kann man nach folgender Regel ermitteln:

> Blickt man in Richtung des Stromflusses eines ausgestreckten Leiters, so verläuft der magnetische Kraftfluß im Uhrzeigersinn um den Leiter. 14

Die Kraftflußdichte um den Leiter ist abhängig von der Stärke des Stromes, der durch den Leiter fließt. Will man eine größere Kraftflußdichte schaffen, so muß die Stromstärke erhöht werden.

Da man jedoch den Leiter, ohne ihn durch übermäßige Wärmebildung zu gefährden, nicht von einem beliebig hohen Strom durchfließen lassen darf, wählen wir eine Stromstärke, deren Höhe sich nach der zulässigen Belastbarkeit des Leiterquerschnittes richtet.

Biegt man den Leiter zu einer Schleife (Abb. 51), so wird der magnetische Kraftfluß im Innern der Drahtschleife dichter.

Der elektrische Strom fließt in der dargestellten Leiterschleife rechtsherum.

Die Kraftlinien um den Leiter treten auf der Vorderseite der Windung in das Innere der Windung ein und vereinigen sich hier zu einem dichteren Kraftfluß. Demnach befindet sich auf der Rückseite der Drahtwindung der Nordpol und auf der Vorderseite der Südpol. Soll der magnetische Kraftfluß weiter verstärkt werden, so muß der Leiter nicht nur zu einer Schleife, sondern zu mehreren hintereinander liegenden Windungen — zu einer Spule — aufgewickelt werden. Dadurch vereinigen sich die Kraftlinien im Innern der einzelnen Spulenwindungen zu einem noch dichteren Gesamtkraftfluß, der an einem Spulenende austritt und an dem anderen Spulenende wieder in das Innere der Spule eintritt. Der Gesamt-Kraftfluß verläuft also wie bei einem Stabmagneten, er hält solange an bis der Stromkreis unterbrochen wird.

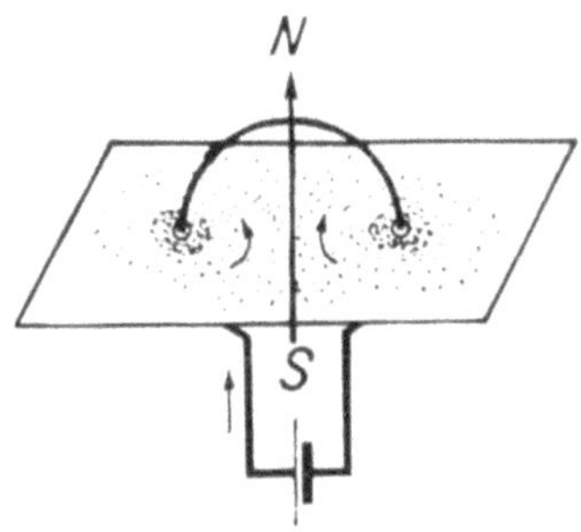

Abb. 51

Eine solche stromdurchflossene Spule äußert dieselbe Kraftwirkung wie z. B. ein Stabmagnet. Auch sie besitzt 2 Pole.

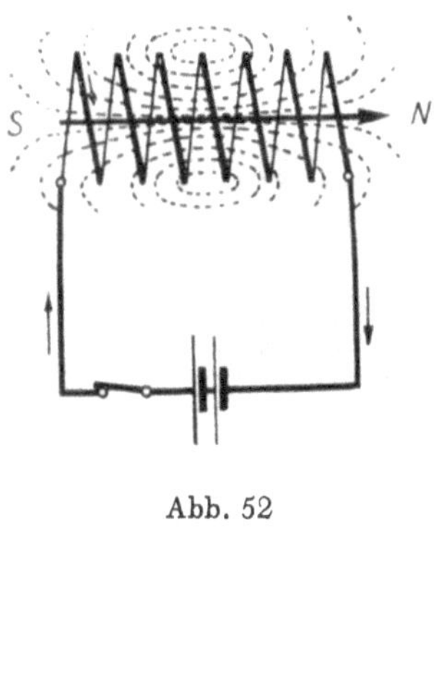

Abb. 52

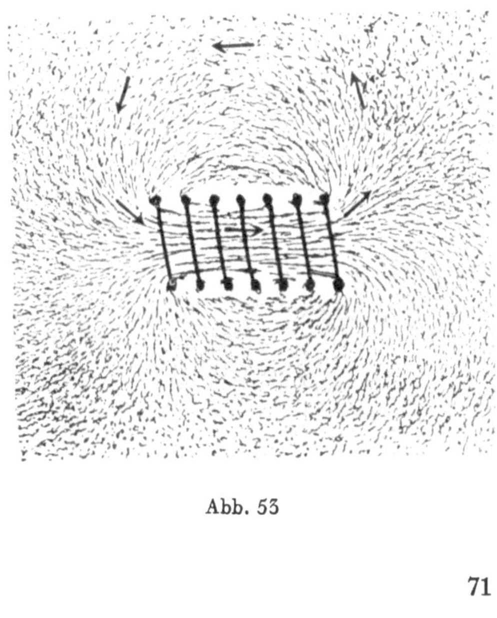

Abb. 53

Der Süd- und Nordpol einer stromdurchflossenen Spule kann mit Hilfe nachstehender Regel ermittelt werden:

> Blickt man auf eine Polfläche der Spule und fließt der elektrische Strom im Uhrzeigersinn durch die Spulenwindungen, so befindet sich an dieser Spulenebene der Südpol. 15

Die Stärke des Kraftflusses einer solchen Spule ist also, wie wir aus Vorhergehendem entnehmen können, abhängig:

1. von der Anzahl der Windungen pro cm Spulenlänge, also von der Windungsdichte,
2. von der Stärke des durch die Spulenwindungen fließenden elektrischen Stromes, gemessen in Ampere.

Durch Multiplikation der Stromstärke mit der Windungszahl und Division durch die Spulenlänge erhalten wir die

> Amperewindungsdichte (AW/cm)

Für die Kraftflußdichte ist es gleich, ob die Amperewindungsdichte einer Spule gebildet wird aus einer kleinen Stromstärke und einer großen Windungsdichte oder durch eine große Stromstärke und eine kleine Windungsdichte.

In folgenden Versuchen wollen wir das Vorhergesagte noch einmal nachprüfen:

1. Eine Spule mit wenigen Windungen je cm wird mit einer Spule, die viele Windungen je cm besitzt, hintereinandergeschaltet. Der elektrische Strom ist in beiden Spulen folglich gleich groß.

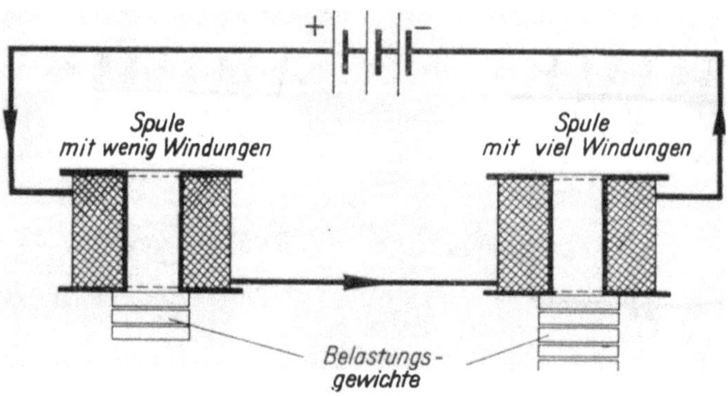

Abb. 54

Wir belasten die beiden stromdurchflossenen Spulen mit gleich schweren Eisengewichten und stellen dabei fest, daß die Spule mit wenig Windungen nur 3 Gewichte tragen kann, während die Spule mit vielen Windungen 5 Gewichte trägt.

Schlußfolgerung:

Eine Spule mit vielen Windungen je cm und einer bestimmten Stromstärke besitzt eine größere magnetische Anziehungskraft als eine Spule mit wenig Windungen je cm und gleich großer Stromstärke.

Zwei Spulen mit gleich vielen Windungen je cm Spulenlänge werden von ungleich starken Strömen durchflossen und mit gleich schweren Eisengewichten belastet. Wir stellen dabei fest, daß die Spule mit kleiner Stromstärke nur 3 Gewichte tragen kann, während die andere von einem starken Strom durchflossene Spule, 5 Gewichte tragen kann.

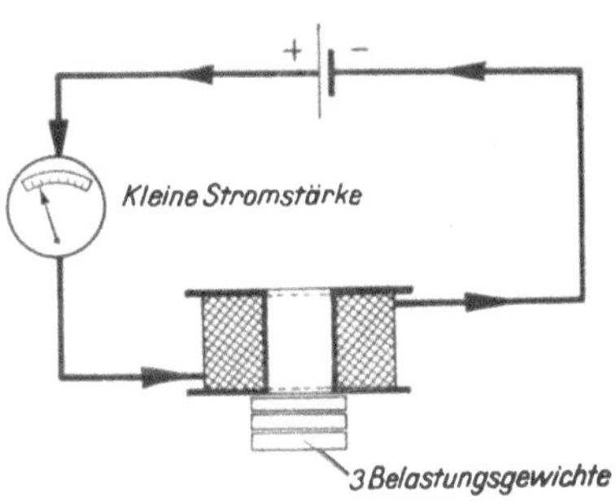

Abb. 54a

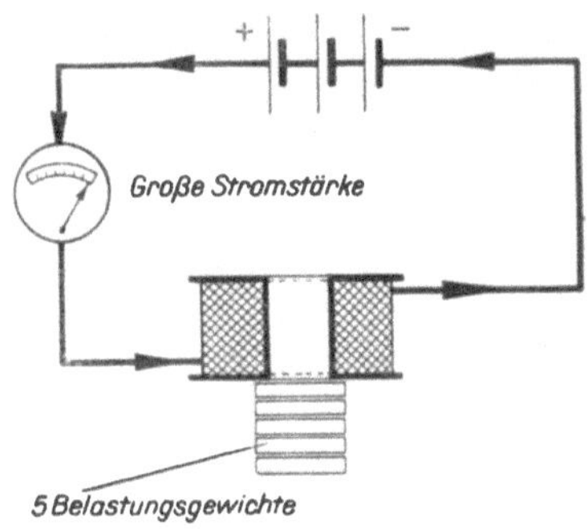

Abb. 54b

Schlußfolgerung:

Die magnetische Anziehungskraft einer Spule mit einer bestimmten Windungsdichte ist um so größer, je stärker der sie durchfließende Strom ist. Die Amperewindungen je cm Spulenlänge, ausgedrückt durch AW/cm sind also ein Maß für die magnetische Kraft.

Die Amperewindungsdichte dient folglich unmittelbar als Maß für die Stärke eines Magnetfeldes. Man bezeichnet den magnetischen Zustand, den man durch die ihm entsprechende Amperewindungsdichte gekennzeichnet hat, als „Feldstärke“ und bezeichnet sie mit dem Buchstaben „$\mathfrak{H}$“.

Die Feldstärke wird in Oersted gemessen. Zwischen AW/cm und Oersted besteht folgende Beziehung:

1 AW/cm = 1,25 Oersted

Die Feldstärke kann man mit folgender Formel errechnen:

$$\boxed{\mathfrak{H} = 1{,}25 \cdot \text{AW/cm}}$$

Beispiel Nr. 47:

Eine 15 cm lange Magnetspule mit 240 Windungen wird von einen Strom von 25 Ampere durchflossen. Der Spulenquerschnitt ist 84 cm².

Gesucht:

1. Die Amperewindungsdichte je cm Spulenlänge AW/cm = ?
2. Die Feldstärke $\mathfrak{H}$ = ? gemessen in Oersted „O“.
3. Die Gesamtkraftlinienzahl Φ = ?

Gegeben:

$$l = 15\ \text{cm}$$
$$W = 240\ \text{Windungen}$$
$$J = 25\ \text{Ampere}$$
$$F = 84\ \text{cm}^2$$

Lösung:

Zu 1. $\text{AW/cm} = \frac{\text{AW}}{l} = \frac{25 \cdot 240}{15} = \mathbf{400\ AW/cm}$

Zu 2. $\mathfrak{H} = 1{,}25 \cdot \text{AW/cm} = 1{,}25 \cdot 400 = \mathbf{500\ Oersted}\ (\text{Oe})$

Zu 3. $\Phi = \mathfrak{H} \cdot F = 500 \cdot 84 = \mathbf{42000\ M}$

i) Die magnetische Feldstärke einer Spule ohne Eisenkern und mit Eisenkern

Die Feldstärke einer stromdurchflossenen Spule ist neben der Abhängigkeit von der Amperewindungsdichte je cm in hohem Maße abhängig von dem magnetischen Widerstand des Weges, den die Kraftlinien auf ihrem Kreislauf vom Nordpol zum Südpol in und außerhalb der Spule überwinden müssen.

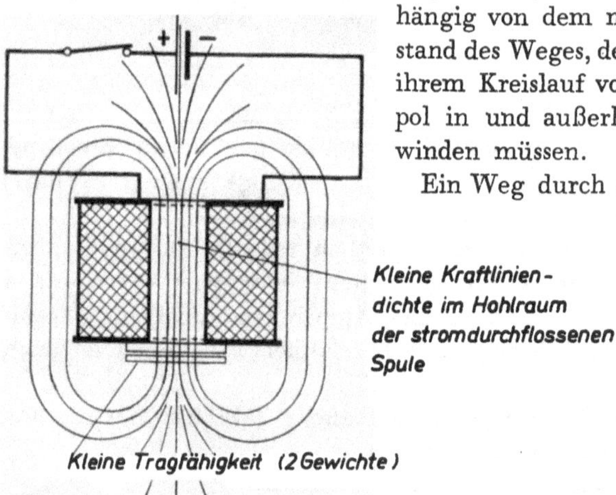

Abb. 55

Ein Weg durch die Luft ist für die Kraftlinien ein großer magnetischer Widerstand. Die Anzahl der Kraftlinien (Feldstärke) ist daher auf einem Luftweg im Innern und außerhalb der Spule gering, was in Abb. 55 dargestellt ist.

Eisen- oder Stahlkerne bieten den Kraftlinien einen geringen magnetischen Widerstand.

Führt man einen Eisen- oder Stahlkern in das Innere einer stromdurchflossenen Spule ein, so ist die Anzahl der Kraftlinien und damit die Feldstärke bedeutend größer.

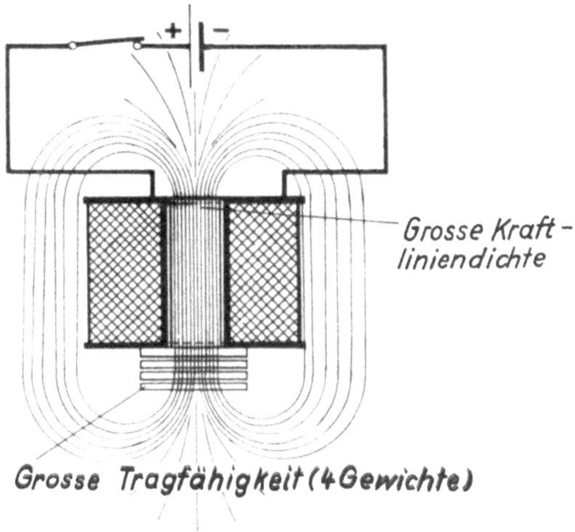

Abb. 56

Praktisch kommt uns eine Erhöhung der Feldstärke infolge eines leichter zu überwindenden Kraftlinienweges dadurch zugute, daß eine Spule mit Eisenkern eine größere Tragkraft besitzt, was wir den vorstehenden Bildern entnehmen können.

k) Die magnetische Leitfähigkeit (Permeabilität) verschiedener Werkstoffe

Darunter versteht man mit einiger Einschränkung etwas ähnliches, was man unter elektrischer Leitfähigkeit der verschiedenen Leiterwerkstoffe gegenüber dem elektrischen Strome versteht.

Die elektrische Leitfähigkeit „$\varkappa$" ist für jeden Leiterwerkstoff bei einer bestimmten Temperatur eine annähernd konstante Zahl (vgl. Tabelle im Anhang).

Die magnetische Leitfähigkeit nimmt jedoch für ein und dieselbe Eisensorte, je nachdem ob das betreffende Eisen in ein magnetisches Feld geringer oder größerer Dichte eingebracht wird, verschieden große Werte an.

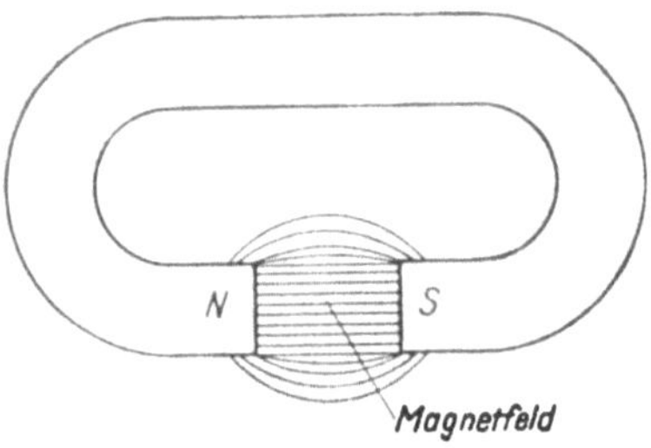

Abb. 57

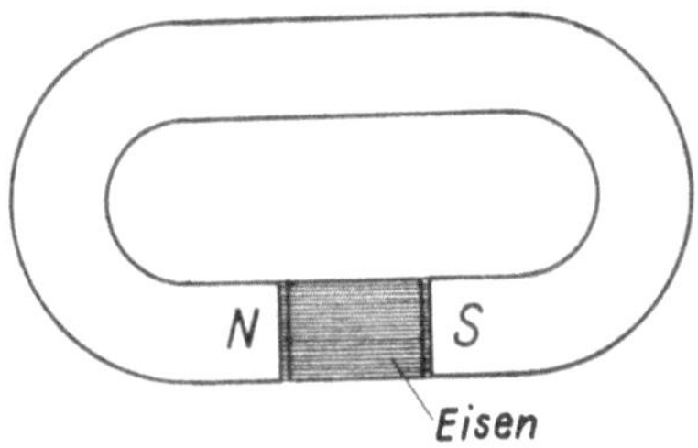

Abb. 58

Zwischen dem Nord- und Südpol des in Abb. 57 dargestellten Hufeisenmagneten herrscht pro cm^2 Polfläche ein schwaches magnetisches Feld oder ein geringer Kraftfluß, weil der Luftweg ein großer Widerstand ist oder anders ausgedrückt nur eine geringe magnetische Leitfähigkeit besitzt.

Füllt man den Raum zwischen den Polen des Magneten (siehe Abb. 57 u. 58) mit einem Eisenstab aus, so entsteht pro 1 cm^2 Stabquerschnitt im Eisenwege ein bedeutend stärkerer Kraftfluß als in der gleichen Querschnittsfläche des Luftweges war.

Daraus entnehmen wir, daß Eisen dem Kraftfluß einen bedeutend geringeren magnetischen Widerstand bietet als Luft.

Die magnetische Leitfähigkeit, auch Permeabilität genannt, ist für die verschiedenen Eisensorten, z. B. Gußeisen, Schmiedeeisen, Stahl, Dynamoblech usw., verschieden groß. Die Permeabilität wird mit dem griechischen Buchstaben „μ" (sprich Mü) bezeichnet. Dieser Wert ist eine Zahl, die angibt, wievielmal irgendein Werkstoff den magnetischen Kraftfluß besser als Luft leitet.

Man kann sich das folgendermaßen erklären: Bringt man in den Luftspalt des Magneten einen Eisenstab ein, so spielt sich in demselben ein Magnetisierungsvorgang ab, d. h. die Molekularmagnete richten sich mehr oder weniger aus. Von dieser Magnetisierbarkeit, die, wie gesagt, bei den Eisen- oder Stahlsorten verschieden groß ist, hängt es ab, ob mehr oder weniger Kraftlinien durch den eingefügten Eisenstab hindurchgehen.

Das Eisen ist nicht in der Lage, eine beliebig hohe Kraftlinienanzahl durchzulassen, weil es bei einer bestimmten Kraftliniendichte gesättigt ist, d. h. die Molekularmagnete alle ausgerichtet sind (vgl. S. 63).

Wird die Amperewindungsdichte und damit die Feldstärke oder magnetisierende Kraft „$\mathfrak{H}$" weiter erhöht, so nimmt die magnetische Leitfähigkeit oder Permeabilität nicht mehr zu. Daraus ergibt sich, daß in einem Eisenstab über den Sättigungspunkt hinaus die magnetische Kraftliniendichte nicht oder nur unwesentlich gesteigert werden kann.

Die Kraftliniendichte in einem Eisenkern, die man als **„magnetische Induktion"** bezeichnet, wird durch den Buchstaben „$\mathfrak{B}$" ausgedrückt. Die Permeabilität (oder magnetische Leitfähigkeit) ergibt sich aus dem Verhältnis der Kraftliniendichte „$\mathfrak{B}$" zur Feldstärke „$\mathfrak{H}$". Dieses in einer Formel ausgedrückt lautet:

$$\boxed{\mu = \frac{\mathfrak{B}}{\mathfrak{H}}}$$

Die magnetische Induktion „$\mathfrak{B}$" in einem Eisenkern ist nicht nur abhängig von der Feldstärke „$\mathfrak{H}$", sondern auch von der magnetischen Leitfähigkeit der verwendeten Eisensorte, was sich durch Umstellung der letzten Gleichung ergibt:

$$\boxed{\mathfrak{B} = \mu \cdot \mathfrak{H}}$$

Die Abhängigkeit zwischen der magnetischen Induktion „$\mathfrak{B}$" und der Feldstärke „$\mathfrak{H}$" ist für einige Werkstoffe im Schaubild auf Seite 78, den sogenannten Magnetisierungskurven, dargestellt.

Beispiel Nr. 48:

In dem Luftraum zwischen den Polen eines Magneten herrscht ein magnetisches Feld von $\mathfrak{H} = 40$ Kraftlinien/cm². Der Luftraum wird durch Eisen mit einer Leitfähigkeit von $\mu \doteq 2000$ ausgefüllt. Wie groß ist die magnetische Induktion in dem Eisenkern?

Lösung:

$$\mathfrak{B} = \mu \cdot \mathfrak{H} = 2000 \cdot 40 = \mathbf{80\,000\ Gauß}$$

Will man einen bestimmten Kraftfluß im Eisenkern einer Spule erzeugen, um eine bestimmte Anziehungskraft zu erhalten, verwendet man selbstverständlich einen Werkstoff, der sich leicht magnetisieren läßt. Dies ist z. B. bei Dynamoblech der Fall. Würde man jedoch an Stelle von Dynamoblech Gußeisen für den Kern verwenden, so müßte man, um den gleichen Kraftfluß wie bei Dynamoblech zu erhalten, entweder mehr Amperewindungen auf den Gußeisenkern aufbringen oder man müßte dem Gußeisenkern einen größeren Querschnitt geben. Dadurch würde aber der Elektromagnet mit einem Gußeisenkern viel schwerer werden, als mit einem Kern aus Dynamoblech.

Die Tragkraft eines Magneten kann mit folgender Gleichung errechnet werden:

$$\boxed{P = \frac{0{,}04 \cdot F \cdot \mathfrak{B}^2}{1\,000\,000}}$$

Darin bedeutet:

P = Tragkraft des Magneten, gemessen in kg
F = Querschnitt des Magneten, gemessen in cm²
$\mathfrak{B}$ = Magnetische Induktion, gemessen in Gauß

Beispiel Nr. 49:

Wie groß ist die Tragkraft eines Stabmagneten mit einem Querschnitt von 16 cm². Die magnetische Induktion beträgt 2500 Gauß.

Gegeben: $F = 16\ \text{cm}^2$

$\mathfrak{B} = 2500$ Gauß.

Gesucht: $P = ?$

Lösung:

$$P = \frac{0{,}04 \cdot F \cdot \mathfrak{B}^2}{1\,000\,000} = \frac{0{,}04 \cdot 16 \cdot 2500^2}{1\,000\,000} = \frac{0{,}04 \cdot 16 \cdot 625}{100} = 4\ \text{kg}$$

l) Die Magnetisierungskurven

Durch Einführung eines Eisenkernes in das magnetische Feld einer stromdurchflossenen Spule vollzieht sich in dem Eisenkern ein Magneti-

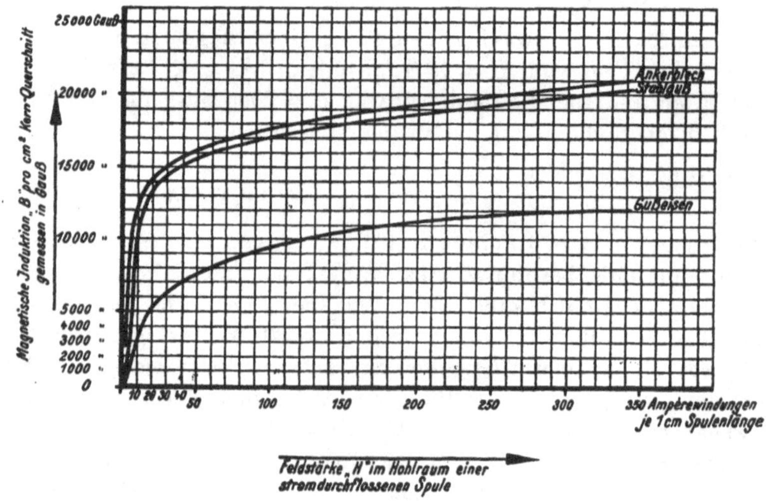

Abb. 59

sierungsvorgang oder eine magnetische Induktion, was wir beim Bestreichen eines Stückchen Eisen mit einem Stabmagneten bereits früher (Seite 62) kennengelernt haben.

Die Abhängigkeit der magnetischen Induktion „$\mathfrak{B}$" in Eisen- oder Stahlkernen, gemessen in Gauß (Anzahl der Kraftlinien pro cm² Kernquerschnitt) von der Feldstärke „$\mathfrak{H}$", gemessen in AW/cm (Anzahl der Kraftlinien pro cm² Luftquerschnitt) ist in vorstehendem Schaubild dargestellt.

Anwendung des Schaubildes.

Beispiel Nr. 50:

Ein Kern aus Ankerblech wird in das Feld eines Magneten mit $\mathfrak{H} = 75$ Kraftlinien/cm² eingebracht.

Wie groß ist die magnetische Induktion „𝔅" in dem Kern?

Lösung:

Wir suchen auf der waagerechten unteren 𝔋-Linie den Wert „75" und gehen von hier aufwärts, bis wir die Kurve für Ankerblech schneiden. Von diesem Schnittpunkt wandern wir nach links bis zu der senkrechten 𝔅-Linie und lesen hier eine magnetische Induktion von 17000 Kraftlinien pro cm^2 Kernquerschnitt ab.

Beispiel Nr. 51:

Wie groß muß für den in Abb. 60 dargestellten Hufeisenmagneten die Amperewindungszahl sein, um in dem Kern einen magnetischen Gesamtkraftfluß von $\Phi = 80000$ Maxwell zu erzeugen? Der Kern-Werkstoff ist Dynamoblech (Ankerblech).

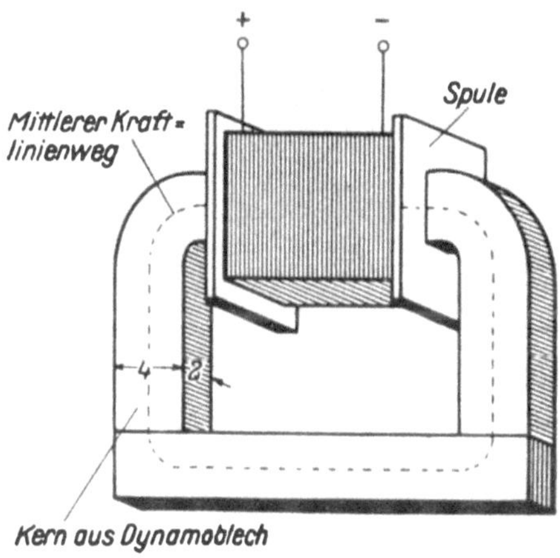

Abb. 60

Wie groß ist außerdem die Tragkraft des Magneten?

Gegeben: $\Phi = 80000$ Maxwell
Kernquerschnitt $4 \times 2 = 8\ cm^2$
Mittlerer Kraftlinienweg $l = 25$ cm
Kern-Werkstoff: Dynamoblech

Gesucht: 1. Amperewindungszahl AW = ?
2. Tragkraft $P = ?$

Lösung zu 1:

Um die Amperewindungszahl errechnen zu können, müssen wir zunächst die Anzahl der Kraftlinien pro cm^2 Kernquerschnitt (Gauß) ermitteln. Dieselbe ergibt sich, wenn wir die geforderte Gesamtkraftlinienzahl durch die Kernquerschnittfläche teilen.

$$\mathfrak{B} = \frac{\Phi}{F} = \frac{80000}{8} = 10000 \text{ Gauß.}$$

Aus der Magnetisierungskurve der Abb. 59 ergibt sich die erforderliche Amperewindungszahl zu „5", d. h. fünf Amperewindungen sind erforderlich, um auf einen mittleren Kraftlinienweg von 1 cm Länge, 10000 Kraftlinien zu erzeugen. Demzufolge müssen wir für einen mittleren Kraftlinienweg von 25 cm:

$$5 \cdot 25 = \mathbf{125\ Amperewindungen}$$

auf den Hufeisenmagnet aufbringen.

Lösung zu 2:

Die Tragkraft ergibt sich mit Hilfe folgender Gleichung:

$$P = \frac{0{,}04 \cdot F \cdot \mathfrak{B}^2}{1000000} = \frac{0{,}04 \cdot 8 \cdot 10000^2}{1000000} = \frac{0{,}04 \cdot 8 \cdot 100}{1} = \mathbf{32\ kg}$$

Beispiel Nr. 52:

Eine Spule mit 600 Windungen wird von einem Strom von 800 mA durchflossen. Die Länge der Spule beträgt 20 cm und der Querschnitt 40 cm². Das Innere der Spule ist mit einem Kern aus Ankerblech ausgefüllt. Es ist zu ermitteln:

1. Die Amperewindungszahl AW = ?
2. Die Amperewindungszahl pro cm Spulenlänge AW/cm = ?
3. Die Feldstärke $\mathfrak{H}$ = ?
4. Die magnetische Induktion $\mathfrak{B}$ = ? unter Anwendung vorhergehenden Schaubildes.
5. Der Gesamtkraftfluß Φ = ?

Lösung:

Zu 1. $AW = J \cdot W = 0{,}8 \cdot 600 = \mathbf{480\ AW}$

Zu 2. $AW/cm = \frac{480}{20} =$ **24 Amperewindungen/cm Spulenlänge**

Zu 3. $\mathfrak{H} = 1{,}25 \cdot AW/cm = 1{,}25 \cdot 24 = \mathbf{30\ Oe.}$

Zu 4. Aus dem Schaubild ergibt sich eine magnetische Induktion von: $\mathfrak{B} = \mathbf{15100\ Gauß}$

Zu 5. $\Phi = \mathfrak{B} \cdot F = 15100 \cdot 40 = \mathbf{644000\ Maxwell\ (M)}$.

m) Der remanente oder zurückbleibende Magnetismus

Im Vorhergehendem haben wir festgestellt, daß eine stromdurchflossene Spule von einem magnetischen Feld umgeben ist. Bringt man in dasselbe einen Eisenkern ein, so beginnen sich dessen Molekularmagnete zu ordnen und es entsteht an dem einen Ende des Eisenkernes ein gemeinsamer Nordpol und an dem anderen Ende ein gemeinsamer Südpol. Unter der Einwirkung des Magnetfeldes findet also in dem Eisenkern eine magnetische Induktion statt.

Mit steigender Amperewindungszahl steigt auch die magnetische Induktion in dem Eisenkern, wie Kurve 0—*A* des in Abb. 61 dargestellten Schaubildes zeigt. Mit 50 Amperewindungen erhalten wir

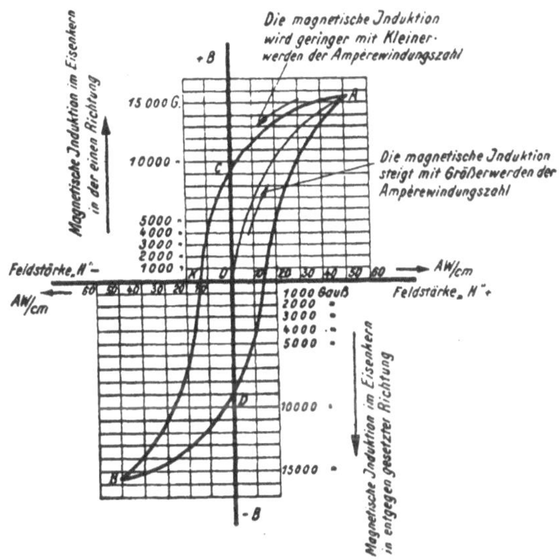

Abb. 61. Die Hysteresisschleife

z. B. eine magnetische Induktion von 15500 Gauß. Hört man nun mit 50 AW auf und vermindert nach und nach die Stromstärke in der Spule, so geht auch die magnetische Induktion zurück, jedoch verläuft der Abfall anders als beim Anstieg, was mit Kurve *A*—*C* dargestellt ist. Bei 10 AW ist sie nicht auf 7000 Gauß (entsprechend Kurve 0—*A*), sondern nur auf 11600 Gauß gesunken. Auch dann, wenn die Stromstärke auf Null gesunken ist und somit keine Amperewindungen mehr vorhanden sind, ist immer noch eine beträchtliche Induktion von etwa 9200 Gauß vorhanden (siehe Punkt *C*).

Wir entnehmen daraus, daß die ausgerichteten kleinen Molekularmagnete in dem Eisenkern nach dem Magnetisierungsvorgang zu einem Teil in ihrer ausgerichteten Lage verharren und ein magnetisches Feld aufrecht erhalten. Es bleibt also ein Teil des Magnetismus, den man Restmagnetismus oder auch „remanenten Magnetismus“ nennt, zurück.

Wird nun der Eisenkern, in dem ein Restmagnetismus verblieben ist, entgegengesetzt wie vorher magnetisiert, so müssen in diesem Falle etwa 13 AW, wie Strecke 0—*K* zeigt, aufgewendet werden, um den Restmagnetismus aufzuheben. Dann beginnt mit weiterer Erhöhung der AW-Zahl eine steigende Magnetisierung im entgegengesetzten Sinne wie vorher, was Kurve *K*—*B* zeigt.

Vermindert man nun nach und nach wieder die Stromstärke in der Spule, so geht wiederum die Magnetisierung in dem Eisenkern zurück, was Kurve *B*—*D* zeigt.

Es bleibt schließlich, wenn die Amperewindungsdichte auf Null angelangt ist, eine magnetische Induktion von etwa 9200 Gauß zurück. Magnetisiert man nun wieder entgegengesetzt, so müssen zunächst etwa 13 AW aufgewendet werden, um den Restmagnetismus aufzuheben. Durch Erhöhung der Stromstärke in der Spule steigt dann die magnetische Induktion wieder an. Diese zuletzt beschriebenen Vorgänge sind durch den Kurvenverlauf *D*—*A* veranschaulicht.

Wird ein Eisenkern zuerst in der einen Richtung und dann in der entgegengesetzten magnetisiert, so kann man sich diese Vorgänge durch derartige zwei entgegengesetzte Kurvenbilder veranschaulichen. Das Nachhinken der Induktion „$\mathfrak{B}$“ bei einer Änderung des Feldes „$\mathfrak{H}$“ nennt man die Hysteresis.

Fügt man diese beiden Kurvenbilder zusammen wie Abb. 61 zeigt, so entsteht eine Figur, die man „Hysteresisschleife“ nennt.

Die Strecke 0—*K* ist ein Maß für die Feldstärke, die für das Ummagnetisieren eines Eisenkernes aufgewendet werden muß.

Bei elektrischen Maschinen bedeutet die Energie für die Aufbringung dieser Feldstärke wirtschaftlich gesehen einen Verlust; man spricht daher in diesem Zusammenhang von Ummagnetisierungs-Verlusten.

Weiches Eisen verliert sofort nach dem Magnetisierungsvorgang fast den ganzen Magnetismus wieder, Gußeisen oder Stahl besitzt dagegen eine größere Fähigkeit, den einmal entstandenen Magnetismus zu behalten, was wir uns mit folgenden Versuchen anschaulich machen.

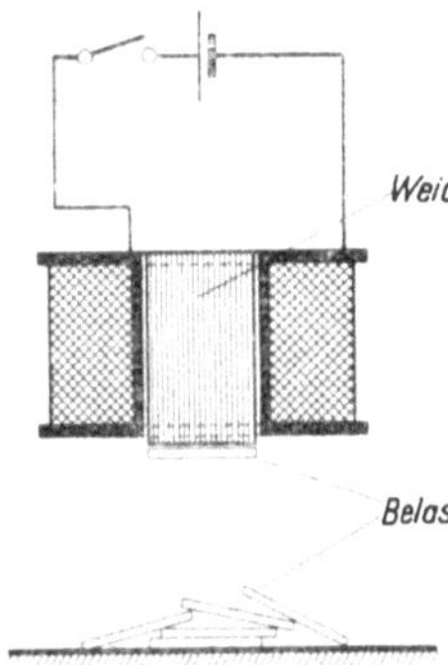

Abb. 62

Nach Unterbrechung des Stromflusses besitzt die Spule mit einem **Weicheisenkern** nur noch eine geringe Anziehungskraft. Fast die ganze Last ist abgefallen, weil in dem Weicheisenkern nur ein geringer Restmagnetismus zurückgeblieben ist.

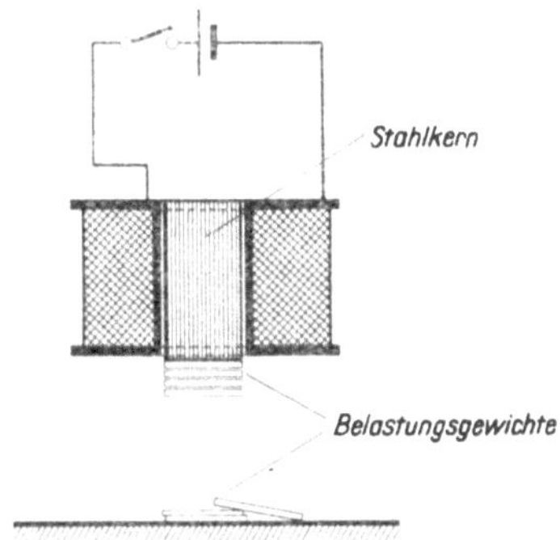

Abb. 63

Nach Unterbrechung des Stromflusses besitzt die Spule mit einem **Stahlkern** noch eine große Anziehungskraft. Nur wenige Belastungsgewichte sind abgefallen, weil in dem Stahlkern ein großer Restmagnetismus zurückgeblieben ist.

Weiches Eisen kann man infolge seines losen Gefüges leicht mit wenig Spulenwindungen und kleinem Stromfluß magnetisieren, wogegen bei Stahl eine größere Amperewindungsdichte aufgewendet werden muß.

Besondere Stahlsorten besitzen also die Eigenschaft, den Magnetismus sehr gut zu behalten. Aus diesem Grunde werden z. B. für Meßinstrumente Magnete aus hochwertigem Stahl hergestellt. Gute Meßinstrumente behalten folglich sehr lange eine hohe Meßgenauigkeit, weil die Stähle mit besonders guten magnetischen Eigenschaften den einmal erhaltenen Magnetismus mit der Zeit nur in sehr geringem Maße verlieren, also nur wenig altern.

Diese Eigenschaft besitzen in erster Linie Kobaltstähle (bis zu 30% Kobalt) sowie Speziallegierungen z. B. Oerstit (Al-Ni-Co-Legierung).

n) Was versteht man unter magnetischer Sättigung?

Bei dem Zahlenbeispiel (Seite 79) kann man leicht auf den Gedanken kommen, daß die magnetische Kraft des Hufeisenmagneten beliebig durch Erhöhung der Amperewindungszahl verstärkt werden könnte.

Dies trifft aber nicht zu, weil durch eine bestimmte AW-Zahl beim Magnetisierungsvorgang die vielen Molekularmagnete sich schließlich vollkommen ausgerichtet haben. In diesem Zustand ist die „Magnetische Sättigung“ in dem verwendeten Magnetwerkstoff eingetreten.

Wann bei den verschiedenen Werkstoffen die magnetische Sättigung eintritt, ergibt sich aus den Magnetisierungskurven. Der magnetische Kraftfluß, gemessen in „Gauß“ (d. h. Anzahl der Kraftlinien pro cm^2 Kernquerschnitt), steigt bei den einzelnen Werkstoffen nicht oder nur unwesentlich über verschieden große Zahlenwerte hinaus an, trotz Erhöhung der Amperewindungszahl (vgl. Abb. 59).

o) Das Entmagnetisieren eines Magneten

Einen Magneten kann man entmagnetisieren, indem man die durch den Magnetisierungsvorgang gerichteten vielen kleinen Molekularmagnete in ihrer Lage wieder derart verändert, daß sich die einzelnen magnetischen Kräfte aufheben.

Man erreicht dies, indem man die innere Struktur des Magnetwerkstoffes durch Ausglühen, Hämmern usw. gewaltsam verändert. Diese gewaltsame Lagenänderung der Moleküle tritt auch dann ein, wenn man den Magneten in das entgegengesetzt gerichtete stärkere Feld eines anderen Magneten oder in das Feld einer von Wechselstrom durchflossenen Spule bringt und diesen Strom langsam auf Null senkt. Die entgegengesetzt gerichtete Feldstärke, die aufgewendet werden muß, um den remanenten Magnetismus aus einem Eisen- oder Stahlkern zu beseitigen, nennt man „Koerzitivkraft“, sie ist in der Hysteresisschleife, Seite 82, durch die Strecke 0—*K* gekennzeichnet.

p) Der stromdurchflossene Leiter im Magnetfeld eines Dauermagneten

Vor Beginn dieser Betrachtungen wollen wir uns zunächst an Hand der Abb. 64 die verwendeten Zeichen für die Richtung des elektrischen Stromes im Leiter einprägen.

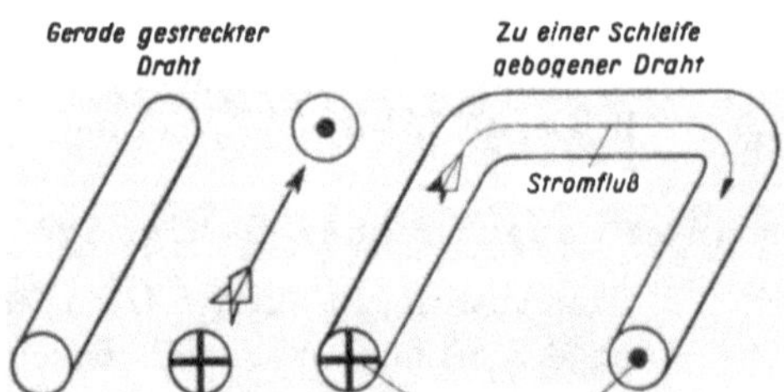

Abb. 64

Aus Abb. 50 Seite 70 haben wir bereits entnommen, daß drehbar gelagerte Magnetnadeln aus ihrer Nord-Süd-Richtung abgelenkt werden, wenn man neben ihnen einen stromdurchflossenen Leiter anordnet. Kehrt man diesen

Versuch, wie in Abb. 65 gezeigt wird um und nimmt an Stelle einer beweglichen Magnetnadel einen festen Dauermagneten und ordnet in dessen Magnetfeld einen stromdurchflossenen Leiter beweglich an, so wird der Leiter bei einem Stromfluß von „a“ nach „b“ nach links in der gezeichneten Pfeilrichtung und bei einem Stromfluß von „b“ nach „a“ in entgegengesetzter Richtung, also nach rechts bewegt.

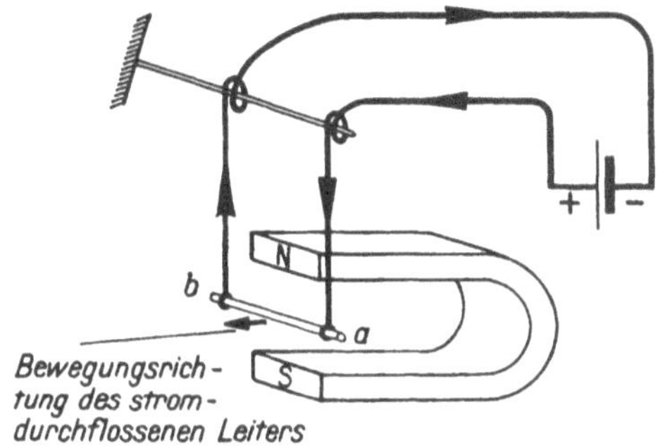

Abb. 65

Aus diesem Versuch ergibt sich, daß der Strom, der im Leiter fließt, und das Magnetfeld des Dauermagneten auf die Bewegungsrichtung des Leiters einen bestimmten Einfluß ausüben.

Wir erklären uns diese Beeinflussung mit Hilfe folgender Bilder. Der Strom fließt im Leiter der Abb. 66 in die Papierebene hinein. Es bildet sich dadurch, wie wir bereits gelernt haben, um den Leiter ein

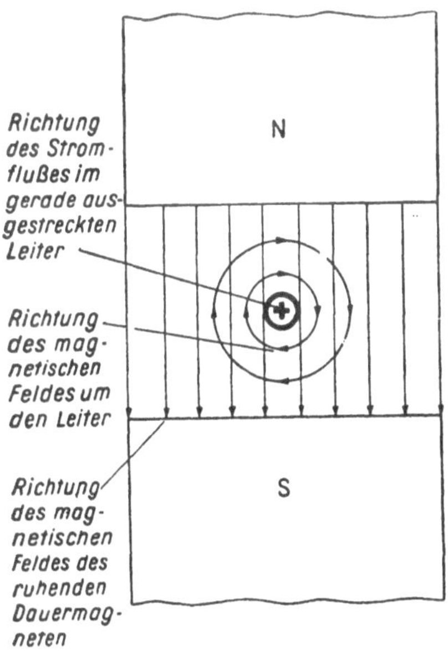

Abb. 66

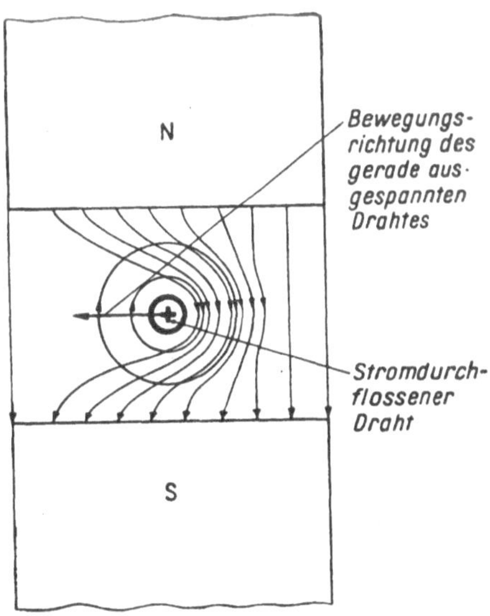

Abb. 67

magnetisches Feld, dessen Kraftrichtung wir uns im Uhrzeigersinn wirkend vorstellen. Dieses Magnetfeld beeinflußt das vom Nordpol zum Südpol verlaufende Feld des Dauermagneten etwa in der Weise, wie es Abb. 67 veranschaulicht.

Auf der rechten Seite des Leiters in dieser Abbildung hat das Feld des Dauermagneten in Höhe des Leiters denselben Richtungssinn, wie

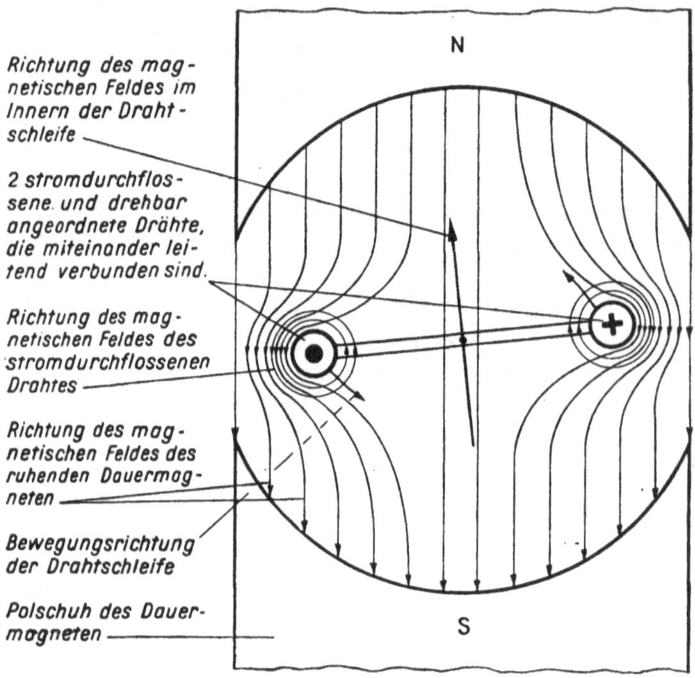

Abb. 68

das Feld des stromdurchflossenen Leiters, es entsteht daher hier eine Feldverdichtung.

Auf der linken Seite sind die Felder entgegengesetzt gerichtet. Hier besteht folglich eine Feldschwächung.

Die Feldverdichtung drückt den Leiter nach der linken Seite in den Raum des schwachen magnetischen Feldes.

Zwischen der Richtung des Magnetfeldes, der Stromflußrichtung im Leiter und der Bewegungsrichtung des Leiters besteht ein fester Zusammenhang, der sich aus der — **linke Handregel** — ergibt:

Hält man die linke Hand so in ein Magnetfeld, daß die Kraftlinien vom Nordpol durch das Innere der Handfläche zum Südpol verlaufen und zeigen die ausgestreckten Fingerspitzen die Richtung des Stromes im Leiter an, so bewegt sich der Leiter in Richtung des abgespreitzten Daumens. 16

Die Kraft, die den Leiter bewegt, steigt, wenn man den Leiter im wirksamen Magnetfeld verlängert oder die Stromstärke vergrößert oder ein stärkeres Magnetfeld hervorruft.

Durch vorstehend geschilderten Versuch haben wir bereits die grundsätzliche Wirkungsweise von Elektro-Motoren kennengelernt, mit der wir uns nachfolgend weiter befassen.

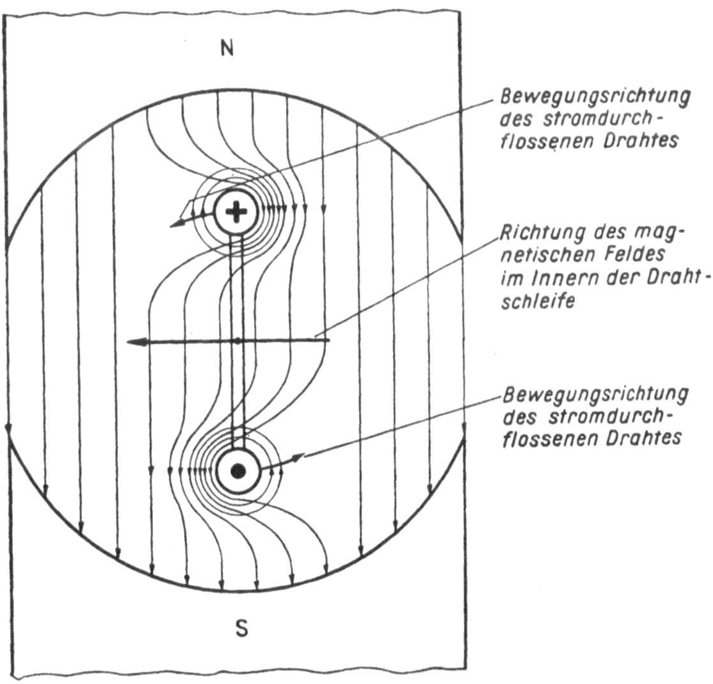

Abb. 69

In Abb. 68 sind zwei gerade ausgestreckte und stromdurchflossene Drähte, die rückwärtig zu einer Drahtschleife leitend verbunden sind, „drehbar" angeordnet. In jedem Drahtquerschnitt ist die Stromrichtung gekennzeichnet. Ebenso ist auch die Richtung des magnetischen Feldes des Dauermagneten und das der stromdurchflossenen Drahtschleife durch Pfeile angegeben.

Die angedeuteten Feldverdichtungen verursachen eine Drehung der ausgestreckten Drähte in Richtung der eingetragenen Pfeile, also links

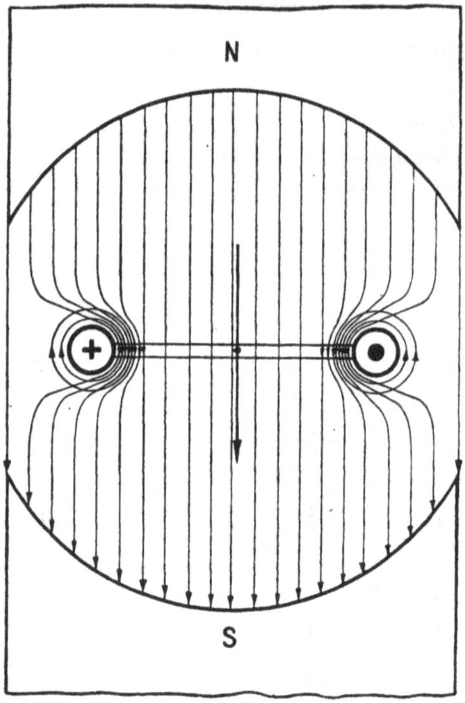

Abb. 70

herum, bis sie in der senkrechten Lage (siehe Abb. 69), und schließlich in der waagerechten Lage, was Abb. 70 zeigt, angekommen sind.

Die Ursache der Drehung der Drahtschleife kann man sich auch so erklären, daß in Abb. 68 das Magnetfeld der stromdurchflossenen Drahtschleife dem Magnetfeld des Dauermagneten entgegengesetzt gerichtet ist. Da die beiden Magnetfelder das Bestreben haben, sich in „eine" Richtung zu stellen, dreht sich die beweglich angeordnete Drahtschleife links herum, bis die Magnetfelder „gleiche" Richtungen haben, was in Abb. 70 dargestellt ist. In dieser Stellung befindet sich übrigens die Drahtschleife in der „neutralen Zone" des ruhenden Dauermagneten.

Soll sich nun die Drahtschleife in dem Magnetfeld des Dauermagneten weiter drehen, so muß jetzt die Stromrichtung in der Drahtschleife geändert werden. Es herrscht dann wieder der Zustand, wie er in Abb. 68 dargestellt ist, der beschriebene Vorgang wiederholt sich und die Drahtschleife bewegt sich um weitere 180°. Soll sich die Drahtschleife ständig drehen, so muß jedesmal, wenn sie in der waagerechten Lage (Neutrale Zone) angekommen ist, die Stromrichtung geändert werden.

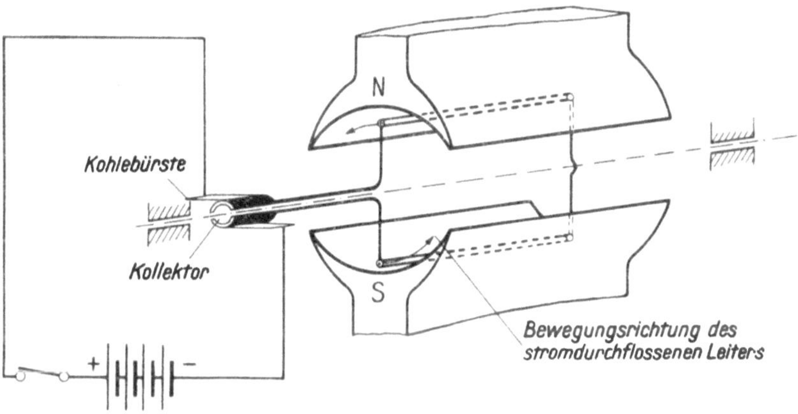

Abb. 71

Die Änderung der Stromrichtung in der Drahtschleife nimmt man mit Hilfe eines Polwenders (auch Kollektor oder Kommutator genannt) in der „neutralen Zone" des Dauermagneten vor (Abb. 71). Der Kollektor besteht aus zwei längs aufgeschnittenen Zylinderhälften, die gegeneinander isoliert auf einer Achse befestigt sind. Die Zuführung des Stromes erfolgt durch Kohlebürsten, die auf den Kollektorhälften schleifen.

q) Die Wirkungsweise zweier stromdurchflossener Leiter aufeinander

Wir haben im Vorhergehenden festgestellt, daß ein stromdurchflossener Leiter von einem magnetischen Feld umgeben ist (Abb. 66).

Ordnet man nebeneinander 2 stromdurchflossene Leiter an, so ergeben sich Wirkungen, die in folgenden Abbildungen angedeutet sind.

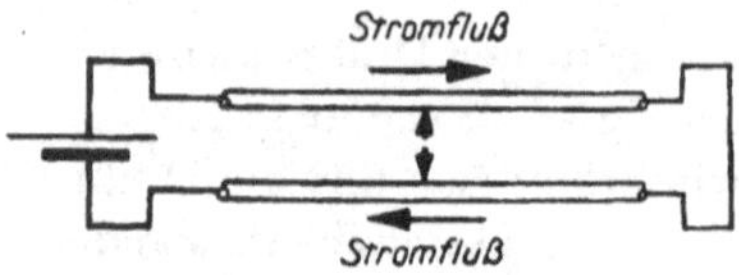

Abb. 72

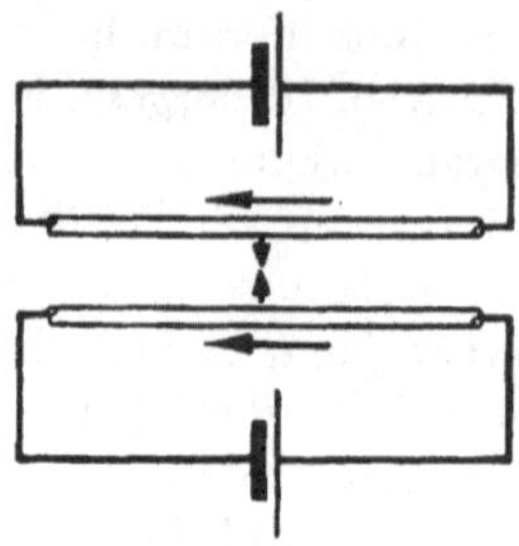

Abb. 73

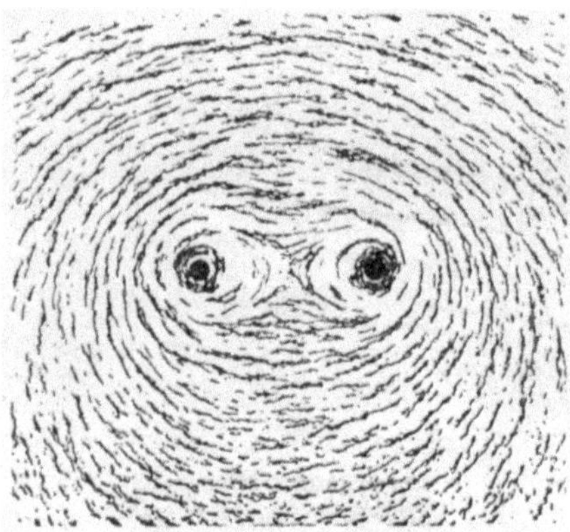

Abb. 72 a

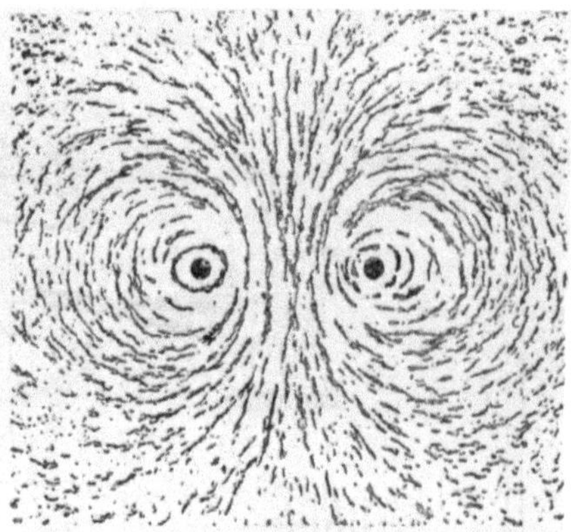

Abb. 73 a

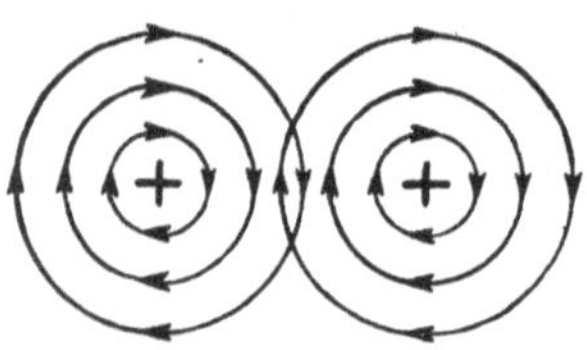

Abb. 72b. Die beiden Ströme sind entgegengesetzt gerichtet. Verdichtung (Verstärkung) der Kraftlinien zwischen den Leitern

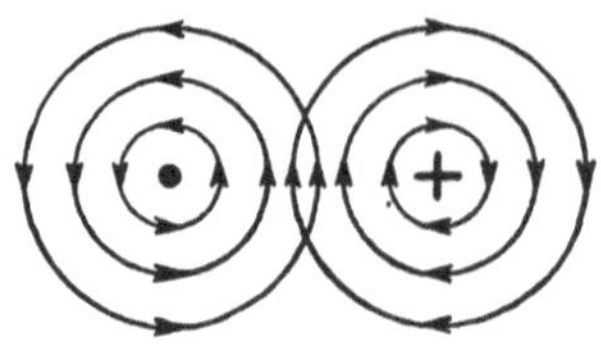

Abb. 73b. Die Ströme sind gleichgerichtet. Schwächung der Kraftlinien zwischen den Leitern

Wir entnehmen aus vorstehenden Abbildungen folgendes:

1. Ist die Stromrichtung in beiden Leitern entgegengesetzt, so sind auch die magnetischen Felder entgegengesetzt gerichtet und die Leiter stoßen sich ab.
2. Ist die Stromrichtung in beiden Leitern gleich, so sind auch die magnetischen Felder gleichgerichtet, die Leiter ziehen sich dann an.

Liegen zwei stromdurchflossene Leiter nicht parallel nebeneinander, sondern kreuzen sie sich, so suchen sich die Leiter parallel zu stellen, so daß die Ströme in gleicher Richtung fließen.

Um uns ein Bild von der Bedeutung dieser geschilderten Wirkungen machen zu können, greifen wir einen praktischen Fall heraus und betrachten 2 stromdurchflossene und parallellaufende Sammelschienen, die auf Stützisolatoren angeordnet sind.

Die Kraft mit der diese parallellaufenden Leiter aufeinander wirken, kann mit der folgenden Gleichung errechnet werden:

$$\boxed{P = \frac{2{,}04 \cdot J_1 \cdot J_2 \cdot l}{100\,000\,000 \cdot a}}$$

Darin bedeutet:

P = Kraft, gemessen in kg

J_1 = Stromstärke in dem einen Leiter, gemessen in Amp.

J_2 = Stromstärke in dem anderen Leiter, gemessen in Amp.

l = Leiterlänge, gemessen in cm

a = Leiterabstand, gemessen in cm

Beispiel Nr. 53:

Zwei parallel laufende Sammelschienen sind in einem Abstand von 25 cm angeordnet. Wie groß ist die Kraft, die auf 1 m Schienenlänge wirkt, wenn im Falle eines Kurzschlusses ein Strom von 8000 Amp. durch die Sammelschienen fließt.

Gegeben:

$a = 25$ cm, $J_1 = 8000$ A, $J_2 = 8000$ A und $l = 100$ cm

Gesucht: $P = ?$

Lösung:

$$P = \frac{2{,}04 \cdot J_1 \cdot J_2 \cdot l}{100\,000\,000 \cdot a} = \frac{2{,}04 \cdot 8000 \cdot 8000 \cdot 100}{100\,000\,000 \cdot 25} = \mathbf{5{,}22\ kg}$$

Nutzanwendung:

Die Stützisolatoren müssen so beschaffen sein, daß sie die auf die Schienenlänge zwischen 2 Isolatoren wirkende Kraft mit Sicherheit aushalten können.

21. Die Umformung der Energie-Arten

Unter Energie versteht man die in einem Körper vorhandene Fähigkeit, Arbeit zu leisten. Mit „Arbeit“ bezeichnet man meist die sichtbare Arbeitsverrichtung, während unter Energie das unsichtbare Arbeitsvermögen, das einem Körper innewohnt, verstanden wird.

Arbeit ist jedoch im technisch physikalischen Sinne gleichwertig mit Energie.

Jede Energieform läßt sich in eine andere umwandeln. Da Energie im täglichen Leben in verschiedenen Formen gebraucht wird, ist es häufig notwendig, eine vorhandene Energieart in eine andere gewünschte umzuformen, z. B.

a) Wärme-Energie in elektrische Energie und umgekehrt.
b) Chemische Energie in elektrische Energie und umgekehrt.
c) Mechanische Arbeit in elektrische Energie und umgekehrt.
d) Licht in elektrische Energie und umgekehrt.

Bei Energie-Umformungen geht niemals Energie verloren, denn nach dem Naturgesetz von der Erhaltung der Energie ist die Energiemenge der Welt konstant. Es läßt sich jedoch nicht vermeiden, daß bei einer bestimmten Umformung ein Teil der vorhandenen Energie in eine andere unerwünschte umgewandelt wird.

Da folglich die, nach einer Umformung zur Verfügung stehende gewünschte Energie immer geringer ist als die zugeführte, spricht man in wirtschaftlicher Hinsicht von einem Energie-Verlust, weil es praktisch meistens nicht möglich ist, den in eine unerwünschte Energieform umgewandelten Energieteil nutzbar zu machen.

Einem Generator z. B. wird mechanische Energie zugeführt und er gibt dafür elektrische und Wärme-Energie wieder ab. Praktisch nutzbar kann in vorliegendem Fall nur die elektrische Energie abgenommen werden; die erzeugte Wärme-Energie stellt wirtschaftlich gesehen einen Verlust dar.

Die Güte eines Energie-Umwandlers wird durch seinen Wirkungsgrad ausgedrückt. Dieser Wirkungsgrad, mit dem griechischen Buchstaben „η" (sprich Eta) bezeichnet, wird ausgedrückt durch eine Zahl, die angibt, wieviel Prozent der zugeführten Energie in der gewünschten Energieform wieder abgegeben wird.

Wir ziehen daher Energie-Umformer, die einen möglichst großen Teil der zugeführten Energie in der gewünschten Form wieder abgeben, aus wirtschaftlichen Gründen vor.

Der Wirkungsgrad ergibt sich in seiner Größe rechnerisch aus dem Verhältnis der abgeführten Energie zur zugeführten Energie, was sich aus folgender Gleichung ergibt:

$$\text{Wirkungsgrad} = \frac{\text{abgenommene Energie}}{\text{zugeführte Energie}}$$

Oder:

$$\boxed{\eta = \frac{N_{ab}}{N_{zu}}}$$

Beispiel Nr. 54:

Ein Gleichstrom-Generator gibt bei einer Spannung von 220 Volt eine maximale Stromstärke von 64 Ampere ab, er wird von einem Motor mit 25 PS angetrieben. Wie groß ist der Wirkungsgrad des Generators?

Gegeben:

$U = 220$ V, $J = 64$ A, Antriebsleistung $N_{zu} = 25$ PS.

1 PS = 736 Watt

Gesucht: $\eta = ?$

Lösung:

Die zugeführte Leistung beträgt:

$$N_{zu} = \frac{\text{PS} \cdot 736}{1000} = \frac{25 \cdot 736}{1000} = 18{,}4 \text{ kW}$$

Die abgegebene Leistung beträgt:

$$N_{ab} = \frac{U \cdot J}{1000} = \frac{220 \cdot 64}{1000} = 14{,}72 \text{ kW}$$

Dann ist der Wirkungsgrad:

$$\eta = \frac{N_{ab}}{N_{zu}} = \frac{14{,}72}{18{,}40} = 0{,}8$$

Beispiel Nr. 55:

In der Zuleitung eines Elektromotors zeigt der Strommesser 12,4 Amp. an. Die Spannung beträgt 220 Volt. An der Riemenscheibe wird eine Leistung von 3 PS abgegeben. Wie groß ist der Leistungs-Verlust und der Wirkungsgrad?

Gegeben: $U = 220$ V, $J = 12{,}4$ A, $N_{ab} = 3$ PS

Gesucht: 1. Der Leistungsverlust bei der Energie-Umformung
2. Der Wirkungsgrad

Lösung:

Zu 1. Die abgegebene Leistung beträgt:

$$N_{ab} = \frac{\text{PS} \cdot 736}{1000} = \frac{3 \cdot 736}{1000} = 2{,}208 \text{ kW}$$

Die zugeführte Leistung beträgt:

$$N_{zu} = \frac{U \cdot J}{1000} = \frac{12{,}4 \cdot 220}{1000} = 2{,}728 \text{ kW}$$

Der Leistungsverlust ist dann:

$$N_{zu} - N_{ab} = 2{,}728 - 2{,}208 = \mathbf{0{,}52\ kW}$$

Zu 2.

$$\eta = \frac{N_{ab}}{N_{zu}} = \frac{2{,}208}{2{,}728} = \mathbf{0{,}81}$$

22. Die Umformung der elektrischen Energie in Wärme-Energie

Die in einem Körper aufgespeicherte Wärmemenge wird in Grammcalorien (cal) oder in Kilogrammcalorien (kcal) gemessen. Unter diesen Maßeinheiten versteht man:

> Eine **Grammcalorie** ist diejenige Wärmemenge, die erforderlich ist, um 1 Gramm Wasser bei atmosphärischem Normaldruck, von einer Temperatur von 14,5° auf 15,5° Celsius zu bringen.
> Eine **Kilogrammcalorie** ist diejenige Wärmemenge, die erforderlich ist, um 1 Liter gleich 1000 Gramm Wasser bei atmosphärischem Normaldruck von einer Temperatur von 14,5° auf 15,5° Celsius zu bringen. 17

Bei einer solchen Erwärmung um 1° C nehmen alle Stoffe verschieden große Wärmemengen auf. Man nennt die Wärmemenge, die erforderlich ist, um die Temperatur von 1 kg eines Stoffes um 1° C zu erhöhen, die spezifische Wärme des Stoffes. Die Wärmemenge, die ein Liter Wasser bei einer Erwärmung um 1° C aufnimmt, nennt man auch „eine Wärmeeinheit (WE)".

Wir wissen, daß der elektrische Strom, der einen Widerstand überwinden soll, eine Arbeit leisten muß, die sich in Wärme äußert.

In einem Leiter mit geringem Widerstand ruft der durchfließende elektrische Strom eine geringe Wärme hervor, während der gleich starke Strom in einem Leiter mit höherem Widerstand eine größere Wärme erzeugt.

Kupferleiter, die bekanntlich einen sehr kleinen spezifischen Widerstand haben, werden aus diesem Grunde überall da benutzt, wo es nicht auf Wärmewirkungen (z. B. bei Elektromotoren, Elektromagneten, Generatoren usw.) ankommt, sondern lediglich auf Fortleitung und andere Wirkungen des elektrischen Stromes.

Wie wir bereits kennengelernt haben, ist jedoch auch hierbei die Wärmewirkung leider nicht ganz zu vermeiden, was aus Sicherheits- und Wirtschaftlichkeitsgründen bei der Bemessung von Leiterquerschnitten berücksichtigt werden muß.

Will man dagegen die Wärme, die ein stromdurchflossener Leiter an seine Umgebung abgibt, nutzbar verwerten, so wählt man Drähte mit großen spezifischen Widerständen, z. B. aus den Werkstoffen Chromnickel, Konstantan usw. Diese setzen dem Fließen des Stromes einen großen Widerstand entgegen und rufen daher eine große Erwärmung hervor.

Die beim Durchgang des elektrischen Stromes durch einen Widerstand abgegebene Wärmemenge kann man mit Hilfe des Joule'schen (sprich Jaulschen) Gesetzes in ihrer Größe ermitteln.

Sie ist abhängig von der Größe des Widerstandes des verwendeten Heizdrahtes und der von ihm eine bestimmte Zeit lang aufgenommenen elektrischen Leistung, also von dem Produkt aus Stromstärke, Spannung und Zeit.

Die abgegebene Wärmemenge ist folglich das Ergebnis einer elektrischen Arbeit, die sich bekanntlich aus $A_E = N \cdot t$ (siehe Seite 60) ergibt.

In dieser Formel kann je nach Aufgabenstellung für „N" der Ausdruck „$U \cdot J$" oder unter Anwendung des Ohmschen Gesetzes „$\frac{U^2}{R}$" oder „$J^2 \cdot R$" gesetzt werden,

$$\text{also: } A_E = U \cdot J \cdot t = \frac{U^2}{R} \cdot t = J^2 \cdot R \cdot t$$

Wir müssen uns in diesem Zusammenhang merken, daß zwischen elektrischer Arbeit und Wärmearbeit folgende maßlichen Zusammenhänge bestehen:

1 kWh	=	860	kcal
1 Wh	=	0,860	kcal
1 Ws	=	0,24	cal

Man nennt diese Beziehung das elektrische Wärmeäquivalent.

Die aufgewendete elektrische Arbeit für die Erzeugung einer bestimmten Wärmemenge wird in Wattsekunden gemessen. Da die elektrische Arbeit in der Größe einer Wattsekunde, einer Wärmemenge von 0,24 cal., in der maßlichen Gegenüberstellung entspricht, erhalten wir damit nachstehende Gleichung für die Ermittlung der Wärmemenge:

$$\boxed{Q = 0{,}24 \cdot J^2 \cdot R \cdot t}$$

Darin bedeutet:

Q = Wärmemenge, gemessen in cal
R = Widerstand, gemessen in Ohm
J = Stromstärke, gemessen in Ampere
t = Zeit, in der eine bestimmte Wärmemenge erzeugt werden soll, gemessen in Sekunden.

In dieser Formel kommt das „Joule'sche Gesetz" zum Ausdruck, welches uns sagt, daß die in einem stromdurchflossenen Leiter erzeugte Wärmearbeit bei gleichem Widerstand in der gleichen Zeit dem Quadrat der Stromstärke proportional ist (siehe Seite 58).

Beispiel Nr. 56:

Durch einen Widerstand von 4 Ohm fließen 12 Ampere. Welche Wärmemenge wird erzeugt, wenn der Stromfluß 15 Minuten dauert?

Gegeben: $R = 4\ \Omega$, $t = 15$ min. $= 900$ s,
$J = 12$ A

Gesucht: Wärmemenge $Q = ?$

Lösung:

$$Q = 0{,}24 \cdot J^2 \cdot R \cdot t = 0{,}24 \cdot 12^2 \cdot 4 \cdot 900 = 124\,416 \text{ cal}$$
$$= \mathbf{124{,}416\ kcal}$$

Beispiel Nr. 57:

2 Liter Wasser mit einer Anfangstemperatur von 15° Celsius sollen in 25 Minuten in einem elektrisch beheizten Topf zum Sieden gebracht werden. Es steht eine elektrische Spannung von 220 Volt zur Verfügung.

Gegeben:

2 Liter Wasser, Anfangstemperatur des Wassers 15° C, Zeit $t = 20$ min. $= 1200$ s, $U = 220$ V.

Gesucht:

1. Welche Wärmemenge ist erforderlich, um 2 Liter Wasser von 15° C auf 100° C zu bringen unter der Berücksichtigung, daß an Abstrahlungsverlusten 20% verloren gehen?
2. Wie groß ist die elektrische Leistung, um die notwendige Wärmemenge zu erzeugen?
3. Wie groß ist die Stromstärke, die in dem Heizwiderstand fließt?
4. Der Widerstand des Heizdrahtes?
5. Die Länge des Drahtes, wenn derselbe aus dem Werkstoff Chromnickel besteht und einen Durchmesser von 0,5 mm besitzt?
6. Wie groß sind die Kosten, um 2 Liter Wasser elektrisch zum Sieden zu bringen, bei einem Kilowattstunden-Preis von 0,20 DM?
7. Es ist ein Stromlaufplan mit Kocherskizze anzufertigen.

Lösung:

Zu 1. Die Temperatur von 2 Liter = 2000 g Wasser muß von 15^0 auf 100^0 C, also um 85^0 Celsius erhöht werden. Die erforderliche Wärmemenge beträgt:

$$2000 \cdot 85 = 170000 \text{ cal}$$

Da die Abstrahlungsverluste 20% betragen, der Wirkungsgrad also eine Größe von $\eta = 0{,}8$ hat, muß die zu erzeugende Wärmemenge größer sein als 170000 cal. Die Formel zur Ermittlung des Wirkungsgrades heißt:

$$\eta = \frac{N_{ab}}{N_{zu}}$$

Durch Umstellung erhalten wir die Formel zur Ermittlung der zu erzeugenden Wärmemenge:

$$N_{zu} = \frac{N_{ab}}{\eta} = \frac{170000}{0{,}8} = \mathbf{212500\ cal}$$

Zu 2. Für die Erzeugung dieser Wärmemenge ist eine elektrische Leistung erforderlich von:

Durch Umstellung der Formel

$$Q = 0{,}24 \cdot J^2 \cdot R \cdot t$$

erhalten wir die Formel zur Ermittlung der Leistung:

$$J^2 \cdot R = N = \frac{Q}{0{,}24 \cdot t} = \frac{212500}{0{,}24 \cdot 1200} = \sim \mathbf{740\ W}$$

Zu 3. Da der Kocher an eine Stromversorgungsanlage mit 220 Volt angeschlossen ist, ergibt sich eine Stromstärke von:

$$J = \frac{N}{U} = \frac{740}{220} = \mathbf{3{,}36\ A}$$

Zu 4. Um die Drahtlänge ermitteln zu können, müssen wir zunächst die Größe des Widerstandes errechnen:

$$R = \frac{U}{J} = \frac{220}{3{,}36} = \sim \mathbf{65{,}5\ \Omega}$$

Zu 5. Die Länge des Widerstandsdrahtes ergibt sich aus der Formel:

$$l = \frac{R \cdot F}{\varrho}$$

Da wir aber nur den Durchmesser des Drahtes kennen, müssen wir erst den Querschnitt „F" errechnen:

$$F = \frac{d^2 \cdot \pi}{4} = \frac{0{,}5^2 \cdot 3{,}14}{4} = 0{,}196 \text{ mm}^2$$

Dann ergibt sich die Länge des Widerstandsdrahtes zu:

$$l = \frac{R \cdot F}{\varrho} = \frac{65{,}5 \cdot 0{,}196}{1{,}06} = \mathbf{12{,}1\ m}$$

Zu 6. Um 2 l Wasser mit einer Anfangstemperatur von 15⁰ Celsius zum Kochen zu bringen, entstehen bei einem kW-Stundenpreis von 0,20 DM folgende Kosten:

$$\frac{N_{kW} \cdot \text{kWh-Preis}_{DM} \cdot \text{Zeit}_{Minuten}}{60} = \frac{740 \cdot 0{,}20 \cdot 20}{60}$$

$$= 0{,}049\ \text{DM} = \sim \mathbf{5\ Pfg.}$$

Zu 7.

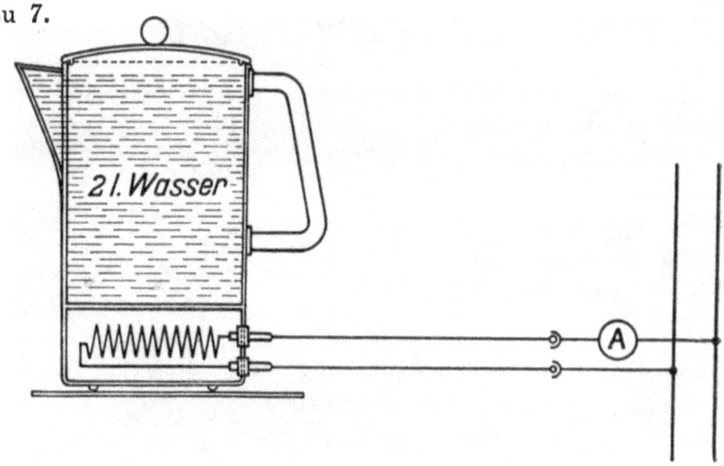

Abb. 74. Elektrischer Wasserkocher

23. Die Umformung der Wärme-Energie in elektrische Energie

Wärme-Energie kann man mit Hilfe von Thermo-Elementen in elektrische Energie umformen.

Ein Thermoelement erhält man, wenn zwei Drähte aus verschiedenen Metallen oder Metall-Legierungen (z. B. Eisen und Konstantan) an einem Ende leitend miteinander verbunden werden (verschweißt oder hartgelötet).

Wird die Verbindungsstelle (I) in Abb. 75 erwärmt, dann entsteht eine elektromotorische Kraft (EMK) von einigen Millivolt (mV), die man mit einem elektrischen Anzeigegerät (Spannungsmesser) an den Drahtenden feststellen kann.

Leider kommt bei dieser Energieumformung nur ein Bruchteil der von dem Thermoelement aufgenommenen Wärmeenergie als elektrische Energie wieder heraus, der Wirkungsgrad dieser Energieumformung ist sehr gering. Um eine brauchbare Spannungshöhe zu erhalten, müßte man sehr viele Thermoelemente hintereinander schalten, wodurch jedoch der Widerstand des Stromkreises stark zunimmt.

Die Umformung von Wärme-Energie in elektrische Energie hat daher im Rahmen der üblichen Elektrizitätserzeugung (z. B. für die Speisung von Ortsnetzen) keine Bedeutung. Sie ist jedoch ein sehr bequemes und viel verwendetes Mittel zur Messung hoher Temperaturen. So werden z. B. die Temperaturen an Zylindern von Otto-Motoren mit Hilfe von Thermoelementen gemessen; man benutzt sie gewöhnlich für Temperatur-Messungen von 200 bis 1600° Celsius.

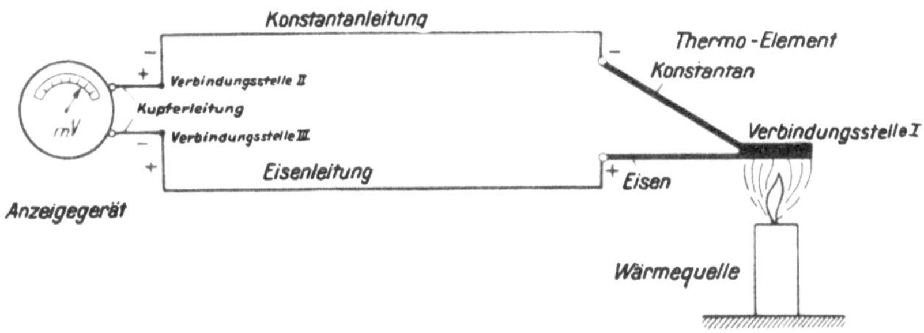

Abb. 75. Messung des Thermostromes

In einem Thermoelement-Stromkreis (siehe Abb. 75) hängt die Höhe der Thermospannung grundsätzlich von der Art der verwendeten Metalle und von der Höhe der Temperatur an der Verbindungsstelle I ab, sie wird außerdem noch beeinflußt von der Temperatur der Verbindungsstellen II und III. Letzteres, weil an diesen Stellen ebenfalls verschiedene Metalle elektrisch leitend miteinander verbunden sind (die Kupferleitungen zum Anzeigegerät und die Eisen- bzw. Konstantanleitungen vom Thermoelement), so daß also gewissermaßen zwei weitere Thermoelemente vorliegen. Die Thermospannungen dieser beiden Elemente wirken jedoch gegeneinander. Wenn die Temperatur der Verbindungsstellen II und III gleich hoch ist — wie bei dicht nebeneinander liegenden Anschlüssen — dann heben sich die Thermospannungen an diesen Stellen soweit auf, daß schließlich die Spannung des Elementes I in erster Annäherung von der Temperaturdifferenz zwischen I und II bzw. I und III abhängt — in erster Annäherung deshalb, weil der Zusammenhang zwischen Thermospannung und Temperatur bei den meisten Thermoelementen nicht völlig linear ist.

Steigt die Temperatur an den Verbindungsstellen II und III, so sinkt die gemessene Thermospannung. Sinkt dagegen die Temperatur, so steigt die Thermospannung. Deshalb muß bei der Temperaturmessung (d. h. bei der Umwertung der gemessenen Thermospannung in die Temperatur der Meßstelle I) die Temperatur der Verbindungsstellen II und III berücksichtigt werden.

Das ist verhältnismäßig einfach, wenn man nur dafür sorgt, daß an beiden Stellen stets gleich hohe Temperatur herrscht. Man nennt diese Stellen zusammenfassend: „Vergleichsstellen", während die Verbindungsstelle I die eigentliche „Meßstelle" ist.

Aus nebenstehender Tabelle erhalten wir eine Übersicht über die thermoelektrische Kraft verschiedener Werkstoffe.

Werkstoff		EMK	ϱ
Selen	+	1000	10^6—10^7
Tellur	↑	360	0,03
Antimon		100	0,0045
Eisen		83	0,11
Messing		76	0,08
Zinn		73	0,109
Kupfer		72	0,017
Silber		72	0,016
Gold		71	0,023
Manganin		71	0,42
Zink		71	0,061
Aluminium		69	0,029
Platin		65	0,12
Palladium		61	0,107
Nickel		51	0,10
Konstantan	↓	30	0,49
Wismut	—	0	1,20

Es bedeutet:
EMK = thermoelektrische Kraft, gemessen in $\mu V/^0 C$.
ϱ = spezifischer Widerstand.

Stellt man nach dieser Tabelle z. B. aus den Werkstoffen Selen und Wismut ein Thermoelement her und erwärmt die Verbindungsstelle, so liefert dieses Element eine thermoelektrische Kraft von 1000 $\mu V/^0 C$ = 1 $mV/^0 C$. Würde man die Temperatur der Verbindungsstelle des Thermoelementes z. B. auf 10^0 erhöhen, so würde eine Thermospannung von $10 \times 1000\,\mu V = 10000\,\mu V = 10\,mV$ entstehen. Der Werkstoff „Selen" ist in diesem Thermoelement der +(Plus) Pol und der Werkstoff „Wismut" —(Minus) Pol. (Siehe Tabelle.)

In den in Abb. 75 dargestellten Thermoelementstromkreis besteht das Thermoelement I aus den Werkstoffen Eisen und Konstantan.

Nach vorstehender Tabelle besitzt Eisen gegenüber Wismut eine thermoelektrische Kraft von 83 $\mu V/^0 C$ und gegenüber Konstantan eine solche von $83 - 30 = 53\,\mu V/^0 C$. Bei 200^0 C Temperaturdifferenz zwischen Meß- und Vergleichsstelle beträgt somit die Thermospannung $200 \cdot 53 = 10600\,\mu V =$ **10,6 mV.**

Für das Anzeigen von Thermospannungen werden meist Drehspul-Millivoltmeter benutzt. In vielen Fällen sind deren Skalen direkt in $^0 C$ umgeeicht.

Die Größe des Stromes in einem Thermoelement-Stromkreis richtet sich nach der Höhe der Thermospannung und der Größe des Stromkreiswiderstandes. Rechnerisch ergibt sich also seine Höhe mit Hilfe des Ohmschen Gesetzes aus der Formel:

$$J = \frac{E}{R_{\text{ges}}}$$

Wobei mit „E" die elektromotorische Kraft des Thermoelementes gemeint ist. Auf das in Abb. 75 dargestellte Eisen-Konstantan-Thermoelement angewendet, ergibt sich unter der Annahme eines Widerstandes von 6 Ω für das Element und die Verbindungsleitungen und eines Widerstandes von 100 Ω für das Anzeigegerät, ein Thermostrom von:

$$J = \frac{0{,}0106}{100 + 6} = 0{,}0001 \text{ A} = \mathbf{0{,}1\ mA}$$

Dieser Strom fließt im gesamten Stromkreis. Es entsteht daher zwischen der Meßstelle I und der Vergleichsstelle II/III ein Spannungsabfall von:

$$u = R \cdot J = 6 \cdot 0{,}1 = 0{,}6 \text{ mV}$$

Die Spannung am Meßgerät ist um diesen Betrag kleiner als die EMK des Thermoelementes I. Beim Abgleichen der Anzeigegeräte wird der Spannungsabfall entsprechend berücksichtigt.

Die Temperaturanzeige braucht im praktischen Betrieb nur nach der Vergleichsstellen-Temperatur berichtigt zu werden. Das einfachste Verfahren hierfür ist, den Zeiger des stromlosen Anzeigers mittels des hierfür vorgesehenen Nullpunktrückers auf die Vergleichsstellen-Temperatur einzustellen. Letztere muß hierzu gesondert ermittelt werden.

24. Die Umwandlung chemischer Energie in elektrische Energie

Die Umwandlung chemischer Energie in elektrische Energie ist seit dem Jahre 1780 bekannt. Sie wurde zum erstenmal zufällig von dem italienischen Arzt Galvani entdeckt. Er hatte für medizinische Zwecke ein Paar Froschschenkel mit Kupferhaken an ein eisernes Gitter gehängt. Der Wind bewegte die Froschschenkel und jedesmal, wenn sie das Eisengitter berührten, zuckten sie zusammen.

Der italienische Professor „Volta" untersuchte diese Erscheinung und fand, daß zwei verschiedene leitende Metalle, z. B. Zink und Kupfer, die in eine Salzlösung getaucht sind bzw. sich über dieser berühren, infolge

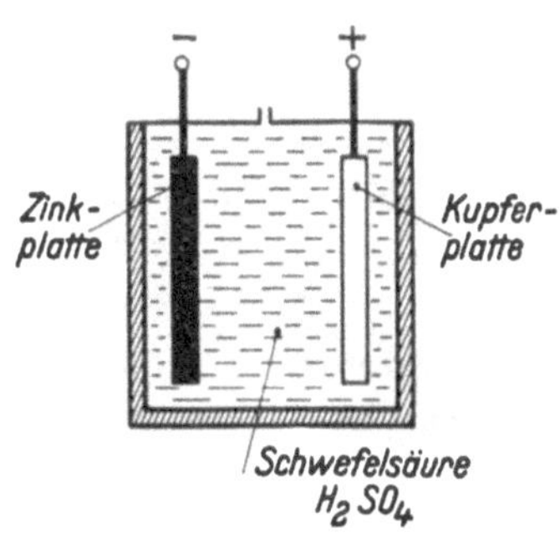

Abb. 76. Galvanisches Element

chemischer Einflüsse einen elektrischen Spannungsunterschied außerhalb der Flüssigkeit aufweisen, und daher einen elektrischen Strom liefern können.

Nach Galvani wurden dann später derartige Einrichtungen, in denen chemische Energie in elektrische Energie umgewandelt wird, „**Galvanische Elemente**" genannt.

Ein solches Element besteht also aus 2 verschiedenen Werkstoffen, z. B. einer Zinkplatte und einer Kupferplatte, die in einem Isolierstoff-Behälter mit einer leitenden Flüssigkeit, z. B. verdünnter Schwefelsäure, (H_2SO_4), angeordnet sind (Abb. 76).

Werkstoffe, aus denen man galvanische Elemente herstellen kann, wurden von Volta in einer sogenannten Spannungsreihe zusammengestellt, die auszugsweise folgende Reihenfolge[1]) hat:

— Zink, Blei, Zinn, Eisen, Wismut, Kobalt, Arsen, Kupfer, Antimon, Platingold, Quecksilber, Kohle, Bleischlamm, Kupfernickel, Schwefelkies, Arsenkies, Paladium, Graphit, Braunstein +

Taucht man zwei Platten, die z. B. aus den Werkstoffen Zink und Kupfer bestehen, in verdünnte Schwefelsäure, so ist der zuerst, aus der Spannungsreihe gewählte Werkstoff elektrisch negativ, man bezeichnet diese Platte daher als negativer oder „Minus-Pol".

Der zuletzt aus der Spannungsreihe gewählte Werkstoff ist positiv. Die daraus bestehende Platte ist daher der positive oder „Plus-Pol". Es ist deshalb links am Anfang der Spannungsreihe ein —(Minus)-Zeichen und rechts am Ende ein +(Plus)-Zeichen gesetzt worden. Man kann somit sagen, der links entnommene Werkstoff bildet in einem Element den negativen Pol und der rechts entnommene den positiven Pol. In einem solchen Element besteht zwischen den beiden Elektroden infolge chemischer Einflüsse ein Spannungsunterschied oder wie wir sagen, eine elektromotorische Kraft („EMK").

Je weiter die Werkstoffe in vorhergehender Spannungsreihe auseinanderstehen, desto größer ist der elektrische Spannungsunterschied zwischen ihnen, der nach Ausgleich oder Entspannung drängt. Er kann bis zu 1,5 Volt betragen.

Verbindet man die Kupfer- und Zinkplatte des in Abb. 77 dargestellten Elementes über einen Verbraucher, so erhalten wir einen elektrischen Strom

---

[1]) Die Werkstoffnamen muß man sich in einer fortlaufenden Reihe aufgeführt vorstellen.

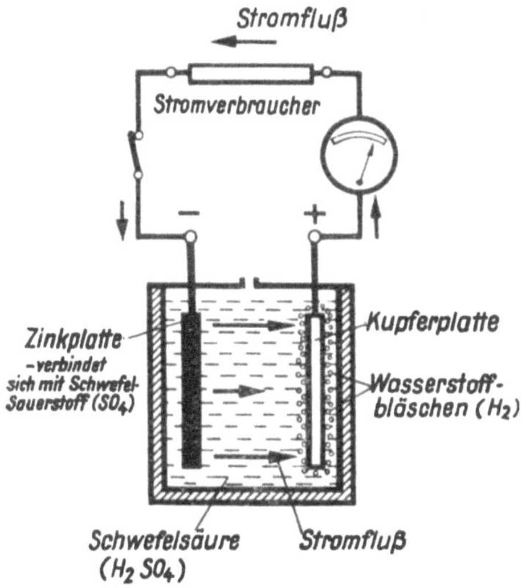

Abb. 77.
Stromkreis beim galvanischen Element

in der Flüssigkeit von der Zinkplatte zur Kupferplatte und von hier im äußeren Teil des Stromkreises über den Verbraucher zur Zinkplatte. Dieser elektrische Strom zersetzt im Element die Schwefelsäure (H_2SO_4) in Wasserstoff (H_2) und Säurerest (SO_4). Dabei verbindet sich der letztere mit der Zinkplatte. Der Wasserstoff setzt sich in Form von kleinen Bläschen an die Kupferplatte und stellt so, da Gase Nichtleiter sind, eine trennende Schicht gegen die Flüssigkeit dar, so daß der elektrische Strom einen immer größer werdenden Widerstand im inneren Teil des Stromkreises findet und nach kurzer Zeit aufhört zu fließen. Um diesen Vorgang, den man **Polarisation** nennt, zu vermeiden, muß man die Wasserstoffbläschen von der Kupferplatte entfernen, daß auf chemischem Wege durch freigemachten Sauerstoff geschieht. Es entsteht dann H_2O = Wasser. Dies wird erreicht, indem in das Element eine Mischung von Graphit, Ruß und Braunstein als **Depolarisator** eingebracht wird. Diese Mischung gibt Sauerstoff ab und die Polarisation wird dadurch aufgehoben.

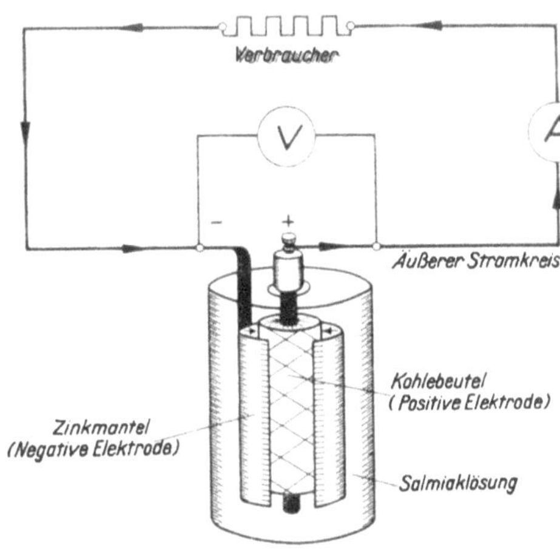

Abb. 78. „Nasses" Zink-Kohle-Element

Die gebräuchlichsten Elemente in der Praxis bestehen aus einer Zink- und einer Kohle-Elektrode, die in einer Salmiaklösung (Abb. 78) angeordnet sind. Ein solches Element erzeugt eine elektrische Spannung von 1,5 Volt. Zur Beseitigung der Polarisation ist der Kohlestab mit der vorerwähnten Mischung umgeben, die mit einem Leinenbeutel zusammengehalten wird.

Aus den vorhergehenden Erläuterungen ergibt sich, daß zwischen der positiven Kohle-Elektrode und der negativen Zink-Elektrode ein Spannungsunterschied besteht der, wie bereits erwähnt, das Bestreben hat, sich dadurch auszugleichen, daß nach unserer vereinbarten Vorstellung (siehe Seite 5) von der Kohleelektrode ein elektrischer Strom über den äußeren Teil des Stromkreises nach der Zinkelektrode fließt.

Es soll bei dieser Gelegenheit darauf hingewiesen werden, daß in galvanischen Elementen die Vorgänge bei der Umformung chemischer Energie in elektrische viel verwickelter sind, als sie hier dargestellt wurden. Das Verstehen dieser Vorgänge setzt beträchtliche Kenntnisse der Chemie voraus, die aber im allgemeinen der Elektriker nicht zu besitzen braucht.

Durch den fortgesetzten Stromfluß bei einem belasteten Element der beschriebenen Art wird der Elektrolyt und der Zinkmantel chemisch zersetzt und der Spannungsunterschied zwischen den beiden Elektroden immer kleiner, bis er nicht mehr vorhanden ist. Bis zu diesem Zustand wird der elektrische Strom immer schwächer, er sinkt schließlich auf Null und das Element ist „erschöpft".

Um es wieder betriebsfähig zu machen, muß die Erregerflüssigkeit (Elektrolyt) erneuert werden. Nach längerer Betriebszeit verbrauchen sich Zinkmantel und Kohlebeutel ebenfalls, so daß sie auch ersetzt werden müssen.

Diese sogenannten „nassen Elemente" kann man nicht für alle Zwecke verwenden. Aus diesem Grunde wurden sogenannte „Trocken-Elemente" geschaffen. Sie unterscheiden sich von ersteren dadurch, daß die Salmiaklösung mit Hilfe von Weizenmehl verdickt wird. Dieses ist z. B. bei einer normalen Taschenlampenbatterie der Fall.

In dem heute viel verwendeten „Luftsauerstoff-Element" befindet sich kein Braunstein-Kohlegemisch. Der entstehende Wasserstoff wird durch den Sauerstoff der Luft gebunden. Aus diesem Grunde muß während des Betriebes Luft in das Element eindringen können.

Abb. 79. Geöffnete Taschenlampenbatterie

Oft muß man in der Praxis bei Elementen, die ringsum und oben vergossen sind, feststellen, welcher der positive und welcher der negative Pol ist. Dies kann mit Hilfe von **Polreagenzpapier** in folgender Weise erfolgen:

Hält man zwei Drähte, die einzeln an je einem Pol eines Elementes angeschlossen sind auf ein angefeuchtetes Polreagenzpapier nebeneinander, ohne daß sie sich berühren, so färbt der Minus-Pol das Papier rot.

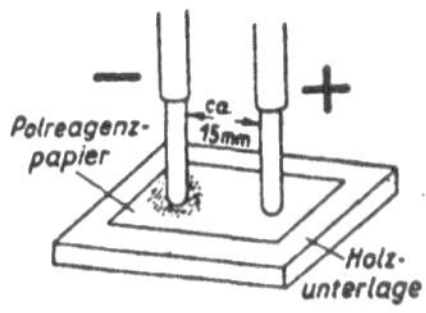

Abb. 80. Feststellen der Polarität

25. Die Hintereinanderschaltung einzelner Elemente

Steht die Betriebspannung, die ein Verbraucher erfordert, nicht durch ein einzelnes Element zur Verfügung, so müssen mehrere Einzel-Elemente zu einer **Batterie** hintereinander geschaltet werden:

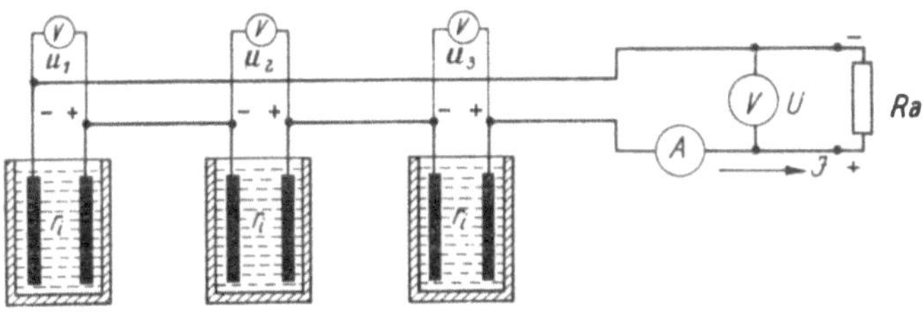

Abb. 81. Prüfung der Spannung beim Hintereinanderschalten

Darunter versteht man die Verbindung des Plus-Pols der ersten Stromquelle mit dem Minus-Pol der zweiten Stromquelle usw. (Abb. 81). Die Gesamtspannung „U“, auch **Batteriespannung** genannt, die uns dann zur Verfügung steht, ist so groß wie die Summe aller Einzelspannungen „u“ der Elemente. Wir berechnen sie mit der Formel:

$$\boxed{U = n \cdot u}$$

Darin ist „n“ die Anzahl der hintereinandergeschalteten Stromquellen.

Bei der Hintereinanderschaltung einzelner Stromquellen mit einem Verbraucher kann man den Gesamtwiderstand des Stromkreises errechnen mit der Formel:

$$R_{ges} = (n \cdot r_i) + R_a$$

Darin bedeutet:

r_i = innerer Widerstand einer Stromquelle.

R_a = Widerstand des angeschlossenen Verbrauchers.

Das Ohmsche Gesetz für die Ermittlung der Stromstärke $J = \frac{U}{R}$ nimmt durch Einsetzen der vorhergehenden Gleichungen nachstehende Form an:

$$\boxed{J = \frac{n \cdot u}{(n \cdot r_i) + R_a}}$$

Beispiel Nr. 58:

Ein Element besitzt eine EMK von 2 Volt und einen inneren Widerstand von 1 Ohm. Der angeschlossene äußere Widerstand hat 0,5 Ohm. Wie groß ist:

1. Die Stromstärke, die in diesem Stromkreis fließt?
2. Die Stromstärke, wenn 20 Elemente hintereinandergeschaltet werden?

Gegeben: $r_i = 1{,}0\ \Omega$
$R_a = 0{,}5\ \Omega$
EMK $= 2$ V
$n_1 = 1$ Stromquelle
$n_2 = 20$ Stromquellen

Gesucht: 1. $J_1 = ?$
2. $J_2 = ?$

Lösung zu 1:

$$J_1 = \frac{n_1 \cdot u}{(n_1 \cdot r_i) + R_a} = \frac{1 \cdot 2}{(1 \cdot 1) + 0{,}5} = \mathbf{1{,}33\ A}$$

Lösung zu 2:

$$J_2 = \frac{n_2 \cdot u}{(n_2 \cdot r_i) + R_a} = \frac{20 \cdot 2}{(20 \cdot 1) + 0{,}5} = \frac{40}{20{,}5} = \mathbf{1{,}95\ A}$$

Trotz Vermehrung der Stromquellen ist die Stromstärke nur um das

$$\frac{J_2}{J_1} = \frac{1{,}95}{1{,}33} = 1{,}46\text{fache gestiegen.}$$

Wir vergrößern nun bei vorhergehendem Beispiel den äußeren Widerstand auf 200 Ohm und errechnen jetzt die Stromstärke 1. bei **einer** Stromquelle und 2. bei **zwanzig** Stromquellen.

Zu 1: $$J_1 = \frac{n_1 \cdot u}{(n_1 \cdot r_i) + R_a} = \frac{1 \cdot 2}{(1 \cdot 1) + 200} \approx 0{,}01 \text{ A}$$

Zu 2: $$J_2 = \frac{n_2 \cdot u}{(n_2 \cdot r_i) + R_a} = \frac{20 \cdot 2}{(20 \cdot 1) + 200} = 0{,}18 \text{ A}$$

Die Stromstärke ist nun um das $\frac{0{,}18}{0{,}01} = 18$fache gestiegen.

Schlußfolgerung:
Aus diesen Beispielen ergibt sich, daß eine Hintereinanderschaltung einzelner Elemente vorteilhafter ist, wenn der äußere Widerstand im Verhältnis zum inneren Widerstand der Stromquellen sehr groß ist.

26. Die Parallelschaltung einzelner Elemente

Soll ein Verbraucher gespeist werden, der eine größere Stromstärke aufnimmt, als ein einzelnes Element, ohne Schaden zu nehmen, liefern

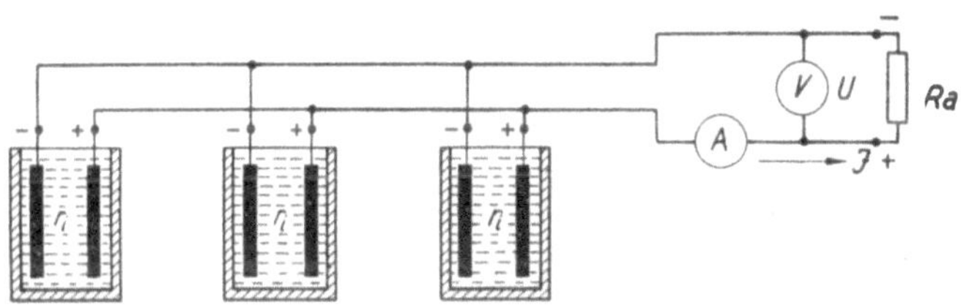

Abb. 82

kann, so muß eine Anzahl von Einzelelementen parallel geschaltet werden. Unter Parallelschaltung versteht man die Verbindung aller Plus-Pole untereinander und die Verbindung aller Minus-Pole untereinander (Abb. 82). Die Gesamtspannung, oder, wie wir auch sagen, die Batteriespannung, ist so groß, wie die Spannung **eines** Einzelelementes.

$$\boxed{U = \mu}$$

Der gesamte innere Widerstand bei parallel geschalteten Stromquellen ergibt sich, wenn man den Widerstand einer einzelnen Stromquelle durch die Anzahl der parallel geschalteten dividiert:

$$R_i = \frac{r_i}{n}$$

Darin bedeutet:

n = Anzahl der parallel geschalteten Stromquellen,

r_i = innerer Widerstand einer Stromquelle.

Der gesamte Widerstand eines Stromkreises mit parallel geschalteten Stromquellen ergibt sich, wenn man zu dem Gesamt-Widerstand „r_i" der Stromquellen den äußeren Widerstand „R_a" hinzuzählt, also:

$$R_{ges} = \frac{r_i}{n} + R_a$$

Das Ohmsche Gesetz für die Ermittlung der Stromstärke nimmt durch Einsetzen der letzten Gleichung nachstehende Form an:

$$\boxed{J = \frac{U}{\frac{r_i}{n} + R_a}}$$

Beispiel Nr. 59:

Ein Stromkreis besteht aus einer Stromquelle mit einer EMK von 2 Volt, der innere Widerstand derselben ist $r_i = 1$ Ohm. Wie groß ist:

1. Die Stromstärke J_1, die in diesem Stromkreis fließt?
2. Die Stromstärke J_2 im gleichen Stromkreis, wenn statt einer Stromquelle zwanzig Stromquellen parallel geschaltet werden?

Gesucht: $J_1 = ?$
$J_2 = ?$

Gegeben: $R_a = 0{,}5\ \Omega$
$r_i = 1\ \Omega$
$E = 2$ V
$n_1 = 1$ Stromquelle
$n_2 = 20$ Stromquellen

Lösung zu 1:

$$J_1 = \frac{U}{\frac{r_i}{n_1} + R_a} = \frac{2}{\frac{1}{1} + 0{,}5} = 1{,}33 \text{ A}$$

Lösung zu 2:

$$J_2 = \frac{U}{\frac{r_i}{n_2} + R_a} = \frac{2}{\frac{1}{20} + 0{,}5} = 3{,}64 \text{ A}$$

Die Stromstärke ist um das:

$$\frac{J_2}{J_1} = \frac{3,63}{1,33} = 2,7\,\textbf{fache}$$

gestiegen.

Beispiel Nr. 60:

Wir vergrößern nun in vorhergehenden Beispiel den äußeren Widerstand auf 50 Ohm und errechnen jetzt die Stromstärke

1. bei einer Stromquelle und
2. bei zwanzig Stromquellen.

Lösung zu 1:

$$J_1 = \frac{U}{\frac{r_i}{n} + R_a} = \frac{2}{\frac{1}{1} + 50} = \mathbf{0{,}039\ A}$$

Lösung zu 2:

$$J_2 = \frac{U}{\frac{r_i}{n} + R_a} = \frac{2}{\frac{1}{20} + 50} \approx \mathbf{0{,}04\ A}$$

Die Stromstärke ist jetzt nur um das

$$\frac{J_2}{J_1} = \frac{0,04}{0,039} = \textbf{1,03fache}$$

gestiegen.

Beispiel Nr. 61:

Wieviel Elemente, die je einen inneren Widerstand von 0,6 Ω haben, müssen parallel geschaltet werden, damit in einem Stromkreis mit einem äußeren Widerstand von 1,2 Ω eine Stromstärke von 1,2 Ampere fließt? Die Batteriespannung beträgt 1,5 Volt.

Gesucht: $n = ?$

Gegeben: $r_i = 0{,}6\ \Omega$
$R_a = 1{,}2\ \Omega$
$J = 1{,}2$ A
$U = 1{,}5$ V

Lösung:

Durch Umstellung der Formel:

$$J = \frac{U}{\frac{r_i}{n} + R_a} \text{ erhalten wir}$$

$$n = \frac{r_i}{\frac{U}{J} - R_a} = \frac{0,6}{\frac{1,5}{1,2} - 1,2} = \textbf{12 Stromquellen.}$$

Schlußfolgerung:

Aus den Beispielen ergibt sich, daß die Parallelschaltung von Stromquellen dann vorteilhaft ist, wenn der Widerstand des anzuschließenden Verbrauchers im Verhältnis zum inneren Widerstand der Stromquelle klein ist.

27. Die Umwandlung der elektrischen Energie in chemische Energie

a) Die chemischen Wirkungen des elektrischen Stromes

Wenn man in ein Gefäß mit angesäuertem Wasser zwei Metallplatten einhängt und einen Gleichstrom durch diese „Zelle" schickt, beobachtet man an den beiden Platten aufsteigende Gase. Fängt man diese durch geeignete Vorrichtungen auf und untersucht sie, so stellt man fest, daß an der einen Platte Wasserstoff, an der anderen Sauerstoff abgeschieden wurde. Diese Stoffe sind die Bestandteile des Wassers. Durch diesen Vorgang, den man Elektrolyse nennt, ist Wasser in seine Bestandteile zerlegt worden.

Die den Strom zu- und abführenden Platten nennt man Elektroden. Die mit dem Pluspol der Stromquelle verbundene Elektrode nennt man Anode, die andere Kathode. Der an der Kathode abgeschiedene Stoff heißt Kation, der an der Anode Anion; die leitende Flüssigkeit trägt den Namen Elektrolyt.

Die Elektrolyte erleiden durch den Stromdurchgang eine chemische Zersetzung. Man hat gefunden, daß bei der Elektrolyse von Metallsalzlösungen an der Kathode sich stets das Metall abscheidet und der Rest der chemischen Verbindungen an der Anode auftritt.

Der Wasserstoff hat in dieser Hinsicht die Eigenschaft der Metalle, er wird also immer an der Kathode abgeschieden.

Metalle und Wasserstoff gehen also immer mit dem Strom zur Kathode.

Diese Vorgänge, daß die beiden Bestandteile des Elektrolyten, der eine an der Anode, der andere an der Kathode abgeschieden werden, wird häufig durch sekundäre chemische Vorgänge im Elektrolyten verdeckt.

Die durch den elektrischen Strom erzeugten Teile des Elektrolyten treten ihrerseits häufig mit anderen Bestandteilen der Flüssigkeit in chemische Wechselwirkungen.

Wenn man z. B. Kochsalzlösung (Natriumchlorid NaCl) elektrolysiert, so müßte Natrium als Kation und Chlor als Anion auftreten. Das Natriumatom wirkt aber im Augenblick des Entstehens an der Kathode auf das vorhandene Wasser chemisch zersetzend ein und bildet mit je einem H- und O-Atom das Ätznatron (NaOH), das in der Nähe der Kathode nachweisbar ist. Der Rest des Wassers (ein Atom H) tritt an der Kathode als Gas auf. Auch an der Anode bildet das entstehende Chlor häufig mit dem Metall der Anode eine chemische Chlorverbindung, so daß auch das Chlor scheinbar chemisch verschwindet.

Diese sekundären Vorgänge haben lange Zeit die Klarstellung der Gesetze der Elektrolyse erschwert.

Man wußte, daß reines Wasser den elektrischen Strom überhaupt nicht leitet, also ein Nichtleiter ist.

Die Entstehung des Wasserstoffs und des Sauerstoffs bei der Elektrolyse ist also ein sekundärer Prozeß.

Bei der Zersetzung der verdünnten Schwefelsäure (H_2SO_4) tritt an der Kathode Wasserstoff (H_2) auf, während der Säurerest (SO_4) zur Anode wandert. Da aber SO_4 nicht frei bestehen kann, entreißt es dem vorhandenen Wasser den Wasserstoff (H_2) und bildet an der Anode neue Schwefelsäure, während der frei werdende Sauerstoff (O) als Gas an der Anode hochsteigt.

Man erhält also bei der Elektrolyse der verdünnten Schwefelsäure die Bestandteile des Wassers H_2 und O, während die Säure in der Menge unverändert bleibt.

Solche sekundären Prozesse treten bei den Sammlern (Akkumulatoren) auf (siehe Seite 114ff.).

a) Das 1. Faradaysche Gesetz

Untersucht man bei diesen elektrolytischen Vorgängen die abgeschiedenen Mengen der Stoffe im Verhältnis zu der durchgegangenen Stromstärke und der Zeit, so findet man folgende mathematische Beziehung:

$$m = C \cdot J \cdot t$$

Darin bedeutet

m = abgeschiedene Stoffmenge in mg
J = Stromstärke in Ampere
t = Zeit in Sekunden.

Der Faktor C heißt das elektrochemische Äquivalent des Stoffes. C gibt an, wieviel mg des betreffenden Stoffes in einer Sekunde durch 1 Ampere abgeschieden wird.

C ist für Silber 1,118 mg, für Kupfer 0,327 mg.

Die Menge der in der Sekunde abgeschiedenen Stoffe hängt also allein von der Stromstärke ab.

Ein Strom von 5 Ampere scheidet in einer Sekunde 5mal soviel des Stoffes ab als einer von 1 Ampere.

Das Produkt aus Stromstärke mal Zeit ($J \cdot t$) bezeichnet man als Elektrizitätsmenge (Einheit 1 Coulomb oder Amperesekunde). Eine Amperesekunde scheidet also in einer Sekunde 1,118 mg Silber ab. Geräte mit denen man Elektrizitätsmengen mißt nennt man Coulombmeter.

Abb. 83 stellt ein Silber-Coulombmeter dar. Der Platintiegel „T" ist als Kathode, der Silberstab „S" als Anode in den Stromkreis geschaltet, als Elektrolyt dient Silbernitratlösung. Man bestimmt die Stromstärke oder die durchgegangene Elektrizitätsmenge durch die abgeschiedene Silbermenge, die man wiegen kann.

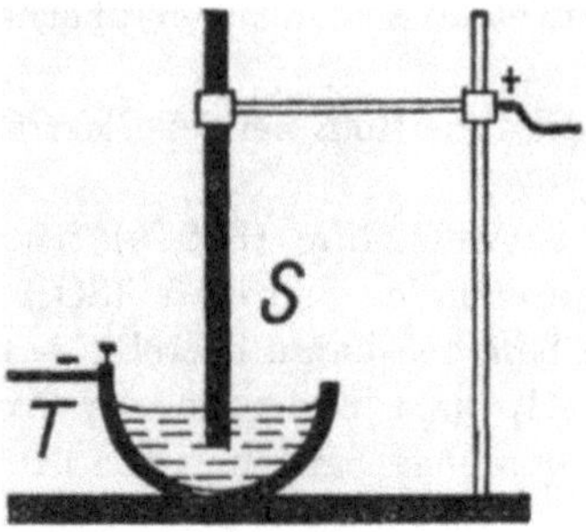

Abb. 83
Silber-Coulombmeter

Da diese Größe jederzeit mit hoher Genauigkeit festgestellt werden kann, hat man sich international geeinigt, indem in allen Ländern dieses Silbergewicht für die Einheit der Stromstärke zugrunde gelegt wird (vgl. S. 9 u. 10).

b) Das 2. Faradaysche Gesetz

Mit der Größe „C" im 1. Faradayschen Gesetz, einem dem Stoffe eigentümlichen Wert, beschäftigt sich das 2. Faradaysche Gesetz.

Zu der Bestimmung der Größe C verglich Faraday die abgeschiedenen Mengen verschiedener Stoffe untereinander.

Besonders übersichtlich werden die Ergebnisse durch Benutzung des Grammatoms. Damit bezeichnet der Chemiker die Stoffmenge, deren Grammzahl gleich dem Atomgewicht ist.

Es ist also z. B.

1	Grammatom	Wasserstoff	=	1,008 g „H"
1	„	Sauerstoff	=	16 g „O"
1	„	Silber	=	107,88 g „Ag"

Faraday fand nun bei seinen vergleichenden Untersuchungen, daß durch die gleiche Elektrizitätsmenge bei einer Reihe von Elementen die gleiche Anzahl von Grammatomen ausgeschieden wurde, bei anderen aber nur die Hälfte, bei anderen wiederum nur ein Drittel. Als er die Ergebnisse ordnete, fand er dieselbe Einteilung, wie sie der Chemiker für Atome und Atomgruppen nach ihrer Wertigkeit vornimmt. Ein zweiwertiges Atom braucht also die doppelte Elektrizitätsmenge, wie Wasserstoff zur Abscheidung eines Grammatoms.

Es ergibt sich folgendes Gesetz:

> Die durch den elektrischen Strom in gleicher Zeit bei gleicher Stromstärke, also durch gleiche Elektrizitätsmengen aus verschiedenen Stoffen abgeschiedenen Mengen verhalten sich wie ihre chemische Äquivalentgewichte. 18

Stoff	Atomgewicht „A"	Wertigkeit „W"	chem. Äquivalentgewicht $\frac{A}{W}$	Elektrochem. Äquivalent C	$\frac{A}{W} : C$
Silber . . .	107,88	1	107,88	0,001 118	96494
Wasserstoff	1,008	1	1,008	0,000 010 446	96494
Kupfer . .	63,57	2	31,785	0,000 329 4	96494
Aluminium .	26,97	3	8,99	0,000 367 47	96494
Chlor . . .	35,97	1	35,97	0.000 093 163	96494
Sauerstoff .	16,00	2	8,00		

Nach der Tabelle sind also chemisch-äquivalent:

1,008 g Wasserstoff, 35,457 g Chlor, 107,88 g Silber, 31,785 g Kupfer, 8,00 g Sauerstoff.

Man nennt diese Mengen auch Grammäquivalente. Sie geben an die Menge des Stoffes, die soviel Gramm enthält, wie sein Atomgewicht, geteilt durch die Wertigkeit, angibt.

Wenn an den Elektroden ein Grammäquivalent eines Stoffes abgeschieden wird, so wird durch den Elektrolyten die gleiche Elektrizitätsmenge, nämlich $\frac{A}{W} : C = 96494$ Amperesekunden, befördert. Diese Zahl heißt die Faradaysche Zahl.

Eine wichtige technische Anwendung der Elektrolyse ist die Gewinnung reiner Metalle in der Aufbereitung und Verhüttung der Erze. Aluminium, Magnesium und Kupfer werden durch Elektrolyse im großen gewonnen.

Elektrolyt-Kupfer enthält etwa 99,9% reines Kupfer, während das durch Ausschmelzen der Erze gewonnene Kupfer noch etwa 2% Verunreinigungen hat.

Zu seiner Gewinnung wird eine Anode aus unreinem Kupfer, eine Kathode von reinem Kupfer in einen Elektrolyt aus Kupfersalzlösung eingehängt. Auf der Kathode schlägt sich reines Kupfer nieder, das sich von der Anode ablöst. Die so gewonnenen Kupferplatten werden umgeschmolzen, gegossen und durch Pressen, Walzen und Ziehen weiter verarbeitet.

Das so gereinigte Kupfer hat eine erheblich größere Leitfähigkeit als das hüttenmäßig gewonnene. Es ist also für die gesamte Elektrotechnik sehr wichtig. Eine weitere Anwendung der Elektrolyse ist die Herstellung von Aluminium und Magnesium durch Elektrolysieren einer Schmelze, aus der das reine Aluminium an der Kathode abgeschieden wird.

Ein weiteres wichtiges Gebiet der Elektrolyse ist die Galvanoplastik, das Hervorrufen von Metallüberzügen und von Niederschlägen auf der Oberfläche von Körpern, das Versilbern, Verchromen, Vernickeln, Verkupfern von Gegenständen.

Ferner ist das Überziehen von Leichtmetallen, die besonders von Feuchtigkeit und der Luft angegriffen werden, ein wichtiges Verfahren der Elektrolyse. Insbesondere ist das Überziehen des Aluminiums mit einer schützenden Aluminium-Sauerstoff-Verbindung (Eloxalverfahren = **El**ektrisch-**ox**ydiertes **Al**uminium) heute unentbehrlich geworden. Diese Haut ist härtbar und widersteht allen Einflüssen von Luft, Wasser, ja sogar Seewasser.

In der Druckereitechnik werden Klischees und Druckstöcke durch Galvanos gegen die starke Abnutzung bei großen Auflagen gesichert.

Beispiel Nr. 62:

Wieviel Kupfer wird durch einen Strom von 10 Ampere in 6 Stunden niedergeschlagen?

Lösung:

$$m = C \cdot J \cdot t = 0{,}327 \cdot 10 \cdot 21600 = 70632 \text{ mg} = 70{,}632 \text{ g}.$$

Beispiel:

In welcher Zeit scheidet ein Strom von 2 Ampere 3 g Silber aus?

Lösung:

Durch Umstellung der Formel $m = C \cdot J \cdot t$ erhalten wir:

$$t = \frac{m}{C \cdot J} = \frac{3000}{1118 \cdot 2} = \sim 1342 \text{ sek} = \sim 22.4 \text{ Min.}$$

c) Akkumulatoren

Akkumulatoren dienen zur Aufspeicherung elektrischer Energie in chemischer Form, die bei Bedarf wieder entnommen werden kann. Man nennt sie auch **Sammler.**

d) Der Bleisammler

Abb. 84 zeigt in einfacher Weise den Aufbau eines Bleisammlers. Er besteht in dieser Ausführung aus drei Blei-Platten (Elektroden), die sich in einen Isolierstoff-Behälter mit verdünnter Schwefelsäure (H_2SO_4)

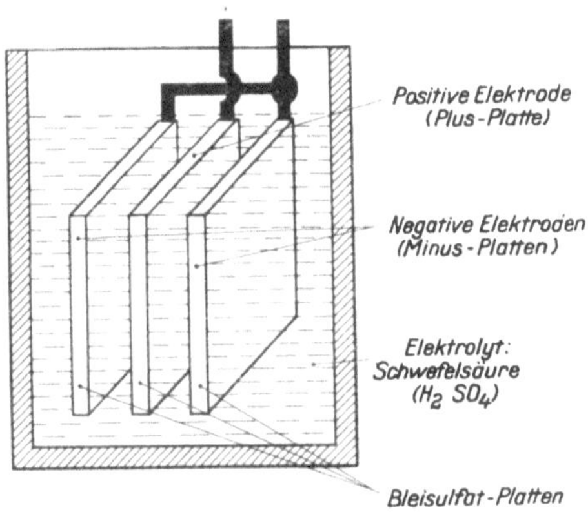

Abb. 84

befinden. Die in der Mitte angeordnete Platte ist die positive Platte, die beiden äußeren sind die negativen. Um eine gute Ausnutzung der positiven Platte zu ermöglichen, stellt man ihr auf beiden Seiten je eine negative gegenüber. Aus diesem Grunde besitzt jeder Sammler eine negative Platte mehr als positive.

Die positive Platte

Die positive Platte ist gewöhnlich eine sogenannte Großoberflächenplatte. Mit diesem Namen bezeichnet man eine gegossene Weichbleiplatte, deren Gesamtoberfläche durch geeignete Formgebung (siehe Abb. 86) das acht- bis neunfache einer gleichmäßig ebenen Platte beträgt. Die wirksame Masse besteht aus porösem Bleidioxyd (chemische Formel PbO_2), sie wird in die Gittermaschen eingestrichen.

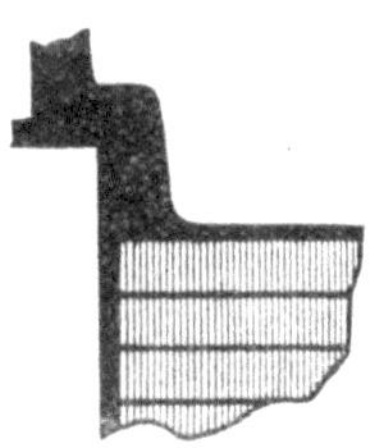

Abb. 85

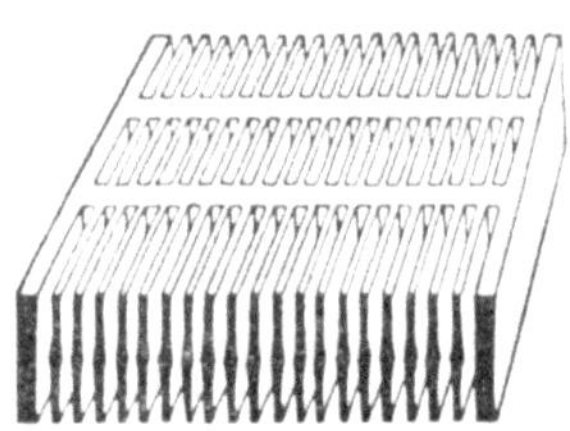

Abb. 86

Die negative Platte

Die negative Platte kann die Form eines engmaschigen Gitters („Gitterplatte") haben, in das die wirksame Masse, die aus schwammigem Blei (Pb) besteht, eingestrichen wird. Sie kann aber auch aus einem weitmaschigen, quadratischen Hartbleigitter bestehen, das auf beiden Seiten von aufgegossenem und fein durchlochtem Bleiblech bedeckt wird. Die dadurch gebildeten Hohlräume dienen zur Aufnahme der wirksamen Masse. Eine solche Platte nennt man ihrer Form wegen auch „Kastenplatte" (Abb 87).

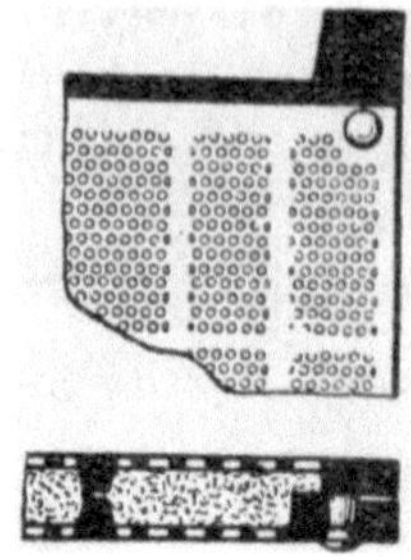

Abb. 87

Das Sammlergefäß und der Elektrolyt

Das Sammlergefäß muß aus säurebeständigem Werkstoff bestehen; hierfür eignet sich besonders Hartgummi, Glas, Porzellan usw. Die Platten werden im Gefäß entweder aufgehängt oder sie ruhen auf besonderen Füßen, die am Boden des Gefäßes angeordnet sind. Damit sich die positiven Platten nicht mit den negativen Platten berühren können, sind zwischen diesen besondere Isolier-Platten vorgesehen. Besonders bei Sammlern, die in Autos und Flugzeugen starken Stoßbeanspruchungen unterliegen, legt man zwischen die Platten gelochte Bleche aus säurefesten Isolierstoffen, um die Masse vor dem Herausfallen zu bewahren. Mitunter sind die Zellengefäße auch mit sogenannten Führungsrippen für die Platten versehen, wodurch die Isoliermittel zwischen den Platten entbehrlich werden.

Das Sammlergefäß wird mit verdünnter Schwefelsäure gefüllt.

Unverdünnte reine Schwefelsäure hat ein spezifisches Gewicht von 1,84. Sie darf in dieser Form für Bleisammler nicht verwendet werden. Durch Zusatz von destilliertem Wasser muß die Säuredichte soweit herabgesetzt werden, daß im entladenen Zustand das spezifische Gewicht 1,14 bzw. im geladenen Zustand 1,28 beträgt.

Die Dichte der Schwefelsäure wird, wie wir aus Vorhergehendem entnehmen konnten, meistens nach dem spezifischen Gewicht der Säure angegeben. Zuweilen wird die Säuredichte auch in Graden nach „Beaumé" (Bé) festgestellt.

Destilliertes Wasser vom spezifischen Gewicht „1" entspricht einer Säuredichte von 0^0 Bé, dagegen entspricht unverdünnte Schwefelsäure vom spezifischen Gewicht 1,84 $=$ 66^0 Bé. Das spezifische Säuregewicht (s) kann man mit nachfolgender Formel in Beaumé-Grade umrechnen:

$$s = \frac{144{,}3}{144{,}3 - Bé}$$

oder umgekehrt:

$$Bé = 144{,}3 - \frac{144{,}3}{s}$$

Da verdünnte Schwefelsäure als Elektrolyt in unseren Bleisammlern verwendet wird, müssen wir uns auch kurz mit ihrer elektrischen Leitfähigkeit befassen.

Diese ist bei einem spezifischen Gewicht von 1,225 am größten. Schwefelsäure mit einem größeren oder kleineren spezifischen Gewicht besitzt eine geringere Leitfähigkeit.

Der Gefrierpunkt verdünnter Schwefelsäure vom spezifischen Gewicht 1,285 liegt bei -70^0 und der einer Säure vom spezifischen Gewicht 1,10 bei -8^0, was bei Verwendung der Sammler im Winter berücksichtigt werden muß. Die Säuredichte kann man mit einem Säuremesser, auch Aräometer genannt, ermitteln (vgl. S. 120).

Der Ladevorgang.

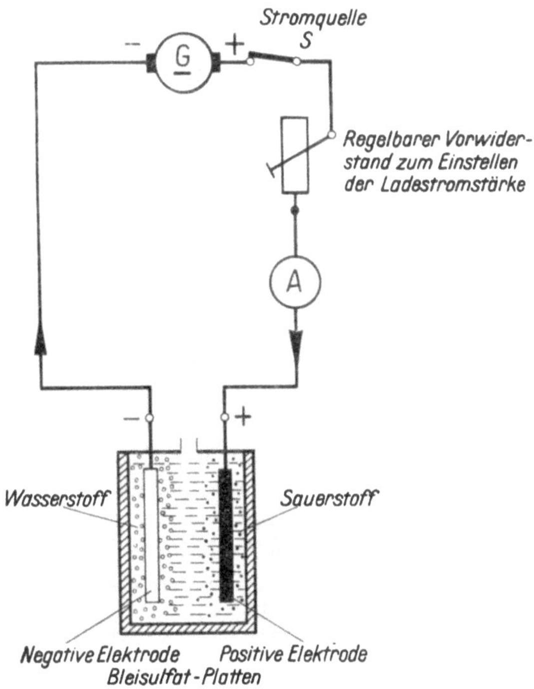

Abb. 88

Wird in dem Stromkreis (Abb. 88) der Schalter „*S*“ geschlossen, so fließt von der Stromquelle elektrischer Strom durch den angeschlossenen Sammler. Dadurch wird das Wasser (H_2O) der verdünnten Schwefelsäure ($H_2SO_4 + H_2O$) in Wasserstoff und Sauerstoff zerlegt: $2\,H_2 + 2\,O$.

Ein Molekül Wasserstoff (H_2) entreißt dem Bleisulfat ($PbSO_4$) der Kathode den Säurerest SO_4 und bildet damit Schwefelsäure (H_2SO_4). Es bleibt reines Blei (Pb) als Metall an der Kathode übrig. Das zweite Molekül H_2 geht zur Anode und bildet dort ebenfalls H_2SO_4. Das freiwerdende Pb verbindet sich mit dem 2 O des zersetzten Wassers zu PbO_2, so daß an der Kathode Pb und an der Anode PbO_2 als Ergebnis der Elektrolyse (Ladung) auftritt.

Als Formel geschrieben ergibt sich folgendes:

$$PbSO_4 + 2\,H_2O + PbSO_4 = Pb + H_2SO_4 + H_2SO_4 + PbO_2$$

Man erkennt hieraus, daß neuauftretende Schwefelsäure aus dem Bleisulfat und Wasser entsteht, also die Säuredichte bei der Ladung steigt.

Wenn nun alles $PbSO_4$ zerlegt ist, bewirkt eine weitere Elektrolyse nur eine weitere Zersetzung des Wassers in H_2 und O, die bekannterweise beim nun eintretenden „kochen“ als Gase aus dem Sammler entweichen.

Wir ersehen daraus, daß trotz fortgesetzter Ladung keine elektrische Energie aufgespeichert wird, sondern nur Wasserstoffgas und Sauerstoffgas sich bildet. Das Gemisch dieser Gase, das man Knallgas nennt, explodiert bei Entzündung. Mit Rücksicht darauf dürfen Sammlerräume nicht mit offener Flamme betreten werden.

Der Entladevorgang.

Aus der Spannungsreihe (siehe Seite 102) und den folgenden Ausführungen können wir entnehmen, daß nach der Ladung zwischen der Plusplatte, die nun aus Bleidioxyd besteht, und der Minusplatte aus Blei in der verdünnten Schwefelsäure sich ein Spannungsunterschied bildet. Aus unserem Sammler ist folglich ein galvanisches Element geworden. Schließen wir nun den Sammler an einen Verbraucher an, so fließt elektrischer Strom von der negativen zur positiven Elektrode und von hier über den angeschlossenen Verbraucher zurück zur negativen.

Dadurch findet eine Veränderung an den Platten und im Elektrolyten statt. Die Schwefelsäure (H_2SO_4) wird in ihre Bestandteile zerlegt und zwar wird an der positiven Elektrode der Wasserstoff (H_2) und an der negativen Elektrode der Bestandteil (SO_4) der Schwefelsäure abgeschieden.

An der positiven Elektrode reduziert der Wasserstoff das Bleidioxyd zu Bleioxyd (PbO) wobei sich Wasser (H_2O) bildet. Das so entstandene Bleioxyd setzt sich nun mit der Schwefelsäure in Bleisulfat ($PbSO_4$) und Wasser (H_2O) um. Ebenso bildet das an der negativen Elektrode abgeschiedene SO_4 mit dem Blei dieser Elektrode Bleisulfat.

Diese chemische Umformung findet so lange statt, bis sich die wirksamen Bestandteile beider Elektroden größtenteils in Bleisulfat umgewandelt haben. Der Stromfluß ist dann zu Ende. Diesen Vorgang nennen wir das Entladen des Sammlers.

Laden und Entladen eines Sammlers bzw. die Umwandlung der Elektroden bei diesen Vorgängen ist in den Abb. 89 und 90 nochmals dargestellt.

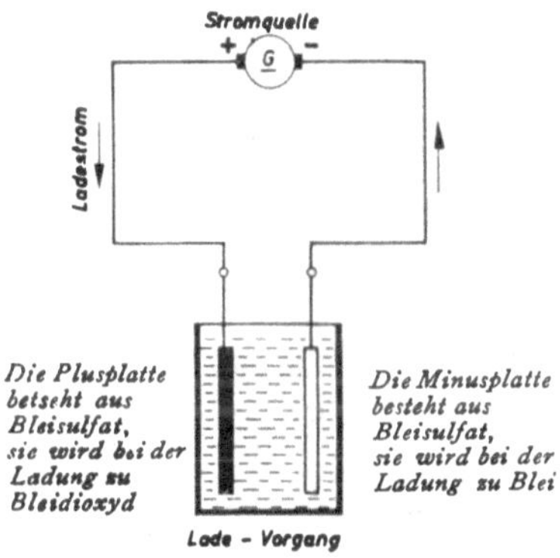

Abb. 89

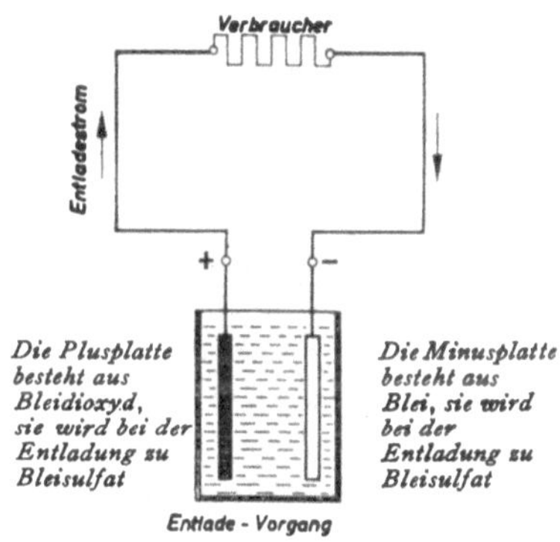

Abb. 90

Aus Vorhergehendem konnten wir entnehmen, daß sich beim Laden und Entladen die Sammlerflüssigkeit ständig verändert.

Je nach der Strommenge, die bei der Ladung in die Zellen hineingeleitet oder bei der Entladung entnommen wird, geht

a) bei der Ladung ein Anwachsen,

b) bei der Entladung ein Abfallen

des Schwefelsäuregehalts der Zellenflüssigkeit vor sich.

Damit ändert sich auch ständig das spezifische Gewicht und somit die Dichte der verdünnten Schwefelsäure.

Die Messung der Säuredichte ist daher eine Prüfung des Ladungs- oder Entladungszustandes des Sammlers.

Wie bereits erwähnt, kann man die Säuredichte mit einem Säuremesser (Aräometer) feststellen. Der Sammler befindet sich in einem einwandfrei geladenen Zustand, wenn die verdünnte Schwefelsäure ein

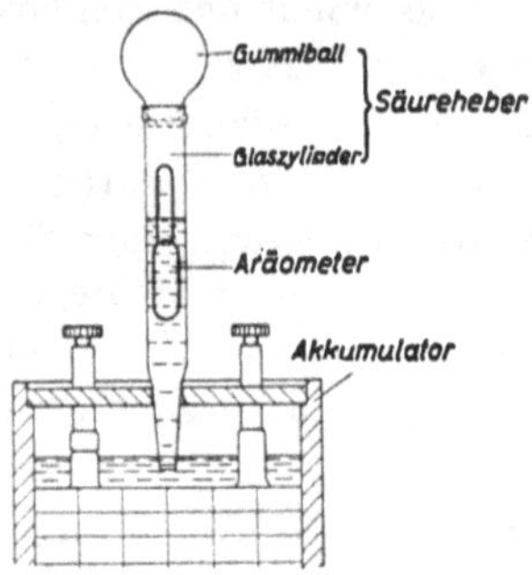

Bei der Ladung wird das spezifische Gewicht oder die Dichte der Säure größer.

Abb. 90a

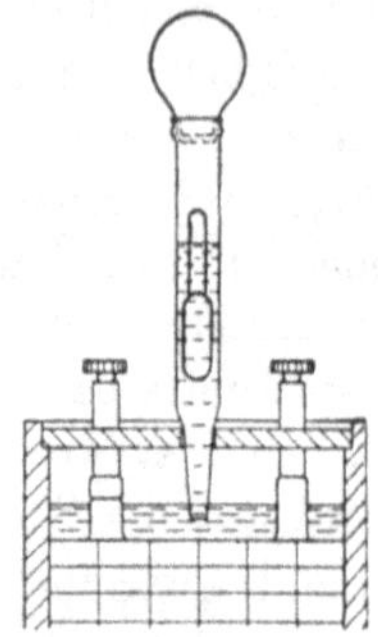

Bei der Entladung wird das spezifische Gewicht oder die Dichte der Säure kleiner.

Abb. 90b

Feststellen der Säure-Dichte mit dem Aräometer

spezifisches Gewicht von 1,285 hat. Ist das spezifische Gewicht unter 1,2 gefallen, so muß der Sammler aufgeladen werden.

Der ermittelte Dichte-Wert der Säure führt bei der Beurteilung des Ladezustandes zu Fehlschlüssen, wenn an Stelle von destilliertem Wasser — entgegen der Vorschrift — Schwefelsäure nachgefüllt wird; es entsteht dadurch eine höhere Säuredichte.

Im Verlaufe einer vorschriftsmäßigen Ladung muß schließlich die Säuredichte den Wert von 1,285 und die Zellenspannung eine Höhe von 2,6 bis 2,7 Volt erreichen. Ändern sich diese beiden Werte innerhalb weiterer zwei Stunden nicht, so ist die Ladung beendet (oder der vorerwähnte Fehler liegt vor).

Wir ziehen daraus den Schluß und merken uns: Wenn während der Ladung die Säuredichte über den Wert 1,285 steigt, ist dies ein Beweis, daß der Sammler nicht vorschriftsmäßig nachgefüllt wurde. Die Säuredichte muß dann auf den Wert 1,285 mit destilliertem Wasser herabgesetzt werden.

Bei Ladungen über unnötig lange Zeit hinaus verdunstet das Wasser aus der verdünnten Schwefelsäure mehr als bei normaler Ladung. Bei Über-Ladungen entstehen zusätzliche Erwärmungen, die das Verdunsten des Wassers fördern. Es befindet sich somit weniger Flüssigkeit mit dem gleichen Schwefelsäuregehalt in der Zelle. Dadurch wird die Säuredichte höher und die Säuremessung an einer nicht vorschriftsmäßig gefüllten Zelle — zur Feststellung des Ladezustandes —, führt zu Fehlschlüssen.

Aus diesem Grunde muß vor der Säuremessung der Flüssigkeitsspiegel durch Nachfüllen von destilliertem Wasser auf die vorgeschriebene Höhe gebracht werden. Infolge des erst langsam einsetzenden Dichteausgleiches der Füllflüssigkeit ist es notwendig, eine kurze Nachladung vorzunehmen, wenn die Säuremessung ein richtiges Bild über den Ladezustand des Sammlers ergeben soll. Der Säuremesser ist ein zylindrischer Glaskörper, in dem auf der einen Seite ein Mundstück mit Ansaugrohr und auf der anderen Seite ein Gummiball eingesetzt ist. Im Innern des Glaskörpers befindet sich ein zylindrischer hohler Glasstab, dessen Boden mit festgekitteten Bleikörnern angefüllt ist. Wird die zu prüfende Säure angesaugt, so schwebt der mit Bleikörnern beschwerte hohle Glasstab in senkrechter Richtung in dem größeren Glaskörper. An einer am oberen Teil des hohlen Glasstabes befindlichen Teilung (oder Skala) kann das spezifische Gewicht bzw. der Grad in Beaumé abgelesen werden, und zwar zeigt der an dem betreffenden Teilstrich befindliche Säurespiegel das spezifische Gewicht der Säure an.

Bei dem Aufladen des Sammlers ist immer darauf zu achten, daß die Pole bei Anschluß der Gleichstromquelle nicht verwechselt werden, also immer Pluspol mit Pluspol und Minuspol mit Minuspol verbunden sind. Im anderen Falle verbiegen sich die Platten, wobei sie sich gegenseitig berühren. Der Sammler ist hierdurch nicht mehr verwendbar. Das gleiche tritt auch ein, wenn der Sammler mit einer unzulässig hohen Stromstärke geladen oder entladen wird.

Spannungshöhe

Bei der Betrachtung der Wirkungsweise bedienten wir uns eines Sammlers, der, wie in Abb. 84 dargestellt, aus einer positiven und zwei negativen Elektroden also aus einer Zelle bestand.

Schließt man an die Pole eines solchen Sammlers, der vorher aufgeladen wurde, einen Spannungsmesser an, so zeigt er die sogenannte Ruhespannung in einer Höhe von etwa 2 Volt an.

Die Höhe dieser Ruhespannung ist allein abhängig von der Dichte des Elektrolyten (Schwefelsäure), mit dem die wirksamen Massen der Platten in Berührung sind. Für ihre Höhe spielt die Größe der Elektroden keine Rolle. So hat z. B. eine Sammlerzelle mit kleinen Platten die gleiche Spannungshöhe, wie eine solche mit großen.

Wird eine höhere Spannung als 2 Volt benötigt, so müssen mehrere einzelne Zellen hintereinander geschaltet werden (Abb. 81).

Bei Beginn einer Entladung mit gleichbleibender Stromstärke fällt die Klemmenspannung von 2 Volt ungefähr gleichmäßig, zum Schluß jedoch schneller ab, was im Schaubild Abb. 91 dargestellt ist.

Die Sammlerzelle gilt als entladen, wenn bei normaler 10stündiger Entladung mit dem zehnten Teil des für den Sammler angegebenen Kapazitätswertes (siehe Seite 123), eine elektrische Spannung von 1,75 Volt erreicht ist.

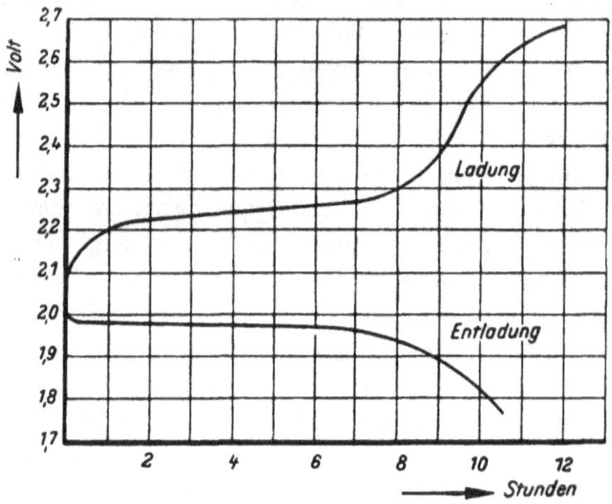

Abb. 91

Es handelt sich bei der in Abb. 91 dargestellten unteren Schaulinie um eine „normale“ Entladung, bei der die Spannung je Zelle auf etwa 1,75 Volt sinkt. Bei höheren Entladeströmen liegt die End-Spannung entsprechend tiefer.

Damit die Spannung die untere zulässige Grenze (1,75 Volt) nicht unterschreitet, muß die Entladung überwacht und für rechtzeitige Ladung Sorge getragen werden.

Wird der entladene Sammler aufgeladen, so steigt bei normaler Säuredichte die Klemmenspannung zunächst rasch auf etwa 2,1 Volt und allmählich, wie die obere Schaulinie der Abb. 91 zeigt, auf 2,4 Volt an. Sie erreicht schließlich gegen Ende der Ladung ziemlich steil ansteigend 2,6 bis 2,7 Volt.

Dieser steile Spannungsanstieg erfolgt dadurch, daß gegen Ende der Ladung das Bleisulfat zum größten Teil umgebildet ist und an den beiden Platten durch Zersetzung des destillierten Wassers in der Schwefelsäure eine lebhafte Gasentwicklung einsetzt.

Nach Unterbrechung der Ladung fällt die Klemmenspannung auf etwa 2 Volt ab, erreicht aber nach Unterbrechung einer Entladung ebenfalls 2 Volt wieder. Daraus ergibt sich, daß die jeweilige Höhe der Ruhespannung kein Maßstab für die Beurteilung des Standes der Ladung oder der Entladung ist. Entsprechende Prüfungen müssen deshalb stets unter Belastung erfolgen.

Die Lade- und Entlade-Stromstärke eines Sammlers

Die Höhe der Lade- oder Entladestromstärke ist abhängig von der Größe und Bauart der Sammler-Platten. Die Lieferfirmen geben daher für die Sammler immer die höchstzulässige Lade- und Entladestromstärke an, die keinesfalls überschritten werden darf.

Für 1 dm^2 Oberfläche der Plusplatte rechnet man gewöhnlich eine Höchst-Ladestromstärke von 1 Amp. Wird der Sammler mit einer höheren Stromstärke geladen, so tritt sofort eine starke Gasentwicklung ein, und die vielen Gasbläschen lösen von den Bleidioxydschichten der positiven Platten kleine Teilchen ab, die auf den Boden des Zellengefäßes fallen und dort den Masseschlamm bilden.

In ähnlicher Weise wirkt sich eine zu große Ladestromstärke auch auf die negativen Platten aus und setzt deren Lebensdauer herab.

Diese schädlichen Erscheinungen machen sich durch die immer heftiger werdende Gasentwicklung auch bemerkbar, wenn der Sammler mit vorgeschriebener Ladestromstärke zu lange geladen wird.

Entladungen mit zu hoher Stromstärke müssen ebenfalls vermieden werden. Die Säure kann bei einer so entstehenden zu kleinen Entladezeit nicht in die tieferen Schichten der wirksamen Massen eindringen. Dadurch nehmen nur die äußeren Schichten der Platten an dem Umformungsprozeß teil, und die Ausnutzung ist unvollkommen.

Die Kapazität

Unter Kapazität eines Sammlers versteht man diejenige gleichbleibende Stromstärke, die einem Sammler bis zu der niedrigsten zulässigen Spannungshöhe in einer bestimmten Zeit ununterbrochen entnommen werden kann.

Die Abgabefähigkeit oder Kapazität wird ausgedrückt in „Amperestunden = Ah"; sie richtet sich

1. nach der Bauart der Platten,
2. nach der jeweiligen Säuretemperatur,
3. nach der ununterbrochenen oder unterbrochenen Entladung und
4. nach der Höhe des Ladestromes.

Beispiel Nr. 63:

Auf dem Leistungsschild eines Sammlers steht u. a. 50 Ah bei zehnstündiger Stromentnahme. Höchste Lade- und Entladestromstärke 5 Amp. Was bedeuten diese Angaben?

Erklärung:

Der Sammler kann 10 Stunden lang ununterbrochen eine Stromstärke von 5 Amp. abgeben oder z. B. 20 Stunden lang eine Stromstärke von 2,5 Amp. usw. bis zu der vorgeschriebenen Spannungsgrenze von 1,75 Volt je Zelle.

Bei einer höheren oder niedrigeren Säuretemperatur ist mit einem Mehr oder Weniger an Kapazität zu rechnen. Der Kapazitätswert ist im allgemeinen keine feststehende Größe, er richtet sich nach der Bauart der Platten (Großoberflächen-, Rahmen-, Gitterplatten) ferner nach der Höhe des Entladestromes bzw. der Zeitdauer und der Art der Entladung (ununterbrochene oder unterbrochene Entladung).

Der Wirkungsgrad

Nach dem Wirkungsgrad beurteilt man den wirtschaftlichen Wert des Sammlers. Man versteht darunter das Verhältnis der bei der Entladung erhaltenen Energie in Amperestunden zu der beim Laden vom Sammler verbrauchten Energie. Dieser Wirkungsgrad beträgt etwa 90%. Den Unterschied zwischen aufgenommener (elektrischer Ladungs-)Arbeit und abgegebener (elektrischer Entladungs-)Arbeit in Wattstunden bezeichnet man mit Nutzeffekt, er beträgt etwa 75%, d. h. der Sammler gibt 75% der aufgewendeten elektrischen Arbeit wieder nutzbar ab. Die restlichen 25% gehen beim Umwandlungsprozeß größtenteils in Form von Wärmeenergie verloren (siehe hierzu auch das Kapitel „Energieumformung“, Seite 92).

e) Der Stahl-Sammler

Seit vielen Jahren bemüht man sich, die schweren Bleisammler durch leichtere zu ersetzen. Das wichtigste Ergebnis dieser zahlreichen Versuche sind Stahlsammler, die in zwei Ausführungen

a) als Nickel-Kadmium-Sammler und

b) als Nickel-Eisen-Sammler

gebaut werden. Sie enthalten als Elektrolyt Kalilauge mit verschiedenen Zusätzen und werden deswegen im Gegensatz zu dem Säuresammler auch alkalische Sammler genannt.

Die Vorzüge alkalischer Sammler sind nachfolgend kurz zusammengefaßt:

1. Größte Lebensdauer von allen Sammlerbauarten.
2. Niedriges Gewicht bei großer Leistung und Festigkeit.
3. Unempfindlichkeit gegen tiefe Temperaturen.
4. Sie können nahezu beliebig lange Zeit unbenutzt stehen.
5. Sie werden durch die Höhe des Entladestromes in der Kapazität nur unwesentlich beeinflußt.

Nachteilig ist, daß:

1. die normale Zellenspannung niedriger ist als die der Bleisammler; sie beträgt nur 1,25 Volt;
2. der Anschaffungspreis höher ist als der eines Bleisammlers.

Aufbau der Stahlsammler

Je nach Ausführung der positiven Platten unterscheidet man Sammler-Zellen mit positiven „Röhrchen"-Platten und Zellen mit positiven „Taschen"-Platten.

Abb. 92. Positive Röhrchenplatte

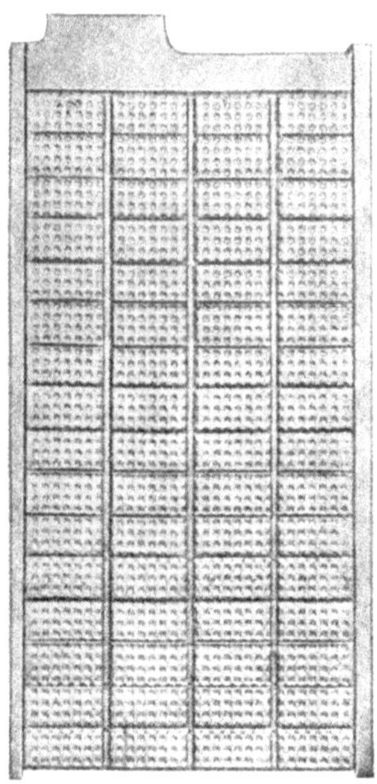

Abb. 93. Positive Taschenplatte

Die wirksame Masse der positiven Röhrchenplatte ist eine Verbindung von Nickel mit Wasserstoff und Sauerstoff (Nickelhydroxyd). Zur Erhöhung der elektrischen Leitfähigkeit enthält sie einen Zusatz von galvanisch hergestellten Nickelflocken.

Die wirksame Masse der positiven Taschenplatte besteht ebenso wie bei der Röhrchenplatte auch aus Nickelhydroxyd, dem jedoch zur Erhöhung der Leitfähigkeit Graphit beigemengt ist.

Die negativen Elektroden beider Zellenbauarten bestehen immer aus Taschenplatten, die — je nach Verwendungszweck — als wirksame Masse entweder Eisen oder Cadmium in fein verteiltem Zustand enthalten.

Die Platten gleicher Polarität sind zu einem Plattensatz vereinigt und mit den Polbrücken entweder verschraubt oder verschweißt. Positive und negative Plattensätze sind durch Hartgummistäbe oder gelochte, gewellte Hartgummibleche voneinander getrennt.

Abb. 94. Negative Taschenplatte

Der Zellenkasten besteht aus vernickeltem Stahlblech.

Die Zellen werden durch Polverbinder zu Batterien hintereinander geschaltet.

Der Elektrolyt der alkalischen Sammler ist Kalilauge besonderer Reinheit, mit einem spezifischen Gewicht von 1,2 bei + 20° C.

Wirkungsweise der Stahlsammler

Im aufgeladenen Zustand besteht die wirksame Masse der positiven Elektrode der Nickel-Eisen-Zelle, aus Nickelhydroxyd: [$Ni(OH)_3$] und die der negativen Elektrode aus metallischem Eisen (Fe).

Während der Entladung zersetzt sich das Wasser der Kalilauge in Wasserstoff und Sauerstoff. Der Sauerstoff wandert zur negativen Elektrode; dadurch bildet sich das Eisen derselben in Eisenhydroxyd: [$Fe(OH)_2$] um. Der Wasserstoff wandert zur positiven Elektrode, wodurch das Nickelhydroxyd in eine niedere Oxydationsstufe, nämlich Nickelhydroxydul [$Ni(OH)_2$] übergeht.

Bei der Aufladung des Sammlers wird der Sauerstoff des Wassers von der negativen Elektrode zur positiven bewegt und es spielt sich ein umgekehrter Vorgang wie beim Entladen ab. Dadurch wird die wirksame Masse der Elektroden wieder in ihren früheren Zustand umgewandelt.

Ähnliche Vorgänge spielen sich auch beim Laden und Entladen der Nickel-Cadmium-Zelle eines Stahlsammlers ab. Die wirksame Masse der positiven Platte ist Nickelhydroxyd. Beim Fließen des Entladestromes wird diese in Nickelhydroxydul übergeführt. Die wirksame Masse der negativen Elektroden besteht aus Cadmium in feinverteiltem Zustand, das bei der Entladung in Cadmiumhydroxyd [$Cd(OH)_2$] umgewandelt wird.

Beim Laden und Entladen ändert sich die Dichte des Elektrolyten kaum; die geringen Veränderungen sind deshalb kein Maßstab für den Lade- oder Entladezustand des Sammlers, wie das bei einem Bleisammler der Fall ist.

Schwefelsäure oder angesäuertes Wasser darf in Stahlsammler niemals eingefüllt werden, weil dadurch der Sammler zerstört wird. Auch dürfen Werkzeuge, die mit Schwefelsäure in Berührung waren, aus diesem Grunde nicht für Stahlsammler Verwendung finden.

Daraus ergibt sich, daß Stahl- und Bleisammler in ein- und demselben Lade- oder Entladeraum nicht aufgestellt werden dürfen.

Da Stahlsammler stets explosible Gase enthalten, ist in ihrer Nähe offenes Licht zu vermeiden.

Der Stahlsammler führt pro Zelle eine Spannung von 1,25 Volt.

Der **Wirkungsgrad** der Stahlsammler in Amperestunden liegt je nach dem Aufbau der Sammlerplatten und den vorliegenden Betriebsbedingungen etwa zwischen 72 und 78%, der **Nutzeffekt** in Wattstunden zwischen 50 bis 60%.

Abb. 95. Taschenzelle

Die einzelnen Zahlen bedeuten:

1 = Zellenkasten
2 = Positive Platte
3 = Negative Platte
4 = Perforierte Hartgummischeider
5 = Randisolator
6 = Positiver Pol
7 = Negativer Pol
8 = Polbolzendichtung
9 = Verschlußstopfen
10 = Federscheibe

28. Die Umformung mechanischer Arbeit in elektrische Energie

Mechanische Arbeit kann mit Dynamo-Maschinen (Generatoren) in elektrische Energie umgeformt werden. Diese Energie-Umformer arbeiten nach dem Induktions-Prinzip, das von dem Physiker M. Faraday im Jahre 1832 entdeckt wurde. Es lautet:

> Bewegt man einen geschlossenen Leiter so in einem Magnetfeld, daß er Kraftlinien schneidet, so wird im Leiter eine elektrische Spannung induziert, die in ihm einen Elektronenstrom hervorruft. 19

Einfache Anwendung des Induktions-Prinzips

Bewegt man den Leiter im Magnetfeld rechtwinklig zu den Kraftlinien, so daß diese geschnitten werden, so wird in ihm, wie wir aus vorhergehendem Lehrsatz kennen gelernt haben, eine elektrische Spannung induziert. Ihre Höhe zeigt der angeschlossene Spannungsmesser durch einen Zeigerausschlag an.

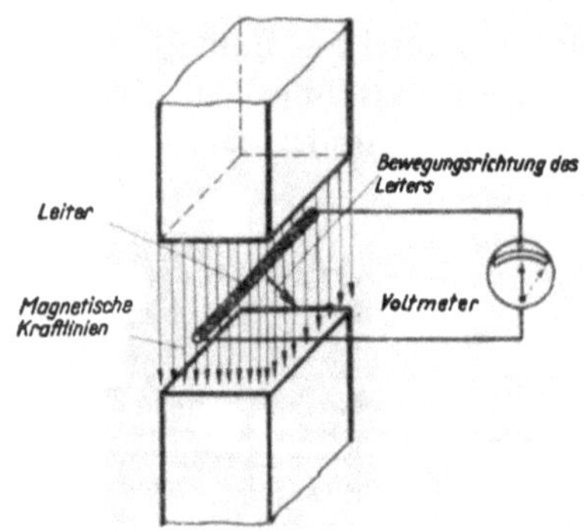

Abb. 96

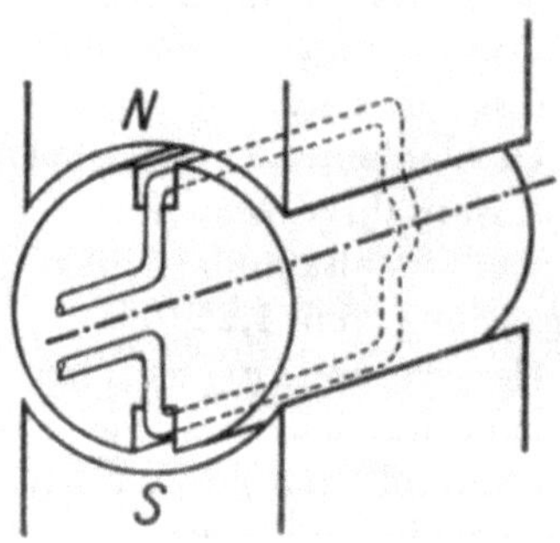

Abb. 97
Anker mit einer Spulenwindung

Rührt beispielsweise das Magnetfeld nicht von dem Dauermagneten sondern von einem Elektromagneten (stromdurchflossene Spule) her, so wird in dem unbewegten Leiter auch eine elektrische Spannung induziert, wenn der Strom in der Spule vermindert oder erhöht — also die Dichte des Magnetfeldes geändert wird.

Unter Induktion versteht man also die Einwirkung eines Magnetfeldes auf einen Leiter.

In Dynamo-Maschinen wird der Leiter als Spule in die Nuten eines Eisenkörpers eingelegt und dieser drehbar angeordnet (Abb. 97).

Die elektrische Spannung, die in den Spulenwindungen bei Dreh-Bewegungen entsteht, oder wie man auch sagt, induziert wird, nennen wir bekanntlich:

Elektro-Motorische-Kraft „EMK“

Man meint damit den Druck, den die Elektronen aufweisen, um von dem einen Ende der geöffneten Spule (Minuspol) zum anderen (Pluspol) zu gelangen.

Ihre Größe kann man mit folgender Gleichung rechnerisch ermitteln:

$$EMK = \frac{l \cdot \mathfrak{B} \cdot v}{100\,000\,000}$$

Darin bedeutet:

EMK = Elektro-Motorische-Kraft, die kurz mit dem Buchstaben „E“ bezeichnet wird, gemessen in Volt

l = Länge des Drahtes im magnetischen Feld, gemessen in „cm“

$\mathfrak{B}$ = Kraftfluß, gemessen in Gauß

v = Umlaufgeschwindigkeit, gemessen in „cm/sek“

In dieser Gleichung kommt ein wichtiges Grundgesetz des Elektro-Maschinenbaues zum Ausdruck. Es besagt, daß bei einer Dynamo-Maschine die Höhe der erzeugten „Elektro-Motorischen Kraft“ abhängig ist:

1. Von der wirksamen Länge des Spulendrahtes im Magnetfeld.
2. Von der Dichte des magnetischen Kraftflusses.
3. Von der Höhe der Umlaufgeschwindigkeit der kreisenden Drahtspule.

Beispiel Nr. 64:

1. Zwischen dem Nord- und Südpol einer Dynamo-Maschine herrscht ein magnetischer Kraftfluß von 4000 Gauß. Der Leiter mit der Länge von 45 cm wird in diesem mit einer Geschwindigkeit von 8 m/sek bewegt. Wie groß ist die induzierte EMK?

Gegeben: $l = 45$ cm, $\mathfrak{B} = 4000$ G
$v = 8$ m/s $= 800$ cm/s

Gesucht: $E = ?$

Lösung:

$$E = \frac{l \cdot \mathfrak{B} \cdot v}{100\,000\,000} = \frac{45 \cdot 4000 \cdot 800}{100\,000\,000} = \mathbf{1{,}44\ V}$$

2. Wie groß ist die EMK der Dynamo-Maschine, wenn die **Länge** des Drahtes von 45 cm auf 60 cm erhöht wird?

Lösung:

$$E = \frac{l \cdot \mathfrak{B} \cdot v}{100\,000\,000} = \frac{60 \cdot 4000 \cdot 800}{100\,000\,000} = \mathbf{1{,}92\ V}$$

3. Wie groß ist die EMK, wenn der magnetische Kraftfluß (unter 1) von 4000 auf 6000 Gauß erhöht wird?

Lösung:

$$E = \frac{l \cdot \mathfrak{B} \cdot v}{100\,000\,000} = \frac{45 \cdot 6000 \cdot 800}{100\,000\,000} = 2{,}16\ V$$

4. Wie groß ist die EMK, wenn die Umlaufgeschwindigkeit (unter 1) von 8 auf 9 m/s erhöht wird?

Lösung:

$$E = \frac{l \cdot \mathfrak{B} \cdot v}{100\,000\,000} = \frac{45 \cdot 4000 \cdot 900}{100\,000\,000} = 1{,}62\ V$$

29. Die Richtung des erzeugten Induktionsstromes

Aus dem vorhergehenden Kapitel haben wir entnehmen können, daß in einem Draht eine Elektro-Motorische Kraft induziert wird, wenn er in einem Magnetfeld quer zu den Kraftlinien bewegt wird.

Ist z. B. der Anfang und das Ende des in Bewegung befindlichen Drahtes über einen Strommesser verbunden (siehe Abb. 98), so ruft die induzierte elektrische Spannung in diesem Stromkreis einen Elektronen-Strom hervor, dessen Größe das Meßgerät durch einen Zeigerausschlag anzeigt.

Zwischen der Flußrichtung des elektrischen Stromes, der Bewegungsrichtung des Leiters und der Richtung des magnetischen Feldes besteht ein fester Zusammenhang, der in der „Rechte-Hand-Regel" verankert ist. Sie lautet:

> Hält man die rechte Hand so in ein Magnetfeld, daß die Kraftlinien in das Innere der Handfläche eintreten und bewegt man den Leiter 20
> in Richtung des abgespreizten Daumens, so geben die Fingerspitzen die Richtung des elektrischen Stromes im Leiter an.

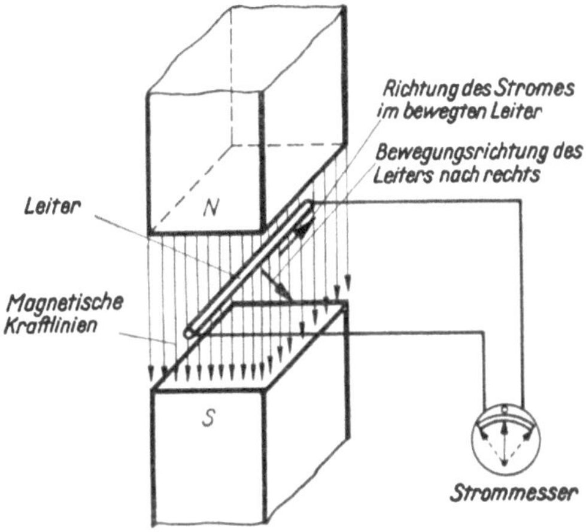

Abb. 98

Wir haben somit die Möglichkeit, die Strömungsrichtung des in einem Leiter induzierten Stromes zu ermitteln.

Bei einer Bewegung des geschlossenen Leiters in Abb. 98 nach rechts, wird in ihm eine EMK induziert, die nach der Rechte-Hand-Regel im Leiter einen Strom in der eingezeichneten Pfeilrichtung hervorruft. Das angeschlossene Meß-Instrument zeigt diesen Stromfluß durch einen Ausschlag seines Zeigers z. B. nach rechts an. Wird die Bewegung beendet, so wird keine EMK erzeugt und der Stromfluß ist beendet. Der Zeiger des Meß-Instrumentes kehrt folglich in seine Nullstellung zurück.

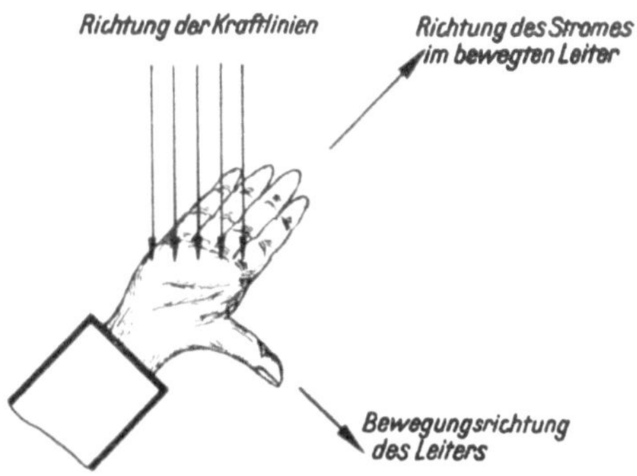

Abb. 99

Wird der Leiter nun nach links bewegt, so ruft die induzierte EMK einen Strom — wie sich wieder aus der Rechte-Hand-Regel ergibt — in entgegengesetzter Richtung wie vorher in dem Stromkreis hervor. Der Zeiger des angeschlossenen Meß-Instrumentes schlägt nun nach links aus und kehrt bei Stillstand des Leiters, wieder in seine Nullstellung zurück.

Es war also elektrischer Strom entstanden, der mit der Änderung der Bewegungsrichtung des Leiters, auch seine Richtung änderte. Einen Strom mit solchen Eigenschaften nennt man **Wechselstrom.**

Bei Bewegung des geschlossenen Leiters im magnetischen Feld tritt ein Widerstand auf, der die Bewegung zu hemmen versucht.

Die Ursache ist folgende:

Wird auf den Leiter, der in Abb. 98 dargestellt ist in Pfeilrichtung eine Bewegungskraft ausgeübt, so wird in dem bewegten Leiter eine elektrische Spannung induziert, die einen Strom, der in der eingezeichneten Richtung fließt, hervorruft.

Aus dem Kapitel „Der Elektromagnetismus“ (siehe Seite 84) wissen wir aber, daß ein stromdurchflossener Leiter in einem Magnetfeld mit einer bestimmten Kraft bewegt wird.

Mit Hilfe der „Linke-Hand-Regel“ kann festgestellt werden, in welcher Richtung der Leiter bewegt wird. Wenden wir die Regel an, so ersehen wir, daß die Bewegungskraft der eingezeichneten Bewegungsrichtung entgegenwirkt.

Diese Tatsache ist im Lenzschen Gesetz festgehalten, es lautet:

Die Richtung einer Induktionswirkung ist so, daß sie der Bewegung, der sie ihr Entstehen verdankt, entgegenwirkt.	21

30. Die Erzeugung von Wechselstrom

In Wechselstrom-Generatoren ist der Draht, in dem die elektrische Wechselspannung erzeugt wird, zu Schleifen gebogen, die in den Nuten eines drehbar angeordneten Ankers (Rotor) eingebettet sind. Der Anfang und das Ende der Drahtschleifen führen zu zwei Schleifringen. An den aufliegenden Bürsten kann man den erzeugten Wechselstrom abnehmen.

In Abb. 100 ist ein Wechselstrom-Generator im Prinzip dargestellt. Aus Gründen einer guten Übersicht ist nur eine Spulenwindung eingezeichnet und der Anker mit seinen Nuten und das Polgehäuse fortgelassen.

An den Bürsten ist ein Spannungsmesser, der seinen Nullpunkt in der Mitte der Skala hat, angeschlossen.

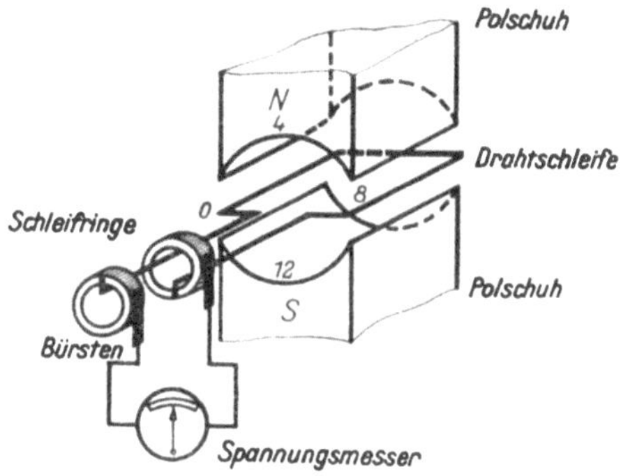

Abb. 100

Wir drehen die Drahtschleife in dem Magnetfeld des Ständers rechts herum und stellen dabei mit Hilfe des angeschlossenen Spannungsmessers fest, daß in der Drahtschleife eine Elektromotorische Kraft (EMK) induziert wird.

In den Abb. 101a—101e sind einige Augenblicksstellungen festgehalten, denen wir folgendes entnehmen.

1. Die Drahtschleife befindet sich bei Drehung einen Augenblick in der waagerechten Stellung (siehe Abb. 101a), in der in ihr keine EMK induziert wird. Der Zeiger des angeschlossenen Spannungsmessers steht folglich in seiner Nullstellung.

2. Bei Drehung der Drahtschleife rechts herum bis in die senkrechte Stellung (siehe Abb. 101b) wird von ihr eine ständig größer werdende Anzahl Kraftlinien geschnitten. Dadurch wird in der Drahtschleife eine ansteigende EMK induziert. In der senkrechten Stellung erreicht die EMK ihren Höchstwert. Der angeschlossene Spannungsmesser zeigt dies durch einen Rechtsausschlag des Zeigers an.

3. Beim Weiterdrehen bis in die waagerechte Stellung (siehe Abb. 101c) sinkt die induzierte EMK wieder auf Null ab, da die Anzahl der geschnittenen Kraftlinien ständig kleiner wird. Der Zeiger des Spannungsmessers steht in dieser Augenblicksstellung der Drahtschleife auf Null. Dieser An- und Abstieg der EMK ist in der linken oberen (positiven) Halbwelle dargestellt.

Abb. 101 a Abb. 101 b Abb. 101 c Abb. 101 d Abb. 101 e

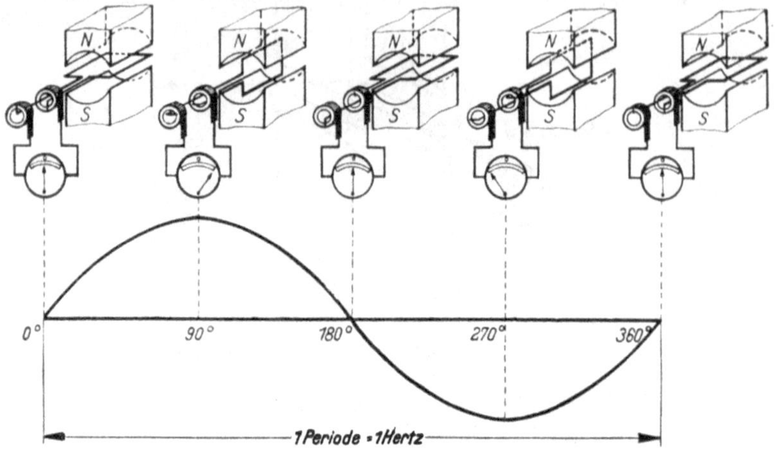

Positive Halbwelle Negative Halbwelle

Abb. 101

4. Die Drahtschleife ist bis jetzt um 180⁰ gedreht worden. Wird sie darüber hinaus weiter gedreht (siehe Abb. 101 c und 101 e), so ändert sich die Richtung der induzierten EMK in der Drahtschleife. Sie steigt an bis sie einen entsprechenden Höchstwert in der senkrechten Augenblicksstellung erreicht hat. Der Spannungsmesser zeigt diesen Höchstwert durch einen Linksausschlag seines Zeigers an.

5. Beim Weiterdrehen bis zur waagerechten Ausgangsstellung wird die induzierte EMK kleiner und fällt schließlich auf ihren Nullwert ab. Die Drahtschleife hat nun eine volle Umdrehung von 360⁰ gemacht und befindet sich jetzt wieder in ihrer Ausgangsstellung (siehe Abb. 101e). Der Spannungsmesser steht bei dieser Augenblicksstellung der Drahtschleife wieder auf Null.

Dieser entgegengesetzt gerichtete An- und Abstieg der EMK bei der Drehung der Drahtschleife von 180⁰ bis 360⁰ ist in der rechten unteren (negativen) Halbwelle der letzten Abbildung dargestellt.

Wir stellen durch diesen Versuch zusammenfassend fest, daß bei Drehung der Drahtschleife in ihr eine EMK induziert wird, die ihre Größe und Richtung ändert.

Da die Drahtschleife durch einen Spannungsmesser kurzgeschlossen ist, ruft die EMK einen Elektronenstrom hervor. Dieser Strom ändert mit der EMK gleichzeitig ebenfalls seine Größe und Richtung.

Die Elektronen wandern während der Zeit einer halben Umdrehung, je nach Höhe der momentanen Spannung weniger oder mehr, in der geschlossenen Drahtschleife um eine bestimmte Weglänge vorwärts und während der nächsten halben Umdrehung die gleiche Strecke rückwärts. Der Elektronenstrom bewegt sich also längs des Leiters hin und her. Da die Zeiten der Hin- und Herbewegung gewöhnlich sehr klein sind, folgt daraus, daß die Elektronen sich von ihrer Ruhelage in beiden Richtungen nur um Bruchteile eines Millimeters bewegen, sie pendeln hin und her.

Einen Strom, der seine Größe und Richtung in einer Sekunde ständig ändert, nennt man Wechselstrom. 22

Den in der oberen (positiven) und in der unteren (negativen) Halbwelle der letzten Abbildung dargestellten Verlauf des Wechselstromes bei einer Drehung der Drahtschleife um 360° nennt man Periode, weil bei einer gleichmäßigen Umdrehungszahl in einer bestimmten Zeit der Verlauf des Stromes in der Drahtschleife sich immer wiederholt.

Die Anzahl der Perioden in einer Sekunde nennt man Frequenz und bezeichnet sie mit „f". Die Frequenz wird jedoch nicht in Perioden, sondern zu Ehren des Physikers Heinrich Hertz in „Hertz" (Hz) gemessen.

Wird die Drahtschleife im Magnetfeld eines Polpaares in einer Sekunde einmal gedreht, so entsteht in ihr ein Wechselstrom mit der Frequenz von:

$$f = 1 \text{ Hertz (Hz)}$$

Dreht man die Drahtschleife in einer Sekunde 50mal, so entsteht in ihr ein Wechselstrom mit der Frequenz

$$f = 50 \text{ Hz}$$

Ordnet man für die Erzeugung des Magnetfeldes statt eines Polpaares (siehe Abb. 102) zwei Polpaare (siehe Abb. 103) an und dreht in diesem

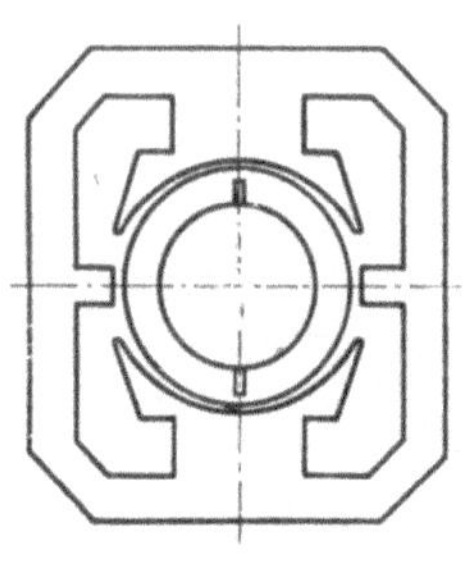

Abb. 102
Ständer mit einem Hauptpolpaar[1]

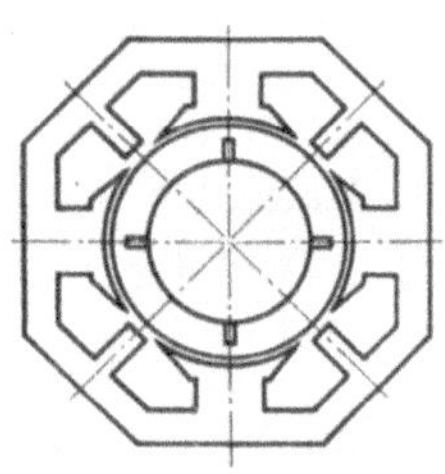

Abb. 103
Ständer mit zwei Hauptpolpaaren[2]

[1]) [2]) Die Ständer tragen neben den Hauptpolpaaren Wendepole, die hier außer Betracht bleiben.

Feld die Drahtschleife einmal um 360°, so entsteht in ihr ein Wechselstrom mit der Frequenz von

$$f = 2\ \text{Hz}$$

Wir können daraus zusammenfassend entnehmen, daß die Frequenz eines Wechselstromes abhängig ist:

1. Von der Umdrehungszahl „n" des Ankers.
2. Von der Polpaarzahl „p" des Stators.

Errechnen kann man die Frequenz eines Wechselstrom-Generators mit folgender Formel.

$$\boxed{f = \frac{p \cdot n}{60}}$$

Beispiel Nr. 65:

In dem Magnetfeld eines 4poligen Wechselstrom-Generators macht der Anker mit seiner Wicklung 1500 Umdrehungen/Minute. Wie groß ist die Frequenz des erzeugten Wechselstromes?

Gegeben: $n = 1500$ U/min, $p = 4$ Pole $= 2$ Polpaare

Gesucht: $f = ?$

Lösung:

$$f = \frac{p \cdot n}{60} = \frac{2 \cdot 1500}{60} = \mathbf{50\ Hz}$$

Wechselströme, die in einer Sekunde etwa 20 bis 30000mal ihre Richtung ändern, werden mit niederfrequente Wechselströme bezeichnet. Man sagt, sie sind leitungsgebunden, d. h. ihre induktiven Auswirkungen (siehe S. 128) sind auf verhältnismäßig kurze Entfernungen beschränkt. Wechselströme, die dagegen ihre Richtung in einer Sekunde über 30000mal ändern, bezeichnet man als hochfrequente Wechselströme. Mit Hilfe ihrer induktiven Auswirkungen ist man in der drahtlosen Telefonie (Rundfunk) in der Lage, größte Entfernungen zu überbrücken.

Man spricht in diesem Zusammenhang von „Nieder"- und „Hochfrequenz".

31. Die Spannungs- und Stromwerte bei Wechselstrom

Wir haben gelernt, daß Spannung und Strom in einem Wechselstromkreis fortwährend Größe und Richtung ändern. Die Augenblicks- oder Momentanwerte schwanken zwischen positiven und negativen Höchstwerten.

Die in einem Wechselstromkreis angeschlossenen Spannungs- und Strommesser können den schnellen Größenänderungen nicht folgen; sie besitzen eine gewisse Trägheit und zeigen daher nur sogenannte Effektivwerte an. Den Effektivwert des Stromes z. B. kann man auch als „wirksamen Wert" bezeichnen, da er der Durchschnittswert ist, der die gewünschte Wirkung in einem Verbraucher hervorruft.

Wir wissen, daß z. B. Heiz- und Kochgeräte und ebenso Glühlampen sowohl für Gleichstrom als auch für Wechselstrom verwendbar sind. Wir vergleichen daher am besten die Stromwärmearbeit des Effektivwertes eines bestimmten Wechselstromes mit der Stromwärmearbeit eines bekannten Gleichstromes. Man kann in diesem Zusammenhang dann sagen:

> Der Effektivwert der Spannung oder des Stromes in einem Wechselstromkreis gibt an, welcher Spannungs- oder Stromwert in einem Gleichstromkreis die gleich große Wärmearbeit hervorbringt. 23

Wir unterscheiden in Wechselstromkreisen zwischen:

1. Höchst- oder Scheitelwerte (auch Maximalwerte genannt) „E_{max}" und „J_{max}".
2. Effektivwerte „E_{eff}" und „J_{eff}" und
3. Momentanwerte „E_{mom}" und „J_{mom}", die sich bei jeder beliebigen Augenblicksstellung der Drahtschleife ergeben. Letztere sind meßbar mit Hilfe von Oszillographen.

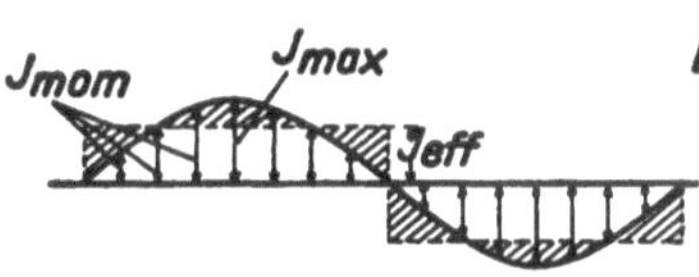

Abb. 104

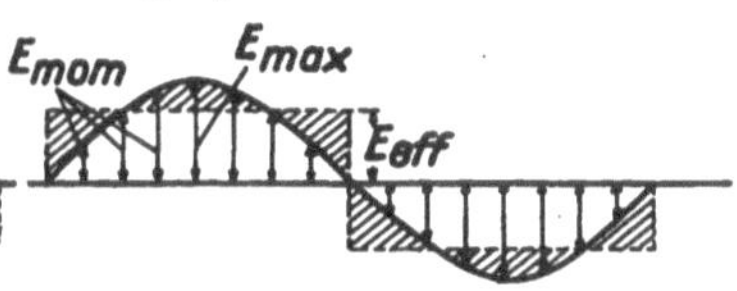

Mit „E" ist die EMK gemeint. Wir rechnen nachfolgend jedoch mit der Klemmenspannung „U".
Abb. 105

Die Stromwerte ergeben sich aus folgenden Gleichungen:

$$J_{eff} = \frac{J_{max}}{\sqrt{2}} = \frac{J_{max}}{1,41}$$

$$J_{max} = J_{eff} \cdot \sqrt{2}$$

Die Spannungswerte ergeben sich aus:

$$U_{eff} = \frac{U_{max}}{\sqrt{2}}$$

$$U_{max} = U_{eff} \cdot \sqrt{2}$$

Ein Wechselstrom mit einem maximalen Spannungswert von $U_{max} = 100$ Volt hat z. B. eine effektive Spannung von nur 70 Volt. Rechnerisch ergibt sich die mit unseren normalen Meßgeräten angezeigte effektive Spannung aus der vorhergehend bereits erwähnten Beziehung:

$$U_{eff} = \frac{U_{max}}{\sqrt{2}} = \frac{100}{1,41} = \sim 70 \text{ Volt}$$

Beispiel Nr. 66:

In einem Wechselstromkreis zeigt das angeschlossene Amperemeter einen Strom von 6 Ampere an. Wie groß ist die Stromstärke J_{max}?

Gegeben: $J_{eff} = 6$ A

Gesucht: $J_{max} = ?$

Lösung:

$$J_{max} = J_{eff} \cdot \sqrt{2} = 6 \cdot \sqrt{2} = 6 \cdot 1,41 = \mathbf{8,46\ A}$$

Beispiel Nr. 67:

In einem Wechselstromkreis zeigt das angeschlossene Voltmeter eine Spannung von 220 Volt an. Wie groß ist der maximale Spannungswert in diesem Wechselstromkreis?

Gegeben: $U_{eff} = 220$ V

Gesucht: $U_{max} = ?$

Lösung: $U_{max} = U_{eff} \cdot \sqrt{2} = 220 \cdot 1,41 = \mathbf{310,2\ V}$

Beispiel Nr. 68:

Welche maximale Spannung (Scheitelspannung) hält ein Kondensator bei einer Prüfung mit 500 Volt Wechselspannung aus?

Gegeben: $U_{eff} = 500$ V

Gesucht: $U_{max} = ?$

Lösung: $U_{max} = \sqrt{2} \cdot U_{eff} \cdot 1,41 \cdot 500 = 705$ V

Bei zufälliger Berührung von wechselstromdurchflossenen Leitern ist die Größe der Gefahr nicht allein durch die von einem Voltmeter angezeigte Spannungshöhe gegeben, sondern durch die Größe des Maximal- oder Scheitelwertes der Wechselspannung. Es wird daher aus Sicherheitsgründen bei der Bemessung der Isolation von Wechselstrom-Maschinen oder Leitungen immer der maximale Spannungswert zugrunde gelegt.

32. Wirbelströme

Bevor wir uns mit den elektrischen Wechselstrom-Maschinen befassen, wollen wir uns erst mit den sogenannten Wirbelströmen beschäftigen, die in diesen eine besondere Rolle spielen.

Aus Vorhergehendem wissen wir, daß in einer geschlossenen Drahtspule elektrischer Strom fließt, wenn sie bei Bewegung in einem Magnetfeld Kraftlinien schneidet. Bettet man die Drahtspule in die Nuten eines Eisenankers, der drehbar zwischen den Polschuhen eines Magneten gelagert ist und bewegt den Anker, so wird nicht nur in der Drahtspule eine elektrische Spannung induziert, sondern auch in dem Eisenanker. Letzteren kann man sich aus vielen nebeneinander liegenden Leitern zusammengesetzt denken.

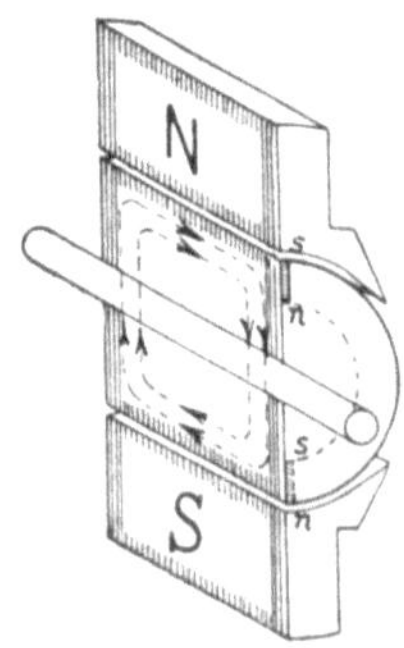

Abb. 106

Der Widerstand des massiven Eisenankers ist daher sehr gering und es können in ihm verhältnismäßig hohe Ströme fließen.

Mit der drehenden Bewegung des Ankers ändert sich auch ständig die Richtung der Ströme. Man nennt sie daher „Wirbelströme". Sie rufen in dem Eisen wie jeder Stromfluß im Leiter eine Erwärmung hervor, die eine beträchtliche Höhe annehmen kann. Wirbelströme stellen folglich mit der zugehörigen Spannung eine elektrische Leistung dar, die von der angelegten Stromquelle aufgebracht werden muß und in dem Eisen in unerwünschte Wärme umgewandelt — also wirtschaftlich gesehen — verloren geht.

Beim Bau von Elektromotoren, Generatoren, Transformatoren usw. ist man deshalb bestrebt, die Wirbelstromverluste so gering wie eben möglich zu halten. Dies wird durch Erhöhung des elektrischen Widerstandes der Eisenanker oder Kerne infolge Unterteilung, in einzelne einseitig mit Papier beklebte oder lackierte Bleche erreicht.

In besonderen Einrichtungen wird die Wirbelstrombildung dazu benutzt, in Bewegung befindliche Metallteile zu bremsen. Läßt man z. B. eine Kupferplatte durch das magnetische Feld eines Polpaares pendeln, so erfährt sie eine starke Hemmung und kommt schließlich zum Stillstand. Der Grund hierfür ist die Entstehung von Wirbelströmen in der Kupferplatte.

Das magnetische Feld, das durch die Wirbelströme um die Kupferplatte entsteht, sucht, nach dem Lenzschen Gesetz, die Pendelbewegung, der sie ihre Entstehung verdankt, zu hindern.

Man kann sich diesen Vorgang auch wie folgt erklären. Die Wirbelströme rufen vor der Kupferscheibe in Richtung der Bewegung eine Verdichtung des Magnetfeldes und hinter ihr eine Schwächung desselben hervor. Dadurch werden die Pendelbewegungen der Kupferscheibe gedämpft.

Wirbelströme werden, wie bereits erwähnt, in besonders ausgebildeten Bremsvorrichtungen zur Ermittlung der mechanischen Leistung von Elektromotoren verwendet. Ferner wird die Wirbelstrombildung z. B. im bewegten Aluminiumrähmchen eines Drehspulmeßwerkes zur Dämpfung des schwingenden Meßorgans ausgenutzt. Der Zeiger kommt dadurch schnell zum Stillstand und die Ablesung des Meßwertes wird dadurch erleichtert.

33. Der Wechselstrom-Generator

In Abb. 107 und 108 sind einphasige Wechselstrom-Generatoren dargestellt.

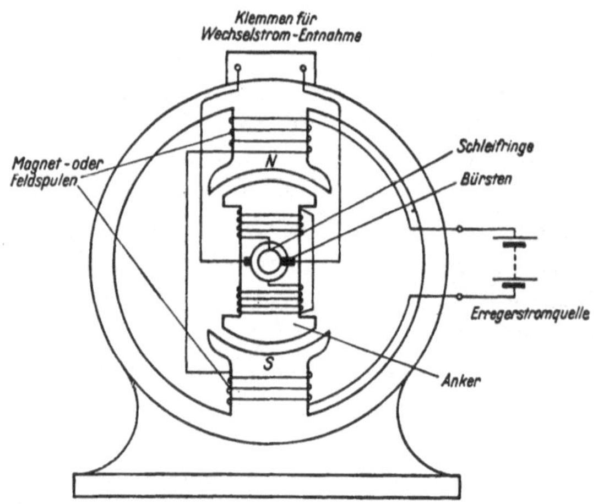

Abb. 107. Schematische Darstellung eines Außenpol-Generators

Bei dieser Generator-Bauart wird in dem drehbar angeordneten Anker (auch Rotor oder Läufer genannt) die Wechselspannung erzeugt. Er besteht aus einem lamellierten Eisenpaket, in dessen Nuten eine Spule angeordnet ist. Anfang und Ende dieser Spule führen zu zwei Schleifringen, die auf der Ankerwelle isoliert befestigt sind. Auf diesen schleifen zwei Bürsten zur Entnahme der Wechselspannung.

Das ruhende Gehäuse (auch Ständer oder Stator genannt) trägt die Polkerne mit den Feldspulen. Letztere sind zur Erzeugung eines

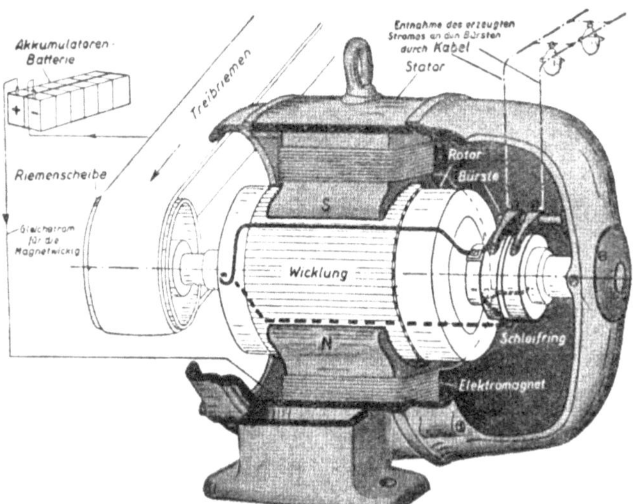

Abb. 108. Außenpol-Generator

magnetischen Kraftflusses, an eine fremde Gleichstrom-Erregerstromquelle angeschlossen.

Wird der Anker in dem Magnetfeld des Ständers gedreht, so entsteht nach dem uns bekannten Induktions-Prinzip, in seiner Spule eine elektrische Wechselspannung. Diese läßt durch angeschlossene Verbraucher Wechselstrom fließen, wenn der Stromkreis geschlossen ist.

Dieser Strom ist, da er in einer fortlaufenden Spule erzeugt wird, ein einphasiger Wechselstrom. Sind beispielsweise Glühlampen angeschlossen, so leuchten diese bei Drehung des Ankers auf und verbrauchen elektrische Leistung, die sich rechnerisch aus dem Produkt „Elektrische Spannung mal Stromstärke" ergibt. Diese elektrische Leistung, die dem Generator entnommen wird, muß ihm in Form von mechanischer Arbeit durch eine Antriebsmaschine zugeführt werden.

Generatoren, bei denen die elektrische Leistung an den Bürsten der Schleifringe abgenommen wird, eignen sich nur zur Abgabe kleiner Leistungen (etwa bis 10 kW). Die Abgabe größerer elektrischer Leistungen über Bürsten und Schleifringe macht wegen der Übergangswiderstände zwischen diesen Schwierigkeiten.

Für die Erzeugung des elektrischen Stromes (siehe Seite 128) ist es jedoch an sich gleichgültig, ob eine geschlossene Spule in dem ruhenden Magnetfeld bewegt wird, oder ob die geschlossene Spule in Ruhe bleibt und dafür das Polpaar mit dem magnetischen Feld bewegt wird. Wir werden im Folgenden eine Generator-Bauart kennenlernen, bei der die elektrische Leistung nicht aus dem umlaufenden Teil, sondern aus dem ruhenden entnommen wird.

Generatoren, die nach diesem Gesichtspunkt aufgebaut sind, können wir in den Abb. 109 bis 111 betrachten.

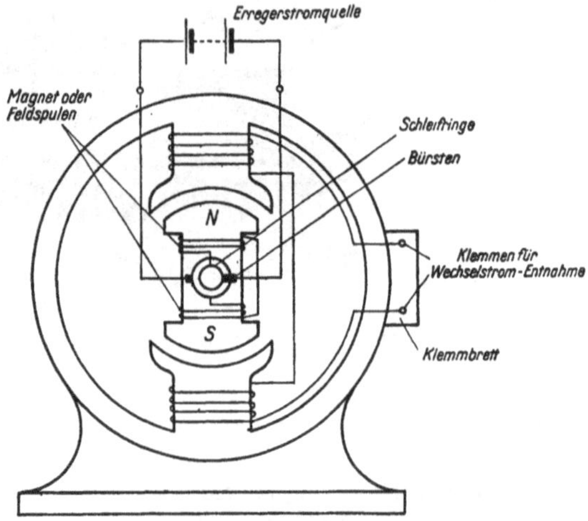

Abb. 109. Schematische Darstellung eines Innenpol-Generators

Der Vorteil dieser Generatorenart ist, wie bereits erwähnt, die einfache Stromentnahme aus der ruhenden Ständerwicklung über ein festes Klemmbrett.

Allerdings muß nun der sich mit dem Anker drehenden Feldspule der Gleichstrom für die Erregung zugeführt werden. Diese Erregerleistung ist in ihrer Höhe jedoch nur ein Bruchteil der Generator-Nennleistung, wobei der Erregerstrom so niedrig ist, daß die Übergangswiderstände zwischen Bürsten und Schleifringen keinen wesentlichen Abfall der Erregerspannung hervorrufen.

Generatoren, bei denen die elektrische Energie aus der drehenden Ankerwicklung entnommen wird, nennt man „Außenpol-Generatoren" und solche, bei denen die elektrische Energie aus dem feststehenden Stator entnommen wird, „Innenpol-Generatoren".

Bei neuzeitlichen Einphasen-Wechselstrom-Generatoren sind die Spulen, in denen der Wechselstrom erzeugt wird, nicht um Polkerne (wie

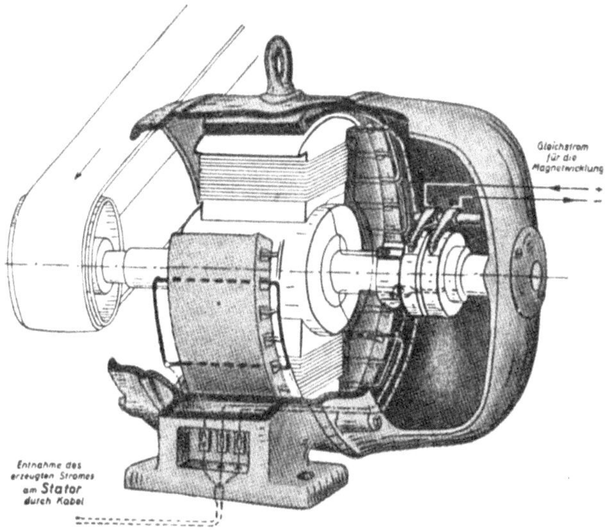

Abb. 110. Innenpol-Generator

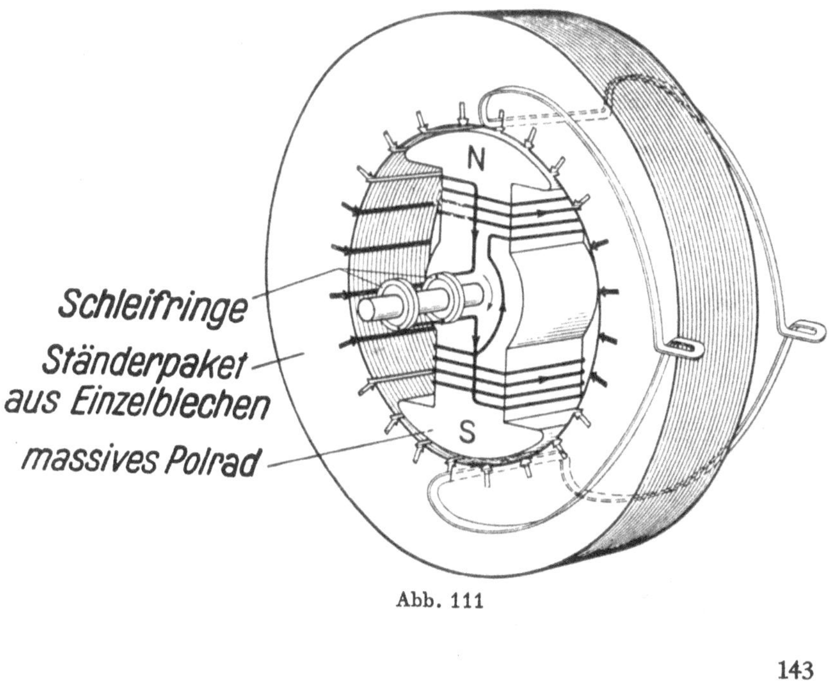

Abb. 111

Abb. 110 zeigt) gelegt, sondern in Nuten des Ständerpaketes (siehe Abb. 111) eingebettet. Man nennt die Spulen daher auch „Ständerspulen". In der letzten Abbildung ist ein solcher Einphasen-Wechselstrom-Generator als Innenpolmaschine dargestellt. Zur besseren Übersicht ist nur eine von 32 Ständerspulen eingezeichnet.

Nachfolgende Abbildung zeigt die Abwicklung der Ständerspulen.

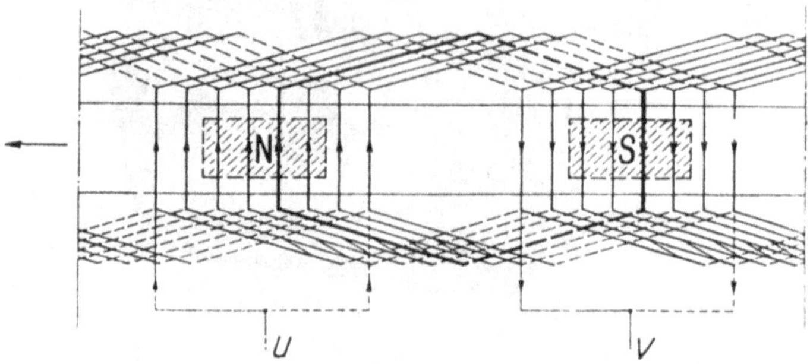

Abb. 112. **Abwicklung der Ständerwicklung**

Der Träger der Spulen, in denen der Wechselstrom erzeugt wird, besteht — gleichgültig ob drehbar oder ruhend in einem Generator angeordnet — aus einzelnen Blechen, die gegenseitig durch dünne Papierlagen oder Lack isoliert sind. Diese Bleche werden zu Paketen zusammengenietet oder geschraubt. Außer ihrem Zweck als Träger der Spulen zu dienen haben sie die Aufgabe, den magnetischen Kraftfluß gut von Pol zu Pol zu leiten. Damit dieses möglich ist, müssen die Blechpakete aus einem Werkstoff bestehen, der leicht magnetisierbar ist und in dem folglich eine hohe magnetische Induktion stattfinden kann. Diese Eigenschaften besitzt Dynamoblech.

Durch den Aufbau der Pakete aus einzelnen gegeneinander isolierten Blechen hemmen sie die Wirbelstrombildung in ihrem Innern (siehe hierzu auch Seite 139) und dienen dadurch der Herabsetzung der Wärmeverluste.

In die einzelnen Bleche werden vor dem Zusammenfügen Aussparungen gestanzt, welche in dem zusammengesetzten Paket die Nuten bilden.

In diese werden, wie bereits erwähnt, die Spulen (auch Wicklungen genannt) eingebettet und beim Anker durch sogenannte Nutenkeile oder Bandagen gegen Herausschleudern bei hoher Drehzahl geschützt.

Je nachdem die Nuten nach oben geschlossen oder halboffen sind, werden die Wicklungen in die Nuten einzeln eingefädelt oder einge-

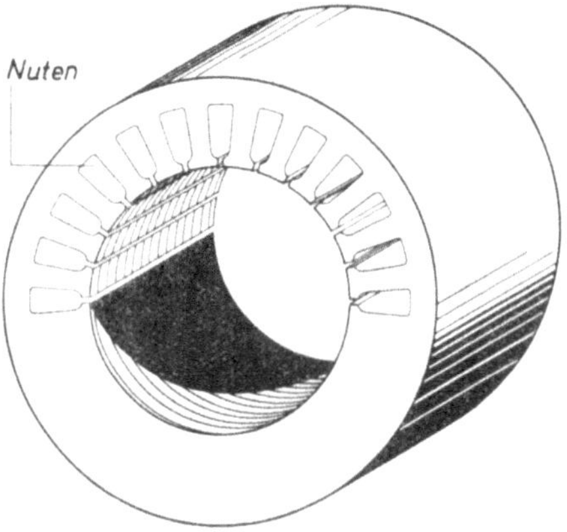

Ständer-Blechpaket

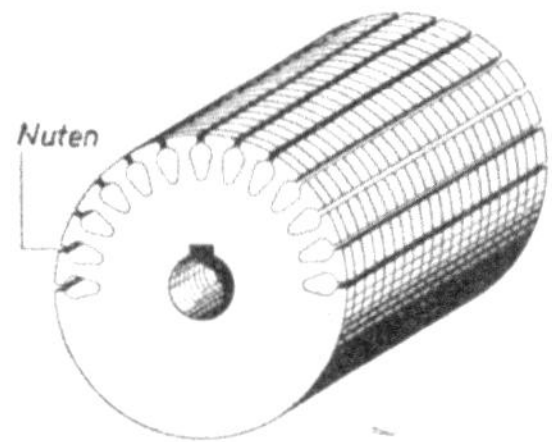

Läufer-Blechpaket

Abb. 113

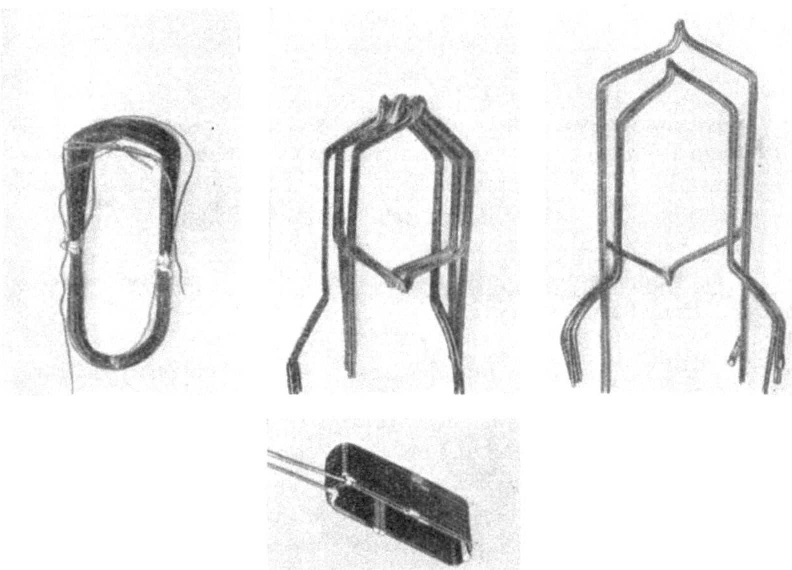

Abb. 114. Schablonenwicklungen

legt (eingeträufelt). Bei solchen, die ganz offen sind, werden die einzelnen Wicklungen vorher nach besonderen Schablonen geformt und als fertige Schablonenwicklungen in die Nuten eingelegt.

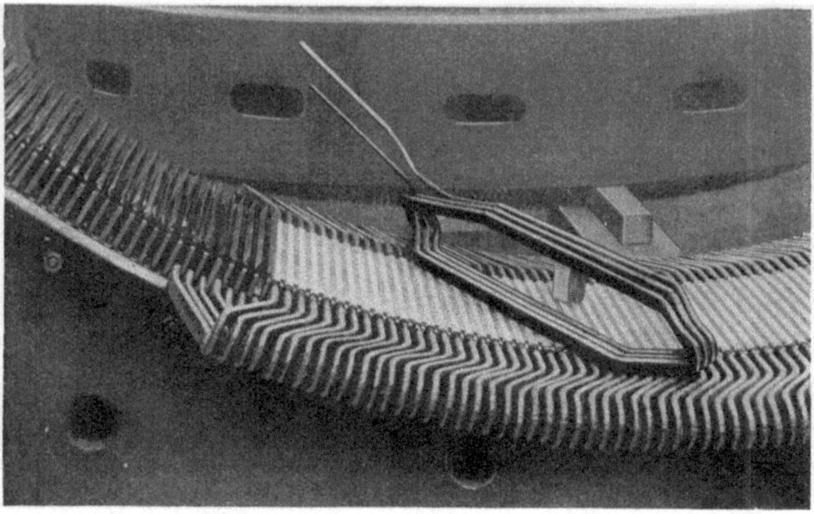

Abb. 115. Ständer mit teilweise eingelegten Schablonenwicklungen

Da der Zweiphasen-Wechselstrom sehr wenig verwendet wird, wurde in diesem Rahmen nicht darauf eingegangen. Wir merken uns jedoch, daß Einphasen- und Zweiphasen-Generatoren einander im Aufbau sehr ähnlich sind. Sie unterscheiden sich lediglich durch die Anzahl der Spulen- oder Phasengruppen.

Im Folgenden werden wir uns nun mit dem Dreiphasen-Wechselstrom (Drehstrom) befassen.

34. Der Dreiphasen-Wechselstrom- oder Drehstrom-Generator

Im nachstehenden Bild ist ein fremderregter Dreiphasen-Wechselstrom-Generator — auch Synchron-Generator genannt — dargestellt. Die Spulen oder Phasenwicklungen I, II und III des Ständers sind gegeneinander um 120° versetzt angeordnet. Sie stehen untereinander in keiner leitenden Verbindung. Die einzelnen Spulen-Ein- und Ausgänge sind aus dem Generator herausgeführt.

Auf dem drehbar angeordneten Pol-Anker *N—S* ist eine Magnetwicklung (Erregerwicklung) angeordnet, die an einer äußeren Gleichstromquelle angeschlossen ist und dadurch einen magnetischen Kraftfluß erzeugt.

Bei dem Drehen des Pol-Ankers wird der Kraftfluß desselben nacheinander von den Phasenwicklungen I, II und III geschnitten. Da die

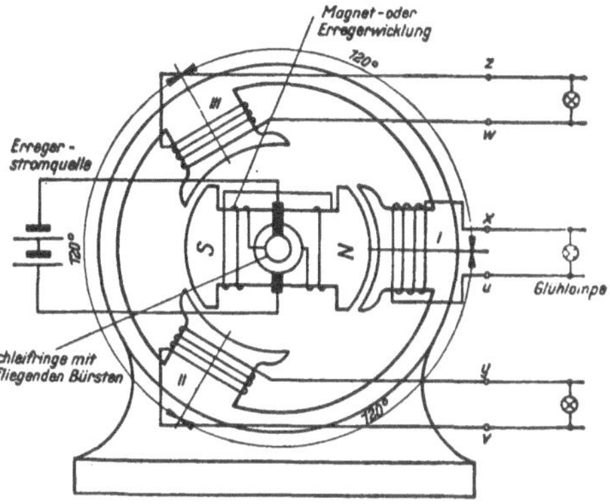

Abb. 116. Schematische Darstellung eines Drehstrom-Generators

Phasenwicklungen außerhalb des Generators über Glühlampen geschlossen sind, lassen bei Drehung die nacheinander induzierten elektrischen Wechsel-Spannungen Ströme durch die Glühlampen fließen, so daß diese nacheinander aufleuchten und wieder erlöschen.

Diese drei Wechselströme, die das Aufleuchten der Glühlampen nacheinander verursachen, nennt man „Dreiphasen"-Wechselströme oder einfach „Drehstrom".

Da die 3 Phasenwicklungen, wie bereits erwähnt, gegeneinander um 120° verschoben sind, sind auch die Maximal- oder Scheitelwerte der darin erzeugten Spannungen und Ströme gegeneinander um 120° verschoben, was nachfolgend in Abb. 118 dargestellt ist.

Drehstrom-Generatoren mit unverketteten Phasen- oder Ständerwicklungen werden in der Praxis nicht verwendet; üblich sind nur die in den folgenden Kapiteln 35 und 36 besprochenen Schaltungsarten.

Bei neuzeitlichen Drehstrom-Generatoren sind die Phasenwicklungen nicht um Polschuhe gelegt, wie das in Abb. 116 dargestellt ist, sondern sie sind in Form von geraden Leitern in die Nuten des Ständerpaketes eingebettet, was aus der nachfolgenden Abbildung 120 ersichtlich ist.

Ein solcher Drehstrom-Generator ist jedoch nicht nur mit drei einzelnen Phasenleitern ausgerüstet, sondern für jeden sind mehrere hintereinandergeschaltete Leiter angeordnet, die in dieser Form ebenfalls Phasen- oder Ständerwicklungen genannt werden.

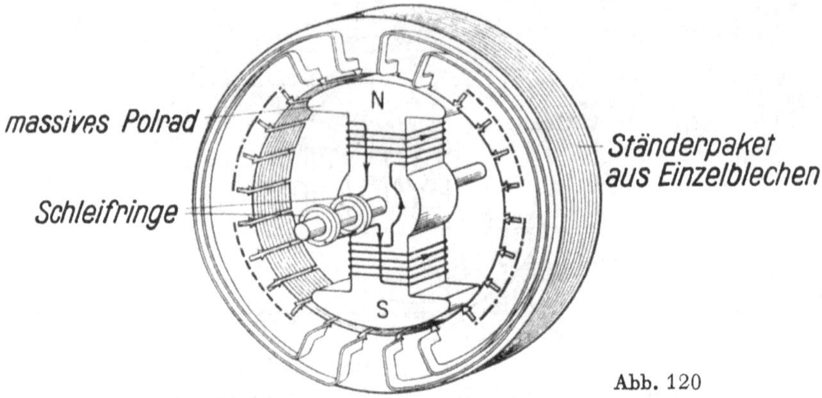

Abb. 120

In folgender Abbildung ist die Abwicklung der Ständerwicklungen dargestellt:

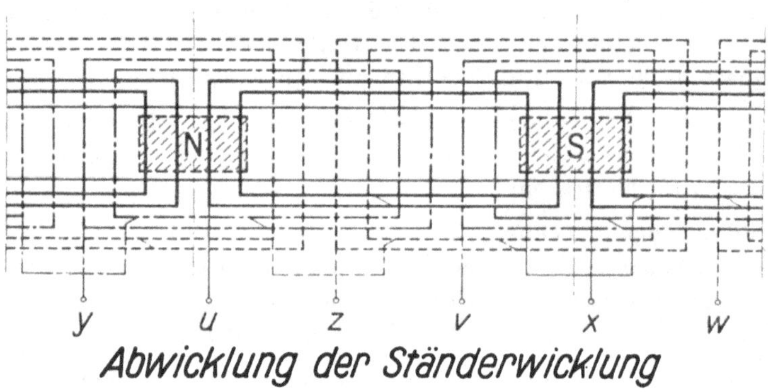

Abb. 121

35. Drehstrom-Generator mit verketteten Phasenwicklungen in Sternschaltung

Eine bedeutende Vereinfachung und Ersparnis an Leitungen wird dadurch erreicht, daß die Eingänge der Phasenwicklungen X, Y, Z im Generator untereinander verbunden werden und der so entstandene Verbindungs- oder Mittelpunkt — über einen sogenannten Null-Leiter (Mittel-Leiter) — aus der Maschine herausgeführt wird.

Während bei dem unverketteten Drehstrom-Generator 6 Leitungen herausgeführt werden mußten, sind es jetzt nur 4 Leitungen (siehe Abb. 117). Ein weiterer Vorteil des Drehstrom-Generators mit ver-

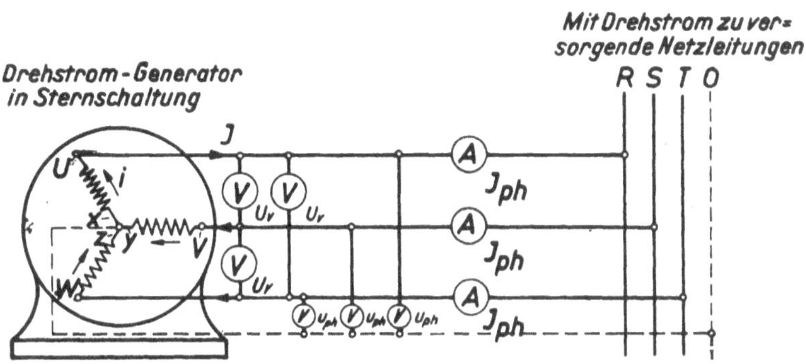

Abb. 117

ketteten Ständerwicklungen in Sternschaltung mit Null-Leiter ist, daß demselben zwei Spannungsgrößen entnommen werden können, nämlich:

a) Die Phasenspannung „U_{ph}"

Das ist diejenige Spannung, die bei Drehung des Polankers (Läufer) in jeder einzelnen Phasenwicklung des Ständers erzeugt wird. Sie kann zwischen den Außenleitern „*R*"- oder „*S*"- oder „*T*"- und dem Null-Leiter entnommen werden.

b) Die verkettete Phasenspannung „U_v"

Das ist die Spannung, die in zwei verketteten Phasenwicklungen entsteht. Sie kann abgenommen werden entweder zwischen den Leitungen *R* und *S* oder *S* und *T* oder *R* und *T*.

Bei der Betrachtung des in Abb. 117 dargestellten Drehstrom-Generators kann man erkennen, daß je zwei Außenleiter an zwei Phasenwicklungen angeschlossen sind. Es herrscht also zwischen zwei Außenleitern immer die Spannung, die in zwei Phasenwicklungen induziert wird.

Diese Spannung ist jedoch nicht das zweifache der in einer Wicklung induzierten Spannung, sondern, da die einzelnen Phasenwicklungen gegeneinander um 120^0 versetzt sind, addieren sich die Spannungen der einzelnen Wicklungen nicht summarisch, sondern geometrisch.

Daraus ergibt sich, daß die verkettete Spannung „U_v" zwischen zwei Außenleitern $\sqrt{3} = 1{,}73$ mal so hoch ist wie die in einer Phasenwicklung induzierten Spannung „U_{ph}". Wir erhalten somit die Formel:

$$\boxed{U_v = 1{,}73 \cdot U_{ph}}$$

Ist z. B. die verkettete Spannung in ihrer Größe bekannt, so kann die Phasenspannung mit folgender Formel errechnet werden:

$$U_{ph} = \frac{U_v}{1,73}$$

Die verkettete Spannung wird in Stromversorgungsanlagen für Kraftbelastung (Anschluß von Drehstrom-Motoren u. a.) verwendet und die Phasenspannung für Lichtbelastung (Anschluß von Glühlampen).

Da jede einzelne Phasenwicklung eines Drehstrom-Generators in Sternschaltung, mit dem an sie angeschlossenen Außenleiter einen unverzweigten Teilstromkreis bildet, kann der in einem Außenleiter fließende Strom „J" nur so groß sein, wie der Strom „i" in einer Phasenwicklung. Es ist also:

$$J = i$$

Beispiel Nr. 69:

In einem Vierleiter-Drehstromsystem sind alle 3 Phasenwicklungen des Generators gleichmäßig belastet. Zwischen je einem Außenleiter R oder S oder T und dem gemeinsamen Null-Leiter werden 3 gleichhohe Phasenspannungen von 220 Volt gemessen. Wie groß sind die verketteten Spannungen?

Gegeben: $U_{ph} = 220$ Volt

Gesucht: $U_v = ?$

Lösung:

$$U_v = 1,73 \cdot U_{ph} = 1,73 \cdot 220 = \mathbf{380\ V}$$

Wie bereits erwähnt, sind die drei Wechselströme, die bei Drehung des Pol-Ankers von den Ständerwicklungen des Generators in den drei Leitungen $R\,S\,T$ des angeschlossenen Drehstrom-Versorgungsnetzes hervorgerufen werden, um 120° gegeneinander verschoben. Diese phasenverschobenen Ströme sind in folgender Abbildung dargestellt.

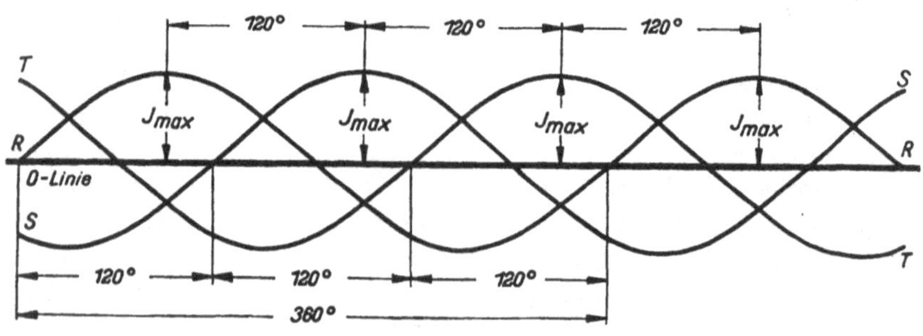

Abb. 118

Von besonderer praktischer Bedeutung ist hierbei, daß die Summe der drei Ströme in jedem Augenblick gleich null ist, was man aus Abb. 118 entnehmen kann. Das gilt für die Spannungen immer, für die Ströme jedoch nur dann, wenn die drei Phasenwicklungen gleichmäßig belastet sind. Letzteres ist wünschenswert und immer anzustreben.

36. Drehstrom-Generator mit verketteten Phasenwicklungen in Dreieckschaltung

Verbindet man die 3 einzelnen Phasenwicklungen eines Drehstrom-Generators, wie Abb. 119 zeigt, so erhalten wir eine Dreieckschaltung: Die drei Phasenwicklungen sind somit gewissermaßen hintereinander geschaltet. Das bedeutet jedoch nicht einen Kurzschluß, da die Summe der in den Phasenwicklungen induzierten Spannungen in jedem Augenblick gleich Null ist.

Die Verbindungspunkte *ZU*, *XV* und *WY* sind über die Außenleiter *R*, *S* und *T* aus dem Generator herausgeführt.

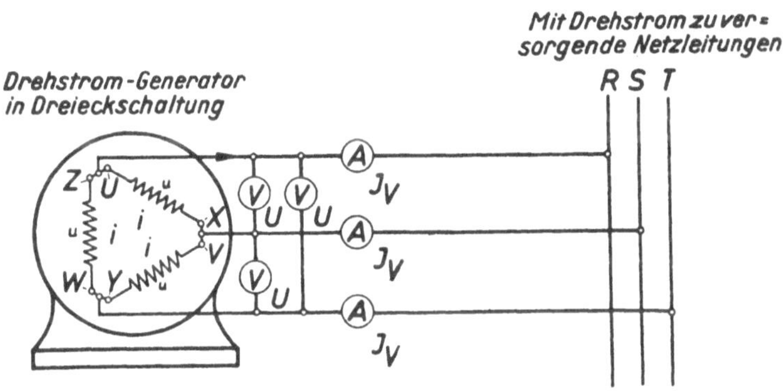

Abb. 119

In einem Generator, dessen Phasenwicklungen in Dreieck geschaltet sind, steht uns nur e i n e Spannungsgröße zur Verfügung, die zwischen den Außenleitern *R* und *S* oder *S* und *T* oder *R* und *T* abgenommen werden kann. Diese Spannung „*U*" kann nur so groß sein wie die Spannung „*u*", die in einer einzelnen Phasenwicklung des Generators erzeugt worden ist. Es gilt also:

$$U = u$$

Während uns bei der Sternschaltung verkettete Spannungen zur Verfügung stehen, haben wir bei der Dreieckschaltung verkettete

Ströme vor uns, denn in je einem Außenleiter muß an sich die Summe der in zwei Phasenwicklungen induzierten Ströme fließen. Da die Ströme gegeneinander aber um 120^0 phasenverschoben sind, addieren sie sich daher nicht summarisch, sondern geometrisch.

Daraus ergibt sich, daß der in je einem Außenleiter fließende elektrische Strom $\sqrt{3} = 1{,}73$ mal so groß ist, wie der Strom in einer Phasenwicklung. Wir erhalten somit die Formel:

$$\boxed{J_v = 1{,}73 \cdot i_{ph}}$$

Ist dagegen bei gleichmäßiger Phasenbelastung die verkettete Stromstärke in einem Außenleiter bekannt, so kann man mit folgender Gleichung die Stromstärke in einer Phasenwicklung errechnen.

$$i_{ph} = \frac{J_v}{1{,}73}$$

Beispiel Nr. 70:

Bei gleichmäßiger Phasenbelastung eines Drehstrom-Generators in Dreieckschaltung, wird in jedem Außenleiter eine Stromstärke von 27 Amp. gemessen. Welche Stromstärke fließt in je einer Phasenwicklung im Generator?

Gegeben: $J_v = 27$ A

Gesucht: $i_{ph} = ?$

Lösung:

$$i_{ph} = \frac{J_v}{1{,}73} = \frac{27}{1{,}73} = \mathbf{15{,}6\ A}$$

Drehstrom-Generatoren werden gewöhnlich als Innenpol-Maschinen gebaut. Es dreht sich bei ihnen mit der Drehung des Polankers das magnetische Feld innerhalb des Ständers.

Das nachfolgende Bild zeigt einen auseinandergenommenen Drehstrom-Generator. Der drehbare Teil ist hier als Anker mit mehreren Polpaaren ausgeführt.

Der Drehstrom ist heute für die sogenannte Starkstrom-Versorgung, z. B. von Städten, die wichtigste Stromart.

Abb. 123 zeigt das Modell eines Wasserkraft-Drehstrom-Generators mit einer Leistung von 100000 KVA[1]) und senkrecht stehender Antriebswelle. Es ist einer der größten bisher in Europa gebauten Drehstrom-Generatoren. Der Durchmesser des Polrades beträgt 7,8 m und der

---

[1]) Die Erklärung dieser Maßeinheit siehe Seite 270.

Abb. 122. Einzelteile eines Drehstrom-Generators

.ußendurchmesser der Maschine über 10 m. Das Gewicht des Polrades eläuft sich auf 570 t und das Gesamtgewicht des Generators auf etwa 000 t.

Abb. 123. Wasserkraft-Drehstrom-Generator

Der Generator ist für eine Betriebsspannung von 16500 Volt und einen Leistungsfaktor[1]) von $\cos \varphi = 0{,}9$ gebaut. Die Frequenz beträgt 50 Hertz und die Drehzahl 150 U/min. Die Siemens-Schuckertwerke haben vor Jahren vier solcher Wasserkraft-Generatoren für ein Großkraftwerk, das an dem Grenzfluß Yalu zwischen Korea und Mandschukuo liegt, gebaut.

Wir haben im Vorhergehenden die Begriffe Wechselstrom und Drehstrom kennengelernt. Um auch die folgenden Kapitel verstehen zu können, müssen wir uns anschließend zunächst mit den Begriffen Selbstinduktion und Kapazität befassen.

37. Die Selbstinduktion

a) In einem Gleichstromkreis

Aus dem Kapitel „Elektro-Magnetismus“ (siehe Seite 70) wissen wir, daß jeder stromdurchflossene Leiter von einem magnetischen Feld umgeben ist. Ändert man die Höhe des Stromes im Leiter, so ändert sich um den Leiter auch die Feldstärke. Damit sind alle Bedingungen, die zu einer elektrischen Induktion führen, erfüllt, nämlich:

1. Der geschlossene Leiter im magnetischen Feld und
2. die Änderung der magnetischen Felddichte.

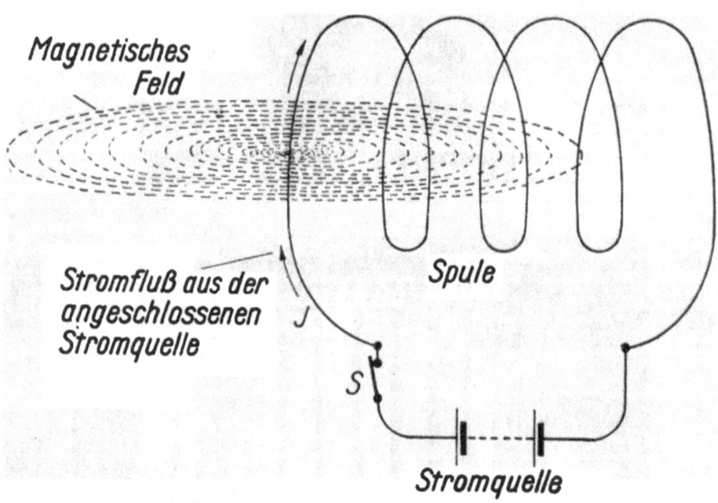

Abb. 124

[1]) Siehe näheres hierüber Seite 272.

Es entsteht somit im Leiter eine EMK.

Weil diese von dem stromdurchflossenen Leiter **selbst** und **in ihm** erzeugt wird, nennt man diese Erscheinung „Selbstinduktion".

Wickelt man einen stromdurchflossenen Leiter zu einer Spule auf, so ruft eine Änderung ihrer magnetischen Felddichte (letztere ist in vorstehender Abb. 124 an einer beliebigen Stelle der Spule angedeutet) eine EMK der Selbstinduktion in den Windungen hervor.

Diese ist während des Einschaltvorganges nach dem Lenzschen Gesetz der Klemmenspannung der angelegten Stromquelle entgegengerichtet. Es kann deshalb der Stromfluß „J" von der Stromquelle nur langsam seinen höchsten Wert erreichen. Ist dieses eingetreten, so haben wir keine Änderung der magnetischen Felddichte und damit auch keine Selbstinduktion mehr vor uns.

Wird nun der Stromkreis durch Öffnen des Schalters ausgeschaltet, so fällt das Magnetfeld wieder zusammen — es ändert sich also die Felddichte —, wodurch auch während des Ausschaltvorganges eine EMK durch Selbstinduktion entsteht. Diese hat jedoch mit der angelegten Klemmenspannung gleiche Richtung. Sie kann, wenn die Windungszahl entsprechend groß ist, in dem Bestreben nach Ausgleich zu einem Durchschlag der Isolation zwischen den Spulenwicklungen führen.

Wird der Schalter langsam geöffnet, so ruft bei entsprechend hohem Betriebsstrom und großer Windungszahl die durch Selbstinduktion entstandene EMK an der Unterbrecherstelle einen Lichtbogen hervor,

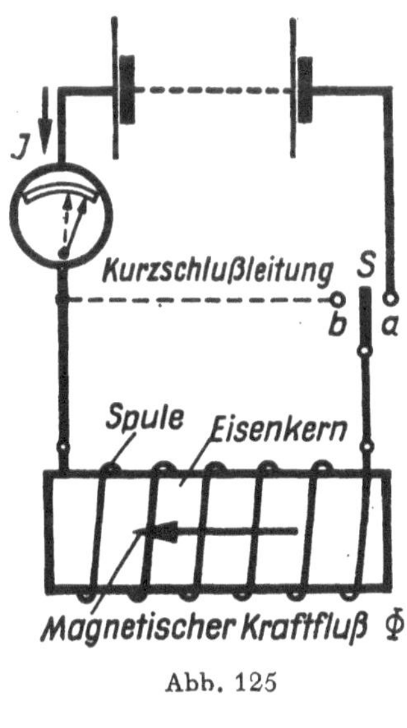

Abb. 125

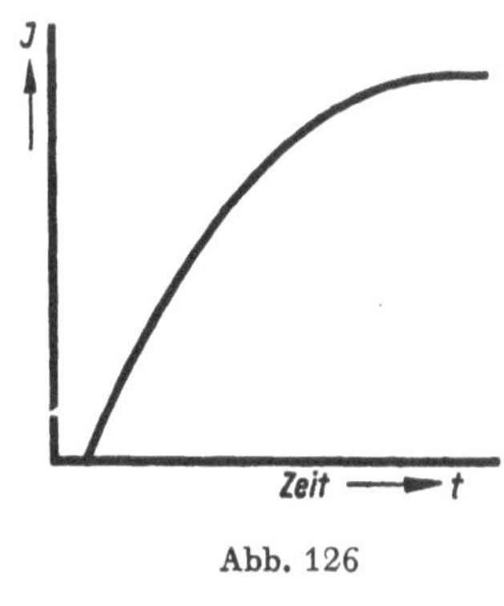

Abb. 126

den man auch Schalteröffnungsfunken nennt. Über diesen treibt die Selbstinduktionsspannung einen Strom, wobei die Kontakte des Schalters verschmoren können.

Die Tatsache, daß die Selbstinduktion bei jedem Schaltvorgang, d. h. bei jeder Zu- und Abnahme der Stromstärke stattfindet, kann man in anschaulicher Weise in einem Stromkreis, der z. B. so aufgebaut ist wie Abb. 125 zeigt, feststellen.

Wird der Stromkreis durch Umlegen des Schalters „*S*" auf Kontakt „*a*" geschlossen, so kann man bei Beobachtung des angeschlossenen Strommessers feststellen, daß der Zeiger nicht sofort voll ausschlägt, sondern erst nach einer gewissen Zeit.

Der Strom „*J*" kommt demnach nicht sofort in voller Höhe zum Fluß, sondern erreicht erst langsam ansteigend seinen Höchstwert. Die Ursache hierfür liegt in der Entstehung einer Selbstinduktionsspannung während des Einschaltvorganges, die der angelegten Klemmenspannung entgegengerichtet ist.

Der oben erwähnte langsame Stromanstieg ist im Schaubild 126 dargestellt.

Da die Schalteröffnungsfunken beim Ausschalten zum Verschmoren der Schaltkontakte führen, nehmen wir zunächst den Kontakt „b" nebst einer Kurzschlußleitung, wie Abb. 125 zeigt, zu Hilfe.

Wird nun der Schalter „*S*" beim Öffnen sofort auf den Kontakt „b" umgelegt, so ist die Spule damit kurz geschlossen, und die beim Ausschaltvorgang entstandene hohe Selbstinduktionsspannung sinkt durch Stromfluß praktisch sofort auf Null.

Dieses Ausschaltverfahren bereitet jedoch deshalb Schwierigkeiten, weil beim Umlegen des Schalters von Kontakt „*a*" auf „*b*" ein Lichtbogen entsteht, der beim Ausschalten die angelegte Stromquelle kurzschließt.

Aus diesem Grunde wird das Kurzschließen von Magnetspulen mit hoher Selbstinduktion gewöhnlich nur in Verbindung mit einem stufenweisen Vorschalten von Widerständen vorgenommen.

Der Wert des Vorwiderstandes muß dabei jedoch ein Mehrfaches des Spulenwiderstandes sein, damit man beim Ausschalten den in der Spule fließenden Strom bis auf einen geringen Wert vermindern kann.

Beim Einschalten wird dieser Vorwiderstand stufenweise bis auf Null verkleinert.

Schalteröffnungsfunken sucht man auch durch Parallelschalten eines Kondensators zur Unterbrechungsstelle zu vermeiden. Man kann auch parallel zur Spule, in der beim Schalten die Selbstinduktion entsteht, einen Kondensator anschließen. Dadurch würde die zuerst genannte Schaltungsart überflüssig.

An Hand des in folgender Abbildung dargestellten Stromkreises befassen wir uns anschließend, neben den bereits geschilderten Erscheinungen, mit einer weiteren Folge der Selbstinduktion, die wir auf Seite 168 noch näher betrachten werden.

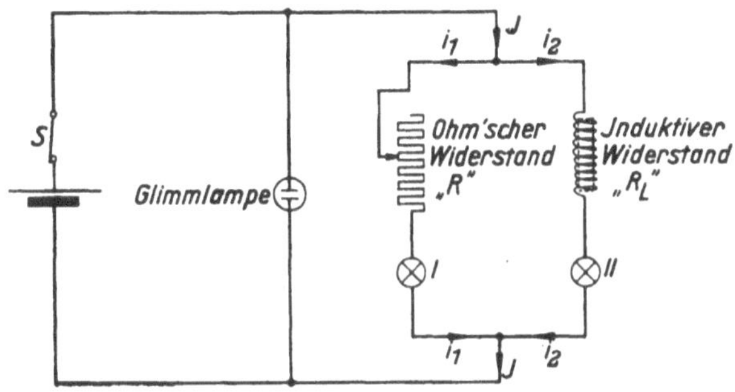

Abb. 127

Nach Schließen des Schalters „S" teilt sich der Strom „J" in Teilstrom „i_1", der durch den veränderlichen Ohmschen Widerstand „R" und die Glühlampe I fließt, und in Teilstrom „i_2", der durch den induktiven Widerstand „R_L" und die Glühlampe II fließt.

Wir verstellen nun den veränderlichen Widerstand zunächst so, daß beide Lampen gleich hell brennen und schalten dann den Stromkreis wieder aus.

Nach dem Wiedereinschalten zeigt sich, daß Lampe II später aufleuchtet als Lampe I. Die Ursache kann nur darin liegen, daß der Teilstrom i_2 seine maximale Größe später erreicht als Teilstrom i_1. Es muß also im rechten Teilstromkreis, während der Zeit des Einschaltvorganges, zum Ohmschen Widerstand ein zusätzlicher Widerstand getreten sein.

Aus Abb. 127 ersieht man, daß der Lampe II eine Spule — also ein induktiver Widerstand — vorgeschaltet ist. Man kann also sagen, dieser induktive Widerstand setzt während des Einschaltvorganges infolge Selbstinduktion dem ankommenden Strom neben seinem Ohmschen Widerstand einen zusätzlichen Widerstand entgegen, so daß die Lampe II zeitlich erst etwas später aufleuchten kann.

Die angeschlossene Glimmlampe hat sich bei diesem Einschaltvorgang nicht bemerkbar gemacht, sie ist dunkel geblieben. Erst nachdem der Stromkreis geöffnet wurde, leuchtet die Glimmlampe für einen Moment auf, weil die entstandene hohe Selbstinduktionsspannung während des Ausschaltvorganges einen Strom durch sie drückt.

Wir haben also mit diesem Versuch den Beweis erbracht, daß beim Ein- und Ausschalten von induktiven Verbrauchern Selbstinduktionsspannungen auftreten.

Die Größe der Selbstinduktion einer Spule kann man mit folgender Gleichung errechnen:

$$L = \frac{12{,}56 \cdot F_m \cdot W^2 \mu}{l \cdot 1\,000\,000\,000}$$

Darin bedeutet:

L = Selbstinduktionskoeffizient, gemessen in Henry
W = Anzahl der Spulenwindungen
μ = Magnetische Leitfähigkeit (siehe Seite 75)
l = Spulenlänge, gemessen in cm
F_m = Mittlerer Spulenquerschnitt in cm^2.

Den mittleren Spulenquerschnitt kann man berechnen mit der Formel:

$$F_m = 0{,}785 \cdot d_m^2$$

Dazu muß jedoch der mittlere Spulendurchmesser „d_m" bekannt sein, der mit folgender Formel errechnet werden kann:

$$d_m = \frac{d_a + d_i}{2}$$

Darin bedeutet:

d_a = äußerer Spulendurchmesser, gemessen in cm
d_i = innerer Spulendurchmesser, gemessen in cm

Die Selbstinduktion wird in der Maßeinheit „Henry" gemessen. Was man darunter zu verstehen hat, ist in folgendem gesagt:

Eine Spule, in der durch eine sekundliche Stromänderung von 1 Ampere eine Selbstinduktionsspannung von 1 Volt erzeugt wird, besitzt einen Selbstinduktionskoeffizienten von 1 Henry. 24

Da die Selbstinduktion einer Spule von 1 Henry sehr groß ist, arbeitet man in der Praxis mit Spulen, deren Selbstinduktion mit dem tausendsten oder millionsten oder sogar milliardsten Teil von 1 Henry gemessen werden. Wir merken uns daher die folgenden maßlichen Zusammenhänge:

1 Henry = 1 000 000 000 Nanohenry (= 1 000 000 000 cm)
1 Henry = 1 000 000 Mikrohenry
1 Henry = 1 000 Millihenry

Beispiel Nr. 71:

Wie groß sind die Selbstinduktionen nachstehend dargestellter, zylinderförmiger Spulen mit verschiedenen Abmessungen?

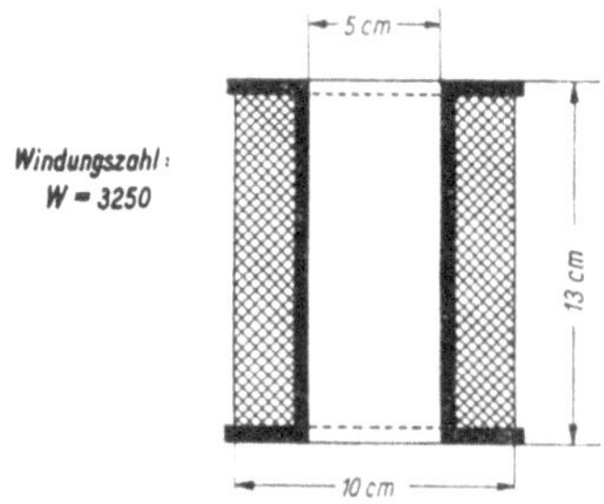

Abb. 128

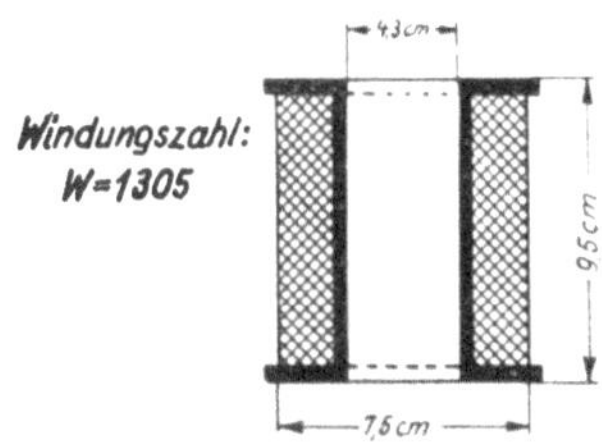

Abb. 128a

Lösung: Zu a, Abb. 128:

Zuerst muß der mittlere Spulendurchmesser d_m errechnet werden

$$d_m = \frac{d_a + d_i}{2} = \frac{10 + 5}{2} = 7{,}5 \text{ cm}$$

Dann ist der mittlere Spulenquerschnitt:

$$F_m = 0{,}785 \cdot d_m^2 = 0{,}785 \cdot 7{,}5^2 = 44{,}15 \text{ cm}^2$$

Der Selbstinduktionskoeffizient beträgt bei einer magnetischen Leitfähigkeit von $\mu = 1$ (für Luft):

$$L = \frac{12{,}56 \cdot F_m \cdot W^2 \cdot \mu}{l \cdot 1\,000\,000\,000} = \frac{12{,}56 \cdot 44{,}15 \cdot 3250^2 \cdot 1}{13 \cdot 1\,000\,000\,000} = \mathbf{0{,}45\ H}$$

Lösung: Zu b, Abb. 128a:

$$d_m = \frac{d_a + d_i}{2} = \frac{7{,}5 + 4{,}3}{2} = 5{,}9 \text{ cm}$$

$$F_m = 0{,}785 \cdot d_m = 0{,}785 \cdot 5{,}9^2 = 27{,}32 \text{ cm}^2$$

$$L = \frac{12{,}56 \cdot F_m \cdot W^2 \cdot \mu}{l \cdot 1\,000\,000\,000} = \frac{12{,}56 \cdot 27{,}32 \cdot 1305^2 \cdot 1}{9{,}5 \cdot 1\,000\,000\,000} = \mathbf{0{,}061\ Henry}$$

Die Selbstinduktion, die den induktiven Widerstand einer Spule zur Folge hat, tritt häufig in Fällen auf, in denen sie sehr unerwünscht ist und wo sie die Wirtschaftlichkeit des Energieaustausches ungünstig beeinflußt. Wir werden solche Fälle später noch kennenlernen.

b) In einem Wechselstromkreis

Während in einer Spule die in einen Gleichstromkreis geschaltet, ist, die Selbstinduktion nur im Moment des Ein- und Ausschaltens auftritt, entsteht in einer Spule, die in einen Wechselstromkreis geschaltet ist, ständig eine Selbstinduktion.

Beim Strom-An- und Abstieg (der z. B. als positive Halbwelle eines Wechselstromes dargestellt wird) baut sich das magnetische Feld um die Spulenwindungen auf und zieht sich wieder zusammen. Dann erfolgt die Richtungsänderung des Stromes, und es vollzieht sich der gleiche Vorgang im umgekehrten Sinne.

Da der Strom-An- und Abstieg des Wechselstromes zeitlich gleichmäßig vor sich geht, ändert sich auch gleichmäßig das magnetische Feld, das infolgedessen ständig eine Selbstinduktion in der Spule hervorruft. Der Strom kann deshalb nicht sofort, wie das bei der Spannung der Fall ist, seinen Höchstwert erreichen, sondern erleidet eine Verzögerung. Beginnt der Strom anzusteigen, so hat die Spannung im gleichen Moment schon ihren Höchstwert erreicht. Diese zeitliche Verschiebung zwischen Strom und Spannung, die mit „Phasenverschiebung“ bezeichnet wird, beträgt eine Viertel Periode oder 90°.

Der elektrische Strom erreicht unter diesen Umständen niemals den Wert, den er z. B. in einem Heizwiderstand gleicher Ohmscher Größe praktisch sofort einnehmen würde, weil inzwischen die Wechselspannung sich schon wieder ihrem Nullwert nähert und dann ihre Richtung wechselt. Je höher die Frequenz der angelegten Wechselspannung ist, um so schneller baut sich auch das Kraftlinienfeld auf und ab, so daß auch die Windungen schneller geschnitten werden. Es ist folglich die in der Spule induzierte Selbstinduktions-Spannung größer und somit auch ihr induktiver Widerstand.

38. Die induktiven Widerstände oder Verbraucher in Wechselstromkreisen

Aus dem Kapitel „Selbstinduktion“ haben wir die wichtige Tatsache kennengelernt, daß eine Spule in einem Wechselstromkreis dem Durchfluß des Stromes nicht nur einen Ohmschen, sondern auch einen induktiven Widerstand entgegensetzt.

Der Ohmsche Widerstand einer Spule ist abhängig von der Länge, dem Querschnitt und dem spezifischen Widerstand des für die Spule verwendeten Leitungswerkstoffes. Der Ohmsche Widerstand ist der wirkliche Widerstand, der mit einem Ohmmeter meßbar ist, wir nennen denselben daher in Zukunft „Wirkwiderstand“ und bezeichnen ihn mit

„R_W". Schließt man eine Spule mit diesem Wirkwiderstand an eine Wechselstromquelle an, so entsteht in ihr eine Selbstinduktion und damit ein induktiver Widerstand, von dem die Größe des fließenden Wechselstromes in hohem Maße abhängig ist. Wir nennen diesen zusätzlichen Widerstand „Blindwiderstand" und bezeichnen ihn mit „R_B", seine Größe ist von dem Selbstinduktionskoeffizienten „L" und der Kreisfrequenz „ω" (sprich Omega) abhängig. Da wir bisher die Kreisfrequenz noch nicht kennen gelernt haben, müssen wir uns zunächst mit diesem Begriff befassen.

Stellt man sich einen Wechselstrom mit der Frequenz $f = 1$ Hz vor, so ist die Zeit „t" einer Periode:

$$t = \frac{1}{f} = \frac{1}{1} = 1 \text{ Sekunde}$$

Haben wir dagegen einen Wechselstrom mit der Frequenz $f = 50$ Hz, so ist die Zeit einer Periode:

$$t = \frac{1}{f} = \frac{1}{50} \text{ Sekunde}$$

Bewegt sich der mit $\oplus$ bezeichnete Punkt (siehe Abb. 129) auf dem Umfang eines Kreises mit dem Radius $r = 1$, so hat derselbe bei einer Umdrehung einen Weg von $2 \cdot 1 \cdot \pi$ oder einfach einen Weg von $2 \cdot \pi$ zurückgelegt. Legt der bezeichnete Punkt diesen Weg in einer Sekunde zurück, so beträgt seine Umfangsgeschwindigkeit:

$$\frac{2 \cdot \pi}{t} = \frac{2 \cdot \pi}{1} = 2 \cdot \pi$$

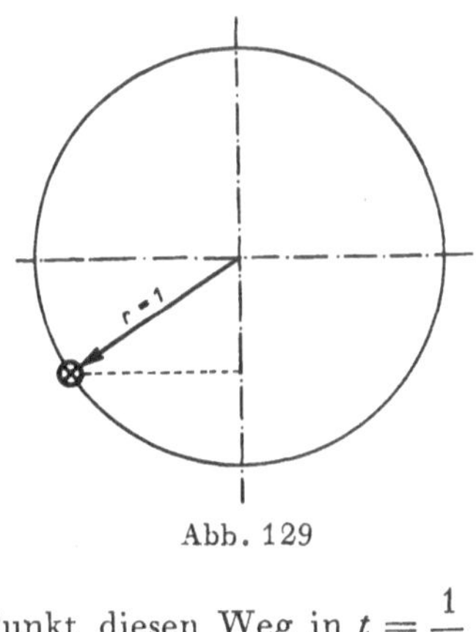

Abb. 129

Legt hingegen der Punkt diesen Weg in $t = \frac{1}{f}$ Sekunden zurück, so ergibt sich, wenn wir diesen Wert in den Ausdruck $\frac{2 \cdot \pi}{t}$ einsetzen, die Kreisfrequenz „ω" zu:

$$\frac{2 \cdot \pi}{\frac{1}{f}} = \frac{2 \cdot \pi \cdot f}{1}.$$

oder

$$\boxed{\omega = 2 \cdot \pi \cdot f = 6{,}28 \cdot f}$$

Wir haben also damit den Begriff Kreisfrequenz in der Wechselstromtechnik kennengelernt.

Beispiel Nr. 72:

Es stehen drei Wechselströme mit den Frequenzen $f_1 = 16^2/_3$ Hz, $f_2 = 50$ Hz und $f_3 = 500$ Hz zur Verfügung. Wie groß sind die Kreisfrequenzen?

Lösung:

$$\begin{aligned}\omega = 2 \cdot \pi \cdot f &= 2 \cdot 3{,}14 \cdot 16^2/_3 \approx \mathbf{105}\\ &= 2 \cdot 3{,}14 \cdot 50 \quad = \mathbf{314}\\ &= 2 \cdot 3{,}14 \cdot 500 \quad = \mathbf{3140}\end{aligned}$$

a) Die Ermittlung des Blindwiderstandes

Der Blindwiderstand eines induktiven Verbrauchers ergibt sich, indem man die Kreisfrequenz „ω“ des angelegten Wechselstromes mit dem Selbstinduktionskoeffizienten „L“ des Verbrauchers multipliziert, also:

$$R_B = \omega \cdot L = 2 \cdot \pi \cdot f \cdot L$$

oder:

$$\boxed{R_B = 6{,}28 \cdot f \cdot L}$$

Darin bedeutet:

R_B = Blindwiderstand, gemessen in Ohm
ω = Kreisfrequenz des angelegten Wechselstromes
f = Frequenz des angelegten Wechselstromes, gemessen in Hertz
L = Selbstinduktionskoeffizient des Verbrauchers, gemessen in Henry.

Beispiel Nr. 73:

Eine Spule besitzt einen Selbstinduktionskoeffizienten von 0,04 Henry. Wie groß ist ihr Blindwiderstand, wenn sie nacheinander von Wechselströmen mit den Frequenzen von 25 Hz, 50 Hz oder 500 Hz durchflossen wird?

Lösung:

$$R_B = 6{,}28 \cdot f \cdot L = 6{,}28 \cdot 25 \cdot 0{,}04 = \mathbf{6{,}28\ \Omega}$$
$$= 6{,}28 \cdot 50 \cdot 0{,}04 = \mathbf{12{,}56\ \Omega}$$
$$= 6{,}28 \cdot 500 \cdot 0{,}04 = \mathbf{125{,}6\ \Omega}$$

b) Der Scheinwiderstand

Aus dem Wirkwiderstand „R_W" und dem Blindwiderstand „R_B" einer Spule in einem Wechselstromkreis ergibt sich durch geometrische Addition (siehe später Seite 171) der Gesamtwiderstand. Wir nennen diesen den Scheinwiderstand und bezeichnen ihn mit „R_S".

c) Wovon ist die Stromstärke einer Spule, die in einen Wechselstromkreis geschaltet ist, abhängig?

Aus Vorhergehendem haben wir zusammenfassend erkennen können, daß der induktive oder Blind-Widerstand einer Spule abhängig ist:

1. Von der Anzahl der Spulen-Windungen.
2. Von der Kreisfrequenz des angelegten Wechselstromes.
3. Vom magnetischen Widerstand des Kraftlinienweges.

Durch Veränderungen einer dieser 3 Größen kann man die Entstehung der Selbstinduktion und damit den induktiven Widerstand einer Spule kleiner oder größer werden lassen. Schaltet man also eine Spule in einen Wechselstromkreis, so ist der Strom in diesem Stromkreis um so kleiner, je größer die Kreisfrequenz ist und je größer die Windungszahl ist und je kleiner der magnetische Widerstand des Kraft-

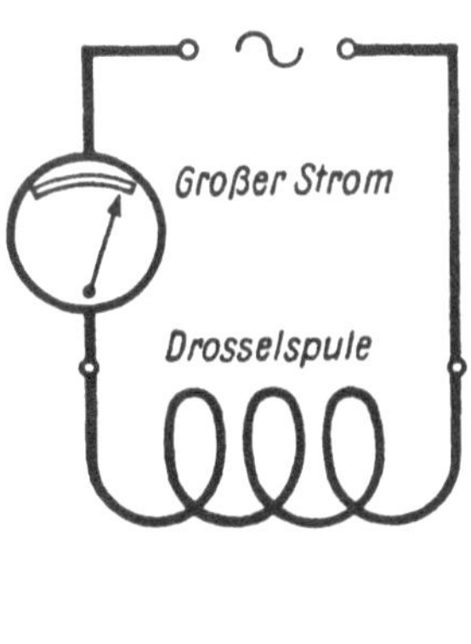

Abb. 130

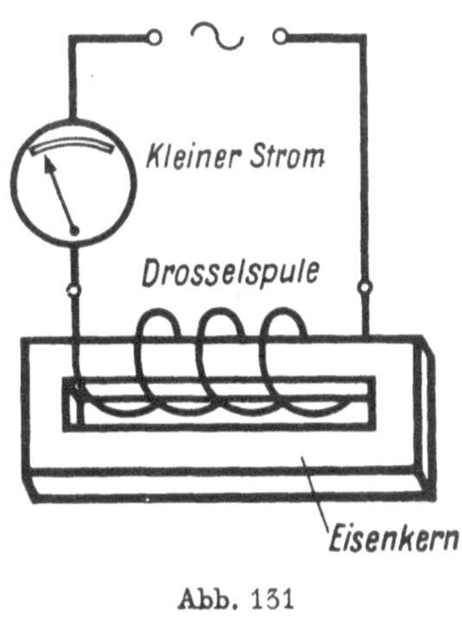

Abb. 131

linienweges ist. Letzteres erreicht man z. B. dadurch, daß der innere Hohlraum der Spule mit einem Eisenkern ausgefüllt wird (siehe auch unter Magnetismus, Seite 75).

Mit einer solchen Spule ist man sogar in der Lage, den Stromanstieg in einem Wechselstromkreis beinahe ganz zu unterbinden. Dies ist dann der Fall, wenn der Blindwiderstand durch die Selbstinduktionsbildung so groß geworden ist, daß ein Strom praktisch nicht mehr fließen kann.

> Eine solche Spule, die in einem Wechselstrom-
> kreis dem Stromfluß mehr oder weniger den 25
> Weg versperrt, nennt man
> „Drosselspule“.

Durch Verwendung eines großen Drahtquerschnittes für eine Drosselspule kann man den Wirkwiderstand derselben so klein machen, daß er praktisch Null ist.

Wird eine Drosselspule in einen Gleichstromkreis geschaltet, so entsteht in ihr, abgesehen von dem Ein- und Ausschaltvorgang und unter der Voraussetzung, daß der Strom eine gleichbleibende Höhe behält, keine Selbstinduktion. Der Gleichstrom kann daher ohne Schwierigkeiten durch eine Drosselspule fließen.

Abb. 132. Drosselspule mit Eisenkern

Soll in einer Spule keine Selbstinduktion stattfinden, so muß sie „bifilar“ (d. h. zweifädig) gewickelt werden, wie Abb. 133 zeigt.

Bei dieser Wicklungsart hebt das Magnetfeld des stromdurchflossenen hinlaufenden Drahtes das Magnetfeld des rücklaufenden auf; in ihr kann es daher nicht zu einer Selbstinduktion kommen.

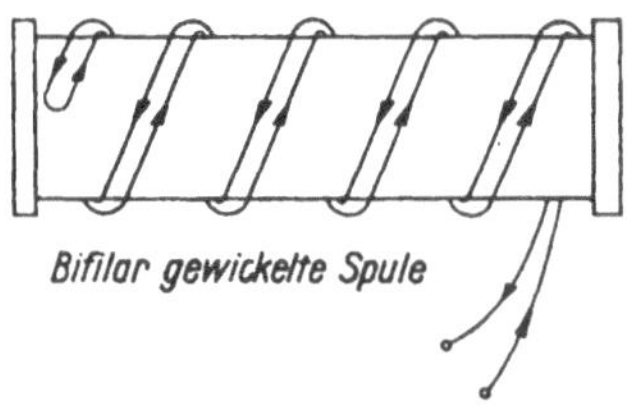

Abb. 133

d) Die Hintereinanderschaltung von induktiven Widerständen

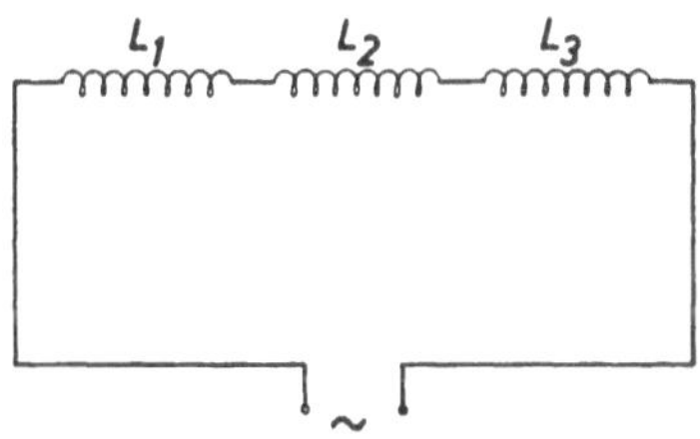

Abb. 134. Hintereinander geschaltete induktive Widerstände

Induktive Widerstände verhalten sich bei Hintereinander- und Parallelschaltung hinsichtlich ihrer Gesamtgrößen so wie Ohmsche Widerstände. Der Gesamtwiderstand ergibt sich demnach in vorliegendem Fall (siehe Abb. 134) aus:

$$R_B = \omega \cdot L_1 + \omega \cdot L_2 + \omega \cdot L_3$$

oder:

$$R_B = \omega \cdot (L_1 + L_2 + L_3)$$

Beispiel Nr. 74:

Drei induktive Widerstände mit den Größen $L_1 = 0{,}01$ H, $L_2 = 0{,}2$ H und $L_3 = 0{,}5$ H sind hintereinander geschaltet. Wie groß ist der Gesamt-Blindwiderstand R_B, wenn die Frequenz der angelegten Wechselstromquelle 50 Hz beträgt?

Lösung:

$$R_B = \omega \cdot (L_1 + L_2 + L_3) = 2 \cdot 3{,}14 \cdot 50\,(0{,}01 + 0{,}2 + 0{,}5) = \mathbf{222{,}94\ \Omega}$$

e) Die Parallelschaltung von induktiven Widerständen

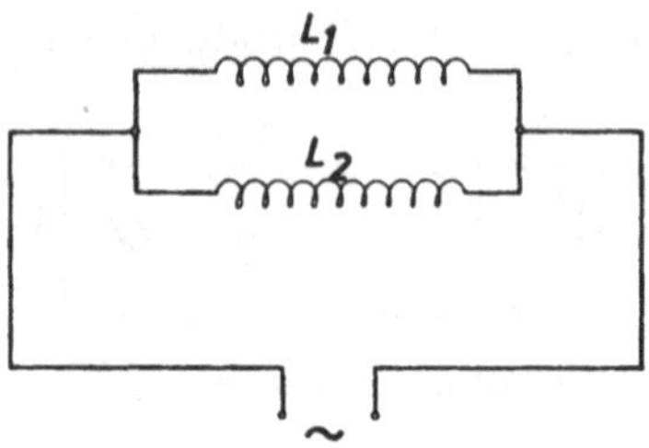

Abb. 135. Parallel geschaltete induktive Widerstände

Bei der Parallelschaltung von zwei induktiven Widerständen kann der gesamte Blindwiderstand mit Hilfe folgender Gleichung berechnet werden.

$$R_B = \omega \cdot \frac{L_1 \cdot L_2}{L_1 + L_2}$$

Beispiel Nr. 75:

Zwei induktive Widerstände $L_1 = 2$ H und $L_2 = 3$ H sind parallel geschaltet. $f = 50$ Hz. Wie groß ist der Gesamtwiderstand?

Lösung:

$$R_B = \omega \cdot \frac{L_1 \cdot L_2}{L_1 + L_2} = 2 \cdot 3{,}14 \cdot 50 \frac{2 \cdot 3}{2 + 3} = \mathbf{376{,}8\ \Omega}$$

39. Die Ohmschen und induktiven Widerstände in Wechselstromkreisen

a) Die Ohmschen Widerstände

Widerstände mit der Eigenschaft, zugeführte elektrische Energie sofort nach Schließen des Stromkreises in Wärme umzuwandeln, nennt man „Ohmsche Widerstände". Das sind z. B. Glühlampen, Heizwiderstände usw.

In ihnen entsteht praktisch keine Selbstinduktion, man sagt, sie sind induktionsfrei.

In Abb. 136 ist ein Wechselstrom-Generator dargestellt, an dessen Ständerwicklung eine Glühlampe nebst einem Volt- und Amperemeter angeschlossen sind. Es sei angenommen, daß sich der Magnetanker $N - S$ so langsam dreht, daß das Voltmeter dem Spannungs-An- und Abstieg folgen kann.

Befindet sich der Magnetanker $N - S$ in Drehung und ist der Schalter geschlossen, so können wir bei Beobachtung der beiden Anzeigeinstrumente feststellen, daß der größte Strom dann durch die Glühlampe fließt, wenn auch die höchste Spannung vorhanden ist. Dieses ist dann der Fall, wenn sich der Nord- und Südpol senkrecht vor den Ständerspulen vorbeibewegt. Wird die Spannung geringer, so nimmt auch der Strom ab.

Es besteht demnach zwischen der Spannung und dem Strom keine zeitliche Verschiebung, was in folgender Abbildung veranschaulicht ist.

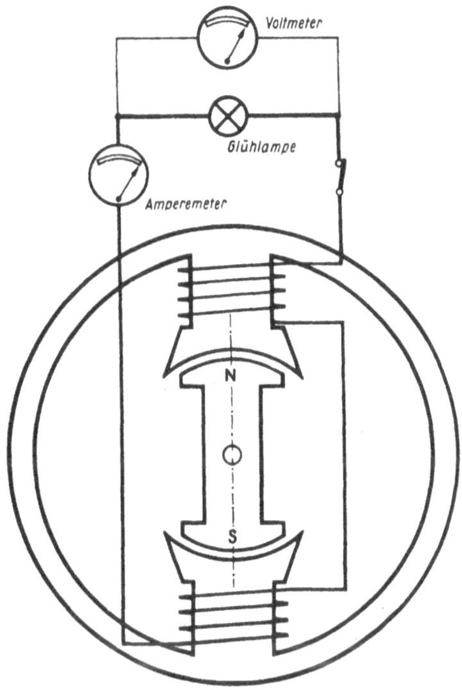

Abb. 136. Wechselstrom-Generator mit Ohmscher Belastung

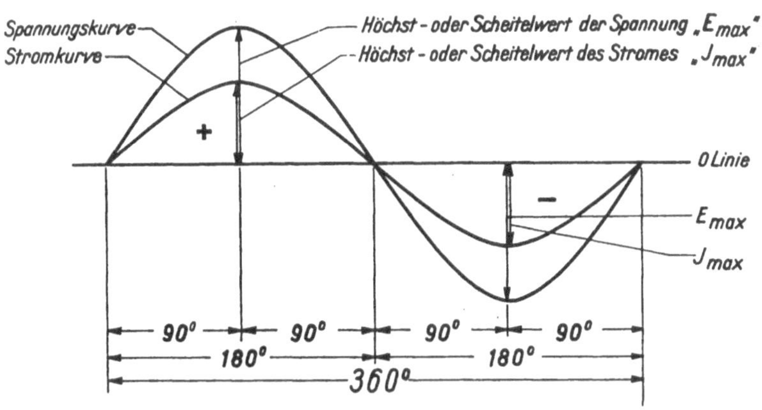

Abb. 137

Wenn die Spannung Null ist, dann ist auch der Strom Null. Besitzt die Spannung ihren Höchstwert, dann besitzt auch der Strom seinen Höchstwert; man sagt: Strom und Spannung sind in Phase.

b) Die induktiven Widerstände

Die Spulen der Elektro-Magnete, Wechselstrommotoren, Transformatoren usw. sind induktive Widerstände. Sie setzen dem Durchfluß des Wechselstromes nicht nur einen Ohmschen Widerstand sondern außerdem einen induktiven Widerstand, der durch Selbstinduktion hervorgerufen wird, entgegen.

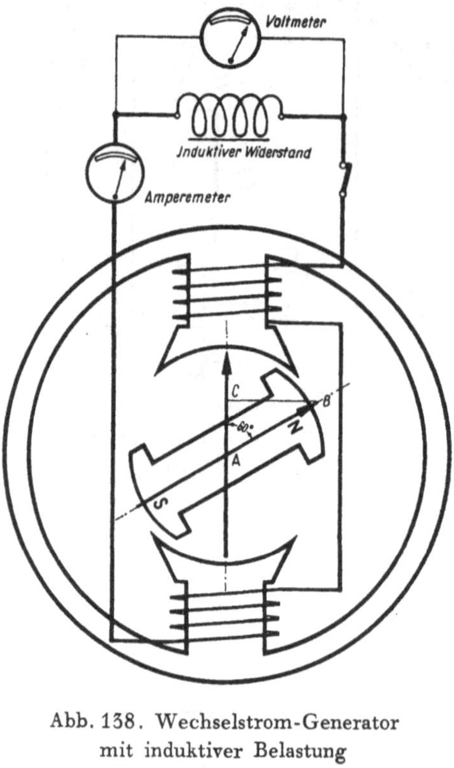

Abb. 138. Wechselstrom-Generator mit induktiver Belastung

In nebenstehend abgebildetem Stromkreis ist an die Stromquelle eine Spule vom gleichen Ohmschen Widerstandswert angeschlossen, wie ihn die Glühlampe in Abb. 136 besitzt.

Bei Drehung des Magnetankers erzeugt der Generator eine Wechselspannung. Ist der Stromkreis geschlossen, so liegt diese Spannung auch an der Spule. Befindet sich der drehende Anker in der senkrechten Stellung, so hat die in den Ständerwicklungen induzierte Spannung ihren Höchstwert erreicht. Das angeschlossene Voltmeter zeigt dies durch einen entsprechend großen Zeigerausschlag an.

Der Strom, den die Spannung durch die Spule drückt, erreicht hingegen seinen Höchstwert erst dann, wenn der Anker in der gezeichneten Stellung ist, sich also gegenüber der senkrechten Stellung beispielsweise um 60^0 weiter gedreht hat.

Der Zeiger des Strommessers steht folglich nach dem Einschalten zunächst noch auf Null, schlägt dann aus und stellt sich erst bei der gezeichneten Ankerstellung auf den höchsten Stromwert ein, wobei die Spannung bereits um einen bestimmten Betrag gesunken ist.

Abgesehen davon, daß der angezeigte Strom in seiner Größe kleiner ist, als der Strom bei dem Versuch, der in Abb. 136 dargestellt ist, ergibt sich ferner, daß der Höchstwert der elektrischen Spannung nicht mit dem Höchstwert des Stromes zusammenfällt. Befindet sich demnach bei der Drehung der Anker in der Mitte unter den Ständerspulen, so erreicht die an der Spule liegende elektrische Spannung ihren Höchstwert, während erst eine gewisse Zeit später der Strom in der Spule seinen höchsten Wert erreicht.

In dieser Zeit ist der Magnetanker in dem Generator um einen bestimmten Winkel, nehmen wir einmal an, um 60° weitergeeilt. Man kann in diesem Fall sagen, daß die Spannung dem Strom um 60° voreilt oder allgemein: Strom und Spannung sind in einem Stromkreis mit induktiver Belastung gegeneinander „phasenverschoben“.

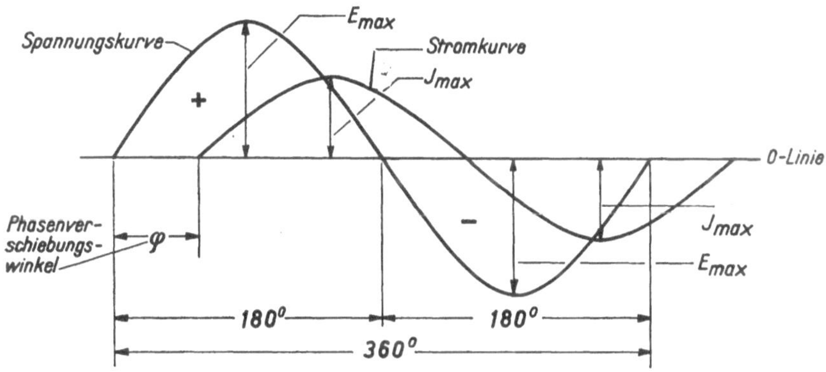

Abb. 139

Den Winkel, um den die Spannung dem Strom voreilt, nennt man Phasenverschiebungswinkel. Er ist in dem in Abb. 138 eingezeichneten Dreieck $A - B - C$ mit 60° angegeben.

In der Mathematik ist es üblich, die Größe dieses Winkels durch das Verhältnis der ihn einschließenden Seiten (in unserem Falle AC zu AB) auszudrücken. Man nennt dieses Seitenverhältnis Kosinus = cos und bezeichnet den eingeschlossenen Winkel mit dem griechischen Buchstaben „φ“ (sprich Phi). Bezeichnet man die Seite AC mit Ankathete und die Seite AB mit Hypotenuse, so ergibt sich rechnerisch:

$$\cos \varphi = \frac{\text{Ankathete}}{\text{Hypotenuse}}$$

Verhält sich in einem rechtwinklichen Dreieck die Ankathete (Seite AC) zur Hypotenuse (Seite AB) z. B. wie 1 : 2, was im Dreieck der Abb. 148 der Fall ist, so beträgt der Winkel 60°.

Man kann daher in diesem Zusammenhang sagen, der cos des Winkels $\varphi = 60^0$ beträgt 0,5, was sich auch aus den trigonometrischen Winkel-Tabellen (siehe z. B. Friedrichs-Tabellenbuch) ergibt. Aus ihnen kann ferner entnommen werden, daß:

bei	einem	Winkel	von	0°	der cosinus	1	beträgt,
,,	,,	,,	,,	30°	,, ,,	0,86	,, ,
,,	,,	,,	,,	60°	,, ,,	0,5	,, ,
,,	,,	,,	,,	90°	,, ,,	0	,, .

Der größte Phasenverschiebungswinkel kann theoretisch 90° betragen. In diesem Falle würde bei dem Höchstwert der elektrischen Spannung, der Strom jedoch seinen Nullwert haben. Praktisch ist der Phasenverschiebungswinkel, durch den mehr oder weniger großen Ohmschen Wert eines induktiven Widerstandes, jedoch immer kleiner als 90°.

40. Die Erweiterung des Ohmschen Gesetzes für Wechselstrom

Aus Vorhergehendem haben wir gelernt, daß eine Spule in einem Gleichstromkreis dem Durchfluß des Stromes nur einen ,,Ohmschen Widerstand“ entgegensetzt. Wir können folglich die Größe des Stromes, nach dem bereits bekannten Ohmschen Gesetz $J = \frac{U}{R}$ errechnen.

Nehmen wir an, daß eine Spule einen Ohmschen Widerstand von 5 Ohm (siehe Abb. 140) und einen Selbstinduktionskoeffizienten von 0,15 Henry habe, dann fließt bei einer angelegten Gleichspannung von 24 Volt durch die Spule ein Strom von:

$$J = \frac{U}{R} = \frac{24}{5} = 4{,}8\ \mathrm{A}$$

Anders ist es jedoch, wenn wir dieselbe Spule nun an eine Wechselspannung, z. B. mit der Frequenz von 50 Hz und gleicher Spannungsgröße wie vorher anschließen (siehe Abb. 141). Die Spule setzt dann dem Durchfluß des Wechselstromes nicht nur einen ,,Ohmschen oder Wirkwiderstand“ entgegen, sondern durch die Selbstinduktion noch einen ,,induktiven oder Blind-Widerstand“.

Des leichteren Verständnisses wegen ist in der linken Abbildung unter der angeschlossenen Spule ein Ohmscher Widerstand dargestellt. Es soll dadurch angedeutet werden, daß die Spule dem Durchfluß des

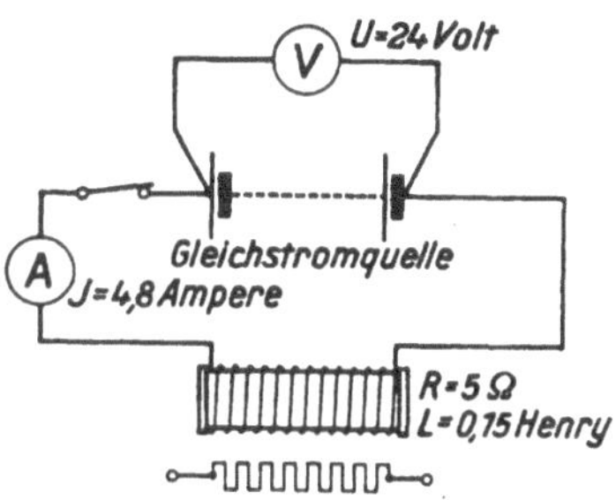

Abb. 140

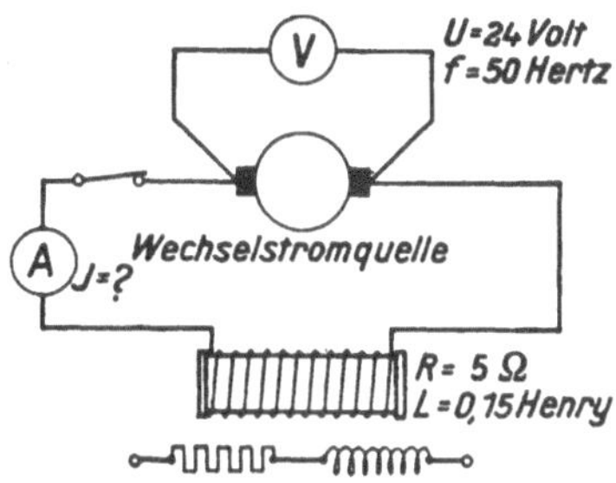

Abb. 141

Gleichstromes, wie bereits erwähnt, nur einen Ohmschen Widerstand entgegensetzt.

In der rechten Abbildung ist unter der an eine Wechselspannung angeschlossenen Spule ein Ohmscher und ein induktiver Widerstand dargestellt. Es soll hierdurch gezeigt werden, daß die Spule dem Durchfluß des Wechselstromes nicht nur einen Ohmschen oder Wirkwiderstand, sondern außerdem einen induktiven oder Blindwiderstand entgegensetzt. Beide Widerstände setzen sich zu einem Gesamtwiderstand, den man, wie bereits erwähnt, „Scheinwiderstand" nennt, zusammen.

Bei Betrachtung des „Gesamt- oder Scheinwiderstandes" ist es jedoch nicht so, daß man den Wirk- und Blind-Widerstand einfach addieren darf, wie man beispielsweise 2 Zahlen addiert, sondern die beiden Widerstandsgrößen müssen vielmehr „geometrisch", d. h. flächenmäßig mit Hilfe des klassischen Lehrsatzes von Pythagoras addiert werden. Dieser „Pythagoräische Lehrsatz" lautet:

Das Hypothenusen-Quadrat eines rechtwinkligen Dreiecks ist so groß wie die Summe der beiden Katheten-Quadrate.	26

Dies kann man auch in einer Formel ausdrücken und schreiben:

$$c^2 = a^2 + b^2$$

Setzt man nun anstatt einer Seitenlänge „c" des Hypothenusenquadrats den Scheinwiderstand R_S, für die Kathetenseite „b" den Blindwiderstand R_B und für die Kathetenseite „a" den Wirkwiderstand R_W, so ergibt sich folgende Schreibweise:

$$R_S^2 = R_W^2 + R_B^2$$

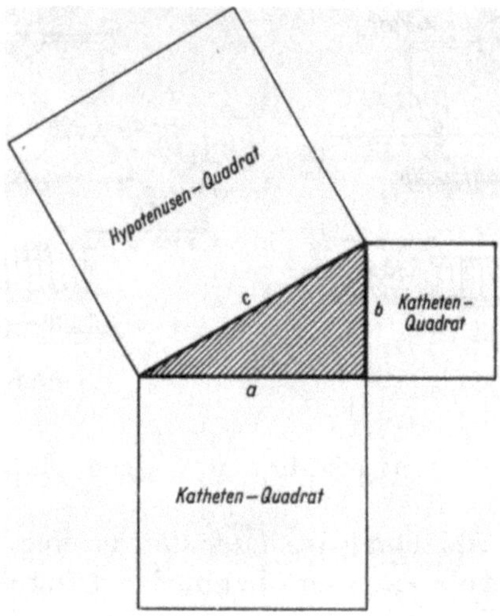

Abb. 142

Daraus ergibt sich dann der Gesamt- oder Scheinwiderstand zu:

$$R_S = \sqrt{R_W^2 + R_B^2}$$

Aus dem Kapitel 38 auf Seite 162 ergibt sich der **Blindwiderstand** eines induktiven Verbrauchers zu

$$R_B = \omega \cdot L \text{ oder } 2 \cdot \pi \cdot f \cdot L$$

Setzen wir diesen Wert in unsere vorletzte Formel ein, so erhalten wir die Formel für den Scheinwiderstand:

$$R_S = \sqrt{R_W^2 + (2 \cdot \pi \cdot f \cdot L)^2}$$

und somit das Ohmsche Gesetz für Wechselstrom:

$$\boxed{J = \frac{U}{\sqrt{R_W^2 + (2 \cdot \pi \cdot f \cdot L)^2}}}$$

Während also in dem Gleichstromkreis (Abb. 140) durch die Spule ein Strom von 4,8 Amp. fließt, fließt durch dieselbe Spule in den Wechselstromkreis (Abb. 141) nur ein Strom von:

$$J = \frac{U}{\sqrt{R_W^2 + (2 \cdot \pi \cdot f \cdot \mathrm{L})^2}} = \frac{24}{\sqrt{5^2 + (2 \cdot 3{,}14 \cdot 50 \cdot 0{,}15)^2}}$$

$$= \frac{24}{\sqrt{25 + 2243{,}4}} = \frac{24}{51{,}65} \approx \mathbf{0{,}46\ A}$$

Beispiel Nr. 76:

Der Wirkwiderstand einer Spule beträgt 7 Ohm, sie besitzt einen Selbstinduktionskoeffizienten von 0,12 Henry. Diese Spule wird einmal an eine Gleichstromquelle mit 110 Volt und ein anderes Mal an eine Wechselstromquelle mit 110 Volt und einer Frequenz von 50 Hertz angeschlossen. Wie groß ist: 1. die Stromstärke in dem Gleichstromkreis und 2. die Stromstärke im Wechselstromkreis?

Gegeben: $R_W = 7\ \Omega$
$L = 0{,}12$ H.
$U = 110$ Volt Gleichstrom
$U = 110$ Volt Wechselstrom
$f = 50$ Hz.

Gesucht: 1. Stromstärke in dem Gleichstromkreis $J = ?$
2. Stromstärke in dem Wechselstromkreis $J = ?$

Lösung:

Zu 1:

$$J = \frac{U}{R_W} = \frac{110}{7} = \mathbf{15{,}71\ A}$$

Zu 2:

$$J = \frac{U}{\sqrt{R_W^2 + (2 \cdot \pi \cdot f \cdot L)^2}} = \frac{110}{\sqrt{7^2 + (2 \cdot 3{,}14 \cdot 50 \cdot 0{,}12)^2}}$$
$$= \frac{110}{\sqrt{49 + 1419{,}78}} = \frac{110}{\sqrt{1468{,}79}} = \frac{110}{38{,}32} \approx \mathbf{2{,}81\ A}$$

41. Kondensatoren

Kondensatoren sind Geräte zur Aufnahme elektrischer Ladungen.

Ein Kondensator besteht grundsätzlich aus zwei Metallbelegen (Metallplatten), die in einem geringen Abstand voneinander getrennt angeordnet sind. Das trennende Mittel — Dielektrikum genannt — kann aus Luft, Glimmer oder einem anderen Isolierstoff bestehen.

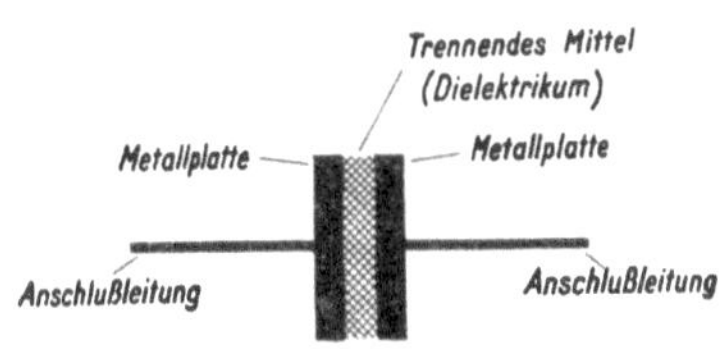

Abb. 143

Kondensatoren nehmen in der gesamten Elektrotechnik, besonders in der Hochfrequenztechnik eine sehr wichtige Stellung ein.

Je nach Aufbau der Kondensatoren werden sie entsprechend benannt.

a) Blockkondensatoren

Blockkondensatoren bestehen aus abwechselnd geschichteten Metallfolien (als Belege) und dünnen Isolierstoff-Zwischenlagen, z. B. aus Hartpapier oder Glimmer. Diese Kondensatoren werden viel in der Verstärkertechnik eingesetzt.

Bei einer besonderen Art von Blockkondensatoren wird als Dielektrikum eine keramische Masse verwendet.

Man bedient sich dabei gewöhnlich eines dünnwandigen Keramikröhrchens, das außen und innen mit einem bestimmten Metallstaub — als Kondensatorbelege — überspritzt wird.

b) Wickel-Block-Kondensatoren

Nimmt man ein mit Isolierfett (z. B. Paraffin) getränktes Papierband, welches mit Metallfolie belegt ist und wickelt dasselbe unter Zuhilfenahme eines weiteren Papierbandes zu einer Rolle auf (Abb. 145), so erhält man einen Roll- oder Wickel-Blockkondensator.

Abb. 144. Wickelblock-Kondensator

Diese besonders handlichen Kondensatoren sind bei gleichen elektrischen Daten gewöhnlich leichter als Blockkondensatoren; sie können wegen ihrer Stäbchenform auch freitragend montiert werden.

Wickel-Blockkondensatoren in dieser Ausführung werden bis zu Kapazitäten von 0,5 μF gebaut (Erläuterung zu dieser Maßeinheit siehe Seite 180).

Kondensatoren mit höheren Kapazitäten werden ebenfalls gewickelt und — nachträglich rechteckig oder ellipsenförmig gepreßt — in

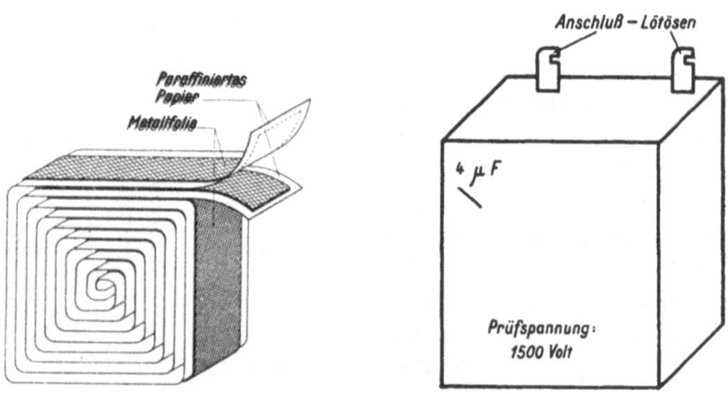

Abb. 145. Postblock-Kondensator

kleinen Kästchen untergebracht und mit Isoliermasse vergossen. An jede Metallfolie ist eine Leitung angeschlossen. Beide Leitungen führen nach außen zu Anschlußösen.

Damit die Selbstinduktion so gering wie möglich ist, werden die Anschlußfahnen nicht an den Enden der Metallstreifen, sondern an den beiden Grundflächen des einen und anderen Metallstreifens befestigt und nach außen geführt.

Seit Jahren werden sogenannte Metall-Papier-Kondensatoren (MP-Kondensatoren) gebaut (siehe Abb. 146). Ihre Belege bestehen, wie schon der Name sagt, aus metallbedampftem Papier. Zwei solcher Metall-Papierstreifen werden zu einem Wickel geformt. Es fallen also gegenüber der vorher beschriebenen Fertigungsart die zwei Ganz-Metallfolien und der Papierstreifen fort. Daraus ergibt sich, daß MP-Kon-

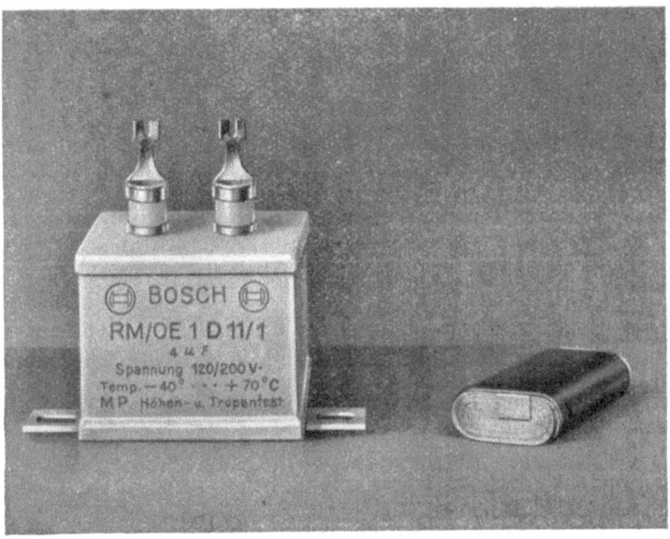

Abb. 146.

densatoren bei gleicher Kapazität und Prüfspannung nur etwa $^1/_3$ des Raumes normaler Wickelkondensatoren beanspruchen.

c) Der Durchführungskondensator

Dieser Kondensator ist rohrförmig ausgebildet. Er besitzt eine leitende Mittelachse, welche im Zuge einer Leitung „zwischengeschaltet“ wird. Um diese Achse ist der Kondensator wickelförmig gelegt, wobei der eine Kondensatorbeleg mit der leitenden Achse verbunden und der andere nach außen geführt ist.

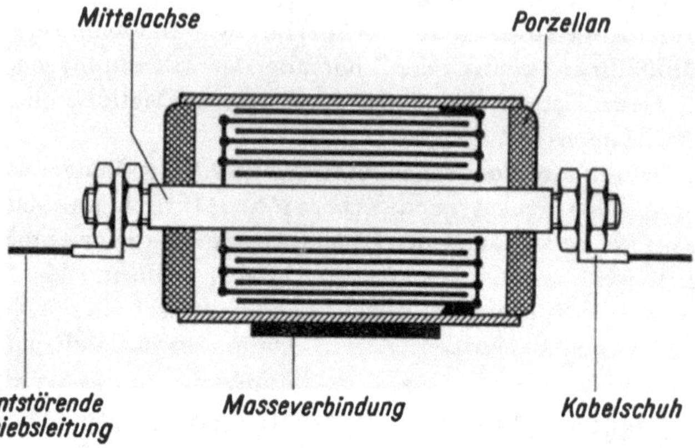

Abb. 147. Durchführungs-Kondensator

In Durchführungskondensatoren kann infolge ihres besonderen Aufbaues nur eine geringe Selbstinduktion entstehen, sie eignen sich besonders zur Entstörung elektrischer Leitungen.

d) Der Drehkondensator

Bei einem Drehkondensator sind 2 oder mehr Metallplatten so nebeneinander angeordnet, daß sie durch einen Luftspalt voneinander getrennt sind.

In dem Luftspalt ist eine besonders geformte Metallplatte, von den 2 anderen Platten isoliert, drehbar angeordnet. Durch Verdrehen der beweglichen Platte wird die Kapazität des Kondensators geändert.

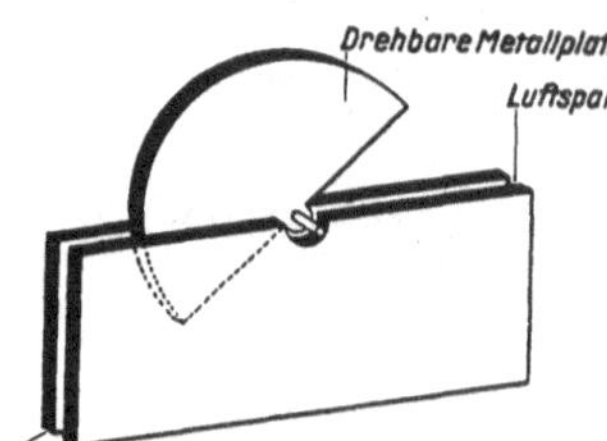

Abb. 148. Drehkondensator

e) Elektrolyt-Kondensatoren

In einem Elektrolyt-Kondensator stehen sich zwei Aluminium-Elektroden in einem geeigneten Elektrolyt (stromleitende Flüssigkeit), der den Werkstoff der Elektroden nicht angreift, gegenüber. Schließt man die Elektroden an eine Gleichspannung an, so fließt elektrischer

Strom von der einen Elektrode (Anode) durch den Elektrolyt zur anderen Elektrode (Kathode). Dadurch bildet sich infolge Abscheidung von Sauerstoff, an der Anode eine Gasschicht, die nach kurzer Zeit mit dem Aluminium an der Oberfläche Aluminiumoxyd bildet; welches in einer hauchdünnen Schicht die Oberfläche der Elektrode bedeckt. Da die Oxydschicht sehr gut isoliert dient sie somit als Dielektrikum.

Die Kapazität eines solchen Elektrolyt-Kondensators ist infolge der extrem dünnen Isolierschicht sehr hoch; es gibt solche von mehreren 100 Mikrofarad mit Höchstspannungen bis 100 Volt und solche bis 16 Mikrofarad für Höchstspannungen bis 550 Volt.

Abb. 149

Abb. 150

Aus Vorhergehendem ergibt sich, daß man einen Elektrolyt-Kondensator in gewissen Sinne unbrauchbar machen kann, wenn man ihn entgegengesetzt wie vorher an eine Gleichstromquelle anschließt. Durch diesen falschen Anschluß wird das Aluminiumoxyd wieder reduziert und die Trennschicht der einen Elektrode bildet sich nun an der anderen Aluminium-Elektrode. Zur Vermeidung dieses unerwünschten Vorganges sind die Anschlußklemmen der Elektrolyt-Kondensatoren mit +(Plus) und —(Minus) versehen.

Es muß folglich beim Anschluß darauf geachtet werden, daß der Pluspol der Stromquelle mit der Plusklemme des Elektrolyt-Kondensators verbunden wird, das gleiche gilt sinngemäß auch für den Minuspol. Ein großer Vorteil dieser Kondensatoren ist, daß sich ein etwa entstandener elektrischer Durchschlag zwischen den Belegen durch die elektrolytische Wirkung meistens von selbst wieder schließt.

Mit Rücksicht auf den Aufbau dieser Kondensatorart (nasse Füllung) ist es zweckmäßig, diese in aufrechter Lage einzubauen, damit der Elektrolyt nicht auslaufen kann. Ähnlich dem Aufbau galvanischer Trockenelemente ist bei einigen Typen der flüssige Inhalt durch besondere Mittel verdickt. Man nennt sie daher Trocken-Elektrolyt-Kondensatoren, diese können auch in waagerechter Lage eingebaut werden. Im allgemeinen haben sie jedoch den Nachteil, daß sie einen entstandenen Spannungsdurchschlag nicht von selbst wieder schließen. Je nach Aufbau der Kondensatoren unterscheidet man Niedervolt- und Hochvolt-Kondensatoren. Die letzteren haben gewöhnlich die Form des in Abbildung 149 dargestellten Kondensators. Abbildung 150 zeigt einen Niedervolt-Kondensator.

Nach den VDE-Regeln sollen Kondensatoren je nach ihrem Verwendungszweck mit der zwei- bis neunfachen Betriebsspannung geprüft sein.

f) Die Wirkungsweise der Kondensatoren

Wir schließen einen Kondensator beliebigen Aufbaus in Reihe mit einem Strommesser und einer besonderen Schalttaste an eine Gleichstromquelle, wie Abb. 151 zeigt.

Wird die Taste auf Kontakt „*a*" gedrückt, ist der Stromkreis geschlossen, es fließt Strom und der Kondensator ladet sich auf.

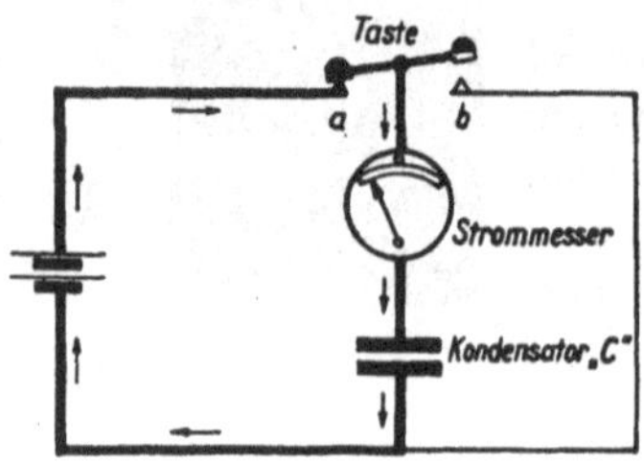

Abb. 151

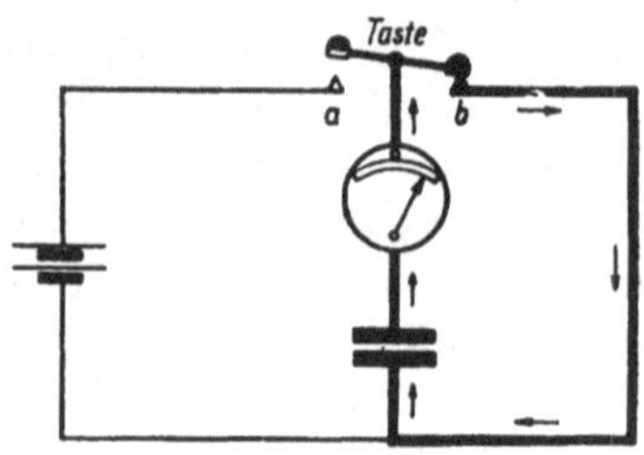

Abb. 152

Diesen Vorgang erkennen wir äußerlich daran, daß der Zeiger des Strommessers, dessen Nullpunkt in der Mitte der Skala liegt, während der Zeit der Aufladung nach links ausschlägt. Nach Beendigung der Aufladung kehrt der Zeiger des Strommessers in seine Nullstellung zurück, weil kein Strom mehr fließt.

Schließt man nun den Kondensator durch Drücken der Taste auf Kontakt „*b*" kurz, so endladet er sich durch Fließen eines Stromes von der oberen Kondensatorplatte zur unteren (siehe Abb. 152). Wir erkennen diesen Vorgang daran, daß der Zeiger des Strommessers während der Zeit der Entladung entgegengesetzt wie vorher, also nach rechts ausschlägt. Nach Beendigung der Entladung kehrt der Zeiger in seine Nullstellung zurück.

Dieses Auf- und Entladen eines Kondensators kann man sich in folgender Weise erklären:

Aus dem Kapitel „Was ist Elektrizität" (siehe Seite 1) konnten wir entnehmen, daß jeder Körper u. a. aus Elektronen besteht. Das trifft folglich auch für die Platten des ungeladenen Kondensators zu. Werden diese an eine Stromquelle angeschlossen, so saugt die Stromquelle Elektronen von der einen Kondensatorplatte ab und drückt der anderen zusätzlich Elektronen auf. Es entsteht so auf der einen Platte ein Elektronenüberschuß oder eine negative Aufladung und auf der anderen ein Elektronenmangel oder eine positive Aufladung. Wir können daher von einem gespannten Zustand zwischen den beiden Kondensatorplatten sprechen und es herrscht zwischen den Platten ein „Elektrisches Feld".

Der Elektronenreichtum der einen Platte strebt nach Ausgleich mit dem Elektronenmangel der anderen. Dieser ist jedoch nur dann möglich, wenn die angelegte Spannung eine bestimmte Höhe überschreitet; es kann dann ein Durchschlag erfolgen. Überschreitet die angelegte Spannung eine bestimmte Höhe nicht, dann bleibt der gespannte Zustand; er besteht auch dann weiter, wenn die Stromquelle abgeschaltet wird, da das trennende Mittel zwischen den Kondensatorplatten einen Ausgleich nicht zustande kommen läßt. Die elektrische Spannung zwischen den beiden Platten hat nach beendeter Aufladung die gleiche Höhe wie die vorher angelegte Spannung der Stromquelle.

Schließt man die beiden Kondensatorplatten kurz, wie Abb. 152 zeigt, so entspannt sich der aufgeladene Kondensator dadurch, daß der Elektronenüberschuß der einen Platte nach der anderen Platte mit dem Elektronenmangel wandert, es entsteht also der erstrebte Ausgleich.

Wir merken uns also:

Ein Kondensator versperrt in einem Gleichstromkreis nach beendeter Aufladung dem elektrischen Strom den Weg.	27

Fassen wir das Vorhergesagte zusammen, so ergibt sich folgendes:

Der Kondensator „*C*" in Abb. 151 hat der Stromquelle bei dem geschilderten Auflade-Vorgang eine bestimmte Elektrizitätsmenge entnommen und diese in sich aufgespeichert.

Drückt man nun die Taste auf Kontakt „*b*", so schlägt der Zeiger des Strommessers entgegengesetzt wie vorher aus, der Kondensator entladet sich, es fließt „Entladestrom". Lade- und Entladestrom sind, wie vorhergehende Abbildungen zeigen, entgegengesetzt gerichtet.

Die Aufladung kann durch die Anzahl der von der angelegten Spannung verschobenen Elektronen angegeben werden. Die Verschiebung von 6,3 Trillionen Elektronen pro Sekunde entspricht einem Stromfluß von 1 Ampere.

Die Elektrizitätsmenge von der im vorhergehenden die Rede ist, wird in Amperesekunden oder Coulomb gemessen.

Ein Coulomb ist diejenige Elektrizitätsmenge, die man erhält, wenn einer Stromquelle 1 Ampere 1 Sekunde lang entnommen wird.	28

Die Größe der Elektrizitätsmenge, die ein Kondensator aufnehmen kann, ist abhängig von der Höhe der angelegten elektrischen Spannung und der „Kapazität“ des Kondensators.

g) Die Kapazität eines Kondensators

Unter Kapazität eines Kondensators versteht man sein elektrisches Fassungsvermögen, das in der Maßeinheit Farad (herrührend von dem Physiker Faradey) gemessen wird.

Die Kapazitätsgröße von 1 Farad erhält man, wenn ein Kondensator bei einer angelegten Spannung von 1 Volt eine Elektrizitätsmenge von 1 Coulomb aufnimmt.	29

Da dieser Wert sehr groß ist, wird in der Praxis meist mit dem millionsten Teil von 1 Farad oder auch mit dem millionsten Teil von 1 Mikrofarad gerechnet.

$$1 \text{ Mikrofarad } (\mu F) = 0{,}000\,001 \text{ Farad}$$
$$1 \text{ Pikofarad } (pF) = 0{,}000\,001 \text{ Mikrofarad}$$

Häufig wird die Kapazität eines Kondensators in Zentimeter (cm) gemessen. Es gilt hierbei folgende maßliche Gegenüberstellung:

$$1 \text{ Farad } (F) = 900\,000\,000\,000 \text{ cm}$$
$$1 \text{ Mikrofarad } (\mu F) = 900\,000 \text{ cm}$$

Die Maßeinheit 1 cm ergibt sich aus:

$$1 \text{ cm} = \frac{1\,\mu F}{900\,000}$$

h) Die rechnerische Ermittlung der Kapazität eines Kondensators

Die Kapazität eines Kondensators ist abhängig von dem Flächeninhalt der gegenüberstehenden Metallplatten, ihrem gegenseitigen Abstand und der Beschaffenheit des trennenden Mittels.

Mit Hilfe nachstehender Formel kann man die Kapazität errechnen:

$$C = \frac{\varepsilon \cdot F}{4 \cdot \pi \cdot d}$$

Darin bedeutet:

C = Kapazität des Kondensators, gemessen in cm
F = Flächeninhalt einer Platte, gemessen in cm^2
d = Plattenabstand, gemessen in cm
ε (sprich Epsilon) = Dielektrizitätskonstante (siehe folgende Angaben).

Die „Dielektrizitätskonstante" ist eine Zahl, die angibt, wievielmal mehr ein Kondensator aufgeladen werden kann, wenn statt Luft ein Nichtleiterwerkstoff als trennendes Mittel zwischen den beiden Kondensatorplatten verwendet wird.

Nachfolgend einige Dielektrizitätskonstante:

Luft	$\varepsilon = 1$
Paraffiniertes Papier . .	$\varepsilon = 2$
Glimmer	$\varepsilon = 6$
Glas	$\varepsilon = 8$

Beispiel Nr. 77:

Ein Kondensator besteht aus 2 Metallplatten mit den Größen 300 · 380 mm und einem Zwischenraum von 1,5 mm. Das Dielektrikum ist Luft. Wie groß ist die Kapazität in cm?

Gegeben: Plattengröße $F = 300 \cdot 380 = 114000 = 1140\ cm^2$
Plattenabstand $d = 1{,}5\ mm = 0{,}15\ cm$
Dielektrikum $\varepsilon = 1$

Gesucht: $C = ?$

Lösung:

$$C = \frac{\varepsilon \cdot F}{4 \cdot \pi \cdot d} = \frac{1 \cdot 1140}{4 \cdot 3{,}14 \cdot 0{,}15} = \mathbf{606\ cm}$$

i) Die rechnerische Ermittlung der Elektrizitätsmenge, die ein Kondensator aufnehmen kann

Die Größe der aufgenommenen Elektrizitätsmenge eines Kondensators ist abhängig von seiner Kapazität und der Höhe der angelegten Spannung. Errechnen kann man sie mit der Formel:

$$Q = C \cdot U$$

Darin bedeutet:

Q = Aufgenommene Elektrizitätsmenge, gemessen in Coulomb
C = Kapazität, gemessen in Farad
U = Angelegte elektrische Spannung, gemessen in Volt.

Beispiel Nr. 78:

Ein Kondensator von $4 \mu F = 0{,}000004$ Farad ist an einer Gleichspannung von 220 Volt angeschlossen. Wie groß ist die Elektrizitätsmenge, die der Kondensator aufnimmt?

Gegeben: $C = 0{,}000004$ F
$U = 220$ V

Gesucht: $Q = ?$

Lösung:

$$Q = C \cdot U = 0{,}000004 \cdot 220 = \mathbf{0{,}00088\ C}$$

Beispiel Nr. 79:

Welche Kapazität besitzt ein Kondensator, der an eine Spannung von 400 Volt angeschlossen ist und eine Elektrizitätsmenge von 0,00012 Coulomb aufgenommen hat?

Gegeben: $U = 400$ V, $Q = 0{,}00012$ C

Gesucht: $C = ?$

Lösung:

Aus der Grundformel $Q = C \cdot U$ ergibt sich durch Umstellung nach „C" die Formel zur Ermittlung der Kapazität:

$$C = \frac{Q}{U} = \frac{0{,}000\,12}{400} = 0{,}000\,003 \text{ F} = 3\ \mu F$$

k) Der Kondensator in einem Wechselstromkreis

Schließt man einen Verbraucher an eine Wechselstromquelle mit einer Frequenz von z. B. 1 Hz an, so wird der Verbraucher in einer Sekunde 1mal in einer Richtung und 1mal in der entgegengesetzten Richtung vom Strom durchflossen. Schaltet man an Stelle des Verbrauchers einen Kondensator in den Stromkreis ein, wie Abb. 153 zeigt, so stellen wir folgendes fest.

Der Kondensator ladet sich auf beim Fließen des Stromes in der voll gezeichneten Pfeilrichtung (positive Halbwelle), die Lampe leuchtet dabei auf und erlischt wieder. Dann wechselt der Strom seine Richtung (siehe gestrichelte Pfeilrichtung), und der Kondensator entladet sich. Beim Ansteigen des Stromes in der neuen Flußrichtung (negative Halbwelle) wird der Kondensator entgegengesetzt wie vorher aufgeladen.

Diese Aufladevorgänge in der einen und anderen Stromrichtung zeigt die Lampe durch kurzes Aufglühen an. Erhöht man allmählich die Frequenz des angelegten Wechselstromes, so leuchtet die Lampe schneller auf und verlöscht wieder, bis schließlich sich die Lampe infolge der immer kleiner werdenden Zeiten nicht mehr abkühlen kann und ständig weiter brennt.

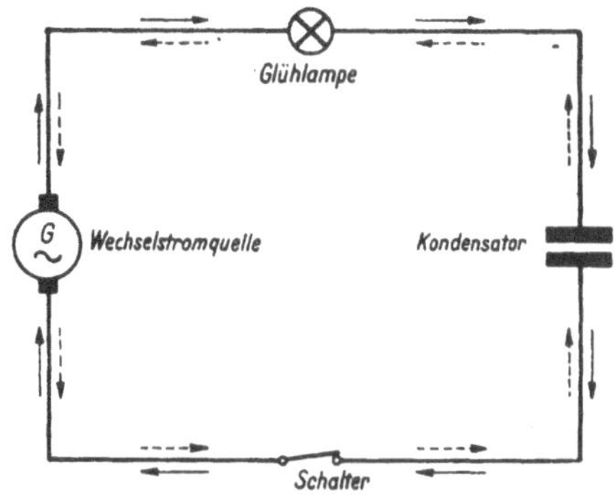

Abb. 153

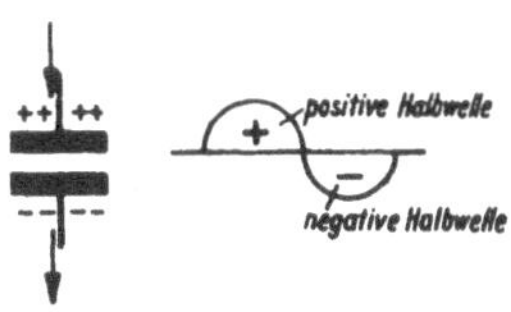

Abb. 154

So ladet sich der Kondensator beim Fließen des Wechselstromes in der einen Richtung (Positive Halbwelle) auf.

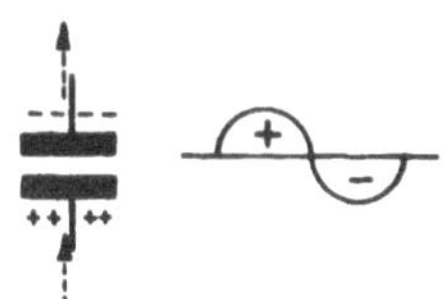

Abb. 155

So ladet sich der Kondensator beim Fließen des Wechselstromes in der entgegengesetzten Richtung (Negative Halbwelle) auf.

Je schneller also die Ladung und Entladung erfolgt, d. h. je größer die Frequenz des angelegten Wechselstromes bei gleichbleibender Spannung ist, um so größer ist die Elektrizitätsmenge, die in einer bestimmten Zeit durch die Lampe fließt, so daß sie heller brennt. Je mehr Strom aber durch die Lampe fließt, um so kleiner ist naturgemäß der Widerstand des Kondensators.

Wir entnehmen daraus folgende wichtige Erkenntnis:

> In einem Wechselstromkreis stellt der Kondensator scheinbar keine Unterbrechung dar; er ist lediglich ein Widerstand, der dem Hin- und 30
> Herfließen des Wechselstromes entgegenwirkt. Dieser Widerstand ist um so kleiner, je größer die Frequenz des anliegenden Wechselstromes ist.

l) Der Widerstand eines Kondensators in einem Wechselstromkreis

Jeder Kondensator setzt dem Durchfluß des Wechselstromes, wie wir Vorhergehendem entnehmen konnten, Widerstand entgegen. Dieser Widerstand, zum Unterschied gegenüber dem Ohmschen Widerstand eines Leiters, **kapazitiver** Widerstand genannt, ist um so größer:

1. je kleiner die Kapazität des Kondensators ist;
2. je kleiner die Frequenz des angelegten Wechselstromes ist.

Der kapazitive Widerstand eines Kondensators, den wir in Zukunft Blindwiderstand nennen und mit R_C bezeichnen, kann man mit folgender Gleichung errechnen.

$$\boxed{R_C = \frac{1}{\omega \cdot C} = \frac{1}{2 \cdot \pi \cdot f \cdot C}}$$

Darin bedeutet:

R_C = Blindwiderstand, gemessen in Ohm
C = Kapazität, gemessen in Farad
ω = Kreisfrequenz des angelegten Wechselstromes
f = Frequenz des angelegten Wechselstromes, gemessen in Hertz

Beispiel Nr. 80:

Wie groß ist der Blindwiderstand eines Kondensators mit einer Kapazität von 20 μF, der in einen Wechselstromkreis geschaltet ist? Die Frequenz des Wechselstromes beträgt 50 Hz.

Gegeben: $C = 20\ \mu F = 0{,}000020\ F$, $f = 50$ Hz

Gesucht: $R_C = ?$

Lösung:

$$R_C = \frac{1}{2 \cdot \pi \cdot f \cdot C} = \frac{1}{2 \cdot 3{,}14 \cdot 50 \cdot 0{,}00002} = \sim \mathbf{160\,\Omega}$$

Beispiel Nr. 81:

Ein Kondensator ist an eine Wechselstromquelle mit einer Frequenz von 50 Hz angeschlossen. Es fließt ein Strom von 0,6 Ampere. Wie groß ist der Blindwiderstand und die Kapazität des Kondensators? Die angelegte Spannung beträgt 380 Volt.

Gegeben: $f = 50$ Hz, $U = 380$ V, $J = 0{,}6$ A

Gesucht: 1. Blindwiderstand $R_C = ?$
2. Kapazität $C = ?$

Lösung:

Zu 1:

$$R_C = \frac{U}{J} = \frac{380}{0,6} = 630\,\Omega$$

Zu 2: Aus der Grundformel für die Ermittlung des Blindwiderstandes, ergibt sich durch Umstellung die Kapazität eines Kondensators:

$$C = \frac{1}{2 \cdot \pi \cdot f \cdot R_C} = \frac{1}{2 \cdot 3{,}14 \cdot 50 \cdot 630} = 0{,}000\,005\ \mathrm{F}$$
$$= 5\,\mu F$$

Will man bei der Ermittlung des Blindwiderstandes eines Kondensators nicht die Kapazität in Farad, sondern in Mikrofarad einsetzen, so kann man vorstehende Formel auch in folgender Schreibweise verwenden:

$$\boxed{R_C = \frac{1\,000\,000}{\omega \cdot C}}$$

m) Die Phasenverschiebung in einem Wechselstromkreis durch Kondensatoren

Schaltet man einen Kondensator in einen Wechselstromkreis, so ruft derselbe ähnlich wie ein induktiver Widerstand eine Phasenverschiebung zwischen Strom und Spannung hervor, jedoch mit dem Unterschied, daß der Strom der Spannung um den Winkel „φ" vorauseilt.

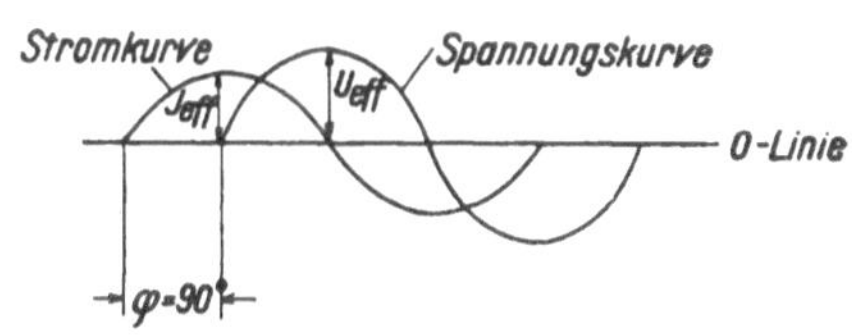

Abb. 156

Wir erklären uns dies wie folgt:

Schließt man einen Kondensator an eine Gleichspannung an, so wird er aufgeladen, d. h. es fließt Strom. Es entsteht folglich nach und nach in dem einen Beleg ein Elektronenüberschuß und in dem anderen ein Mangel; die Spannung zwischen den Belegen steigt also an. Sie erreicht die Höhe der angelegten Spannung, wenn die Elektronenbewegung von dem einen Kondensatorbeleg nach dem anderen abgeschlossen ist.

Der Stromfluß ist also beendet, wenn die Kondensatorspannung die Höhe der angelegten Spannung erreicht hat.

Der bei einem Aufladevorgang fließende elektrische Strom eilt folglich der Kondensatorspannung vor. Diese Voreilung oder Phasenverschiebung beträgt „ein Viertel" einer Periode, also 90^0 (siehe auch Abb. 156).

Schließt man einen Kondensator an eine Wechselspannung an, dann tritt die vorhergehend erklärte Erscheinung auf (daß der Stromfluß der Kondensatorspannung vorauseilt).

In einem Wechselstromkreis mit reiner kapazitiver Belastung haben wir also ständig einen der Spannung voreilenden Stromfluß vor uns.

Die Phasenverschiebung durch Kondensatoren (kapazitive Belastung) wirkt sich folglich entgegengesetzt wie durch induktive Belastung aus.

Wir werden uns dies im folgenden, mit Hilfe der Abb. 157, weiter klar machen:

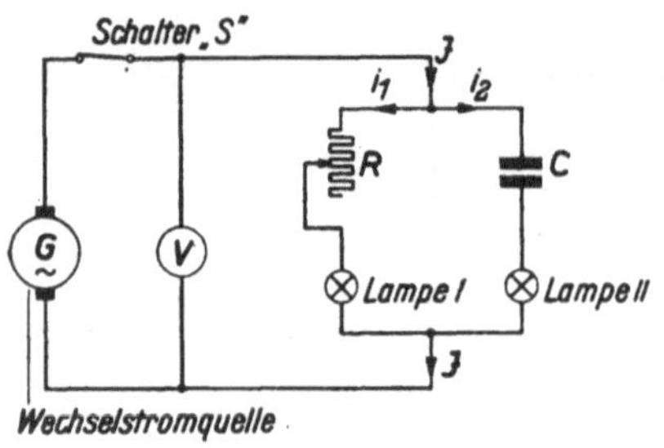

Abb. 157

Im eingeschalteten Zustand verändern wir zunächst die Größe des Vorwiderstandes „R" so, daß die beiden Lampen I und II gleich hell brennen; wir schalten dann den Stromkreis wieder aus.

Nach einem erneuten Schließen des Schalters beobachten wir, daß Lampe II früher aufleuchtet als Lampe I. Daraus ergibt sich, daß die kapazitive Belastung in dem rechten Stromzweig den Strom „i_2" der Spannung vorauseilen läßt, während bei der Ohmschen Belastung im linken Stromzweig der Strom „i_1" mit der angelegten Spannung in Phase ist.

Diese Eigenschaft eines Kondensators in einem Wechselstromkreis, den Strom der Spannung voreilen zu lassen, benutzt man, um die Phasenverschiebung in einem Wechselstromkreis mit induktiver Belastung, in dem die Spannung dem Strom vorauseilt, zu kompensieren (auszugleichen).

Beispiel Nr. 82:

Welche Blindleistung kann man mit einem Kondensator von 25 μF in einem Wechselstromkreis mit einer Spannung von 380 Volt und einer Frequenz von 50 Hz kompensieren?

Gegeben: $C = 25\ \mu F = 0{,}000025$ F

$U = 380$ V

$f = 50$ Hz

Gesucht: $N_B = ?$

Lösung:

Zuerst muß der Blindwiderstand des Kondensators in dem Wechselstromkreis errechnet werden. Derselbe ergibt sich zu:

$$R_C = \frac{1}{\omega \cdot C} = \frac{1}{2 \cdot 3{,}14 \cdot 50 \cdot 0{,}000025} = 127\ \Omega$$

Der Kondensator nimmt einen Blindstrom auf von:

$$J_B = \frac{U}{R_C} = \frac{380}{128} = 2{,}9\ \text{A}$$

Die gesuchte Blindleistung, die kompensiert werden kann, ergibt sich somit zu:

$$N_B = U \cdot J_B = 380 \cdot 2{,}9 = \mathbf{1{,}1\ Blindkilowatt\ (BkW)}$$

Nachdem wir nun in den vorhergehenden Kapiteln induktive und kapazitive Widerstände kennengelernt haben, werden wir im folgenden Beispiel hintereinandergeschaltete induktive und kapazitive Widerstände an eine Wechselstromquelle anschließen und die Höhe des Stromflusses errechnen.

Beispiel Nr. 83:

Eine Spule mit einem Selbstinduktionskoeffizienten von 0,18 H und einem Ohmschen Widerstand von 24 Ohm ist mit einem Kondensator von 10 μF hintereinandergeschaltet und an eine Wechselstromquelle mit 220 Volt und 50 Hz angeschlossen.

Wie groß sind:

1. Der Blindwiderstand „R_B“ und der Scheinwiderstand „R_S“ der Spule?
2. Der Blindwiderstand des Kondensators „R_C“?
3. Der gesamte Scheinwiderstand der Spule und Kondensator „R_S“?
4. Die Stromstärke „J“?

Lösung:

Zu 1.

$$R_B = \omega \cdot L = 2 \cdot \pi \cdot f \cdot L = 2 \cdot 3{,}14 \cdot 50 \cdot 0{,}18 = 56{,}52\ \Omega$$

$$R_S = \sqrt{R^2 + (\omega \cdot L)^2} = \sqrt{24^2 + 56{,}52^2} = \sqrt{3194{,}5} \approx 61\ \Omega$$

Zu 2.

$$R_C = \frac{1}{\omega \cdot C} = \frac{1}{2 \cdot 3{,}14 \cdot 50 \cdot 0{,}000010} = 318{,}4\ \Omega$$

Zu 3.

Der gesamte Scheinwiderstand der Spule und des Kondensators kann mit der Formel

$$R_S = \sqrt{R_W^2 + \left(\omega \cdot L - \frac{1}{\omega \cdot C}\right)^2}$$

errechnet werden. Wir setzen die Zahlenwerte ein und erhalten:

$$R_S = \sqrt{R_W^2 + \left(\omega \cdot L - \frac{1}{\omega \cdot C}\right)^2} = \sqrt{24^2 + (56{,}52 - 318{,}4)^2}$$

$$= \sqrt{69157} = 263\,\Omega$$

Zu 4.

$$J = \frac{U}{R_S} = \frac{220}{263} = 0{,}84 \text{ A}$$

Will man in dem Stromkreis des vorhergehenden Beispiels zu einem größtmöglichen Stromfluß kommen, so muß der Blindwiderstand „R_B" der Spule abzüglich des Blindwiderstandes „R_C" des Kondensators gleich null, also

$$\omega \cdot L - \frac{1}{\omega \cdot C} = 0$$

sein.

Man kann demnach auch sagen, der höchste Stromfluß in unserem Stromkreis setzt ein, wenn der Blindwiderstand der Spule so groß ist, wie der Blindwiderstand des Kondensators, also:

$$\omega \cdot L = \frac{1}{\omega \cdot C}$$

Ist diese Bedingung erfüllt, so herrscht zwischen dem induktiven und kapazitiven Widerstand Resonanz. In diesem Fall ist die Höhe des Stromflusses nur noch von der Größe des Ohmschen Widerstandes abhängig, sie beträgt:

$$J = \frac{U}{R} = \frac{220}{24} = 9{,}16 \text{ A}$$

n) Die Schaltung der Kondensatoren

1) Die Hintereinanderschaltung

Werden einzelne Kondensatoren hintereinandergeschaltet, verteilt sich die angelegte Spannung auf die einzelnen Kondensatoren so, daß jeder nur eine Teilspannung erhält. Die Gesamt-Kapazität ist dabei kleiner als die kleinste Einzel-Kapazität eines der hintereinandergeschalteten Kondensatoren.

Bei der Hintereinanderschaltung von 2 Kondensatoren gilt für die Ermittlung der Gesamt-Kapazität folgende Gleichung:

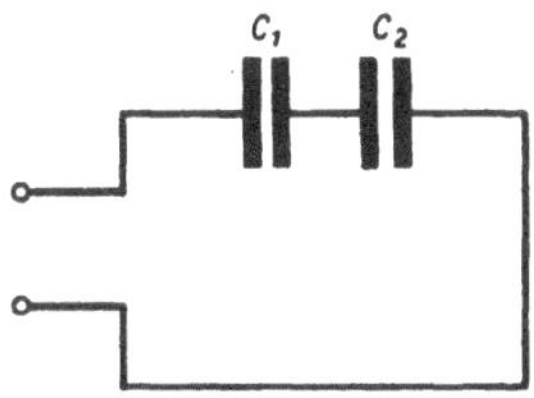

$$C_{ges} = \frac{C_1 \cdot C_2}{C_1 + C_2}$$

Abb. 158. Zwei hintereinander geschaltete Kondensatoren

Beispiel Nr. 84:

2 Kondensatoren mit den Größen 4 und 6 μF sind hintereinandergeschaltet. Wie groß ist die Gesamtkapazität?

Gegeben: $C_1 = 4\,\mu F$, $C_2 = 6\,\mu F$

Gesucht: $C_{ges} = ?$

Lösung:

$$C_{ges} = \frac{C_1 \cdot C_2}{C_1 + C_2} = \frac{4 \cdot 6}{4 + 6} = \frac{24}{10} = \mathbf{2{,}4\,\mu F}$$

Bei der Hintereinanderschaltung von mehr als 2 Kondensatoren wendet man nachstehende Gleichung an:

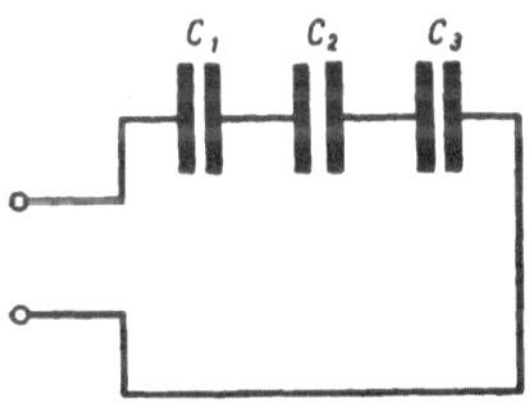

$$\frac{1}{C_{ges}} = \frac{1}{C_1} + \frac{1}{C_2} + \frac{1}{C_3}$$

Abb. 159. Drei hintereinander geschaltete Kondensatoren

Beispiel Nr. 85:

3 Kondensatoren von den Größen 3, 9 und 81 μF sind hintereinandergeschaltet. Wie groß ist die Gesamt-Kapazität?

Gegeben: $C_1 = 3\,\mu F$, $C_2 = 9\,\mu F$, $C_3 = 81\,\mu F$

Gesucht: $C_{ges} = ?$

Lösung:

$$\frac{1}{C_{ges}} = \frac{1}{C_1} + \frac{1}{C_2} + \frac{1}{C_3} = \frac{1}{3} + \frac{1}{9} + \frac{1}{81} = \frac{27}{81} + \frac{9}{81} + \frac{1}{81}$$

$$\frac{1}{C_{ges}} = \frac{37}{81}$$

$$C_{ges} = \frac{81}{37} = \mathbf{2{,}18\,\mu F}$$

2) Die Parallelschaltung

Bei der Parallelschaltung einzelner Kondensatoren ist die Gesamt-Kapazität so groß wie die Summe der Einzel-Kapazitäten.

Es gilt daher für die Ermittlung der Gesamt-Kapazität folgende Gleichung:

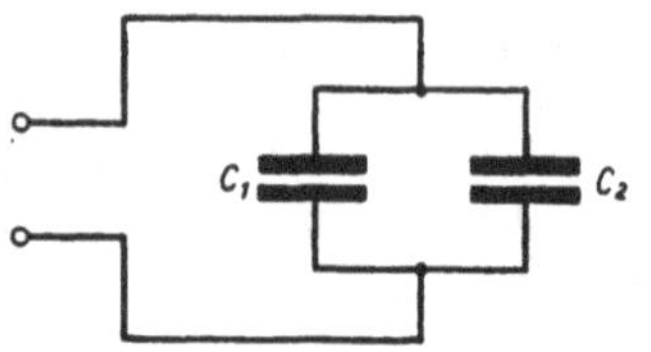

$$C_{ges} = C_1 + C_2$$

Abb. 160. Zwei parallel geschaltete Kondensatoren

Beispiel Nr. 86:

Folgende Kondensatoren sind parallel geschaltet, 8, 7 und 4 μF. Wie groß ist die Gesamt-Kapazität?

Gegeben: $C_1 = 8\,\mu F$, $C_2 = 7\,\mu F$, $C_3 = 4\,\mu F$

Gesucht: $C_{ges} = ?$

Lösung:

$$C_{ges} = C_1 + C_2 + C_3 = 8 + 7 + 4 = 19\,\mu F$$

42. Die Erzeugung von Gleichstrom durch Gleichstrom-Generatoren

Noch wichtiger als die Erzeugung von Gleichstrom durch galvanische Elemente, wie wir sie im Kapitel 24 Seite 101 kennengelernt haben, ist die Erzeugung von Gleichstrom durch Gleichstromgeneratoren. Sie unterscheiden sich von Wechselstromgeneratoren im wesentlichen dadurch, daß sie Kollektoren (auch Stromwender genannt) an Stelle von Schleifringen besitzen.

Der Kollektor, des in Abb. 161a dargestellten Gleichstrom-Generators, besteht aus zwei kreisrunden Kupferhälften, die isoliert auf der Rotorwelle befestigt sind. Er hat die Aufgabe, in dem äußeren Stromkreis einen Strom gleicher Richtung fließen zu lassen, trotzdem in der kreisenden Drahtschleife Wechselstrom erzeugt wird.

Der Anfang der Drahtschleife in den Abb. 161a—161c ist mit der einen Kollektorhälfte und das übrige Ende mit der anderen Kollektorhälfte verbunden. Die Drahtschleife ist aus ihrer ursprünglichen waage-

Abb. 161 a Abb. 161 b Abb. 161 c

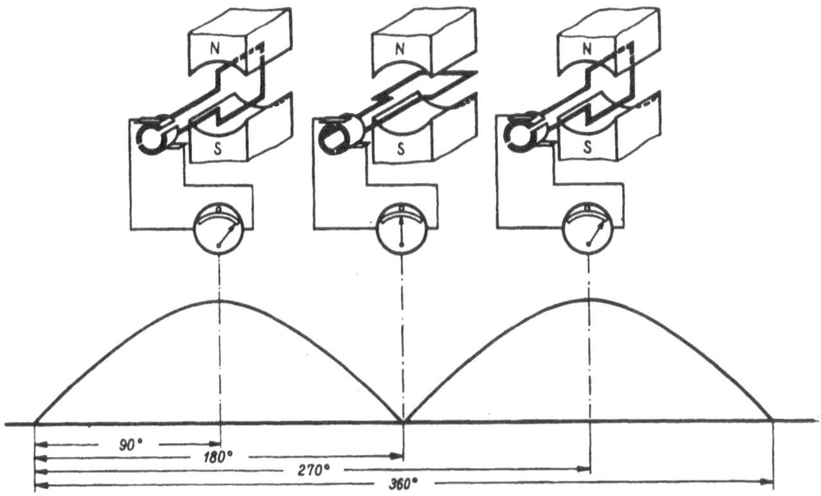

Abb. 161

rechten Stellung um 90° in die in Abb. 161a gezeichnete senkrechte gedreht worden. Dabei wurde in der Drahtschleife eine ansteigende EMK induziert, die in dieser Stellung ihren Höchstwert erreicht. Das angeschlossene Voltmeter zeigt dies durch einen Ausschlag seines Zeigers bis in die rechte Endstellung an.

In Abb. 161b ist die Drahtschleife rechts herum aus ihrer senkrechten bis in die waagerechte Stellung gedreht worden.

Bei dieser Bewegung wird die induzierte EMK ständig geringer, da die Anzahl der geschnittenen Kraftlinien ebenfalls geringer wird. Sie erreicht in der waagerechten Stellung der Drahtschleife schließlich ihren Null-Wert.

Das angeschlossene Voltmeter zeigt dies durch die Rückkehr des Zeigers in seine Nullstellung an.

Der Spannungs-An- und Abstieg ist durch die linke Halbwelle dargestellt.

Wird die Drahtschleife nun aus ihrer waagerechten Stellung um 90° rechts herum bis in die senkrecht gezeichnete Stellung der Abb. 161c weiter gedreht, so wird in ihr eine ansteigende EMK entgegengesetzter Richtung wie vorher induziert.

Bei Beginn dieser Drehbewegung ersehen wir aus Abb. 161b, daß in diesem Moment die untere Bürste von derjenigen Kollektorhälfte abschleift, von der sie vorher die EMK abgenommen hat.

Es würde jetzt das angeschlossene Voltmeter eine entgegengesetzt gerichtete EMK anzeigen, wenn nicht im gleichen Moment sich die Richtung der induzierten EMK in der Drahtschleife aus bekannten Gründen auch ändern würde. Es bleibt daher für den angeschlossenen äußeren Stromkreis die Richtung der Spannung und damit die des Stromes immer gleich. Der Zeiger des Voltmeters schlägt daher auch jetzt wieder nach rechts aus.

Wird nun die Drahtschleife aus ihrer senkrechten Stellung um 90° weitergedreht, so gelangt sie schließlich wieder in ihre Ausgangsstellung, und die bei dieser Bewegung induzierte EMK fällt auf Null ab. Dieser Spannungsan- und abstieg ist durch die rechte Halbwelle dargestellt.

Der Kollektor mit den aufliegenden Bürsten hat also, wie wir aus Vorhergehendem ersehen konnten, die Aufgabe, dem angeschlossenen äußeren Stromkreis stets eine elektrische Spannung gleichbleibender Richtung zuzuführen, trotzdem in der sich drehenden Drahtschleife eine EMK wechselnder Richtung erzeugt wird. Die in ihrer Richtung an den Bürsten gleichbleibende EMK läßt naturgemäß durch den äußeren Stromkreis einen elektrischen Strom gleicher Richtung fließen. Wird die Drahtschleife dauernd gedreht, so fließt in dem äußeren Stromkreis auch ständig ein Strom gleichbleibender Richtung, der allerdings mit dem fortwährenden An- und Abstiegen der EMK ständig seine Größe ändert.

In einem Gleichstrom-Generator wird jedoch nicht nur eine Drahtwindung zwischen den Polschuhen des Stators angeordnet und ein einfach unterteilter Kollektor, sondern es werden viele Drahtwindungen angeordnet, die mehrere Läuferspulen bilden und ein entsprechend mehrfach unterteilter Kollektor.

Abbildung 162 zeigt in übersichtlicher Weise den Aufbau eines solchen Gleichstrom-Generators.

Wir erkennen folgende Teile:

1. Das massive Joch (Ständer oder Stator genannt) mit den daran befestigten Polkernen und Polschuhen. Letztere sind, zur besseren Verteilung des magnetischen Kraftflusses auf den Umfang des Ankers, nach innen zu verbreitert. Auf den Polkernen sind die Magnet- oder Erregerwicklungen angeordnet. Im stromdurchflossenen Zustand rufen sie einen magnetischen Kraftfluß zwischen den Polschuhen, in den Polkernen und im Joch hervor.

2. Das runde Läuferpaket (Anker), das fest mit der Welle verbunden ist. Am Umfang ist eine Anzahl Nuten zur Aufnahme der Läuferspulen vorhanden. Zur Herabsetzung von Wirbelstromverlusten besteht das Läuferpaket aus einzelnen Blechen, die gegeneinander isoliert sind.
3. Den Stromwender oder Kollektor, der vor dem Läuferpaket mit diesem auf gemeinsamer Welle befestigt ist.
4. Eine von 48 Läuferspulen, deren Anfang und Ende mit 2 nebeneinander liegenden Kollektor-Lamellen verbunden sind.

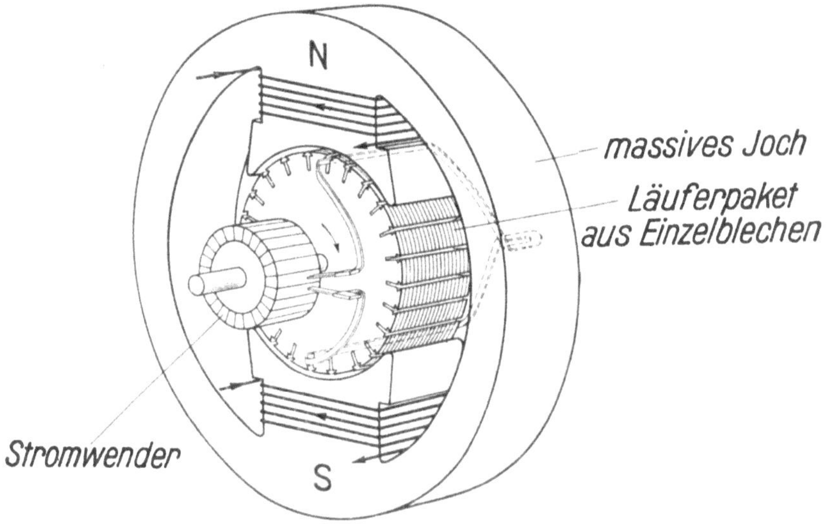

Gleichstromgenerator als Außenpolmaschine
eine von 48 Läuferspulen eingezeichnet

Abb. 162

Zur besseren Übersicht sind die Bürsten, das Gehäuse und die Lager nicht eingezeichnet.

Damit sich die in den beiden Seiten einer Ankerspule induzierten elektromotorischen Kräfte (EMKe) addieren, müssen sich die beiden Spulenseiten gleichzeitig unter ungleichnamigen Polen befinden. Daraus entnehmen wir, daß die Weite einer Spule eine Polteilung betragen muß; wir verstehen darunter die auf dem Ankerumfang gemessene Strecke von der einen Polmitte bis zur nächsten Polmitte.

Die Weite einer Spule hängt folglich von der Polzahl des Generators ab; wir können daher z. B. sagen: Bei einem 2poligen Generator umfaßt eine Spule etwa den halben Ankerumfang, bei einem vierpoligen Generator den vierten Teil, bei einem sechspoligen Generator den sechsten Teil und so weiter.

Die Weite einer Spule, die man auf der Rückseite des Ankers feststellen kann, nennt man Wicklungsschritt und bezeichnet ihn mit „y_1". Er gibt an, um wieviel Spulenseiten man auf dem Ankerumfang fortschreiten muß, um vom Anfang der einen Seite der Spule zum anderen Ende der gleichen Spule zu kommen.

Das Ende der Spule ist mit einer Kollektorlamelle verbunden, an die gleichzeitig auch der Anfang der nächsten Spule angeschlossen ist. Wir schreiten folglich von dem Ende der einen Spule über eine Kollektorlamelle zum Anfang der nächsten Spule und von hier um eine bestimmte Anzahl Spulenseiten auf dem Ankerumfang weiter bis zum Ende dieser Spule.

Wir bezeichnen diesen Wicklungsschritt auf der Vorder- oder Kollektorseite des Ankerumfanges mit „y_2".

Da wir mit dem Anfang der nächsten Spule gegenüber dem Ende der vorhergehenden unter einen ungleichnamigen Pol kommen müssen, ist es klar, daß der Wicklungsschritt „y_2" ebenfalls eine Polteilung betragen muß.

Um beim Wickeln des Ankers nicht wieder zu den gleichen Spulenseiten zu gelangen, müssen beide Wicklungsschritte ungerade Zahlen sein, weil sonst die Hälfte der Spulenseiten für die Spannungserzeugung nicht erfaßt werden kann.

Wenn man nun, wie vorhergehend erwähnt, jedesmal das Ende der einen Spule über die Kollektorlamelle mit dem Anfang der nächsten (und so das Ende der letzten wieder mit dem Anfang der ersten Spule) verbindet, so sind alle Ankerspulen in einem sogenannten „geschlossenen Wicklungskreis" hintereinander geschaltet. Dabei wird in diejenige Hälfte der Spulen, deren Anfänge in einem bestimmten Augenblick unter einem Nordpol und deren Enden unter einem Südpol stehen, eine EMK bestimmter Richtung induziert und in der anderen Hälfte der Spulen, die gerade mit den Anfängen unter einem Südpol und mit den Enden unter einem Nordpol steht, eine EMK entgegengesetzter Richtung.

Berühren die Bürsten beispielsweise nicht den Kollektor, so heben sich die induzierten Spannungen in den beiden Ankerwicklungshälften gegenseitig auf, es kann folglich auch kein Strom in den Ankerspulen fließen. Sind dagegen die Bürsten mit angeschlossenem äußeren Stromkreis auf den Kollektor aufgelegt, so besteht die Ankerwicklung, wie bereits erwähnt, aus den beiden Hälften, die bezogen auf den äußeren Stromkreis, parallel zueinander geschaltet sind. Wenn nun die induzierten elektrischen Spannungen der beiden Ankerwicklungshälften an den äußeren Stromkreis abgegeben werden sollen, so muß jeder Spulenseite der einen Ankerwicklungshälfte eine im gleich starken magnetischen Felde liegende Spulenseite der anderen Ankerwicklungshälfte gegenüberstehen.

Das wird dadurch erreicht, daß wenigstens zwei Spulenseiten in eine Ankernute eingelegt werden. Die eine Spulenseite gehört der ersten und die andere der zweiten Ankerwicklungshälfte an.

Liegt beispielsweise die erste Spule mit ihrem Anfang unter einem Nordpol und mit dem Ende unter einem Südpol, dann kann, wenn der Generator mehr als zwei Pole besitzt, der Anfang der zweiten unter den gleichen Nordpol (Ausgangsnordpol) gelegt werden, Wir beschreiben dann mit der fortlaufenden Wicklung Schleifen und nennen das „Schleifenwicklung" (siehe Abb. 164). Es kann aber auch der Anfang der zweiten Spule unter den nächstfolgenden Nordpol gelegt werden. Dann beschreibt diese Wicklungsart eine Wellenlinie. Wir sprechen alsdann von einer „Wellenwicklung" (siehe Abb. 163).

Abb. 163. Wellenwicklung

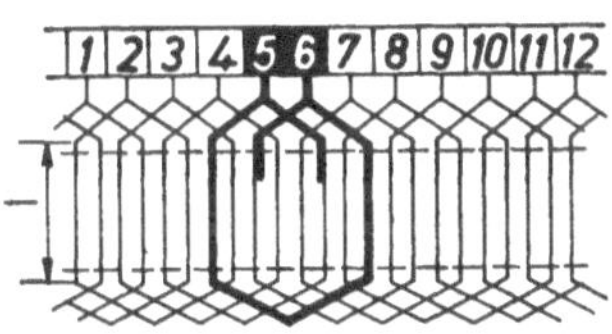

Abb. 164. Schleifenwicklung

Die Abbildungen zeigen Kollektoren, die an einer Seite aufgeschnitten und zu einem Flächenstreifen aufgebogen sind. Bei der Wellenwicklung führt der Anfang einer Wicklung von einer Kollektor-Lamelle mit einem bestimmten Wicklungsschritt z. B. nach der folgenden 7. Lamelle. Bei der Schleifenwicklung dagegen wird von einer Kollektor-Lamelle zur nächsten geschritten.

Durch die Wellen- oder Schleifenwicklungen und den häufig unterteilten Kollektor erhalten wir im äußeren Stromkreis eine Spannung nahezu gleichbleibender Größe. Die induzierten Spannungen der einzelnen Wicklungen setzen sich zu einer Gesamtspannung zusammen, die in ihrer Größe so wenig schwankt, daß man praktisch von einer konstanten Gleichspannung sprechen kann.

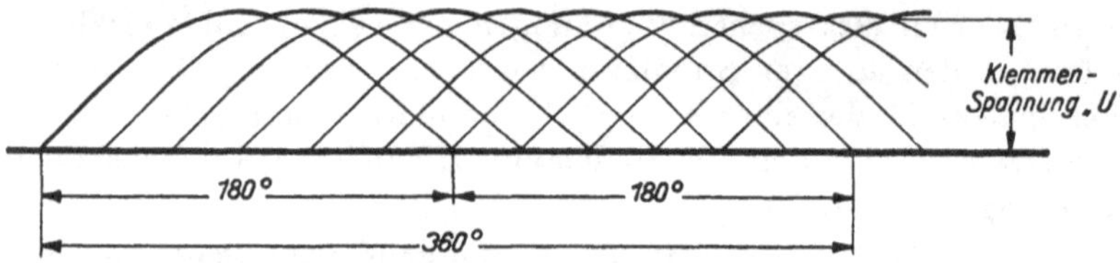

Abb. 165

Die Höhe der bei Drehung des Ankers in seinen Spulen induzierten EMK kann mit der uns bereits bekannten Formel $E = \frac{l \cdot \mathfrak{B} \cdot v}{100\,000\,000}$ ermittelt werden. Hierin muß jedoch die Anzahl der hintereinandergeschalteten Ankerleiter, die mit „z" bezeichnet wird, berücksichtigt werden. Die Formel erhält somit folgendes Aussehen:

$$E = \frac{z \cdot l \cdot \mathfrak{B} \cdot v}{100\,000\,000}$$

N. B. Bezüglich der in diese Formel einzusetzenden magnetischen Felddichte „$\mathfrak{B}$" im Luftspalt zwischen Anker und Polschuhen wollen wir uns merken, daß diese bei kleinen Generatoren etwa 2000 Gauß beträgt, sie wächst mit der Generatorgröße bis zu etwa 8000 Gauß an.

Beispiel Nr. 87:

Der Anker eines Generators hat einen Durchmesser von $d_A = 20$ cm, er wird mit einer Drehzahl von 1480 U/min angetrieben. Die Ankerlänge beträgt $l_A = 18$ cm und die magnetische Felddichte 5000 Gauß. Die Anzahl der in Reihe geschalteten Ankerleiter beträgt 203. Wie hoch ist die im Anker erzeugte EMK?

Gegeben:

$d_A = 20$ cm, $l_A = 18$ cm, $n = 1480$ U/min, $\mathfrak{B} = 5000$ Gauß, $z = 203$

Gesucht: EMK = ?

Lösung:

Zunächst muß die Ankerumfangsgeschwindigkeit „v" ermittelt werden, sie ergibt sich aus folgender Rechnung:

$$v = \frac{d_A \cdot \pi \cdot n}{60} = \frac{20 \cdot 3{,}14 \cdot 1480}{60} = 1549 \text{ cm/sec.}$$

Somit beträgt die Höhe der in den Ankerwicklungen induzierten EMK:

$$E = \frac{z \cdot l \cdot \mathfrak{B} \cdot v}{100\,000\,000} = \frac{203 \cdot 18 \cdot 5000 \cdot 1549}{100\,000\,000} = 283 \text{ V}$$

43. Die Erregung der Gleichstrom-Generatoren

Gleichstrom-Generatoren, die für die Entstehung des magnetischen Kraftflusses Dauermagnete besitzen, können nur geringe Leistungen abgeben. Aus Vorhergehendem (siehe Seite 129) entnehmen wir, daß die elektrische Spannung eines Generators größer wird, wenn man die magnetische Induktion im Anker erhöht.

Da mit Hilfe von Dauermagneten der erforderliche Kraftfluß nicht beliebig verstärkt werden kann, sind Generatoren, die eine hohe Gleichspannung abgeben sollen, mit Elektromagneten oder wie man sagt mit „Feldwicklungen" ausgerüstet. Diese Wicklungen oder Spulen sind um die Polkerne des Stators gelegt.

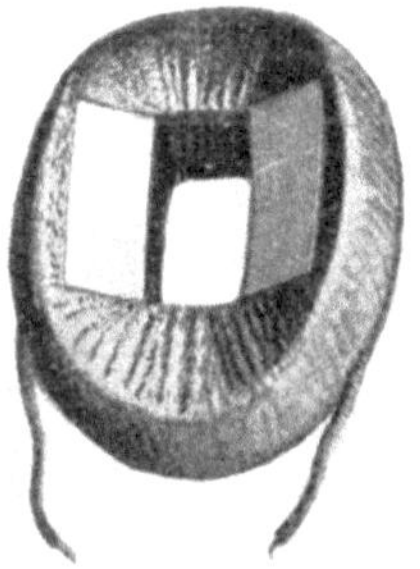

Abb. 166. Feldwicklung

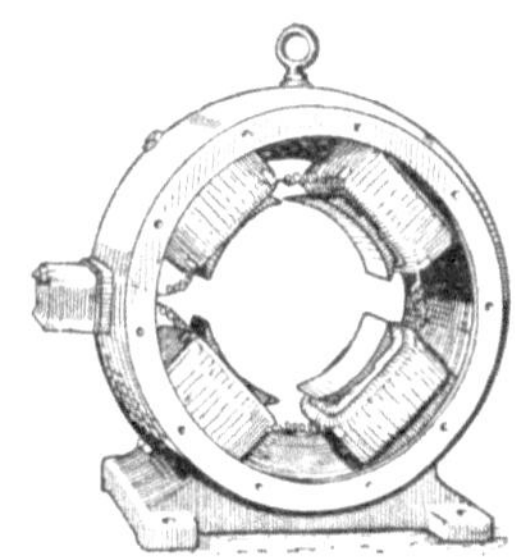

Abb. 167. Generator-Gehäuse mit Polkernen, Polschuhen und Feldwicklungen

Läßt man durch die Feldwicklungen Gleichstrom fließen, so entsteht zwischen den zusammengehörigen Polschuhen im Anker ein magnetischer Kraftfluß. Die Stärke dieses Kraftflusses ist abhängig von der Anzahl der Windungen und von der Größe des Stromes, der durch diese Windungen fließt oder mit anderen Worten von der A m p e r e - w i n d u n g s z a h l. Durch Erhöhung der Stromstärke kann der Kraftfluß verstärkt werden, bis die magnetische Sättigungsgrenze der Polschuhe und des massiven Jochs erreicht ist.

Die Feldwicklungen oder Feldmagnete, die den magnetischen Kraftfluß erzeugen, werden durch einen Stromfluß wie man sagt erregt. Wir unterscheiden folgende Erregungsarten:

a) Die Fremderregung

Die hintereinandergeschalteten Feldwicklungen (Abb. 168) sind an eine fremde Gleichstromquelle z. B. Sammler-Batterien angeschlossen und entnehmen diesen den Erregerstrom. In der Plusleitung nach den Feldwicklungen wird gewöhnlich ein Regelwiderstand angeordnet, mit dem die Höhe des Erregerstromes und damit die Höhe der induzierten EMK geregelt werden kann.

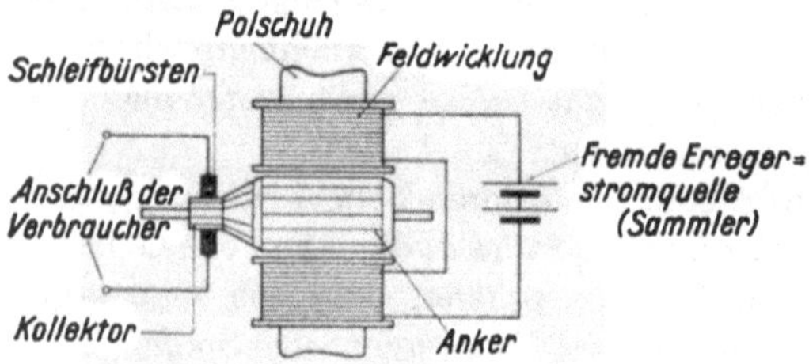

Abb. 168. Gleichstrom-Generator mit Fremderregung

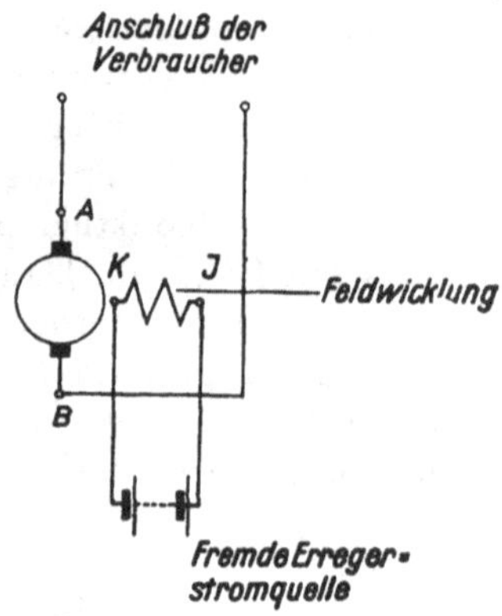

Abb. 169. Schaltbild eines fremderregten Gleichstrom-Generators

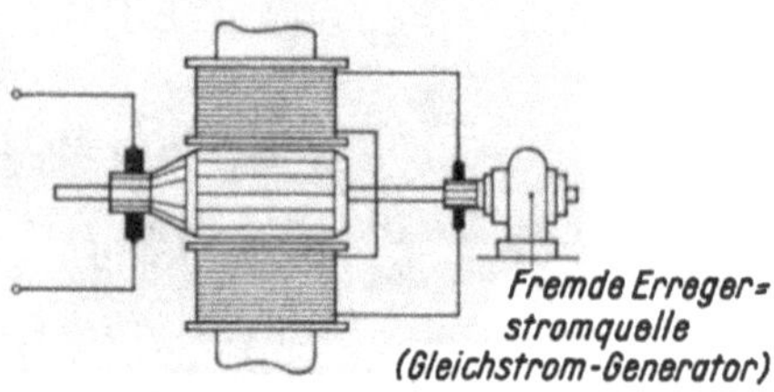

Abb. 170

Der Erregerstrom kann auch einem besonderen Erregerstrom-Generator (Abb. 170) entnommen werden. Seine Welle kann mit der Welle des großen Generators gekuppelt und beide gemeinsam angetrieben werden.

b) Die Selbsterregung

Darunter versteht man, daß der beim Anlauf und Betrieb notwendige Erregerstrom eines Generators von ihm „selbst" erzeugt wird. Durch die Entdeckung dieses sogenannten **Dynamoelektrischen Prinzips** durch

Werner von Siemens im Jahre 1866 ist man für die Erregung der Generatoren von fremden Stromquellen unabhängig geworden. Erst dadurch wurde der Weg des Gleichstrom-Generatorenbaues in der heutigen Form und Größe geebnet.

c) Wirkungsweise eines selbsterregten Gleichstrom-Generators

Bei Stillstand des Generators besteht zwischen den Polschuhen des Stators ein geringer magnetischer Kraftfluß. Dieser rührt von dem zurückgebliebenen (remenanten) Magnetismus in den Stator-Blechpaketen (nach einem früheren Magnetisierungs-Vorgang) her.

Wenn der Anker des Generators in Drehung versetzt wird, so schneidet die Ankerwicklung den geringen magnetischen Kraftfluß und es entsteht in der Ankerwicklung eine Elektro-Motorische Kraft geringer Größe.

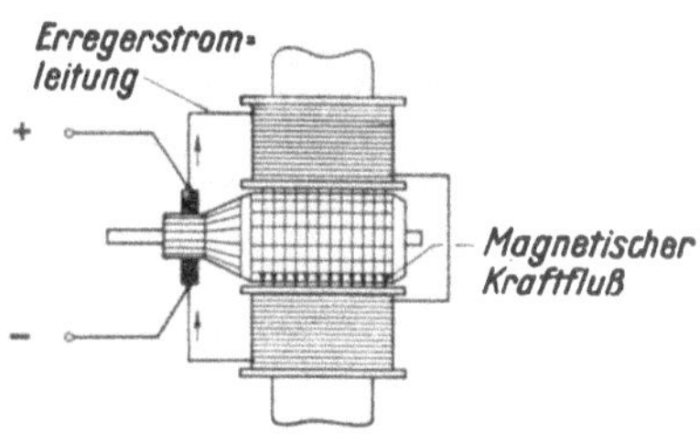

Abb. 171.
Selbsterregter Gleichstrom-Generator

Diese EMK ruft über Kollektor und Bürsten in den Feldwicklungen einen geringen Erregerstrom hervor, wodurch der Kraftfluß zwischen den Polschuhen des Stators dichter wird.

Die Folge davon ist, daß in der Wicklung des sich drehenden Ankers eine höhere EMK induziert wird, die nun einen größeren Erregerstrom durch die Feldwicklungen fließen läßt. Dadurch wird der Kraftfluß zwischen den Polschuhen dichter und die induzierte EMK in der sich drehenden Ankerwicklung steigt weiter an.

Dieser Vorgang wiederholt sich in schneller Folge, bis die magnetische Sättigung in dem wirksamen Eisen eingetreten ist und die Maschine ihre volle Klemmenspannung erreicht hat.

44. Die Schaltungsarten der selbsterregten Gleichstrom-Generatoren

Je nachdem wie die Feldwicklung mit der Ankerwicklung verbunden ist unterscheidet man:

1. Hauptstrom- oder Reihenschluß-Generatoren.
2. Nebenschluß-Generatoren.
3. Verbund- oder Compound-Generatoren.

a) Der Reihenschluß- oder Hauptstrom-Generator

Bei dieser Generator-Art ist die Ankerwicklung *A—B* mit der Feldwicklung *E—F* in Reihe geschaltet.

Der Ankerstrom durchfließt folglich in voller Höhe auch die Feldwicklungen, wodurch der magnetische Kraftfluß zwischen den Pol-

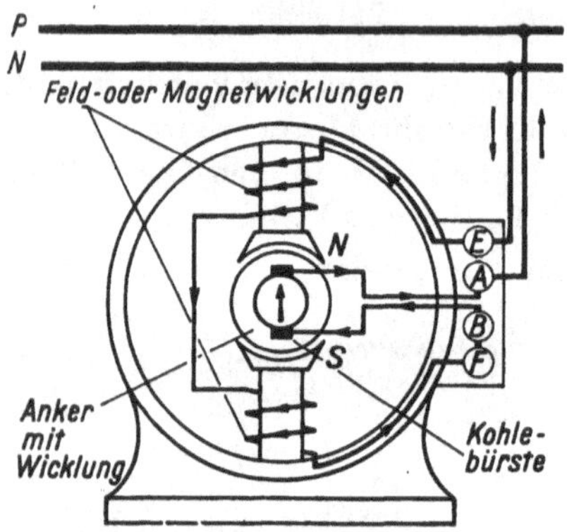

Abb. 172. Reihenschluß-Generator

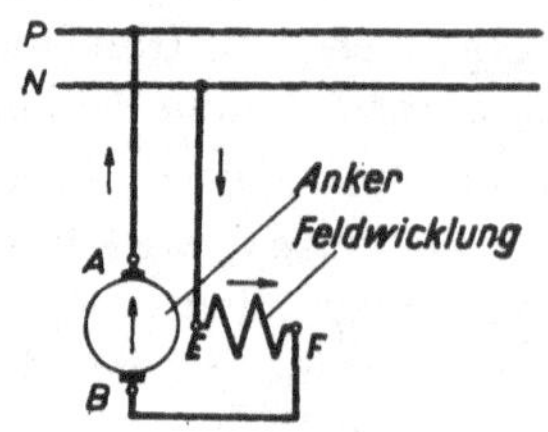

Abb. 173. Stromlaufplan eines Reihenschluß-Generator

schuhen und im Eisen des Ankers und Ständers hervorgerufen wird. Da Anker- und Feldwicklungen hintereinander vom Hauptstrom durchflossen werden, nennt man diesen Generator „Hauptstrom- oder Reihenschluß-Generator“. Da ein verhältnismäßig hoher Strom durch die Feldwicklungen fließt, genügen für die Erzeugung des magnetischen Kraftflusses verhältnismäßig wenige Windungen. (Siehe hierzu auch das Kapitel „Elektromagnetismus“, Seite 72, wobei der verwendete Draht natürlich einen der Strombelastung entsprechenden Querschnitt haben muß.)

Der Erregerstrom, der mit Hilfe der Feldwicklungen den magnetischen Kraftfluß erzeugt, ist in seiner Höhe von der Belastung durch den äußeren Stromkreis abhängig. Infolgedessen ist auch die Höhe der erzeugten EMK von der Größe der Belastung abhängig. Aus diesem Grunde kann die Höhe der EMK durch äußere Hilfsmittel nicht geregelt werden.

Bei Anlauf des Generatorankers genügt der vorhandene remanente Magnetismus des Ständers, um in der sich drehenden Ankerwicklung eine geringe EMK zu erzeugen. Soll die Generator-Spannung ansteigen, so muß der äußere Stromkreis mit den Generatorwicklungen verbunden, der Generator also belastet werden. Der nun fließende Strom in den Feldwicklungen ruft im Anker- und Ständereisen einen dichteren magnetischen Kraftfluß hervor, wodurch in der Ankerwicklung eine höhere EMK induziert wird.

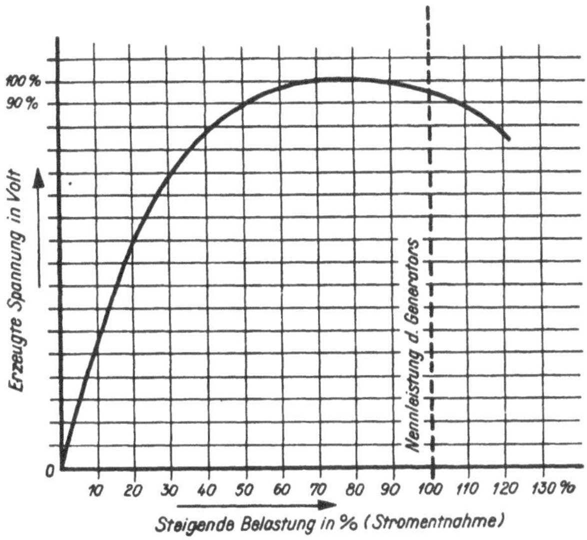

Abb. 174. Äußere Kennlinie eines Reihenschluß-Generators

Aus vorstehendem Schaubild wird ersichtlich, daß die Höhe der Generatorspannung von der Belastung abhängt. Mit steigender Belastung steigt die elektrische Spannung solange, bis die Sättigungsgrenze der Polkerne und des Ständers erreicht ist. Wird der Generator über seine maximale Nennleistung hinaus weiter belastet, so sinkt die Spannung.

Bei Reihenschluß-Generatoren steigt und sinkt die elektrische Spannung also mit der Belastung; sie finden deshalb nur da Verwendung, wo die Belastung ständig gleich bleibt.

Reihenschluß-Generatoren werden nur für Spezialzwecke gebraucht.

b) Der Nebenschluß-Generator

Bei einem Nebenschluß-Generator ist die Feld- oder Magnetwicklung *C—D* parallel zur Ankerwicklung *A—B* geschaltet.

Dreht sich der Generator-Anker mit seiner Nenndrehzahl, so liegt die Feldwicklung an der vollen Ankerspannung. Um durch die Feldwicklung einen Abfall der Ankerspannung so niedrig wie möglich zu halten, darf sie nur von einem niedrigen Strom durchflossen werden.

Sie besteht daher aus einem dünnen Draht und vielen Windungen, wobei der Erregerstrom nur etwa 3—5% des Ankerstromes beträgt. Der Erregerstrom ist durch die Parallelschaltung der Feldwicklung zur Ankerwicklung und seine geringe Größe bis zu einer bestimmten Grenze praktisch belastungsunabhängig.

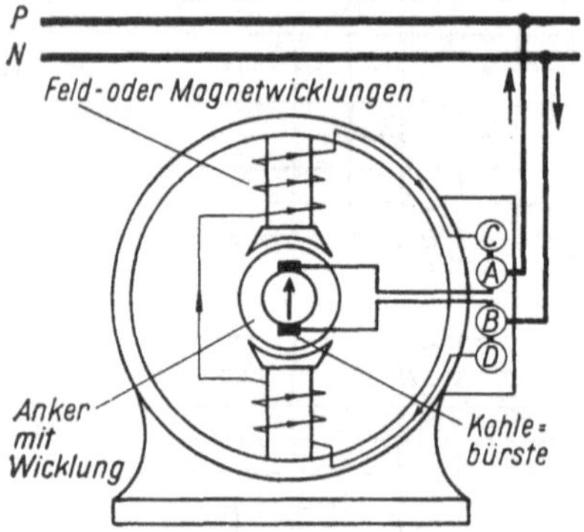

Abb. 175. Nebenschluß-Generator

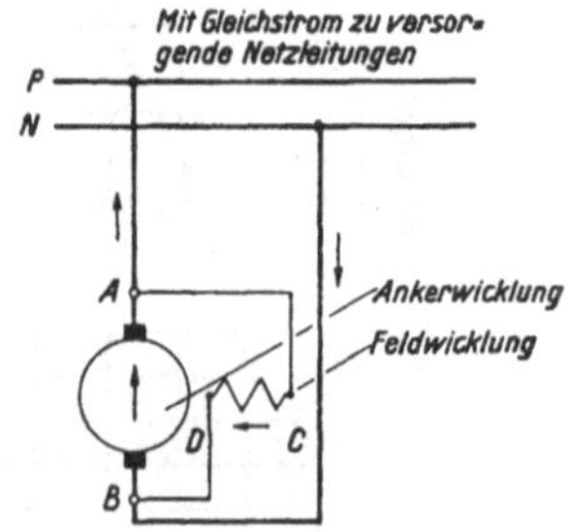

Abb. 176. Stromlaufplan eines Nebenschluß-Generators

Wird der Anker des Nebenschluß-Generators bei ausgeschaltetem äußeren Stromkreis durch die Antriebsmaschine in Drehung versetzt, so fließt sofort ein geringer Erregerstrom durch die Feldwicklungen.

Das ist deshalb möglich, weil die Polkerne der Feldwicklungen von früheren Magentisierungsvorgängen her einen Restmagnetismus besitzen. Es besteht daher ein schwacher Kraftfluß im Ständer- und Ankereisen, wodurch in der umlaufenden Ankerwicklung eine geringe EMK induziert wird, die den Erregerstrom hervorruft. Dadurch wird der Kraftfluß zwischen den Polschuhen dichter, und die induzierte EMK in der Ankerwicklung steigt an. Man sagt, der Generator kommt durch Selbsterregung allmählich auf seine Nennspannung. Das ist der Fall, wenn die magnetische Sättigungsgrenze in den Polkernen und dem übrigen Eisen des Kraftlinienweges im Ständer und Anker erreicht ist. Alsdann kann der äußere Stromkreis eingeschaltet und der Generator belastet werden.

Die in Abb. 177 dargestellte äußere Kennlinie eines Nebenschluß-Generators zeigt, daß die Maschine bei erreichter Nenndrehzahl des Ankers bereits im unbelasteten Zustand ihre maximale Nennspannung besitzt. Die Spannung fällt bis zur normalen Nennlast etwas und bei steigender Überlast stärker ab. Sie kann schließlich ihren Nullwert erreichen.

Die Verminderung der Generatorspannung ergibt sich aus dem stei-

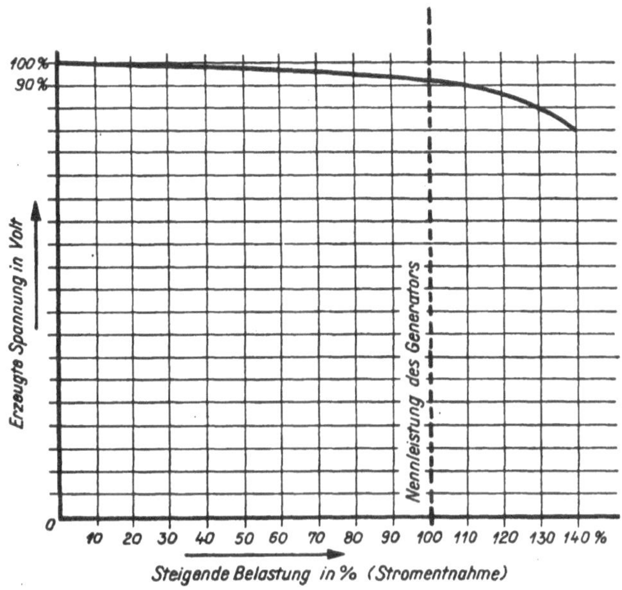

Abb. 177. Äußere Kennlinie eines Nebenschluß-Generators

genden Spannungsabfall in der Ankerwicklung, da nun durch die Nebenschluß-Feldwicklung infolge der verminderten Ankerspannung ein geringerer Erregerstrom fließt. Das Magnetfeld zwischen den Polschuhen des Ständers erfährt dadurch eine Schwächung. Die Spannung kann bei größer werdender Belastung und gleichbleibender Antriebsdrehzahl durch einen veränderlichen Widerstand vor der Feldwicklung konstant gehalten werden. Durch allmähliches Abschalten dieses Widerstandes vergrößert sich bei ansteigender Generatorbelastung die Erregerstromstärke in der Feldwicklung, so daß der Kraftfluß dadurch dichter wird.

Bei sinkender Belastung jedoch muß der veränderliche Widerstand mehr und mehr zugeschaltet werden; dadurch fließt ein geringerer Erregerstrom durch die Feldwicklungen und der Kraftfluß wird schwächer. Die Nennspannung eines Nebenschluß-Generators kann daher bei wechselnder Belastung durch dieses Zu- und Abschalten eines Regelwiderstandes ständig auf einer gleichbleibenden Höhe gehalten werden. Diese Spannungsregelung ist allerdings nur solange möglich, bis das Eisen noch nicht gesättigt ist.

In allen Versorgungsnetzen, in denen das Gleichhalten der Spannung von besonderer Wichtigkeit ist, sind die Nebenschluß-Generatoren mit selbsttätigen Schnellreglern ausgerüstet.

c) Der Doppelschluß-Generator

Der Doppelschluß- oder Compound-Generator stellt die Vereinigung eines Reihenschluß- und eines Nebenschluß-Generators dar. Er besitzt auf den Polkernen eine Wicklung in Reihenschaltung und eine in Parallelschaltung zur Ankerwicklung.

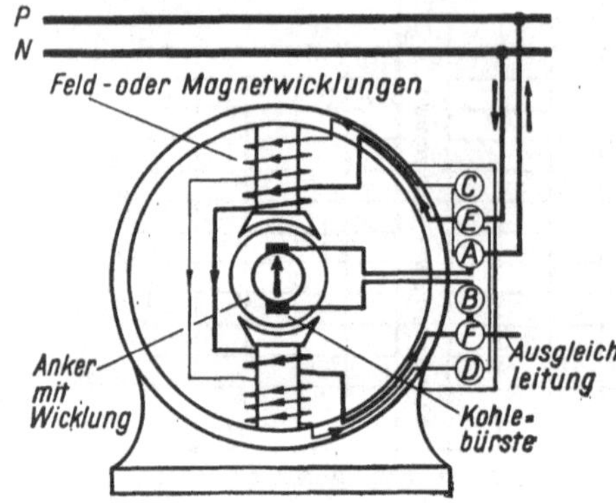

Abb. 178. Doppelschluß-Generator

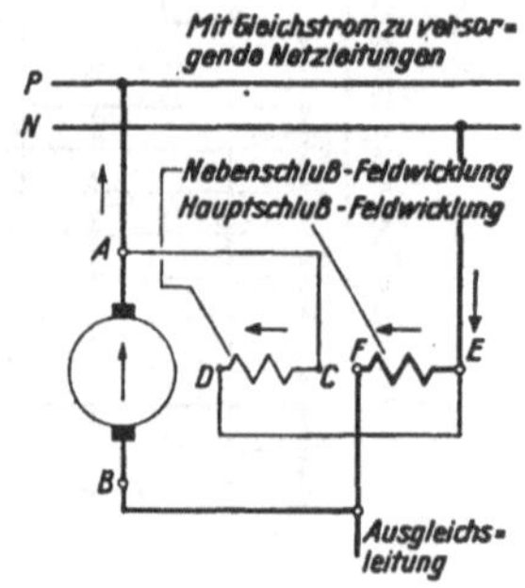

Abb. 179. Stromlaufplan eines Doppelschluß-Generators

Vergleicht man die äußeren Kennlinien der Reihenschluß- und der Nebenschluß-Generatoren miteinander, so kann man feststellen, daß die Spannung des Reihenschluß-Generators bis zu einem bestimmten Punkt mit steigender Belastung höher wird und die des Nebenschluß-Generators allmählich zurückgeht. Bei einem Doppelschluß-Generator ist die Nebenschluß-Feldwicklung so dimensioniert, daß sie allein den Generator erregen kann. Wird der Generator belastet, so würde die Klemmenspannung zurückgehen, wenn nicht die Reihenschluß-Feldwicklung vorhanden wäre. Durch sie fließt nämlich bei Belastung der volle Ankerstrom und da sie im gleichen Sinne gewickelt ist wie die Nebenschlußwicklung, verstärkt sie ihren Kraftfluß um so mehr, je höher der Generator belastet, je mehr also die Spannung durch die Nebenschlußwicklung sinken würde.

Durch entsprechende Wahl der Reihenschlußwicklung kann der Spannungsabfall selbsttätig aufgehoben werden. Die Folge davon ist, daß der Doppelschluß-Generator bei jeder Belastung fast eine gleichbleibende Nennspannung behält.

Um bei steigender Belastung auch den anwachsenden Spannungsabfall im äußeren Stromkreis zu einem gewissen Teil auszugleichen, wird die Reihenschlußwicklung nicht nur so dimenioniert, daß sie zum Ausgleich der Generatorspannung ausreicht, sondern auch zum Ausgleich des Spannungsabfalles im äußeren Netz.

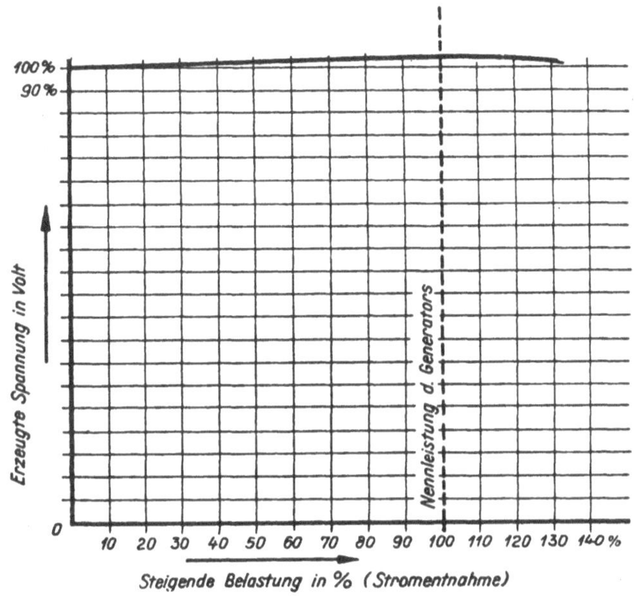

Abb. 180. Äußere Kennlinie eines Doppelschluß-Generators

Abb. 180 zeigt die Kennlinie eines solchen „überkompoundierten" Generators.

45. Die Ankerrückwirkungen bei Gleichstrom-Generatoren

Das unangenehme „Feuern" zwischen Bürsten und Kollektor beim Lauf eines Gleichstrom-Generators wird durch die Ankerrückwirkung

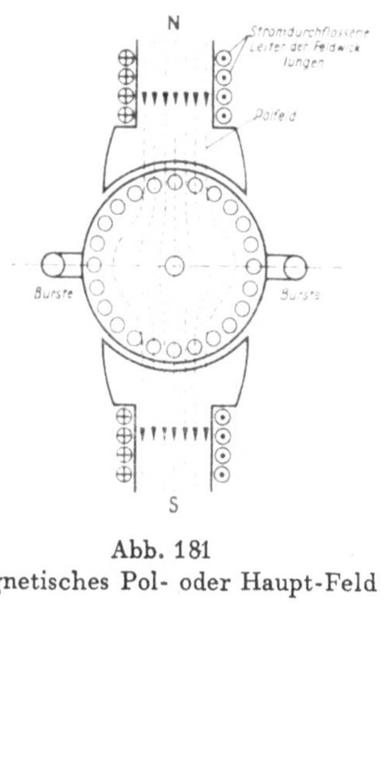

Abb. 181
Magnetisches Pol- oder Haupt-Feld

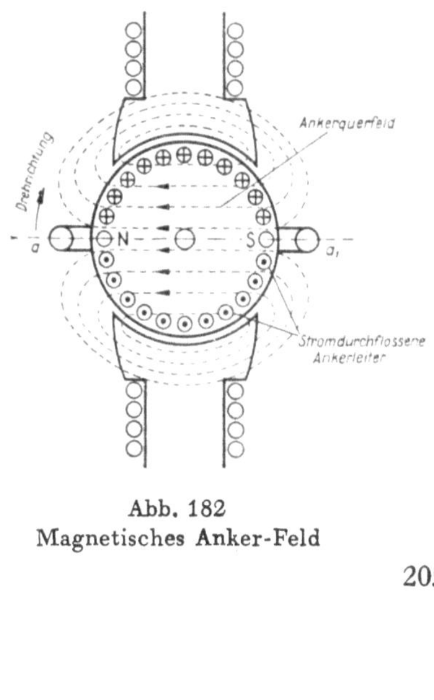

Abb. 182
Magnetisches Anker-Feld

hervorgerufen. Zur Behebung dieser Erscheinung sind besondere Maßnahmen notwendig. Wir werden uns nachfolgend mit der Entstehung und Bekämpfung von Ankerrückwirkungen befassen.

Bei einem unbelasteten Gleichstrom-Generator verteilt sich das durch den Erregerstrom in den Feldwicklungen hervorgerufene magnetische Polfeld, wie Abb. 181 zeigt, gleichmäßig über Polschuhe und Anker.

Wird der Generator belastet, so fließt in der Ankerwicklung Strom. Dadurch entsteht das sogenannte magnetische Ankerfeld, das quer zum magnetischen Polfeld gerichtet ist (siehe Abb. 182). Es ist um so dichter, je höher der Ankerstrom (durch die Belastung) ist. Um eine gute Übersicht zu haben, ist in Abb. 182 das Polfeld nicht eingezeichnet.

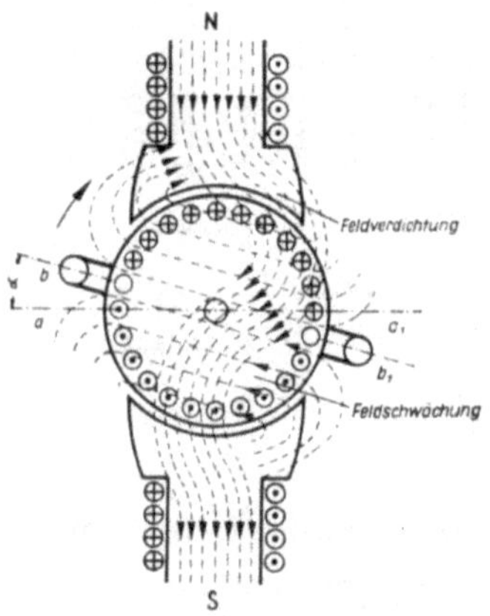

Abb. 183

Abb. 183 veranschaulicht die Beeinflussung des Pol- oder Hauptfeldes durch das Ankerquerfeld.

Das Hauptfeld wird durch das Ankerquerfeld verschoben, so daß es nicht mehr gleichmäßig von Polschuh zu Polschuh verläuft. Außerdem wird es unter den auflaufenden Polkanten geschwächt und unter den ablaufenden verdichtet.

Hauptfeld und Ankerquerfeld setzen sich somit zu einem resultierenden Feld zusammen, das in schräger Richtung durch den Anker mit seinen Wicklungen verläuft.

Dadurch verschiebt sich die geometrisch neutrale Zone aus ihrer ursprünglichen Lage $a - a_1$ um den Winckel α in die neue elektrisch neutrale Zone $b - b_1$, wie in Abb. 183 dargestellt ist.

Würde man die Bürsten in der ursprünglichen Lage der neutralen Zone belassen, so würden durch die aufliegenden Bürsten mehrere Kollektor-Lamellen mit denjenigen Windungen der Ankerspulen kurzgeschlossen, die nicht in der neuen neutralen Zone stehen und in denen elektrische Ströme fließen.

Infolge dieser Kurzschlüsse entsteht zwischen Kollektor und Bürsten das bekannte Bürstenfeuer, das unbedingt vermieden werden muß, durch Verschieben der Bürsten im Sinne der Drehrichtung um den Winkel α (siehe Abb. 183); sie stehen dann in der neuen elektrisch neutralen Zone.

Wie bereits erwähnt, richtet sich die Stärke des Ankerquerfeldes und somit die Verschiebung der neutralen Zone nach der Höhe des Ankerstromes, also nach der Größe der Belastung.

Wir wollen uns dies mit den folgenden Abb. 184 und 185 klar machen.

Die Größe des Hauptfeldes ist als entsprechend große Länge in senkrechter Richtung dargestellt und in Abb. 184 mit Φ_H bezeichnet.

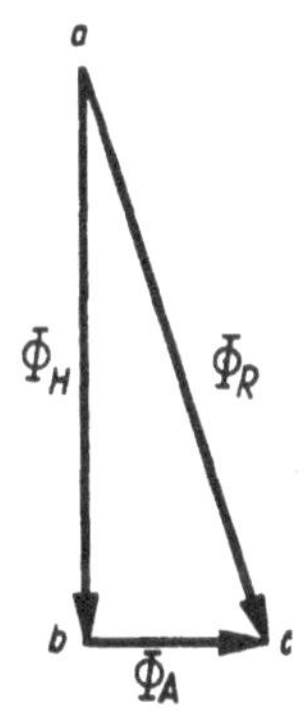

Abb. 184

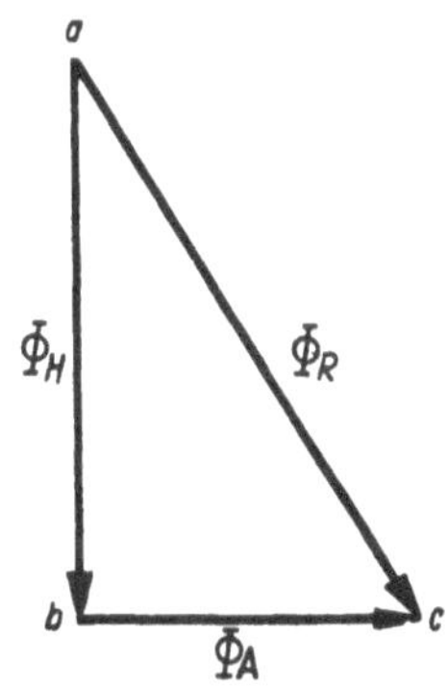

Abb. 185

Im rechten Winkel dazu ist vom Punkt „*b*" aus, je nach der Generatorbelastung, die Größe des Ankerquerfeldes Φ_A wiederum im selben Größenverhältnis aufgetragen. Verbindet man nun Punkt „*a*" mit *c*, so ergibt diese Länge die Größe des resultierenden Feldes Φ_R.

Wir ersehen, daß das resultierende Feld um so größer ist, je größer das Ankerquerfeld durch die Höhe der Belastung ist. Wir erkennen ferner, daß die Richtung des resultierenden Feldes um so schräger ist, je mehr der Generator belastet ist.

Die Größe der Verschiebung der geometrisch neutralen Zone hängt also von der Größe der Belastung des Generators ab.

Um das vorerwähnte Feuern der Bürsten zu verhindern, müßte man sie je nach Größe der Belastung in die jeweilige elektrisch neutrale Zone verschieben. Dadurch würde sich natürlich auch das Ankerquerfeld verschieben, so daß es teilweise dem Hauptfeld entgegenwirkt und somit schwächt. Die Folge davon wäre, daß die EMK des Generators sinkt.

Diese Rückwirkung des Ankerquerfeldes auf das Hauptfeld nennt man „Ankerrückwirkung".

Da das Verschieben der Bürsten in Abhängigkeit von der Belastung sehr schwierig und praktisch sogar unmöglich ist, genügt es außerdem nicht, um ein Feuern der Bürsten ganz zu vermeiden.

Um die Ankerrückwirkung völlig zu beseitigen, muß man ein anderes Mittel anwenden.

Die Ankerrückwirkung und damit die Verschiebung der geometrisch neutralen Zone wird, wie Vorhergehendem entnommen werden konnte, durch das Ankerquerfeld verursacht. Wir suchen daher das Ankerfeld in der geometrisch neutralen Zone, wo die Bürsten stehen und das Stromwenden (Kommutierung) erfolgt, aufzuheben.

Zu diesem Zweck werden zwischen je zwei Hauptpolen sogenannte Wendepole angeordnet. Diese Pole tragen Hauptstromwicklungen. Sie

Abb. 186. Hauptpol-Wicklung

Abb. 187. Wendepol-Wicklung

sind also mit der Ankerwicklung hintereinander geschaltet. Der gesamte Ankerstrom muß folglich auch durch die Wendepolwicklungen fließen.

Die Anzahl der Windungen der Wendepolwicklungen muß so gewählt werden, daß bei gleicher Stromstärke das magnetische Feld der Wendepole genau so stark ist wie das Ankerfeld. Das entgegengesetzt gerichtete Wendepolfeld hebt dann in der neutralen Zone das Ankerfeld auf. Ferner wird im Moment der Stromwendung in den kurzgeschlosse-

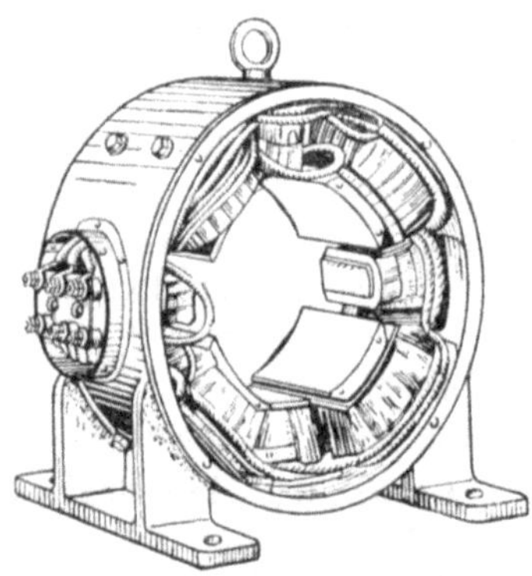

Abb. 188. Gehäuse eines Gleichstrom-Generators mit Hauptpolen und Wendepolen

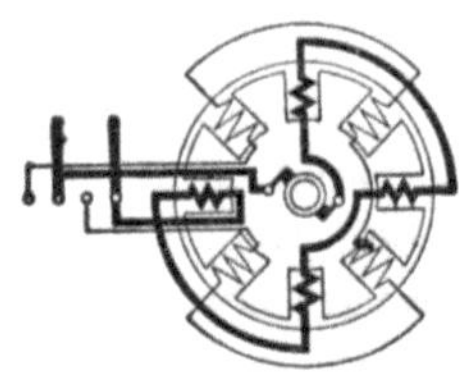

Abb. 189. Stromlaufplan eines Generators mit Haupt- und Wendepolen

nen Windungen der Ankerspule eine Spannung erzeugt, die der Selbstinduktionsspannung entgegenwirkt und diese aufhebt.

Dadurch wird die Bürstenverschiebung und das Bürstenfeuer vermieden.

Es muß jedoch unbedingt darauf geachtet werden, daß die Wendepolwicklungen richtig angeschlossen sind, da sonst die Ankerrückwirkung und damit das Bürstenfeuer nicht aufgehoben sondern verstärkt wird.

Bei kleinen Generatoren umgeht man die Anordnung der Wendepole dadurch, daß die Bürsten so eingestellt werden, wie es für die normale Belastung richtig ist, und nimmt bei anderen Belastungen ein geringes Bürstenfeuer in Kauf.

46. Die Umformung elektrischer Energie in mechanische Arbeit

Elektro-Motore dienen zur Umformung elektrischer Energie in mechanische Arbeit.

a) Die Gleichstrom-Motoren

Im Aufbau eines Gleichstrom-Generators und eines Gleichstrom-Motors besteht kein wesentlicher Unterschied.

Der in Betrieb befindliche Gleichstrom-Generator entnimmt seiner Antriebsmaschine mechanische Arbeit, formt sie um und gibt an seinen Klemmen elektrische Energie wieder ab.

Der in Betrieb befindliche Gleichstrom-Motor entnimmt seiner Stromquelle elektrische Energie, formt sie um und leistet an seiner Welle mechanische Arbeit.

Die Wirkungsweise der Gleichstrom-Generatoren haben wir in dem Kapitel „Die Umformung mechanischer Arbeit in elektrische Energie" (siehe Seite 128ff.) kennengelernt. Ebenso haben wir auch die grundsätzliche Wirkungsweise der Elektromotoren aus dem Kapitel „Magnetismus" (siehe Seite 87ff.) kennen gelernt.

Zur Wiederholung ist in nachfolgenden Abbildungen das Generator- und Motorprinzip nochmals dargestellt.

Wird ein Leiter in einem Magnetfeld bewegt (siehe Abb. 191), so wird aus dieser Ursache in ihm eine EMK induziert, die einen elektrischen Strom (Wirkung) hervorruft, wenn der Stromkreis geschlossen wird.

Ordnet man dagegen einen Leiter in einem Magnetfeld beweglich an und läßt durch ihn elektrischen Strom fließen, so erfährt der Leiter aus dieser Ursache eine Bewegung (Wirkung).

Die Bewegungsrichtung ist abhängig von der Richtung des Magnetfeldes und von der Richtung des Stromflusses im Leiter. Sie kann mit der „Linke-Hand-Regel" (siehe Seite 87) ermittelt werden.

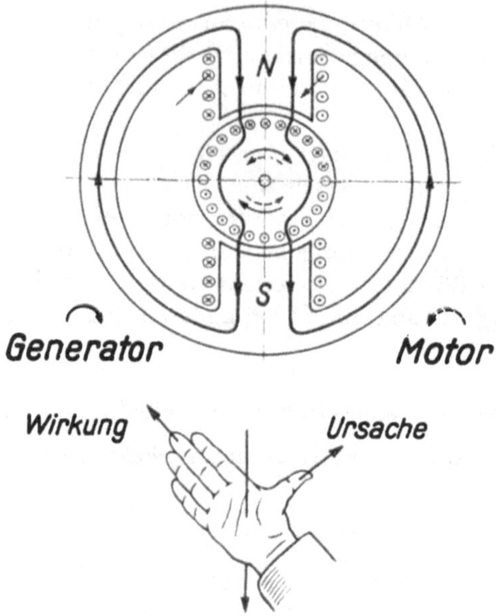

Abb. 190

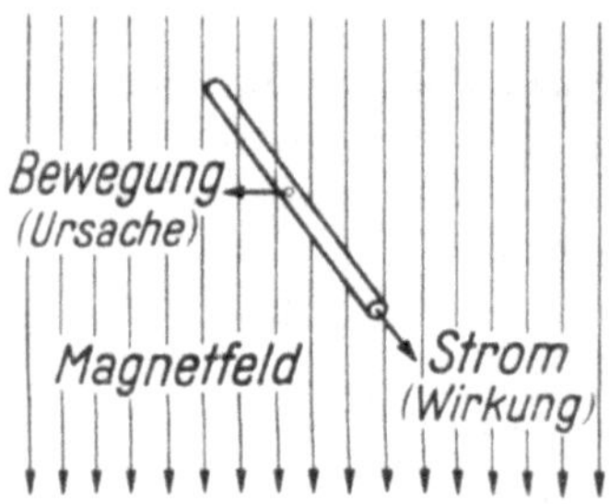

Abb. 191. Generator-Prinzip

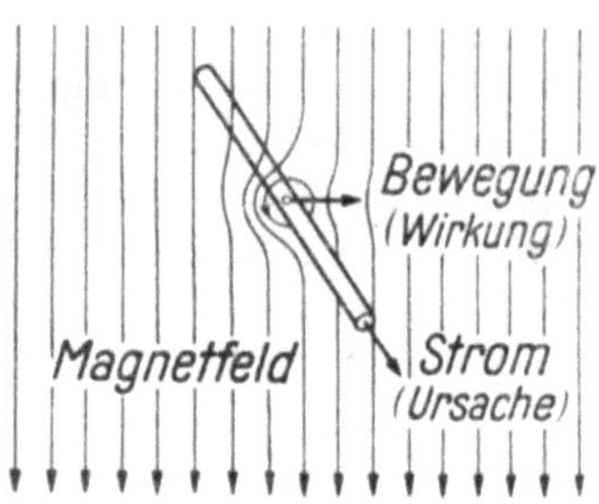

Abb. 192. Motor-Prinzip

Die Kraft, mit der sich der stromdurchflossene Leiter in einem Magnetfeld bewegt, ist abhängig:

1. Von der magnetischen Kraftliniendichte „$\mathfrak{B}$", gemessen in Gauß.
2. Von der Länge „l" des Leiters im magnetischen Feld, gemessen in cm.
3. Von der Stromstärke „J" in der Drahtschleife.

Soll diese Kraft, die wir mit dem Buchstaben „P" bezeichnen, errechnet werden, so gilt folgende Gleichung:

$$\boxed{P = \frac{l \cdot J \cdot \mathfrak{B}}{9810000}} \quad \text{in kg}$$

Beispiel Nr. 88:

Zwischen einem Polpaar herrscht eine Kraftliniendichte von 4000 Gauß. In diesem Feld befindet sich ein Leiter mit der Länge von 30 cm. Mit welcher Kraft bewegt er sich, wenn er von 20 Amp. durchflossen wird?

Gegeben: $\mathfrak{B} = 4000$ G, $l = 30$ cm, $J = 20$ A

Gesucht: $P = ?$

Lösung:

$$P = \frac{l \cdot J \cdot \mathfrak{B}}{9810000} = \frac{30 \cdot 20 \cdot 4000}{9810000} = \frac{30 \cdot 2 \cdot 4}{981} = \mathbf{0{,}24\ kg}$$

Beispiel Nr. 89:

Im letzten Beispiel verlängern wir den Leiter von 30 cm auf 50 cm. Mit welcher Kraft wird nun der Leiter im magnetischen Feld bewegt?

Gegeben: $l = 50$ cm, $J = 20$ A, $\mathfrak{B} = 4000$ G

Gesucht: $P = ?$

Lösung:

$$P = \frac{l \cdot J \cdot \mathfrak{B}}{9810000} = \frac{50 \cdot 20 \cdot 4000}{9810000} = \mathbf{0{,}40\ kg}$$

Beispiel Nr. 90:

Im vorletzten Beispiel wird durch einen stärkeren Magneten die Dichte des magnetischen Feldes auf $\mathfrak{B} = 6000$ Gauß erhöht. Mit welcher Kraft wird nun der Leiter in diesem Magnetfeld bewegt?

Gegeben: $l = 30$ cm, $\mathfrak{B} = 6000$ G, $J = 20$ A

Gesucht: $B = ?$

Lösung:

$$P = \frac{l \cdot J \cdot \mathfrak{B}}{9810000} = \frac{30 \cdot 20 \cdot 6000}{9810000} = \mathbf{0{,}37\ kg}$$

Beispiel Nr. 91:

Im ersten Beispiel dieses Kapitels wird die Stromstärke im Leiter von 20 Amp. auf 40 Amp. erhöht. Mit welcher Kraft wird nun der Leiter in dem Magnetfeld bewegt?

Gegeben: $l = 30$ cm, $J = 40$ A, $\mathfrak{B} = 4000$ G

Gesucht: $P = ?$

Lösung:

$$P = \frac{l \cdot J \cdot \mathfrak{B}}{9\,810\,000} = \frac{30 \cdot 40 \cdot 4000}{9\,810\,000} = \mathbf{0{,}48\ kg}$$

In einem Gleichstrom-Motor wird jedoch nicht nur eine Drahtschleife zwischen den Polschuhen des Ständers drehbar angeordnet und ein einfach unterteilter Kollektor, sondern viele Drahtschleifen, die mehrere Ankerspulen bilden, und ein entsprechend mehrfach unterteilter Kollektor.

Abb. 193. Anker (Läufer) eines Gleichstrom-Motors

Die Spulen werden in die Nuten eines Ankers eingebettet. Er besteht aus vielen einzelnen Eisenblechen, die gegeneinander durch Papierlagen isoliert sind. Das Ankereisen dient außerdem der magnetischen Widerstandsverringerung des Kraftlinienweges zwischen den Polschuhen, da Eisen eine bedeutend bessere magnetische Leitfähigkeit besitzt als Luft.

Jeder stromdurchflossene Ankerleiter, der sich im wirksamen Magnetfeld des Ständers befindet, übt am Umfang des Ankers eine bestimmte Drehkraft $P = \frac{l \cdot J \cdot \mathfrak{B}}{9\,810\,000}$ aus.

Die Anzahl der Ankerleiter wird mit dem Buchstaben „z" bezeichnet. Es befinden sich jedoch immer nur $^2/_3$ aller Ankerleiter im wirksamen Magnetfeld. Um nun die gesamte Umfangskraft berechnen zu können, muß die Formel für die Ermittlung der Zugkraft „P" eines einzelnen Leiters mit $^2/_3 \cdot z$ multipliziert werden. Wir erhalten somit:

$$P = \frac{l \cdot J \cdot \mathfrak{B}}{9\,810\,000} \cdot \frac{2}{3} \cdot z$$

oder in zusammen gefaßter Schreibweise:

$$\boxed{P = \frac{l \cdot J \cdot \mathfrak{B} \cdot 2 \cdot z}{9\,810\,000 \cdot 3}} \qquad \text{(kg)}$$

Das Drehmoment des Motors ist von der Umfangskraft und von dem Abstand der Ankerdrähte vom Ankermittelpunkt abhängig. Das Drehmoment ergibt sich demnach aus der Formel:

$$\boxed{M_d = r \cdot P}$$

Darin bedeutet:

M_d = Drehmoment, gemessen in mkg
r = Ankerhalbmesser, gemessen in m
P = Umfangskraft, gemessen in kg

Beispiel Nr. 92:

In den Nuten eines Gleichstrom-Motors befinden sich 150 Drähte, von denen ständig $^2/_3$ unter den Polschuhen im wirksamen Magnetfeld liegen. Das magnetische Feld hat eine Dichte von 6000 Kraftlinien pro qcm Polfläche. Jeder einzelne Ankerdraht wird von 5 Amp. durchflossen. Die Länge eines Ankerdrahtes beträgt 30 cm und der Halbmesser des Ankers 0,20 m.

Wie groß ist 1. die Umfangskraft und 2. das Drehmoment des Ankers?

Gegeben: $z = 150$ Drähte, $\mathfrak{B} = 6000$ G, $J = 5$ A
$r = 0{,}20$ m, $l = 30$ cm

Gesucht: 1. Umfangskraft $P = ?$
2. Ankerdrehmoment $M_d = ?$

Lösung:

Zu 1

$$P = \frac{l \cdot z \cdot \mathfrak{B} \cdot J \cdot 2}{9810000 \cdot 3} = \frac{30 \cdot 150 \cdot 6000 \cdot 5 \cdot 2}{9810000 \cdot 3} \approx \mathbf{9{,}2\ kg}$$

Zu 2

$$M_d = r \cdot P = 0{,}20 \cdot 9{,}2 = \mathbf{1{,}84\ mkg}$$

N. B. Das Drehmoment eines Elektromotors läßt sich auch nach den Gesetzen der Mechanik aus der Leistung und Drehzahl wie folgt berechnen.

Ist z. B. die Leistung „N“ eines Motors in PS angegeben, so kann mit folgender Gleichung das Drehmoment errechnet werden:

$$\boxed{M_d = 71620 \cdot \frac{N_{PS}}{n}}$$

Darin bedeutet:

M_d = Drehmoment, gemessen in cmkg

N = Leistung, gemessen in PS
n = Umdrehungszahl pro Minute

Ist dagegen die Leistung „N" in kW angegeben, so gilt für die Ermittlung des Drehmomentes folgende Gleichung:

$$\boxed{M_d = 97300 \cdot \frac{N_{kW}}{n}} \quad \text{(in cm kg)}$$

Beispiel Nr. 95:

Die Leistung eines Nebenschlußmotors beträgt bei Vollast 4 kW und seine Drehzahl 1480 U/min. Wie groß ist sein Nenndrehmoment?

Gegeben: $N = 4$ kW, $n = 1480$ U/min

Gesucht: $M_d = ?$

Lösung:

$$M_d = 97300 \cdot \frac{N_{kW}}{n} = 97300 \quad \frac{4}{1480} = 262{,}7 \text{ cmkg}$$
$$= 2{,}627 \text{ mkg}$$

b) Die gegenelektromotorische Kraft bei Gleichstrom-Motoren

Wenn sich der Anker eines Gleichstrom-Motors unter der Einwirkung des zugeführten elektrischen Stromes dreht, werden die Kraftlinien des magnetischen Feldes von den Ankerdrähten geschnitten. Dadurch wird in diesen, wie bei einem Gleichstrom-Generator, EMK induziert. Wir nennen sie Gegenelektromotorische Kraft und bezeichnen sie mit „E_g".

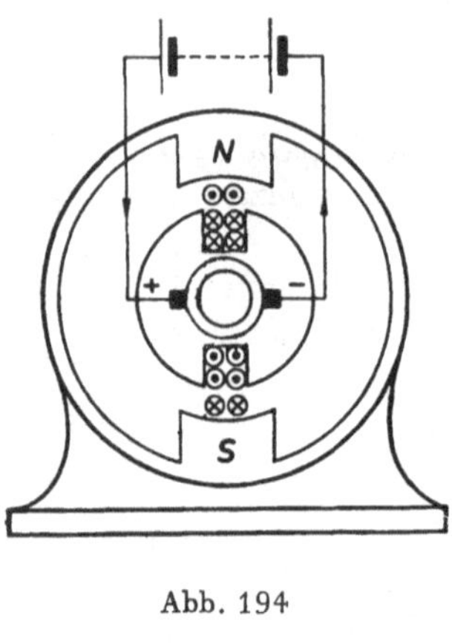

Abb. 194

In Abb. 194 ist die Richtung des zugeführten Stromes in den Ankerdrähten eingezeichnet. In den mit ⊗ bezeichneten Drahtquerschnitten der oberen Ankernut fließt der Strom in die Papierebene hinein und in den mit ⊙ bezeichneten Drahtquerschnitten der unteren Ankernut fließt er aus der Papierebene wieder heraus.

Dreht sich der Anker des Gleichstrom-Motors, so schneiden die Ankerdrähte die Kraftlinien des magnetischen Feldes und es wird in ihnen die bereits erwähnte Gegen-EMK induziert. Diese ist nach dem Lenzschen Gesetz der über Bürsten und Kollektorlamellen an den Ankerdrähten angelegten Klemmenspannung „U" entgegengerichtet.

Die Gegen-EMK hat das Bestreben, durch die Ankerdrähte einen Strom, entgegengesetzt wie die Klemmenspannung „U", fließen zu lassen, was mit den Zeichen ⊙ oder ⊕ oberhalb und unterhalb der Ankernuten in Abb. 194 angedeutet ist. Dieser Stromfluß ist jedoch nicht möglich, weil die angelegte Klemmenspannung „U" größer ist als die erzeugte Gegen-EMK.

Wirksam für die Stromaufnahme des Motors ist folglich nur die Spannungsdifferenz, die sich aus der Höhe der angelegten Klemmenspannung und der Größe der Gegen-EMK ergibt.

Für den durch einen Widerstand fließenden Strom gilt allgemein das Ohmsche Gesetz:

$$J = \frac{U}{R}$$

Für die Ermittlung der Höhe des von einem Gleichstrom-Motor aufgenommenen Stromes dürfen wir jedoch für „U" nicht die volle Netzspannung einsetzen, sondern nur die sich aus Netzspannung und Gegen-EMK ergebende Spannungsdifferenz $U - E_g$. Wir setzen diesen Wert in obige Formel ein und erhalten:

$$J = \frac{U - E_g}{R}$$

Durch Umstellung ergibt sich daraus die Formel für die Ermittlung der Gegen-EMK:

$$\boxed{E_g = U - J \cdot R_M}$$

Darin bedeutet:

E_g = Gegenelektromotorische Kraft, gemessen in Volt
U = Klemmenspannung, gemessen in Volt
J = Stromstärke, welche durch die Klemmenspannung nach Überwindung der Gegen-EMK und des Widerstandes der Motorwicklungen entsteht, gemessen in Amp.
R_M = Widerstand der Motorwicklungen, gemessen in Ohm.

Die Höhe der Gegen-EMK „E_g" kann man auch aus

Leiterlänge × Feldstärke × Geschwindigkeit
$l \cdot \mathfrak{B} \cdot v$

berechnen. Wir entnehmen daraus, daß die Gegen-EMK mit steigender Bewegungsgeschwindigkeit — also mit wachsender Drehzahl des

Ankers — bzw. mit steigender Dichte des magnetischen Kraftflusses größer und infolgedessen der vom Motor aufgenommene Strom kleiner wird.

Die Gegen-EMK wirkt also regelnd auf die Höhe des vom Motor aufzunehmenden elektrischen Stromes. Sie wirkt gewissermaßen wie ein selbsttätig veränderlicher Widerstand, der bei kleiner Belastung einen niedrigen und bei großer Belastung einen hohen Strom durch die Wicklungen des Motors fließen läßt. Dieser Widerstand ist jedoch erst wirksam, wenn der Anker sich zu drehen beginnt.

Wir werden uns dieses mit folgenden Beispielen noch näher erklären:

Beispiel Nr. 94:

Die Wicklungen eines Motors für 220 Volt sind für eine Dauerbelastung (Vollast) von 25 Ampere ausgelegt. Der Ankerwiderstand beträgt 0,4 Ohm. Der Motor läuft z. Z. etwa mit halber Last und nimmt einen Strom von 12 Ampere auf.

Wie groß ist die in den Ankerdrähten erzeugte Gegen-EMK?

Gegeben:

$$U = 220 \text{ V}, \quad J_{\text{Vollast}} = 25 \text{ A}$$

$$J_{\text{Bel}} = 12 \text{ A.}, \quad R_A = 0{,}4\ \Omega$$

Gesucht: $E_g = ?$

Lösung:

$$E_g = U - J \cdot R_A = 220 - 12 \cdot 0{,}4 = 215{,}2 \text{ V}$$

Wird die Belastung plötzlich verringert, so ist zunächst das erzeugte Drehmoment des Motors höher als das Belastungs-Drehmoment, das vom Motor gefordert wird. Dadurch steigt die Drehzahl an, und mit ihr die Gegen-EMK. Je größer diese wird, um so kleiner wird die Stromaufnahme und dadurch das vom Motor erzeugte Drehmoment.

Die Drehzahl steigt solange an, bis das Drehmoment des Motors nicht mehr größer ist als das verringerte Belastungs-Drehmoment.

Würden wir nun den aufgenommenen Strom messen, so würde sich ergeben, daß er (beispielsweise auf 6 Amp.) gesunken ist. Das ist darauf zurückzuführen, daß infolge der größeren Drehzahl die Gegen-EMK angestiegen ist. Ihre Größe ergibt sich zu:

$$E_g = U - J \cdot R_A = 220 - 6 \cdot 0{,}4 = 217{,}6 \text{ V}$$

Wird der Motor nun wieder voll belastet, so sinkt die Drehzahl. Dieser Drehzahlabfall tritt ein, weil die bisherige Stromaufnahme von 6 Ampere nicht genügt, das geforderte Vollast-Drehmoment zu erzeugen.

Durch Verringerung der Drehzahl wird zwangsläufig auch die erzeugte Gegen-EMK geringer, und die Stromstärke in den Ankerdrähten steigt an, bis der Vollaststrom eine Höhe von 25 Ampere erreicht hat.

Mit der Stromaufnahme von 25 Ampere gibt der Motor nun sein maximales Drehmoment ab, das für die volle Belastung notwendig ist.

In diesem Zustand beträgt die Höhe der Gegen-EMK:

$$E_g = U - J \cdot R_A = 220 \cdot 25 \cdot 0{,}4 = 210 \text{ Volt}$$

Der Überschuß der Klemmenspannung in Höhe von 220 — 210 = 10 Volt, hat also die Aufgabe, durch die Ankerdrähte einen Strom von

$$J = \frac{U}{R_M} = \frac{10}{0{,}4} = 25 \text{ A}$$

fließen zu lassen.

Aus der bereits im vorhergehenden erwähnten sehr wichtigen Formel für den Elektro-Maschinenbau:

$$\text{EMK} = l \cdot B \cdot \text{v}$$

kann man entnehmen, daß die in der Ankerwicklung eines Motors erzeugte Gegen-EMK nicht allein von der Bewegungsgeschwindigkeit d. h. von der Drehzahl des Ankers abhängig ist, sondern auch noch von der Dichte des magnetischen Kraftflusses.

Verstärkt man beispielsweise den Kraftfluß, so steigt damit auch die erzeugte Gegen-EMK in der Ankerwicklung an.

Dadurch sinkt zwangsläufig die Stromaufnahme und mit ihr die Drehzahl des Motors ab. Der Motor muß seine Drehzahl so weit verringern, bis er die Gegen-EMK und damit die Stromaufnahme wieder auf den der Belastung entsprechenden Wert gebracht hat.

Nutzanwendung: Durch Ändern des magnetischen Kraftflusses zwischen den Polschuhen des Stators kann die Drehzahlgröße eines Gleichstrom-Motors geändert werden.

Der Motor läuft um so langsamer je dichter der magnetische Kraftfluß ist und um so schneller je schwächer der Kraftfluß ist.

Dabei ist jedoch zu beobachten, daß z. B. mit der Schwächung des magnetischen Kraftflusses „$\mathfrak{B}$" auch die Größe der von ihm erzeugten mechanischen Kraft absinkt, wie sich aus der Formel

$$P = \frac{l \cdot J \cdot \mathfrak{B} \cdot 2 \cdot z}{9810000 \cdot 3}$$

ergibt.

Ist z. B. der Motor mit stark geschwächtem Kraftfluß zu sehr belastet, so kann er das von ihm geforderte Drehmoment nicht mehr aufbringen, seine Drehzahl kann somit nicht ansteigen, sondern muß sinken; er steht schließlich still.

Ist dieser Motor dagegen unbelastet, so steigt seine Drehzahl so hoch an, daß er — durch die Fliehkräfte am Ankerumfang — zerstört werden kann.

47. Die Schaltungsarten der Gleichstrom-Motore

Gleichstrom-Motore, die zur Erzeugung des magnetischen Feldes Dauermagnete besitzen, können nur kleine mechanische Drehmomente (für irgendwelche Antriebe) abgeben. Gleichstrom-Motore für große Drehmomente besitzen an Stelle von Dauermagneten für die Erzeugung eines starken Magnetfeldes Elektro-Magnete. Je nachdem wie diese mit der Ankerwicklung verbunden sind, unterscheiden wir Reihenschluß, Nebenschluß- und Doppelschlußmotoren.

a) Der Reihen- oder Hauptstrommotor

Bei einem Reihenschluß-Motor ist die Ankerwicklung A — B mit den Feldwicklungen E—F in Reihe geschaltet. Der vom Motor aufgenommene Strom fließt folglich (hintereinander) durch die Anker- und Feldwicklungen.

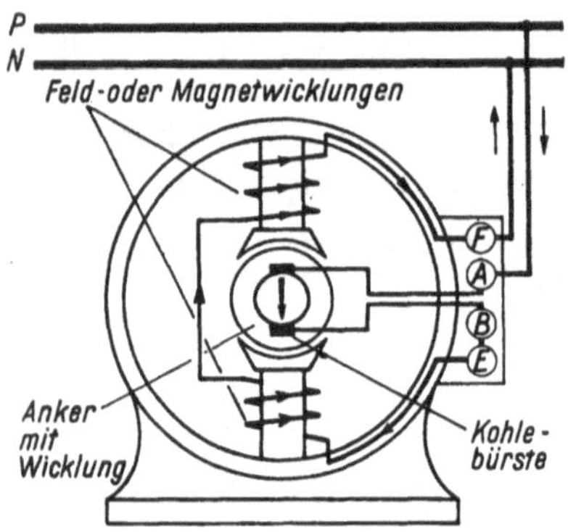

Abb. 195. Hauptstrom-Motor

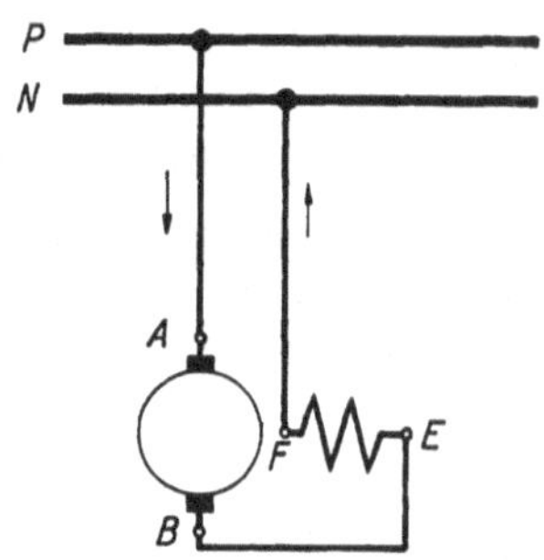

Abb. 196. Stromlaufplan eines Hauptstrom-Motor

Da der Strom, der durch die Feldwicklungen fließt, immer verhältnismäßig groß ist, genügt eine geringe Windungszahl dicken Drahtes für die Erzeugung des magnetischen Kraftflusses.

Die Höhe des Stromes in den Anker- und Feldwicklungen ist von der Größe der Belastung abhängig. Steigt die Belastung, so fällt die Drehzahl und die erzeugte Gegen-EMK in den Ankerwicklungen ab. Der

Überschuß der angelegten Klemmenspannung über die Gegen-EMK wird dadurch größer. Der Strom in den Anker- und Feldwicklungen steigt dadurch an und damit auch das Drehmoment, das der Motor abgibt.

Entlastet man den Reihenschluß-Motor, so erhöht sich, da er zunächst noch einen großen Strom aufnimmt und ein überschüssiges Drehmoment besitzt, seine Drehzahl. Dadurch steigt die Gegen-EMK an, und der Überschuß der angelegten Klemmenspannung über die Gegen-EMK wird geringer. Die Stromaufnahme sinkt und somit gleichzeitig auch das Drehmoment des Motors.

Mit steigender Entlastung wird die Stromaufnahme immer kleiner und die Drehzahl immer größer. Der Anker nimmt schließlich im unbelasteten Zustand eine derart hohe Umdrehungszahl an, daß er durch die am Umfang auftretenden großen Fliehkräfte zerstört wird. Man sagt, der Motor geht durch.

Aus diesem Grunde darf ein Reihenschlußmotor nie ohne Belastung laufen.

Die Kennlinie in folgender Abbildung zeigt die Abhängigkeit der Drehzahl von der Belastung.

Man kann daraus entnehmen, daß mit steigendem Drehmoment (das vom Motor gefordert wird) die Drehzahl sinkt. Reihenschluß-Motoren werden da verwendet, wo beim Anlauf hohe Anzugskräfte erforderlich sind und eine Drehzahländerung bei Belastungsänderung gewünscht wird. Dies ist bei elektrischen Bahnen, Kranen, Schwungkraft-Anlassern usw. der Fall.

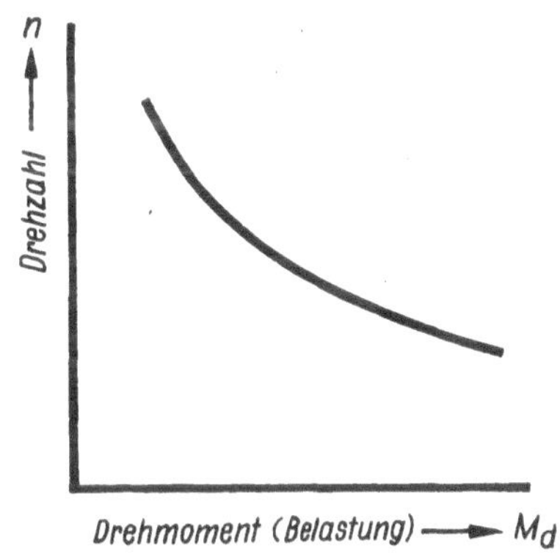

Abb. 197. Kennlinie eines Hauptstrom-Motors

Die Betriebseigenschaft eines Reihenschluß-Motors fassen wir wie folgt zusammen:

1. Bei hoher Belastung ist seine Umdrehungszahl klein und bei niedriger Belastung groß, er paßt also seine Drehzahl der Belastung an.
2. Beim Anlauf erzeugt er unter Last eine große Anzugskraft.
3. Im unbelasteten Zustand erreicht dieser Motor eine unzulässig hohe Umdrehungszahl, die seine Zerstörung zur Folge haben kann.

b) Der Nebenschlußmotor

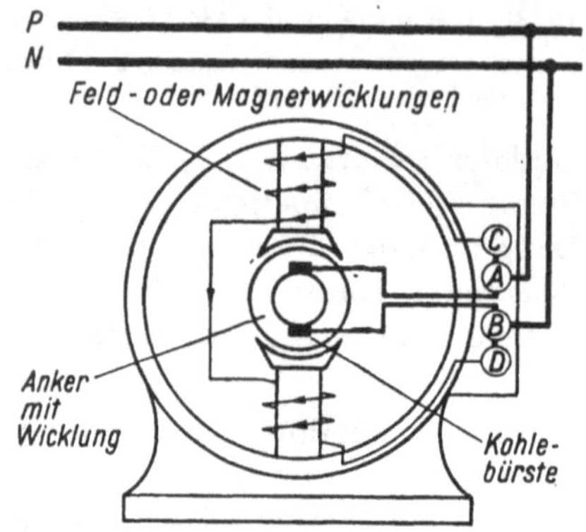

Abb. 198. Nebenschluß-Motor

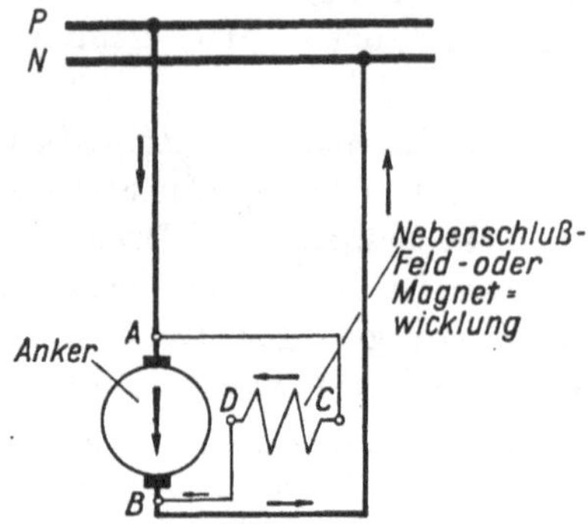

Abb. 199. Stromlaufplan eines Nebenschluß-Motors

Der Nebenschlußmotor wird in der Praxis häufig verwendet, er trägt seinen Namen deswegen, weil die Feldwicklungen *C—D* im Nebenschluß zur Ankerwicklung *A—B* geschaltet sind. Aus dem Stromlaufplan (Abb. 199) ersieht man, daß die Feldwicklungen an die volle Netzspannung angeschlossen sind. Damit die Stromstärke in den Feldwicklungen nicht unerwünscht hoch werden kann, bestehen dieselben aus vielen Windungen dünnen Drahtes; sie besitzen folglich einen großen Widerstand. Das Magnetfeld wird also mit einer großen Windungszahl und einer kleinen Erregerstromstärke erzeugt. Von dem vom Motor aufgenommenen Strom fließen 92 ÷ 97% in die Ankerwicklung und 3 ÷ 8% in die Feldwicklungen. Da die angelegte Klemmenspannung praktisch immer gleich hoch ist, ist auch der Erregerstrom und dadurch die Stärke des Magnetfeldes ständig konstant, ganz gleich, ob die Belastung groß oder klein ist.

Mit Rücksicht auf geringe Verluste ist der Widerstand der Ankerwicklung sehr niedrig. Er liegt z. B. bei Motoren mittlerer Leistung unter 1 Ohm.

Beim Anlauf des Ankers wird der Kraftfluß zwischen den Polschuhen des Stators von der Ankerwicklung geschnitten und in ihr mit der schnell anwachsenden Drehzahl eine steigende Gegen-EMK induziert. Hat diese ungefähr die Höhe der angelegten Klemmenspannung erreicht, so besitzt der Motor eine Drehzahl, die etwas über der Nenndrehzahl liegt. Er nimmt bei Leerlauf, da nur ein geringer Spannungsunterschied zwischen Klemmenspannung und Gegen-EMK wirksam ist, einen niedrigen Strom auf.

Wird der Motor belastet, so sinkt die Drehzahl entsprechend ab. Dadurch wird die Gegen-EMK sofort geringer und die Stromaufnahme größer. Aus den uns bekannten Gründen (siehe Seite 216) steigt infolgedessen das Drehmoment an, so daß der Motor die Last bewältigen kann. Bei Vollast erreicht der Motor die Nenndrehzahl. Die Kennlinie in folgender Abbildung zeigt die Abhängigkeit der Drehzahl von der Belastung.

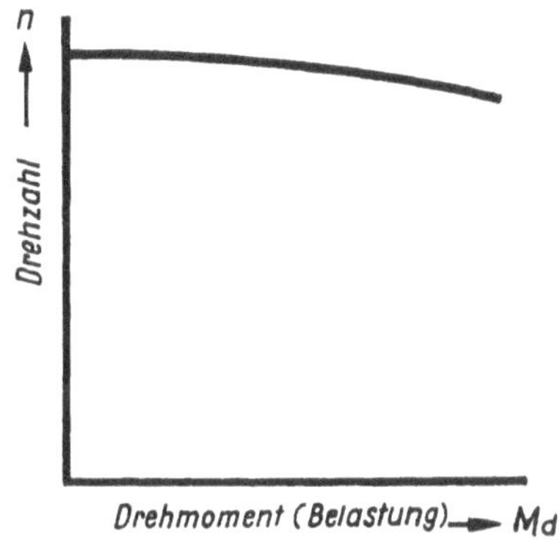

Abb. 200. Kennlinie eines Nebenschluß-Motors

Während beim Anlauf unter Last sich die Feldstärke der Magnetwicklungen nicht ändert, steigt der Strom in der Ankerwicklung an. Da die Anzugskraft bei einem Gleichstrommotor aber nicht von der Größe des Ankerstromes allein sondern auch von der Dichte des Feldes der Magnetwicklungen abhängt, dieses aber praktisch konstant bleibt, ist die Anzugskraft beim Anlauf nicht entfernt so groß wie bei einem Reihenschlußmotor.

Die Betriebseigenschaften eines Nebenschlußmotors kann man wie folgt zusammenfassen:

1. Die Drehzahl ist bei unveränderter Klemmenspannung unabhängig von der Belastung und daher praktisch ständig gleichbleibend.

2. Die Anzugskraft beim Anlauf ist bei normalen Ausführungen nicht so groß wie bei einem Reihenschlußmotor, so daß man den Nebenschlußmotor meistens ohne Last anlaufen läßt.

Aus vorgehendem ergibt sich, daß der Nebenschlußmotor überall da verwendet werden kann, wo bei gleichbleibender Netzspannung eine stets gleichbleibende Umdrehungszahl gewünscht wird aber beim Anlauf eine geringe Anzugskraft erforderlich ist.

c) Der Doppelschlußmotor (Compound-Motor)

Der Doppelschluß-Motor entstand in dem Bestreben, das Anzugsmoment des Nebenschluß-Motors zu verbessern und ein Durchgehen

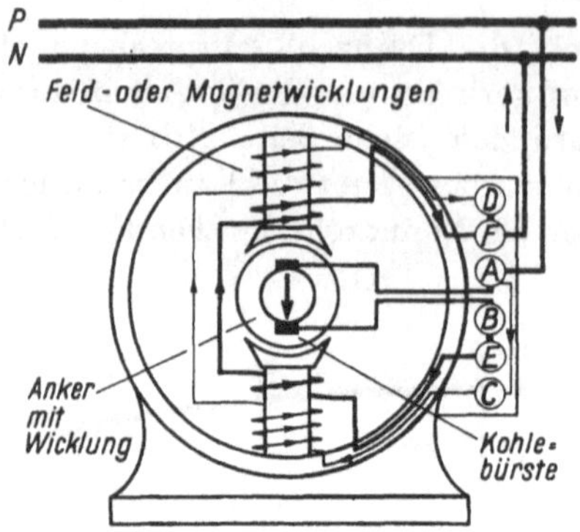

Abb. 201. Doppelschluß-Motor

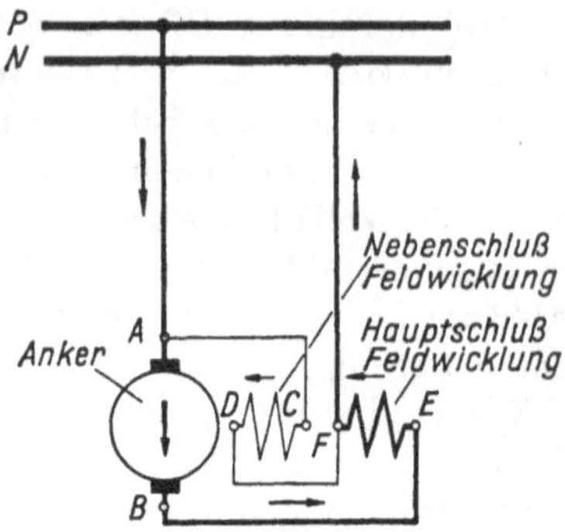

Abb. 202. Stromlaufplan eines Doppelschluß-Motors

wie bei Reihenschluß-Motoren möglich zu vermeiden, er ist sozusagen die Vereinigung eines Nebenschlußmotors mit einem Reihenschlußmotor.

Um die Polkerne des Doppelschluß-Motors ist eine Magnetwicklung in Reihe mit der Ankerwicklung und eine andere im Nebenschluß mit der Ankerwicklung geschaltet. Die Windungszahl der Reihenschlußwicklung ist so gewählt, daß sie entweder die Wirkung der Nebenschlußwicklung schwächt oder unterstützt, was nachfolgend näher erläutert ist.

Um die Zugkraft eines Nebenschlußmotors beim Anlauf zu erhöhen, werden die Polkerne zusätzlich zur Nebenschluß-Feldwicklung mit einer vom Ankerstrom durchflossenen zweiten Reihenschluß-Feldwicklung versehen. Der Wickelsinn und die Stromrichtung in der Reihenschluß-Feldwicklung ist so, daß das magnetische Feld der Nebenschlußwicklung verstärkt wird. Ein solcher Doppelschlußmotor hat beim Anlauf die Eigenschaft, kräftiger anzuziehen als ein Nebenschlußmotor. Nach Erreichen der normalen Drehzahl wird die Reihenschlußwicklung meistens wieder abgeschaltet.

Nebenschlußmotoren verringern bekanntlich mit zunehmender Belastung etwas die Drehzahl. Dieser Drehzahlabfall kann dadurch ausgeglichen werden, daß man Erregerstrom von der angelegten äußeren Stromquelle in einigen Windungen starken Drahtes entgegengesetzt um die Polkerne fließen läßt, wie durch die Nebenschluß-Feldwicklungen. Dadurch wird mit wachsender Belastung eine ansteigende Feld-Schwächung hervorgerufen. Bei so entstandenen Doppelschluß-Motoren bleibt die Drehzahl konstant.

Reihenschluß-Motoren nehmen bekanntlich bei kleiner werdender Belastung eine unerträglich hohe Drehzahl an; man sagt sie gehen durch.

Zur Vermeidung dieser nachteiligen Eigenschaft ist es üblich, Reihenschluß-Motoren mit zusätzlichen Nebenschluß-Feldwicklungen zu versehen. Diese werden gewöhnlich so bemessen, daß der hierdurch entstandene Doppelschluß-Motor bei Leerlauf höchstens das Zweifache seiner normalen Nenn-Drehzahl erreicht.

Die Betriebseigenschaften der Doppelschluß-Motoren fassen wir wie folgt zusammen:

1. Wenn die Nebenschluß- und Reihenschluß-Feld-Wicklungen im gleichen Sinne geschaltet sind, ist
   a) die Anzugskraft größer als bei einem normalen Nebenschluß-Motor, sie erreicht jedoch nicht die eines Reihenschluß-Motors,
   b) bei Belastungsänderungen seine Drehzahländerung stärker als bei einem Nebenschluß-Motor, jedoch nicht in dem Maße wie bei einem Reihenschluß-Motor,
   c) bei Leerlauf ein Durchgehen nicht möglich.
2. Wenn die Reihenschluß-Feldwicklung gegen die Nebenschluß-Feldwicklung geschaltet ist, bleibt die Drehzahl bei ansteigender Belastung konstant.

   Diese Schaltung hat aber den großen Nachteil, daß durch die Feldschwächung auch das Drehmoment des Motors verringert wird.

Die unter 1. genannte Art von Doppelschluß-Motoren wird hauptsächlich zum Antrieb von Arbeitsmaschinen mit Schwungrädern verwendet. Infolge ihrer Eigenschaften sind diese Motoren z. B. in der Lage, die in den Schwungrädern aufgespeicherte Kraft auch dann voll zur Arbeitsleistung kommen zu lassen, wenn die Drehzahl infolge von Belastungsstößen herabsinkt.

48. Gleichstrom-Motoren mit Wendepolen

Gleichstrom-Motoren, die große und häufige Belastungsänderungen über sich ergehen lassen müssen, werden, wie bereits erwähnt, mit Wendepolen ausgerüstet. Diese Motoren sind außerdem für solche Betriebsverhältnisse geeignet, bei denen häufiges Umkehren der Drehrichtungen und große Drehzahländerungen auftreten. Dies ist z. B. bei Hebezeugen, Walzwerken, Werkzeugmaschinen usw. der Fall.

Die Wendepole bei Motoren haben wie bei Gleichstrom-Generatoren die Aufgabe, das Bürstenfeuer zu unterbinden. (Vgl. Seite 208ff.)

49. Die Änderung der Drehrichtung bei Gleichstrom-Motoren

Bei jedem Gleichstrom-Motor ist die Drehrichtung des Ankers abhängig von der Richtung des fließenden Stromes im Anker und von der Richtung des magnetischen Feldes der Magnetwicklungen (siehe Anwendung der „linken Handregel“, Seite 87). Durch Änderung der Stromrichtung in den Ankerdrähten **oder** in den Feldwicklungen ändert sich die Drehrichtung des Ankers. Durch eine gleichzeitige Änderung beider Stromrichtungen kann die Drehrichtung nicht geändert werden.

Gewöhnlich wird bei Reihen- und Nebenschlußmotoren die Drehrichtung durch Änderung der Stromrichtungen in den Feldwicklungen umgekehrt, während bei Doppelschlußmotoren die Stromrichtungen in den Ankerwicklungen geändert werden.

Bei Motoren, die im Betrieb oft ihre Drehrichtung ändern müssen, kann dies mit Hilfe sogenannter Umkehrschalter vorgenommen werden, wie folgende Abbildungen zeigen.

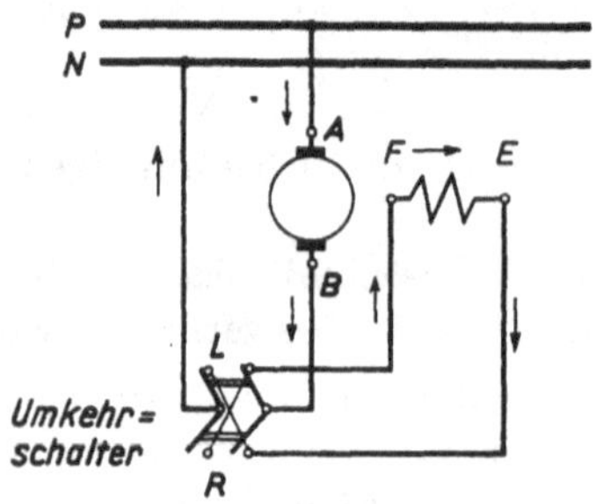

Abb. 203. Hauptstrom-Motor mit Umkehrschalter für Links- oder Rechtslauf

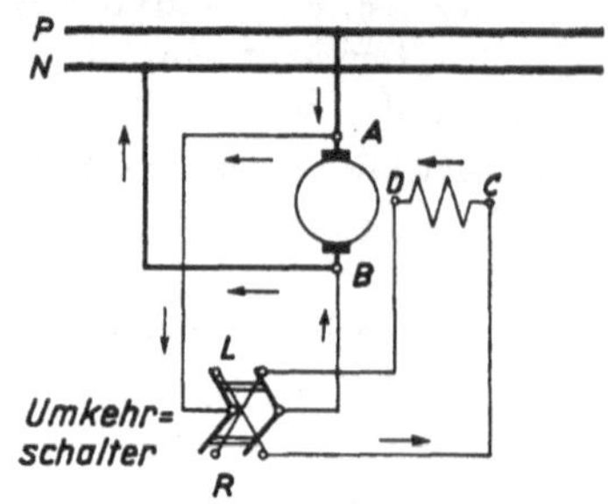

Abb. 204. Nebenschluß-Motor mit Umkehrschalter für Links- oder Rechtslauf

Die Umkehrschalter besitzen 2 Kontaktmesserpaare, die nach oben oder unten geschaltet werden können. Sind in vorstehenden Abb. 203 und 204 die Umkehrschalter nach oben geschaltet, so fließen die Erregerströme in Richtung der eingezeichneten Pfeile durch die Magnetwicklungen und beide Motoren laufen z. B. links herum. Werden die Umkehrschalter nach unten geschaltet, so fließen die Erregerströme entgegengesetzt wie vorher durch die Magnetwicklungen und die Motoren laufen nun rechts herum.

50. Das Anlassen und die Drehzahl-Regelung bei Gleichstrom-Motoren

a) Das Anlassen

Schließt man einen Gleichstrom-Motor direkt an eine Stromquelle an, so steht der Anker für den ersten Augenblick noch still. Er kann folglich während dieser Zeit keine Gegen-EMK erzeugen.

Da der Widerstand des Motors sehr gering ist, muß er nach dem Ohmschen Gesetz beim Anschluß an die volle Netzspannung einen übermäßig hohen Strom aufnehmen. Erst beim Anlauf und mit Zunahme der Drehzahl geht dieser durch Erzeugung der Gegen-EMK auf einen kleineren zulässigen Wert zurück. Der hohe Anlaufstrom muß mit Rücksicht auf die dadurch entstehende unzulässig große Erwärmung der Motorwicklungen und der Zuleitungen vermieden werden, außerdem auch wegen des damit verbundenen hohen Spannungsabfalles.

Beispiel Nr. 95:

Durch Messung ergab sich, daß der Ankerwiderstand eines Gleichstrom-Motors 0,2 Ohm beträgt. Zu diesem Widerstand tritt beim Lauf des Motors, sagen wir, ein weiterer Widerstand in Form der Gegen-Elektromotorischen Kraft auf, so daß bei der Normaldrehzahl und der Netzspannung von 220 Volt der Motor einen Strom von 8 Amp. aufnimmt.

Wie groß ist der Anlaufstrom und welche Folgen ergeben sich daraus für die Ankerdrähte, wenn der Motor direkt an die volle Netzspannung angeschlossen wird.

Gegeben: $R_a = 0{,}2\ \Omega$, $U = 220$ V, $J = 8$ A

Gesucht: Anlaufstrom $J = ?$

Lösung:

$$J = \frac{U}{R_a} = \frac{220}{0{,}2} = 1100 \text{ A}$$

Durch diesen hohen Strom würden sich die Ankerdrähte so stark erwärmen, daß sie und ihre Isolation zerstört würden.

Um dies zu vermeiden, muß die beim Anlauf an den Motorklemmen liegende Netzspannung herabgemindert werden. Das kann dadurch erreicht werden, daß im Ankerstromkreis ein besonderer Stufenwiderstand mit der Ankerwicklung hintereinandergeschaltet wird. Die an den Klemmen des Motors liegende Netzspannung ist dann um den in dem Vorwiderstand entstandenen Spannungsabfall kleiner als die Netzspannung.

Dreht sich nun nach Schließen des Motorstromkreises der Anker mit vorgeschaltetem Widerstand, so entsteht im Anker die Gegen-EMK, deren Größe mit zunehmender Drehzahl ansteigt. Letztere tritt nunmehr an die Stelle des Vorwiderstandes, der folglich mit zunehmender Drehzahl nach und nach abgeschaltet werden kann.

Da der Vorwiderstand zum Anlassen des Gleichstrom-Motors dient, nennt man ihn Anlasser.

Beim Anlassen des Motors muß die Kurbel auf jedem Kontakt so lange stehen bleiben, bis der Anker eine diesem Kontakt entsprechende höhere Drehzahl erreicht hat. Würde die Kurbel zu schnell bewegt, so würde dem Anker nicht genug Zeit verbleiben, seine Drehzahl entsprechend zu steigern, um die notwendige Gegen-EMK erzeugen zu können. Die Folge davon wäre ein unzulässig hohes Ansteigen des Ankerstromes.

Ist die Kurbel unter Berücksichtigung des Vorhergesagten in ihre Endstellung bewegt worden, so liegt nun an dem Anker die volle Netzspannung und der Motor erreicht bei Vollast seine Nenndrehzahl. Der Anlaßwiderstand ist, wenn sich die Kurbel in ihrer Endstellung befindet, abgeschaltet.

Da die Querschnitte der Widerstandsdrähte so bemessen sind, daß sie nur für kurze Zeit den hohen Anlaufstrom aushalten können, darf die Anlasserkurbel nie längere Zeit als nötig, wie oben erklärt, auf einem Kontakt stehen bleiben. Der eingeschaltete Teil des Anlasserwiderstandes würde sonst zerstört werden.

Die Größe des Anlasser-Widerstandes kann man mit der Formel

$$\boxed{R_{Anl} = \frac{U}{J_A} - R_a}$$

errechnen. Darin bedeutet:

R_{Anl} = Widerstand des Anlassers, gemessen in Ohm
U = Klemmenspannung, für die der Motor gebaut ist, gemessen in Volt
J_A = Anlaufstromstärke, gemessen in Ampere
R_a = Widerstand des Ankers, gemessen in Ohm.

Beispiel Nr. 96:

Ein 3-PS-Gleichstrom-Motor für eine Klemmenspannung von 220 Volt besitzt einen Ankerwiderstand von 0,15 Ohm. Der Anlaufstrom darf 17 Amp. betragen. Wie groß muß der Anlasser-Widerstand sein?

Gegeben: $U = 220$ V, $R_a = 0{,}15\ \Omega$, $J_A = 17$ A

Gesucht: $R_{Anl} = ?$

Lösung:

$$R_{Anl} = \frac{U}{J_A} - R_a = \frac{220}{17} - 0{,}15 = 12{,}8\ \Omega$$

Beispiel Nr. 97:

Der Anker eines Gleichstrom-Motors besitzt einen Widerstand von 0,3 Ohm. Der Motor wird an eine Spannung von 220 V angeschlossen. Bei seiner Nenndrehzahl nimmt er einen Strom von 12 A auf.

Wie hoch ist 1. der Strom, den die Klemmenspannung von 220 V beim Schließen des Motorstromkreises durch die Ankerdrähte fließen läßt, wenn kein Anlasserwiderstand vorhanden wäre? 2. Wie groß muß der vorzuschaltende Anlasserwiderstand sein? 3. Wie groß ist die Gegen-EMK, wenn der Motor seine Nenndrehzahl erreicht hat, und 4. wie groß ist die Restspannung und die Höhe des Stromes, den sie durch die Ankerdrähte fließen läßt?

Gegeben: $R_a = 0{,}3\ \Omega$, $U = 220$ V, $J = 12$ A

Lösung:

Zu 1. Die Ankerdrähte nehmen einen Anlauf-Strom von

$$J_A = \frac{U}{R_a} = \frac{220}{0{,}3} = 733 \text{ A}$$

auf.

Zu 2. Der Widerstand des Anlassers muß eine Größe haben von:

$$R_{Anl} = \frac{U}{J} - R_a = \frac{220}{12} - 0{,}3 = 18\ \Omega$$

Zu 3. Bei Erreichen der Normaldrehzahl erzeugt der Anker eine Gegen-EMK von:

$$E_g = U - J \cdot R_a = 220 - 12 \cdot 0{,}3 = 216{,}4 \text{ V}$$

Zu 4. Von der Klemmenspannung bleibt nach Überwindung der Gegen-EMK nur noch eine Restspannung von 220 — 216,4 = 3,6 Volt übrig. Diese Spannung läßt durch die Ankerdrähte nun einen Strom fließen von:

$$J = \frac{U_{Rest}}{R_a} = \frac{3{,}6}{0{,}3} = 12 \text{ A}$$

Gleichstrom-Motoren bis zu Leistungen von 1,1 kW werden gewöhnlich mit einem zweipoligen Schalter direkt in Betrieb gesetzt. Da der Anlaufstrom von Reihenschluß-Motoren aber das 2,5fache des normalen Nennstromes erreicht und Nebenschluß-Motoren noch erheblich höhere Werte, ist die Verwendung träger Sicherungen (siehe Seite 51) notwendig.

Unter Berücksichtigung des Vorhergesagten ist es jedoch zweckmäßig, auch Gleichstrom-Motoren niederer Leistung mittels besonderer Anlasser in Betrieb zu setzen. Dabei steigt der Anlaufstrom über die zulässigen Grenzen nicht an. Die Auswahl der Sicherungen erfolgt daher nur nach der Höhe der jeweiligen Nennstromstärke des zur Verwendung kommenden Motors.

b) Die Drehzahl-Regelung

Bekanntlich ist die Drehzahl eines Gleichstrom-Motors abhängig von der Höhe der an den Anker gelegten Spannung und von der Dichte des magnetischen Kraftflusses der Feldwicklungen.

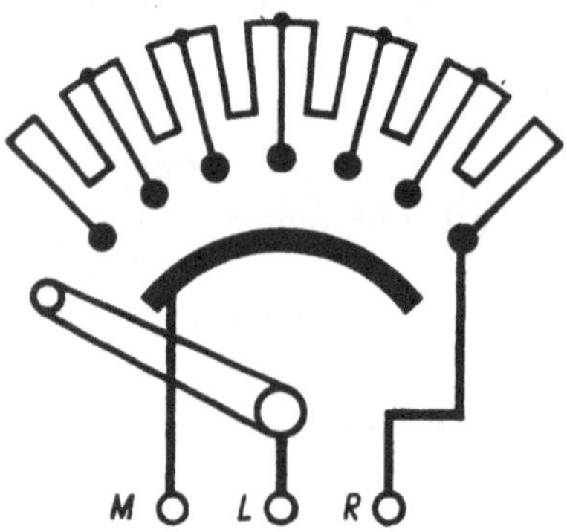

Abb. 205. Regelanlasser

Liegt der Anker an der vollen Netzspannung, so erreicht er bei Vollast seine „Nenndrehzahl".

Da die Netzspannung gewöhnlich in einer gleichbleibenden Höhe zur Verfügung steht, ist es für Sonderzwecke ohne weiteres nicht möglich, die Nenndrehzahl des Ankers zu steigern.

Durch Einschaltung eines Widerstandes in den Ankerstromkreis kann wohl die Ankerspannung herabgemindert werden. Sie sinkt dadurch um den Spannungsabfall, der durch den Widerstand verursacht wird. Dadurch verringert sich der Ankerstrom und mit ihm die Drehzahl.

Für diese Art der Drehzahl-Regelung benutzt man Widerstände, die als besondere Regel-Widerstände ausgebildet sind. Da sie gleichzeitig auch zum Anlassen verwendet werden, nennt man sie gewöhnlich Regel-Anlasser.

Die Widerstandsdrähte hierfür müssen große Querschnitte haben und aus geeignetem Werkstoff bestehen, damit sie die Erwärmung durch den Vollaststrom aushalten können.

Normale Anlasser, wie wir sie im letzten Kapitel kennengelernt haben, dürfen für Drehzahl-Regelungen nicht verwendet werden. Würde man bei ihnen die Kurbel auf einem Kontakt länger stehen lassen, als für den Anlaßvorgang notwendig ist, so würden die Widerstandsdrähte durch übermäßige Erwärmung zerstört werden.

Die Drehzahlregelung kann bei einem Reihenschlußmotor durch Anordnung eines Regelwiderstandes vor der Ankerwicklung und bei einem Nebenschlußmotor mit Hilfe eines Regelwiderstandes vor der Feldwicklung erfolgen, so daß Feldwicklung und Regelwiderstand parallel zur Ankerwicklung geschaltet sind. In beiden Fällen müssen die Regelwiderstände so gebaut sein, daß man mit ihnen die Feldwicklungen nicht unterbrechen kann. Der Reihenschlußmotor würde dadurch ausgeschaltet werden. Bei einem Nebenschlußmotor besteht in diesem Fall die Gefahr des „Durchgehens“, d. h. er erreicht durch Unterbrechung der Feldwicklung eine derart (unzulässig) hohe Drehzahl, daß er durchgeht und zerstört wird. Durch Vorschaltung eines Regelwiderstandes vor die Anker- und Feldwicklungen eines Reihenschlußmotors wird die Spannung und damit die Stromstärke in diesen beiden Wicklungen kleiner, so daß auch die magnetischen Felder schwächer werden. Dadurch sinkt die Drehzahl des Motors. Da eine Steigerung der Netzspannung, wie bereits erwähnt, mit dem Regelwiderstand nicht möglich ist, kann die Drehzahl des Ankers nur unter die Nenndrehzahl herabgemindert werden. Die Drehzahl sinkt etwa um denselben Prozentsatz wie die angelegte Klemmenspannung am Anker. Ist der Spannungsabfall im Regelanlasser z. B. 5%, so sinkt auch die Nenndrehzahl um etwa 5%.

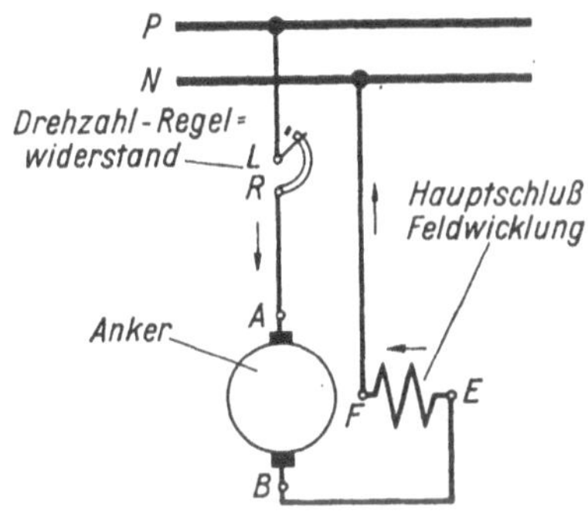

Abb. 206. Hauptstrom Motor mit vorgeschaltetem Drehzahl-Regelwiderstand

Diese Drehzahl-Regelung hat jedoch den Nachteil, daß nur ein Teil der aufgenommenen elektrischen Energie von dem Motor in mechanische Energie umgewandelt wird und der andere Teil in Wärme-Energie, die nutzlos verloren geht. Die Widerstandsdrähte des Regelwiderstandes müssen daher, wie bereits erwähnt, so stark bemessen sein, daß sie bei Dauereinschaltung für eine bestimmte Drehzahlgröße sich nicht zu sehr erwärmen.

In Abb. 207 ist der Stromlaufplan eines Nebenschlußmotors mit Anlasser, der auch der Drehzahl-Regelung dient, dargestellt. Aus der Abbildung ist zu ersehen, daß die Enden der Feldwicklung „*D* — *C*“ nicht direkt an die Ankerwicklung „*A* — *B*“ angeschlossen sind, sondern über Klemme „*M*“ des Drehzahl-Regelwiderstandes (Regelanlasser); siehe hierzu auch Abb. 205.

Wäre das erstere der Fall, so würde beim Anlassen des Motors auch an der Feldwicklung, die durch den Anlasserwiderstand verminderte Spannung liegen und der Erregerstrom entsprechend niedriger sein. Durch die so hervorgerufene Schwächung des magnetischen Kraftflusses der Feldwicklung würde der Anker mit seinen Wicklungen dann nicht in der Lage sein, ein ausreichendes Anlauf-Drehmoment zu erzeugen.

Die Enden „*D* — *C*" der Feldwicklung dürfen normalerweise auch nicht direkt an die Netzleitungen, beispielsweise hinter einem Schalter, angeschlossen werden, weil sonst beim Ausschalten durch das Zusammenfallen des dichten magnetischen Kraftflusses in der Feldwicklung mit großen Windungszahlen, eine starke Selbstinduktion entstehen würde. Die dadurch in der Feldwicklung entstehende hohe Selbstinduktionsspannung würde die Isolation der Wicklungen beschädigen.

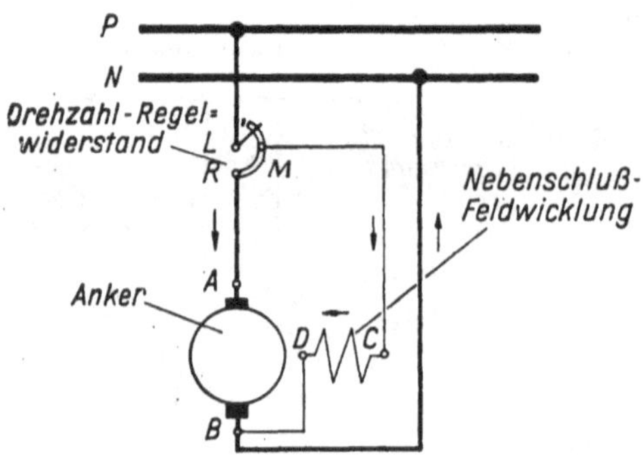

Abb. 207. Nebenschluß-Motor mit Drehzahl-Regelwiderstand

Aus vorerwähnten Gründen wird die Klemme „*C*" der Feldwicklung mit Klemme „*M*" des Regelanlassers verbunden und Klemme „*D*" der Feldwicklung mit der Ankerwicklungsklemme „*B*". Dadurch bleibt beim Ausschalten die Feldwicklung immer über die Ankerwicklung kurzgeschlossen. Die Selbstinduktionsspannung kann infolgedessen beim Ausschalten keine schädliche Höhe annehmen.

Steht die Kurbel des Anlassers auf den Anschlußpunkt „*R*" so liegt an der Ankerwicklung „*A* — *B*" die volle Netzspannung (wie sich aus Abb. 207 ergibt). Ist der Motor beispielsweise voll belastet, dann erreicht er bei dieser Anlasserstellung seine Nenndrehzahl.

Bewegt man die Anlasserkurbel nach und nach bis in die gezeichnete Stellung, dann ist die Ankerspannung um den im Regel-Widerstand auftretenden Spannungsabfall geringer. Dadurch sinkt die Drehzahl ungefähr um den gleichen Prozentsatz, um den die Ankerspannung herabgemindert wurde.

Beim Einschalten des Widerstandes in den Ankerstromkreis, um die Drehzahl unter die Nenndrehzahl herabregeln zu können, muß man auch hier beachten, daß ein entsprechend großer Teil der aufgenommenen elektrischen Leistung durch diesen Widerstand verloren geht. Der Motor entnimmt zwar dem Versorgungsnetz die volle elektrische Energie, ein Teil derselben wird aber nur in mechanische Arbeit umgeformt.

Zur Vermeidung des hohen Leistungsverlustes wird daher diese Regelart nur bei Motoren kleiner Leistung angewendet.

Eine Erhöhung der Drehzahl über die Nenndrehzahl kann man bei Nebenschluß- und Reihenschluß-Motoren durch Schwächung des Kraftflusses der Feldwicklung erzielen. Diese Regelart hat außerdem den Vorteil, daß sie nur mit einem sehr geringen Leistungsverlust arbeitet.

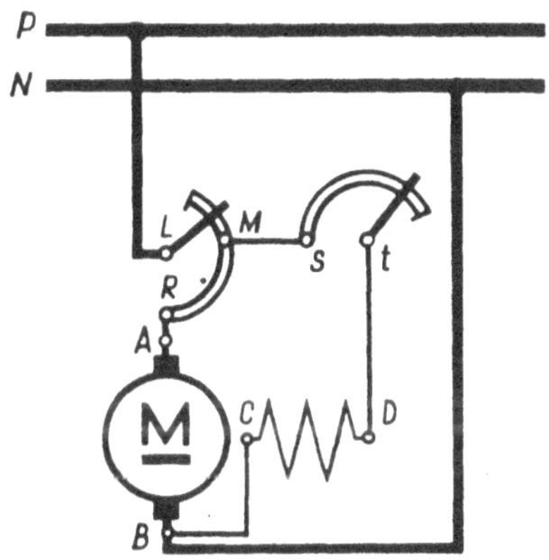

Abb. 208. Nebenschluß-Motor mit Anlasser und Drehzahl-Regelwiderstand

Durch Vorschaltung eines Regelwiderstandes vor die Feldwicklung eines Nebenschlußmotors, wie nebenstehendes Bild zeigt, wird das magnetische Feld geschwächt, wodurch die Drehzahl des Ankers ansteigen muß, damit der Anker die notwendige Gegen-EMK erzeugen kann. Durch die Feldschwächung kann bei Nebenschlußmotoren die Drehzahl um etwa 20% der Nenndrehzahl erhöht werden, wobei die mechanische Leistung des Motors praktisch unverändert bleibt. Sind noch größere Drehzahlsteigerungen erforderlich, so muß dies bei der Bestellung eines Nebenschlußmotors berücksichtigt werden, wie folgendes Beispiel zeigt.

Beispiel Nr. 98:

Für eine Arbeitsmaschine soll ein Nebenschlußmotor bestellt werden, dessen Drehzahl zwischen 750 und 900 Umdrehungen regelbar ist. Für welche Nenndrehzahl muß dieser Motor bestellt werden?

Lösung:

Der Motor muß für die Umdrehzahl von 750 Umdrehungen pro Minute bestellt werden. Durch Einschaltung eines Regelwiderstandes vor der Magnet-Nebenschlußwicklung kann man die Drehzahl auf 900 erhöhen.

Bei Reihenschlußmotoren kann zur Schwächung des magnetischen Feldes ein Regelwiderstand parallel zur Feldwicklung geschaltet werden.

51. Wechselstrom-Motore

a) Der Synchronmotor

Ordnet man neben einem Leiter eine Magnetnadel drehbar an, so wird diese aus ihrer Nord-Südrichtung in eine neue Richtung abgelenkt, wenn der Leiter von Gleichstrom durchflossen wird (siehe auch Seite 70). Schließt man nun den Leiter an eine Wechselstromquelle mit der Frequenz von z. B. 5 Hz, so fließt der Strom in einer Sekunde 5mal hin und 5mal her durch den Leiter, ebenso oft wechselt auch das Magnetfeld um den Leiter seine Richtung, so daß die Magnetnadel in 1 Sekunde 5mal nach rechts und 5mal nach links abgelenkt würde, wenn sie den schnellen Bewegungsänderungen folgen könnte.

Dasselbe ergibt sich auch in der in Abb. 209 dargestellten Versuchsanordnung eines Synchron-Motors.

Zwischen den ruhenden Polschuhen des Ständers ist ein Dauermagnet, auch Polrad genannt, drehbar angeordnet.

Schließt man die hintereinandergeschalteten Feldwicklungen des Ständers an eine Wechselstromquelle an, so wird das Polrad aus derselben Ursache wie in der oben erwähnten Versuchsanordnung die Magnetnadel, abwechselnd nach rechts und links abgestoßen. Eine volle Umdrehung ist ohne weiteres jedoch nicht möglich.

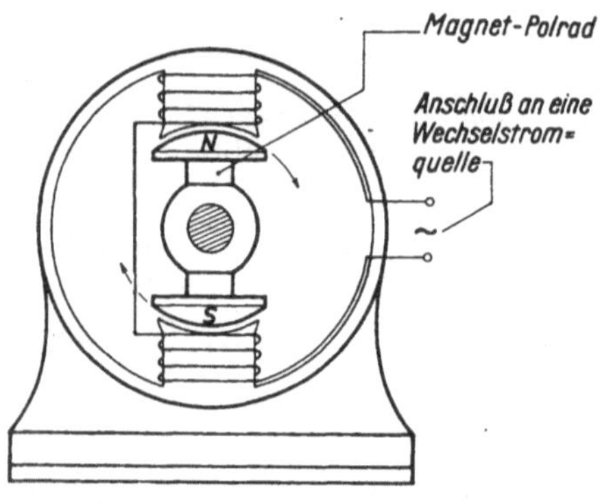

Abb. 209. Synchron-Motor

Wird nun das Polrad durch eine äußere Kraft so schnell rechts herum gedreht, daß während der Zeitdauer einer halben Periode sich die Pole *N*—*S* um 180°, das ist eine Polentfernung, weiterbewegen, dann ist die magnetische Kraftwirkung der Magnetwicklungen und des Polrades so, daß die Pole „*N*" und „*S*" ständig in der gleichen Drehrichtung abgestoßen werden. Der Dauermagnet bewegt sich fortgesetzt mit gleichbleibender Drehzahl weiter

Abb. 210. Läufer

Abb. 211. Ständer

Synchron-Kompressor-Motor für eine Nennspannung von 3000 Volt und eine Leistung von 300 kW

und kann nun zum Antrieb, beispielsweise einer Uhr (Synchronuhr), verwendet werden.

In der Zeit einer halben Periode legt jeder Pol des Polrades den Weg eines Polabstandes, das ist eine halbe Umdrehung, zurück. Bei 1 Hz oder einer ganzen Periode macht das Polrad also eine volle Umdrehung, bei 2 Hz infolgedessen 2 Umdrehungen, und bei 50 Hz in einer Sekunde 50 Umdrehungen in der gleichen Zeit, so daß das Polrad in einer Minute $60 \cdot 50 = 3000$ Umdrehungen machen muß. Die Drehzahl eines solchen Motors folgt demnach der Frequenz des angelegten Wechselstromes, beide besitzen gleichzeitig oder synchron die gleiche Größe, man nennt den Motor deswegen „Synchron-Motor". Genau so wie bei dem stromliefernden Generator ein Stromwechsel entsteht, wenn sich das Polrad um einen Polabstand gedreht hat, so muß auch das Polrad des Synchronmotors sich um einen Polabstand drehen. Man sagt in diesem Zusammenhang, Generator und Synchronmotor befinden sich in gleichem Tritt. Wird ein Synchronmotor stark überlastet, so fällt er aus dem Tritt und bleibt stehen. Soll er sich von neuem drehen, so muß er durch eine äußere Kraft wieder angeworfen und auf synchrone Drehzahl gebracht werden. Synchron-Motoren besitzen einen guten Wirkungsgrad und sind unempfindlich gegen Spannungsschwankungen.

Nachteilig ist, daß sie nicht ohne weiteres von selbst anlaufen. Bei Synchron-Motoren für größere mechanische Leistungen besteht das Polrad nicht aus einem „Dauermagneten", sondern aus mehreren von Gleichstrom durchflossenen „Elektromagneten". Solche Motoren werden nicht nur für Einphasen-Wechselstrom sondern auch für Dreiphasen-Wechselstrom oder Drehstrom gebaut, wobei die Wirkungsweise die gleiche ist wie besprochen.

b) Der Asynchron-Motor

Die am meisten verwendeten Wechselstrom-Motore sind „Asynchron-Motore". Ein solcher Motor besteht aus einem Ständer oder Stator und einem Läufer oder Anker.

1) Der Aufbau eines Asynchron-Motors

Der Ständer ist der ruhende Teil; er besteht aus dem Gehäuse, an das im Innern ein entsprechend geformtes Blechpaket befestigt ist. In die Nuten des Blechpaketes sind Dreiphasenwicklungen eingelegt, die in Stern oder Dreieck geschaltet sind.

Abb. 212. Einzelteile eines Asynchron-Motors

Der Läufer ist der drehbare Teil des Motors. Er besteht aus einzelnen gegeneinander isolierten Blechen, die miteinander fest verbunden sind. In den Nuten dieses Läuferpaketes sind Kupfer- oder Aluminiumleiter eingeführt. Bei sogenannten Kurzschlußläufern sind diese Leiter auf beiden Läuferseiten durch Kupfer bzw. Aluminiumringe kurzgeschlossen. Da die Leiter mit den Kurzschlußringen einen Käfig darstellen, nennt man dieses Gebilde auch „Käfigwicklung“. Die Schleifringläufer tragen eine in Stern oder Dreieck geschaltete Dreiphasenwicklung, deren Enden zu drei Schleifringen, die auf der Welle des Motors befestigt sind, geführt werden. Über die auf den Schleifringen liegenden Bürsten, werden die Enden der Läuferwicklungen zu einem in Stern geschalteten Anlasser geführt. Letzterer dient zum Anlassen des Motors.

Abb. 213. Asynchron-Motor

Zur Steigerung der Leistungsfähigkeit bei gleichem Werkstoffaufwand muß für eine gute Lüftung Sorge getragen werden. Aus diesem Grunde ist der Läufer auf beiden Seiten meist mit Flügeln ausgerüstet, wodurch die gewünschte Lüftung erzielt wird. Um eine gute Luft-Zirkulation zu erreichen, ist bei guten Fabrikaten der Läufer mit Längsbohrungen versehen, so daß die Kühlluft auch in das Innere gelangen kann.

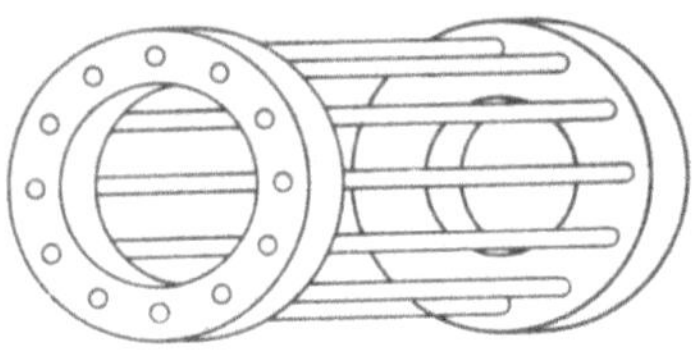

Abb. 214. Käfigwicklung

2) Die Wirkungsweise

Um die Wirkungsweise der Asynchron-Motoren leichtverständlich zu machen, wurden bei den Abb. 216 bis 220 die Dreiphasenwicklungen als Spulen um ausgeprägte Pole dargestellt. In Wirklichkeit sind die Dreiphasenwicklungen jedoch in die Nuten des ruhenden Ständers, wie Abb. 115, Seite 146 zeigt, eingelegt.

Die drei Ständerspulen sind in Stern geschaltet, d. h. die drei Leitungsausgänge der Spulen sind untereinander verbunden, während die drei Eingänge aus dem Innern des Motors herausgeführt sind.

An diese drei Spuleneingänge schließen wir die Leitungen $R\ S\ T$ eines Drehstromnetzes an. Dadurch werden nun die Ständerspulen I, II und III von drei um 120° verschobenen Drehströmen, deren Verlauf in folgender Abbildung dargestellt ist, durchflossen.

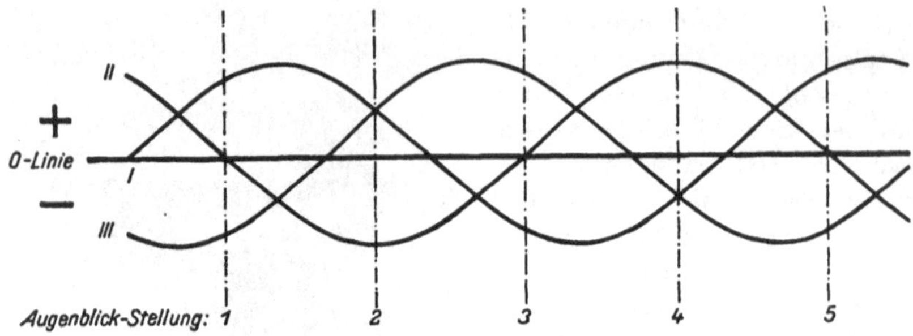

Abb. 215. Darstellung eines Drehstroms

Durch die von Drehströmen durchflossenen Ständerspulen entsteht innerhalb derselben ein sich ständig drehendes magnetisches Feld (kurz „Drehfeld" genannt), das wir im Folgenden näher betrachten.

Um die Wirkungsweise des Drehfeldes leicht verstehen zu können, sind 5 Augenblicksstellungen in dem letzten Kurvenbild durch strichpunktierte Linien gekennzeichnet. Wir nehmen ferner an, Ständerspule I in Abb. 216 werde von dem durch Kurve I dargestellten Wechselstrom, Spule II von dem durch Kurve II und Spule III von dem durch Kurve III dargestellten Wechselstrom durchflossen.

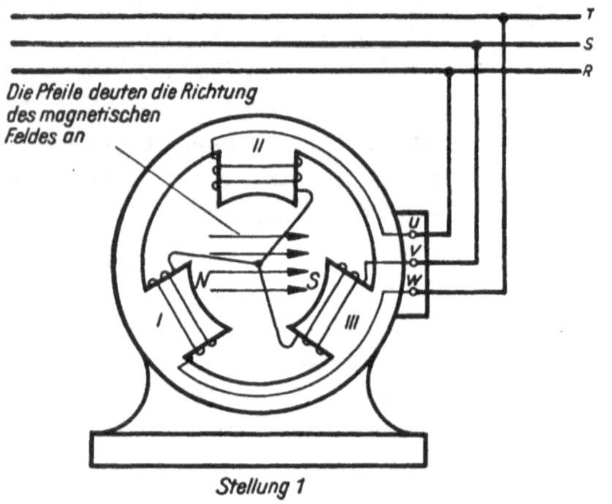

Abb. 216

In Stellung 1 ist die Statorspule II stromlos, denn die zu ihr gehörige Stromkurve (siehe Abb. 215) verläuft in diesem Augenblick gerade durch die 0-Linie. Diese Spule kann folglich kein magnetisches Feld erzeugen.

Die Statorspule I wird dagegen von einem positiv gerichteten Strom und die Statorspule III von einem negativ gerichteten Strom durchflossen. Dadurch bildet sich an dem Polschuh der Spule I ein magnetischer Nordpol und an dem Polschuh der Spule III ein Südpol. Zwischen diesen beiden Polschuhen herrscht daher ein magnetisches Feld, dessen Richtung durch die eingezeichneten Pfeile, in Abb. 216, dargestellt ist.

In Stellung 2 werden die Statorspulen I und III von positiv gerichteten Strömen durchflossen und die Statorspule II von einem negativ gerichteten Strom. An den Polschuhen der Spulen I und III entstehen somit Nordpole und am Polschuh der Spule II ein Südpol.

Das magnetische Feld hat sich somit um 90° links herum gedreht und herrscht nun in einer Richtung, die durch die eingezeichneten Pfeile dargestellt ist.

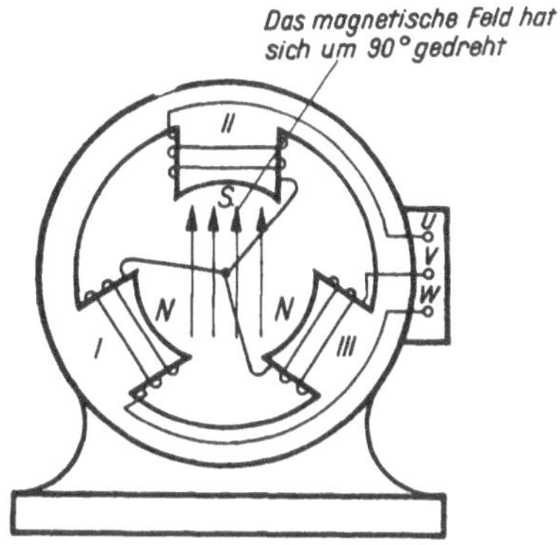

Stellung 2

Abb. 217

In Stellung 3 ist die Statorspule II wieder stromlos, während Spule III von einem positiven und Spule I von einem negativen Strom durchflossen wird. Am Polschuh der Spule III bildet sich somit ein Nordpol und am Polschuh der Spule I ein Südpol. Das magnetische Feld hat sich also um weitere 90° gedreht und herrscht somit in Richtung der eingezeichneten Pfeile.

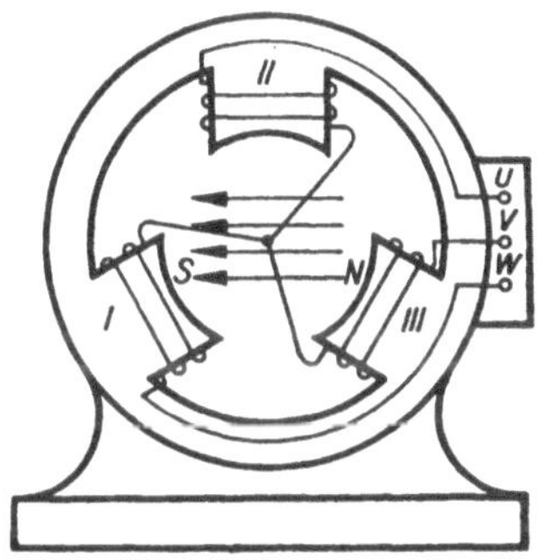

Stellung 3

Abb. 218

In Stellung 4 fließen durch die Statorspulen entgegengesetzt gerichtete Ströme wie in Stellung 2, und die Richtung des Feldes hat sich um weitere 90° gedreht, was durch die Pfeile angedeutet ist.

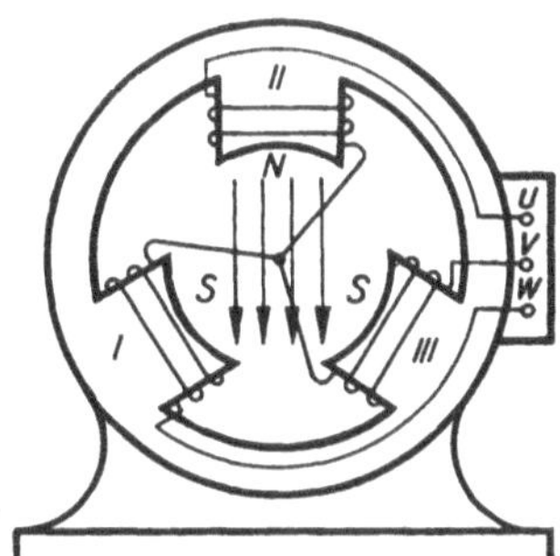

Stellung 4

Abb. 219

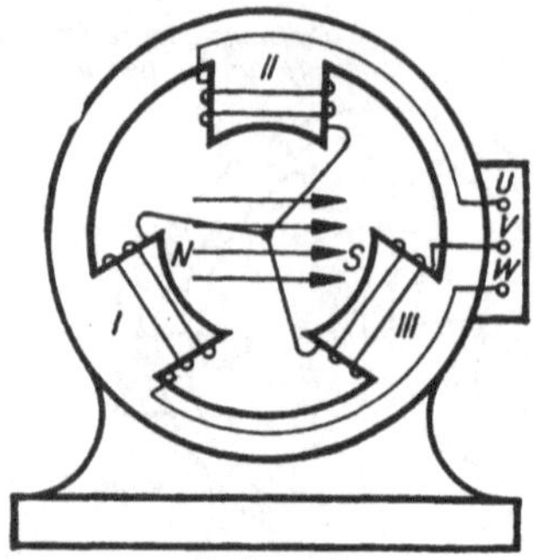

Stellung 5

Abb. 220

In Stellung 5 bestehen wieder dieselben Verhältnisse wie in Stellung 1, siehe Abb. 216, das magnetische Feld hat sich also einmal um 360° links herum gedreht. Die Geschwindigkeit mit der sich das Magnetfeld (Drehfeld) dreht ist abhängig von der Höhe der Frequenz des angelegten Drehstromes und von der Polpaarzahl des Motors.

Ordnet man im Innern der Ständerspulen den vorher beschriebenen Käfig-Anker drehbar an, so haben wir einen Drehstrom-Asynchron-Motor vor uns.

Beim Einschalten der Ständerspulen fließt durch diese elektrischer Strom, und es entsteht sofort das vorher beschriebene magnetische Drehfeld. Dieses schneidet die Käfigwicklung des stillstehenden Ankers, wodurch in dieser eine EMK induziert wird. Da die kurzgeschlossene Käfigwicklung einen niedrigen Widerstand besitzt, läßt die EMK einen verhältnismäßig hohen Strom durch die Wicklungsstäbe fließen. Wir haben somit stromdurchflossene Leiter im magnetischen Drehfeld des Ständers vor uns.

Aus den uns bekannten Gründen (siehe hierzu auch das Kapitel Magnetismus, Seite 85) übt das (sich drehende) Magnetfeld auf die stromdurchflossenen Wicklungsstäbe eine Drehkraft aus. Der Anker dreht sich folglich, und zwar in Richtung des Drehfeldes.

Die Drehzahl des Ankers (auch Läufer genannt) bleibt in ihrer Größe etwas hinter der Drehzahl des magnetischen Drehfeldes zurück.

Würde der Läufer beispielsweise durch eine äußere Antriebskraft die gleiche Drehzahl wie das Drehfeld des Ständers haben, so könnte in den Läuferwicklungsstäben keine EMK induziert werden und auch kein Strom in ihnen fließen. Das Drehmoment des Läufers wäre folglich gleich Null.

Die Größe der Kraft, mit der sich der Läufer dreht — oder die Größe seines Drehmomentes —, ist abhängig von der Dichte des magnetischen Drehfeldes und von der Höhe des induzierten Stromes in der Läuferwicklung.

Aus dieser Wirkungsweise ergibt sich auch der Name des Motors. Der Anker dreht sich also nicht synchron mit der Drehzahl des Drehfeldes sondern bleibt zurück, er besitzt eine „nicht synchrone“ d. h. „asynchrone“ Drehzahl. Wir nennen ihn aus diesem Grunde „Asynchron-Motor“.

Der Unterschied zwischen der Drehzahl des Drehfeldes und der asynchronen Drehzahl des Ankers nennt man Schlupfdrehzahl oder einfach „Schlupf“.

Der Schlupf bei Asynchron-Motoren wird immer in Prozenten der Drehzahl des Drehfeldes angegeben und kann mit folgender Formel errechnet werden:

$$s = \frac{n_1 - n}{n_1} \cdot 100$$

Darin bedeutet:

s = Schlupfdrehzahl, angegeben in % von der Drehzahl des Drehfeldes

n_1 = Drehzahl des Drehfeldes (auch synchrone Drehzahl des Motors genannt)

n = Drehzahl des Läufers (asynchrone Drehzahl)

Beispiel Nr. 99:

Bei einem Asynchron-Motor beträgt die synchrone Drehzahl des Drehfeldes 3000 und die Umlaufzahl des Läufers bei Nennlast 2850 U/min. Wie groß ist der Schlupf?

Gegeben: $n_1 = 3000$ U/min
$n = 2850$ U/min

Gesucht: $s = ?$

Lösung:

$$s = \frac{n_1 - n}{n} \cdot 100 = \frac{3000 - 2850}{3000} \cdot 100 = \frac{150}{3000} \cdot 100 = 5\%$$

Beispiel Nr. 100:

Die synchrone Drehzahl eines Drehstrom-Motors für eine Frequenz von 50 Hz beträgt 1000 in der Minute und der Schlupf 3,5%. Wie groß ist die Polpaarzahl und die asynchrone Umlaufzahl des Läufers?

Gegeben: $f = 50$ Hz, $n_1 = 1000$ U/min, $s = 3{,}5\%$

Gesucht: 1) $p = ?$
2) $n = ?$

Lösung:

Zu 1) Durch Umstellung der Formel zur Ermittlung der Frequenz:

$$f = \frac{p \cdot n}{60}$$

erhalten wir die Formel für die Errechnung der Polpaarzahl:

$$p = \frac{f \cdot 60}{n} = \frac{50 \cdot 60}{1000} = 3 \text{ Polpaare}$$

Zu 2) Die Schlupfdrehzahl beträgt 3,5% von 1000 = 35 U/min. Dann ist die Läuferdrehzahl:

$$1000 - 35 = 965 \text{ U/min}$$

Die Drehzahl des Läufers ist bei Leerlauf etwas kleiner als die synchrone Drehzahl, weil der Läufer nur die Lager- und Luftreibung (Ventilation) zu überwinden hat. Infolgedessen ist der Schlupf klein und damit der Strom in der Läuferwicklung gering. Bei Motoren geringer Leistung beträgt der Schlupf im Leerlauf etwa 0,5 bis 1%.

Wird der leerlaufende Asynchron-Motor belastet, so reicht sein bisher erzeugtes Drehmoment für die größere Belastung nicht mehr aus. Dadurch sinkt die Drehzahl des Läufers, und der Schlupf wird größer. Je größer aber der Schlupf wird, um so schneller wird die Läuferwicklung von dem magnetischen Drehfeld geschnitten. Dadurch steigt die induzierte Spannung in der Läuferwicklung an und mit ihr der Strom und somit das Drehmoment des Läufers. Je nach Größe des Asynchron-Motors beträgt der Schlupf bei Vollast etwa 3 bis 8%.

Wird der Motor wieder entlastet, so ist sein Drehmoment für die geringere Last zu groß. Er muß deshalb seine Drehzahl beschleunigen, dadurch wird der Schlupf kleiner und infolgedessen das Drehmoment geringer.

3) Der Leistungsfaktor bei Drehstrom-Motoren

Die an einem Drehstrom-Motor gelegte Spannung ruft in ihm eine bestimmte Stromstärke hervor.

Ein Teil davon dient zur Erzeugung der **wirksamen mechanischen Arbeit**, die der Motor an seiner Welle leisten kann. Diesen Teilstrom nennen wir daher Arbeits- oder **Wirkstrom** und bezeichnen ihn mit „J_W".

Der restliche Teilstrom dient zur Erzeugung des **magnetischen Drehfeldes**; er eilt dem Wirkstrom um eine Viertel Periode — gleich 90° — nach. Wir nennen ihn Magnetisierungs- oder **Blindstrom** und bezeichnen ihn mit „J_B".

Um die Größe des Gesamtstromes „J“, den der Motor aufnimmt, zu erhalten, darf man die Teilströme „J_W“ und „J_B“ nicht summenmäßig, sondern muß sie geometrisch addieren.

Wir setzen daher, die Teilströme in einem bestimmten Längen-Maßstab rechtwinklig (siehe Abb. 221, $\varphi_0 = 90^0$) zusammen und erhalten so graphisch die Größe des Gesamtstromes „J“.

Durch die Nacheilung des Blindstromes entsteht zwischen der an den Motor angelegten Spannung „U“ und dem Gesamtstrom „J“ der in den Zuleitungen fließt, eine Phasenverschiebung, die mit dem Winkel „φ“ bezeichnet wird. Da der Blindstrom bei verschieden großen Belastungen in seiner Höhe annähernd gleich bleibt und der Wirkstrom sich in seiner Höhe nach der Größe der Belastung richtet, ergibt sich, daß das Verhältnis des Wirkstromes „J_W“ zum Gesamtstrom „J“ die Größe des Phasenverschiebungswinkels φ bestimmt.

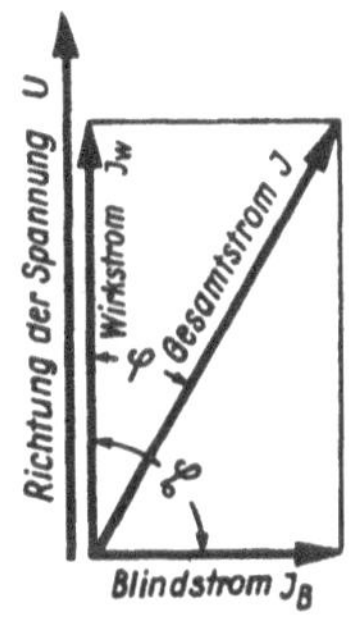

Abb. 221

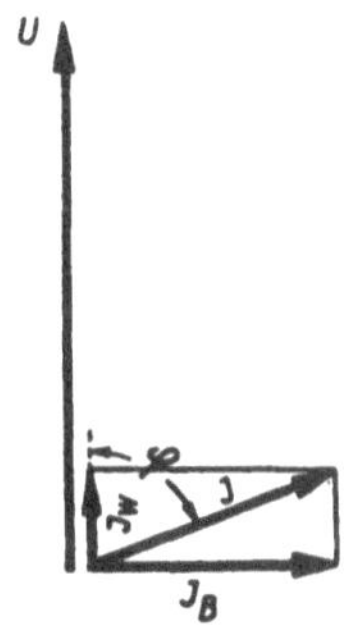

Abb. 222

In den Abb. 221 und 222 sind daher die Verhältnisse für hohe und niedrige Belastung zeichnerisch dargestellt.

Es ist daraus zu erkennen, daß der Phasenverschiebungswinkel „φ“ um so größer ist, je kleiner der Wirkstrom ist. Je geringer also der Motor belastet ist, um so größer ist der Phasenverschiebungswinkel und um so kleiner der Leistungsfaktor $\cos \varphi$.

Es wurde bereits erwähnt, daß die Größe des Phasenverschiebungswinkels von dem Verhältnis zwischen Wirkstrom und Gesamtstrom abhängig ist. Drehstrom-Motoren arbeiten infolgedessen immer mit einem Leistungsfaktor der kleiner als „1“ ist.

Da in vielen Fällen Motoren während eines Teiles ihrer Arbeitszeit nur gering belastet sind, arbeiten sie häufig mit einem niedrigen Leistungsfaktor von z. B. $\cos \varphi = 0{,}6$ und weniger. Je kleiner jedoch der Leistungsfaktor wird, um so größer ist die Stromstärke, die zur Übertragung der elektrischen Leistung der angelegten Stromquelle bei einer bestimmten Spannung erforderlich ist.

Wir können folglich daraus schließen, daß ein niedriger Leistungsfaktor (neben anderen Nachteilen) eine unerwünscht hohe Strombelastung der Motor-Zuleitungen nach sich zieht. Man ist daher bemüht, die Phasenverschiebung zwischen Strom und Spannung, hervorgerufen durch den niedrigen Leistungsfaktor des Motors, zu kompensieren (auszugleichen).

Dies kann mit Hilfe von Kondensatoren besonderer Bauart (siehe Seite 186) geschehen.

An dieser Stelle sei noch erwähnt, daß man unter gewissen Voraussetzungen auch Synchron-Motoren zur Kompensation der Phasenverschiebungen verwenden kann. Das soll jedoch hier nicht behandelt werden, da dies über den Rahmen der gestellten Aufgabe hinausgeht.

52. Anlauf eines Drehstrom-Motors

Die von einem Drehstrom-Motor beim Anlauf aufgenommene Stromstärke ist, ähnlich wie bei einem Gleichstrom-Motor, abhängig von der Höhe der beim Umlauf des Ankers induzierten Gegen-EMK.

Im ersten Moment des Einschaltens steht der Anker mit seiner kurzgeschlossenen Käfigwicklung still. Man kann in diesem Zustand die Wicklungen eines Drehstrommotors mit den Wicklungen eines Transformators[1]) vergleichen, wobei die Ständerwicklung die Primärwicklung und die Ankerwicklung eine kurzgeschlossene Sekundärwicklung darstellt.

Die Schnittgeschwindigkeit des Drehfeldes ist folglich im ersten Moment des Einschaltens so groß wie die Drehgeschwindigkeit desselben. Dadurch wird in der Ankerwicklung eine hohe EMK induziert, und es fließt ein hoher Strom, da der Widerstand der kurzgeschlossenen Ankerwicklung gering ist. Durch die hohe Stromstärke erzeugt die Ankerwicklung ein dichtes magnetisches Feld, das dem magnetischen Feld der Ständerwicklungen entgegengerichtet ist und es schwächt. Aus diesem Grunde ist die Gegen-EMK in den Ständerwicklungen gering und die Stromaufnahme im Augenblick des Anlaufens sehr hoch.

Kleinere und mittlere Motoren nehmen etwa das 5—6fache der normalen Betriebsstromstärke im Moment des Anlaufs auf.

Wegen dieser starken Stromstöße in das Versorgungsnetz sollten nur Motoren kleinerer Leistung etwa bis 1 kW „direkt" in Betrieb gesetzt werden. Für Motoren mit größerer Leistung sind besondere Anlaßmethoden von den stromliefernden Elektrizitätswerken vorgeschrieben, damit die Anlaufstromstärke etwa das 2fache der normalen Betriebsstromstärke nicht übersteigen kann.

a) Anlassen eines Drehstrom-Motors mit Hilfe eines 3poligen Schalters

Drehstrom-Motoren dürfen gewöhnlich bis zu einer Nennleistung von 1 kW mittels Schalter direkt ohne besondere Anlaßvorrichtungen in Betrieb gesetzt werden.

[1]) Siehe Seite 284, Abb. 266.

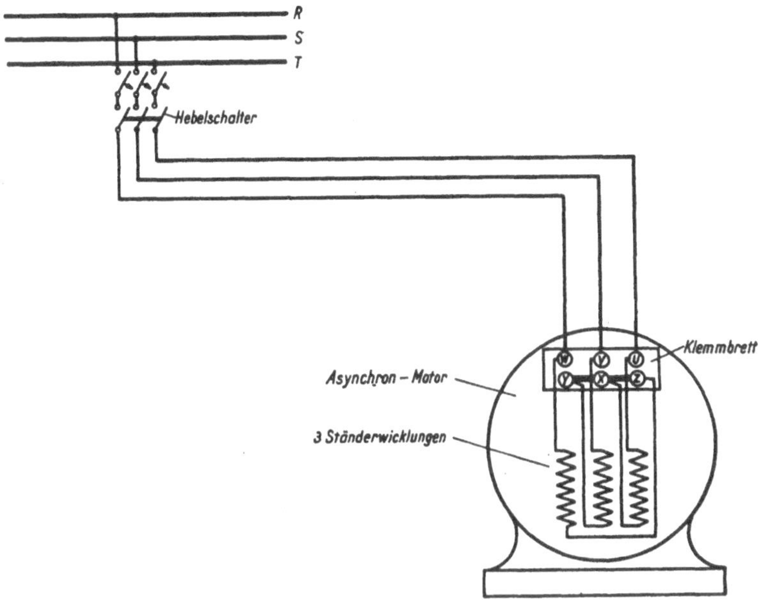

Abb. 223

Die bei dem direkten Einschalten auftretende Stromstärke erreicht etwa den 5- bis 6fachen Wert des Nennstromes. Da normale Sicherungen nur für den 2,5fachen Nennstrom bemessen sind, würden diese bei Vollast-Anlauf durchschmelzen. Aus diesem Grunde müssen für Stromkreise mit Drehstrom-Motoren sogenannte träge Sicherungen (oder wie Abb. 223 zeigt Überstrom-Automaten) verwendet werden. Diese haben die Eigenschaft, die während des Anlaufs auftretende hohe Spitzen-Stromstärke auszuhalten (siehe hierzu auch das Kapitel 15, Seite 51).

b) Das Anlassen eines Drehstrom-Motors mit Hilfe eines Sterndreieckschalters

Bei einem Drehstrom-Motor, dessen Ständerwicklung so bemessen ist, daß er für die in Frage kommende Netzspannung in Dreieck geschaltet sein muß, kann der Anlaufstrom mit Hilfe eines Sterndreieckschalters herabgesetzt werden. Dieser wird wie Abb. 224 zeigt, angeschlossen.

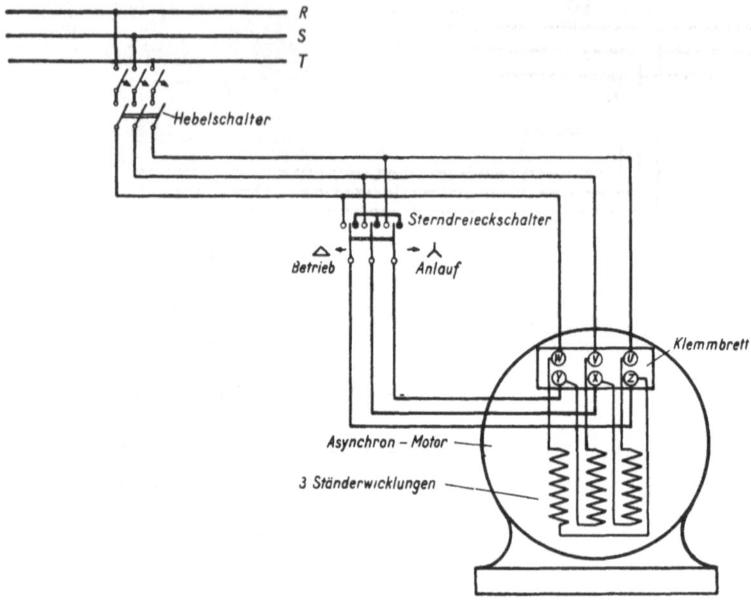

Abb. 224

Nach Einschalten der Überstrom-Automaten und Einlegen des dreipoligen Hebelschalters werden die Ständerwicklungen bei Betätigung des Sterndreieckschalters nach rechts in Stern geschaltet.

Dadurch liegt beim Anlauf an jeder Phasenwicklung nicht die volle Spannung des Versorgungsnetzes z. B. 380 Volt, sondern eine niedrigere und zwar in diesem Falle eine Spannung von:

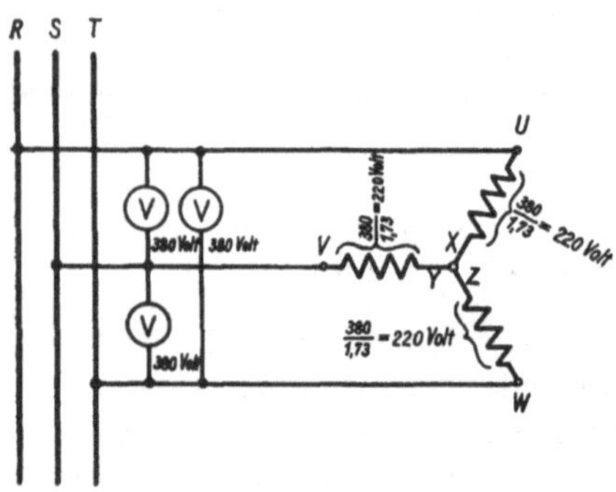

Abb. 225

$$U = \frac{U_V}{\sqrt{3}} = \frac{380}{1,73} = 220 \text{ Volt}$$

Die Folge davon ist, daß der Motor, der in Dreieckschaltung für eine elektrische Betriebsspannung von 380 Volt gebaut ist, nun in Sternschaltung nur den dritten Teil des bei direktem Einschalten auftretenden Anlaufstromes aufnimmt und infolgedessen nur langsam anlaufen kann. Der Motor entwickelt allerdings dabei auch eine geringere Anzugskraft, so daß er meist für Anlauf ohne oder nur mit geringer Last verwendet wird.

Nachdem der Motor nach kurzer Zeit ungefähr seine Nenndrehzahl erreicht hat, werden die Phasenwicklungen durch Betätigung des Sterndreieckschalters nach links (siehe Abb. 224) in „Dreieck“ geschaltet.

Dadurch erhält jede Phasenwicklung jetzt die volle Spannung des Versorgungsnetzes, so daß der Motor nun sein normales Drehmoment erzeugen kann und nach kurzer Zeit seine Nenndrehzahl erreicht.

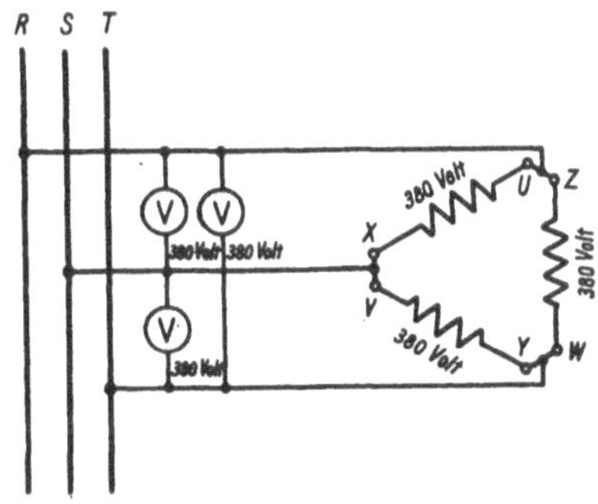

Abb. 226

Mit Hilfe von Sterndreieckschaltern kann also bei Drehstrom-Motoren der Anlaufstrom herabgesetzt werden. Er beträgt dabei etwa das 1,7- bis 2fache des normalen Nennstromes.

Infolge der immerhin noch beträchtlichen Stromstärke beim Anlauf dürfen Drehstrom-Motoren gewöhnlich nur bis zu Leistungen von 4 kW mit Sterndreieckschaltern in Betrieb genommen werden.

Bei Außerbetriebsetzung des Motors muß nach Ausschalten des Sterndreieckschalters auch der Hebelschalter ausgeschaltet werden, da sonst der Motor mit dem Klemmbrett immer noch an der Netzspannung liegen würde. Aus diesem Grunde werden Sterndreieckschalter gewöhnlich als Walzenschalter ausgeführt. Mit diesen wird bei Außerbetriebsetzung des Motors gleichzeitig auch die Abtrennung vom Netz vorgenommen.

Aus Vorhergehendem konnten wir entnehmen, daß jeder Drehstrom-Motor für zwei Spannungsgrößen verwendbar ist, so kann z. B. ein Motor für 220 Volt „Dreieckspannung“ mit einer 1,73fach höheren „Betriebsspannung“ nämlich 380 Volt betrieben werden.

Ein Motor für 190 Volt Sternspannung ist somit auch für eine Dreieckspannung von 190 : 1,73 = 110 Volt verwendbar. Bei Stern- oder Dreieckschaltungen sind Leistungen und Drehzahlen praktisch gleich hoch.

Um die Umschaltung von Dreieck in Stern schnell und bequem vornehmen zu können, sind die Anfänge und Enden der Ständerwicklungen zum Klemmbrett (siehe Abb. 227 und 228) geführt und mit Buchstaben versehen.

Die Anfänge der Dreiphasenwicklung tragen die Bezeichnung *U*, *V*, *W* und die Enden Z, X, Y. Um z. B. eine Sternschaltung zu erhalten, müssen die drei nebeneinander liegenden Klemmen Z, X, Y (oder U, V, W) miteinander verbunden werden. An den drei freien Klemmen müssen dann die drei stromzuführenden Netzleitungen R, S, T angeschlossen werden.

Abb. 227. Die Phasenwicklungen des Ständers sind in Stern geschaltet

Soll dagegen die Ständerwicklung von Stern in Dreieck umgeschaltet werden, dann sind je zwei übereinander angeordnete Klemmen, also U mit Z, V mit X und W mit Y zu verbinden.

Die drei Netzleitungen R, S, T müssen bei dieser Ständerschaltung entweder an die Klemmen U, V, W oder Z, X, Y angeschlossen werden.

c) Das Anlassen von Schleifringläufer-Motoren

Bei Drehstrom-Motoren hat der hohe Anlaufstrom seine Ursache in dem geringen Widerstand der Läuferwicklung. Der Motor ist, wie bereits erwähnt, gleichsam ein Transformator, dessen Sekundärwicklung kurzgeschlossen ist (siehe hierzu auch das Kapitel „Transformatoren“ Seite 280).

Um bei Inbetriebsetzung eines Drehstrom-Motors den auftretenden Primärstrom in der Ständerwicklung herabzumindern, muß der Widerstand der kurzgeschlossenen Läuferwicklung vergrößert werden. Aus diesem Grunde besitzt der Läufer an Stelle der Kurzschlußwicklung (Käfigwicklung, siehe Seite 235) eine dreiphasige Wicklung ähnlich wie der Ständer. Diese ist entweder in Stern oder in Dreieck geschaltet.

Abb. 228. Die Phasenwicklungen sind in Dreieck geschaltet

Die drei Wicklungsausgänge sind über 3 Schleifringe und Bürsten nach außen geführt.

Über diese Einrichtung kann der Widerstand der Läuferwicklung mit Hilfe eines Anlassers vergrößert und somit der sekundäre Läuferstrom geschwächt werden. Das hat zur Folge, daß beim Anlassen der Ständerstrom niedrig bleibt.

Soll also ein Schleifringläufer-Motor in Betrieb gesetzt werden, so muß zunächst der Hebelschalter (siehe Abb. 229) eingelegt werden. Der Motor läuft langsam an. Durch sofortiges Drehen der Anlasserkurbel rechts herum werden die der Läuferwicklung vorgeschalteten Anlaßwiderstände nach und nach verringert, so daß der Läuferstrom ansteigt und damit die Drehzahl und das Drehmoment des Motors.

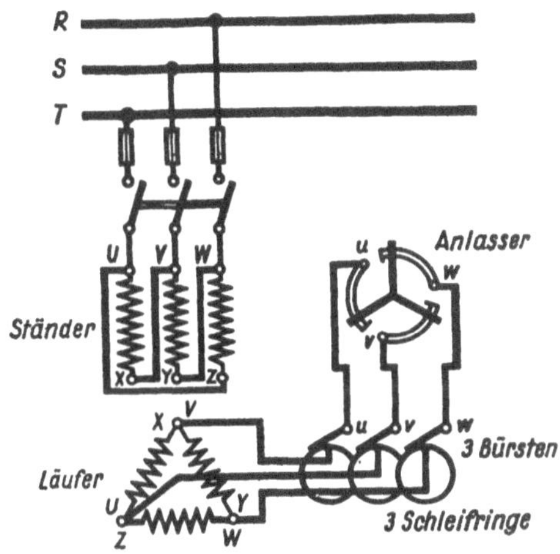

Abb. 229. Schaltbild eines Drehstrom-Schleifringläufer-Motors

In der Endstellung der Anlasserkurbel ist die Läuferwicklung kurzgeschlossen, der Motor arbeitet daher in Betrieb als Kurzschlußläufer. Er nimmt dabei seinen normalen Nennstrom auf. Drehstrom-Anlasser müssen so gebaut sein, daß man sie nicht ausschalten kann, man wäre sonst in der Lage, den Motor stillzusetzen trotz eingeschalteter Ständerwicklung. Letztere würde in diesem Falle infolge fehlender Kühlung beschädigt werden.

Hat der Motor nach dem Anlaßvorgang seine Nenndrehzahl erreicht, so können — mit der am Motor angebrachten Bürstenabhebe-Vorrichtung — die Schleifringe innerhalb des Motors kurzgeschlossen und die Bürsten abgehoben werden. Dadurch werden u. a. die Bürstenreibungsverluste und unnötiger Verschleiß vermieden.

Beim Ausschalten ist darauf zu achten, daß die Bürsten ordnungsmäßig wieder auf die Schleifringe aufgesetzt werden, die Kurzschluß-Vorrichtung der Schleifringe also ausgerückt ist.

Abb. 230. Einzelteile eines Drehstrom-Schleifringläufer-Motors

d) Die Änderung der Drehrichtung

Die Änderung der Drehrichtung bei Drehstrom-Motoren kann nur durch Änderung der Drehrichtung des magnetischen Drehfeldes erreicht werden.

Die Drehrichtungsänderung ergibt sich, wenn man zwei von den ankommenden Netzleitungen R, S, T vertauscht.

53. Die Drehzahlregelung bei Drehstrom-Motoren

Die Drehzahlregelung bei Drehstrom-Motoren ist nicht so einfach wie beispielsweise bei Gleichstrom-Motoren (siehe Seite 228). Sie ist nur unter erheblichen Aufwand an Energie oder besonderen Einrichtungen möglich. Wir werden uns daher anschließend mit einigen Regelarten befassen.

a) Die Drehzahl-Regelung durch Einschalten von Widerstand in die Läuferwicklung

Durch Vergrößerung des Läuferwiderstandes eines belasteten Drehstrom-Motors mit einem Regelanlasser sinkt der Läuferstrom und damit das Drehmoment des Motors ab.

Damit er das seiner Belastung entsprechende Drehmoment hervorbringen kann, läuft der Motor langsamer, wobei sich der Schlupf vergrößert. Daraus ergibt sich, daß mit diesem Verfahren die Drehzahl um so weiter herunter geregelt werden kann, je mehr der Motor belastet ist. Mit größer werdendem Schlupf ist der Motor jedoch bei Änderungen der Belastung großen Drehzahlschwankungen unterworfen.

Damit die Kurbel des Regelanlassers auf jedem Kontakt beliebig lange stehen bleiben kann, müssen die Widerstände des Regelanlassers so stark bemessen sein, daß sie bei einem Regelvorgang durch den Stromfluß nicht zu warm werden können.

Dieses Drehzahl-Regelverfahren hat den Nachteil, daß im Regelanlasser ein beträchtlicher Teil der vom Motor aufgenommenen elektrischen Energie nutzlos in Wärme umgewandelt wird. Die Verlust-Energie ist ungefähr der Größe des Schlupfes proportional. Beträgt infolge Vergrößerung des Läuferwiderstandes der Schlupf z. B. 20%, so betragen die Verluste auch 20% der vom Motor aufgenommenen elektrischen Energie. Davon treten im Läufer etwa 5% auf und im Regelanlasser die restlichen 15%.

Eine Aufwärtsregelung der Drehzahl bei Drehstrom-Motoren ist unmöglich, da die synchrone Drehzahl des magnetischen Drehfeldes nie erreicht geschweige überschritten werden kann.

b) Die Drehzahl-Regelung durch Polumschaltung bei Drehstrom-Motoren

Bekanntlich ist die Frequenz eines Wechselstromes, der von einem Drehstrom-Motor aufgenommen wird, abhängig:

1. von der Drehzahl „*n*" und
2. von der Polpaarzahl „*p*" des Wechselstrom-Generators.

Zur rechnerischen Ermittlung der Frequenz dient die Formel:

$$f = \frac{p \cdot n}{60}$$

Stellt man diese Formel nach „*n*" um, so erhält man eine Formel mit der die Drehzahl eines Drehstrom-Motors errechnet werden kann, sie lautet:

$$n = \frac{f \cdot 60}{p}$$

Beispiel Nr. 101:

Ein Drehstrom-Asynchron-Motor mit „einem Polpaar“ ist an ein Wechselstromnetz mit einer Frequenz von 50 Herz angeschlossen. Wie groß ist die synchrone Drehzahl?

Gegeben: $p =$ ein Polpaar, $f = 50$ Hz

Gesucht: $n = ?$

Lösung:

$$n = \frac{f \cdot 60}{p} = \frac{50 \cdot 60}{1} = 3000 \text{ U/min.}$$

Wir erkennen daraus, daß die Drehzahl kleiner werden muß, wenn man einen Drehstrom-Motor nicht nur mit einem Polpaar, sondern mit zwei oder drei Polpaaren ausgestattet hat.

Für die Änderung der Polpaarzahl kann beispielsweise für jede Drehzahl ein Ständerwicklungssystem mit verschiedenen Polzahlen angeordnet werden, oder die Änderung wird durch Umschaltung der Ständerwicklung (wie in Abbildung 231 dargestellt ist), durchgeführt.

Das Umschalten von einer Polpaarzahl auf eine größere — um eine niedrigere Drehzahl zu erhalten — erfolgt mit Hilfe eines besonderen Polumschalters.

In folgender Abbildung ist das Schaltbild einer Umschaltung von einem Polpaar auf zwei Polpaare dargestellt:

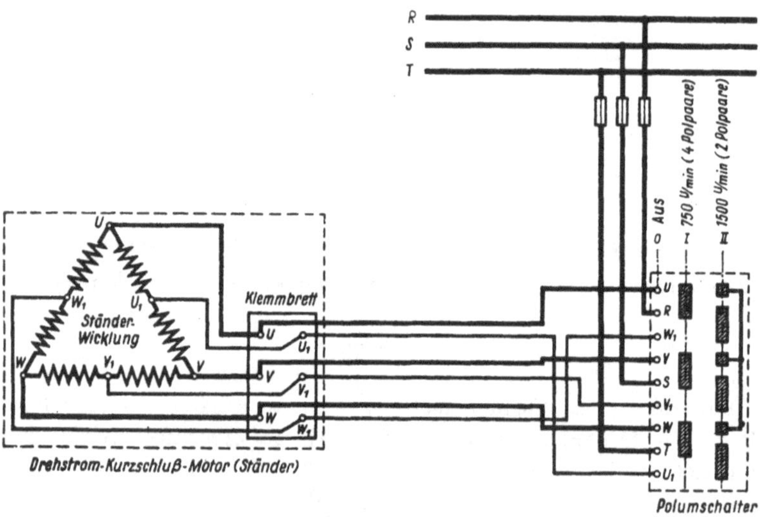

Abb. 231

Die Drehzahlregelung durch Polumschaltung kann nur bei Drehstrom-Motoren mit Kurzschlußläufer angewendet werden. Bei ihnen richtet sich die Polausbildung nach dem Ständer, während die für eine bestimmte Phasenzahl ausgeführten Schleifringläufer ebenso umgeschaltet werden müßten (was jedoch zu große Schwierigkeiten verursacht).

Zu beachten ist noch bei dieser Regelart, daß polumschaltbare Drehstrom-Motoren in ihrem Aufbau größer als normale Drehstrom-Motoren und daher in der Herstellung teurer sind. Sie sind außerdem bei niedrigen Drehzahlen ungenügend ausgenützt, so daß sie infolgedessen einen schlechten Leistungsfaktor und einen geringen Wirkungsgrad besitzen.

54. Der Asynchron-Motor als Kreisel

Eine sehr interessante Ausführungsart eines Drehstrom-Asynchron-Motors zeigt folgendes Bild.

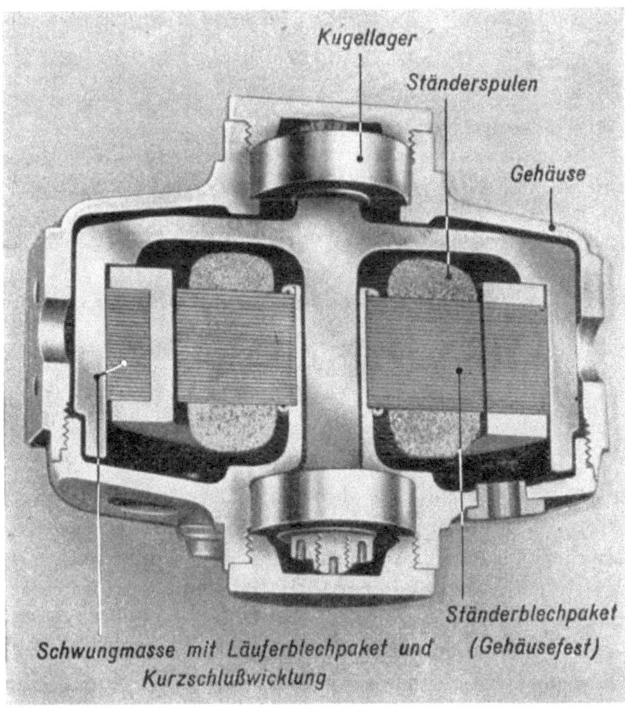

Abb. 232. Schnitt durch einen Asynchron-Motor in Sonderausführung als Kreisel

Hier wird der Motor als elektrischer Kreisel verwendet. Wozu man sich noch die notwendige Aufhängung in Kardanrahmen denken muß. Damit der Kreisel über eine möglichst große Richtkraft verfügt, ist es erforderlich, daß der rotierende Anker ein großes Schwungmoment besitzt. Aus diesem Grunde ist der Anker so angeordnet, daß er topfförmig den Stator umschließt, wie Abb. 232 zeigt.

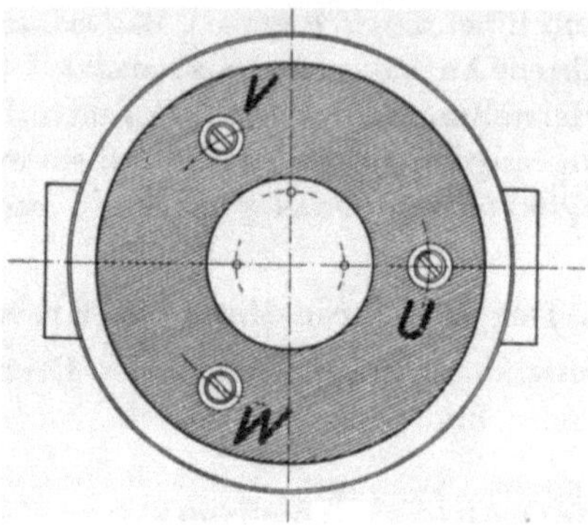

Abb. 233. Drehstrom-Anschlußseite des Kreisel-Motors

Der Ständer besitzt drei Phasenwicklungen, die in Stern geschaltet sind und ein Polpaar erzeugen. Würde man dem Kreisel einen Drehstrom mit 500 Hz zuführen, so ergibt sich seine Drehzahl durch Umstellung der bekannten Formel $f = \frac{p \cdot n}{60}$ (siehe Seite 136) zu:

$$n = \frac{f \cdot 60}{p} = \frac{500 \cdot 60}{1} = \mathbf{30000\ Umdrehungen/Minute}$$

Elektrische Kreisel werden z. B. in automatischen Kurssteuerungsanlagen in Flugzeugen benutzt.

55. Leistungsmessung durch Wirbelstrombremsen

Wirbelstrombremsen dienen dazu, die Leistung von Elektromotoren zu ermitteln. Zu diesem Zweck wird eine Scheibe aus Kupfer oder einem anderen leitenden Werkstoff auf die Welle des zu prüfenden Motors gesetzt, die sich zwischen den Polen eines oder mehrerer hufeisenförmiger Elektromagnete bewegen kann. Ist die Spule des Elektromagneten an eine Stromquelle angeschlossen, so fließt durch ihre Windungen Erregerstrom und zwischen den Polen herrscht ein magnetisches Feld. Durch den Umlauf der an der Motorwelle befestigten Bremsscheibe in dem Magnetfeld entstehen in der Scheibe Wirbelströme,

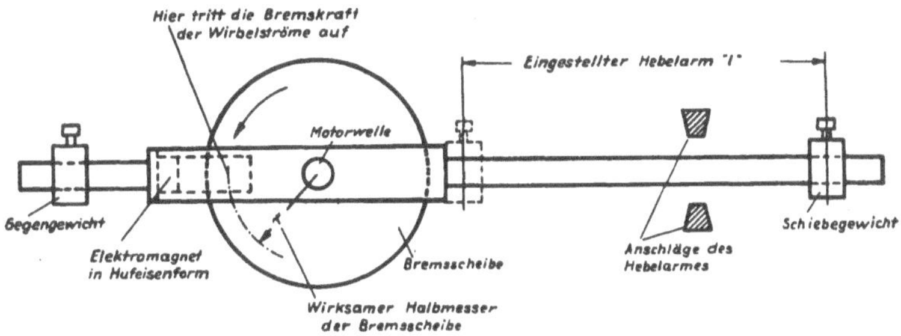

Abb. 234. Schematische Darstellung einer Wirbelstrombremse

durch welche die Scheibe und damit der Anker des Motors gebremst wird (siehe Lenzsches Gesetz, Seite 132).

Durch Verschieben des Gewichtes auf den Hebelarm „l“ kann das Gleichgewicht zwischen der Bremskraft der Wirbelströme und dem Waagebalken, an dem der Bremsmagnet befestigt ist, hergestellt werden.

Die abgebremste Leistung kann sodann mit Hilfe folgender Gleichung ermittelt werden:

$$N = \frac{2 \cdot G \cdot l \cdot \pi \cdot n}{60 \cdot 75}$$

Darin bedeutet:

N = abgebremste Leistung des Motors, gemessen in „PS“
G = Schiebegewicht, gemessen in „kg“
l = Länge des Hebelarmes, gemessen in Meter
n = Drehzahl des Motors, gemessen in U/min

Wirbelstrombremsen zeichnen sich durch gleichmäßige und schwankungsfreie Bremsung aus. Die abgebremste Leistung tritt auch hier, wie bei einem Pronyschen Zaum, in der Scheibe als Wärme in Erscheinung. Die Abkühlungsverhältnisse sind jedoch bei der Wirbelstrombremse wesentlich besser als beim Pronyschen Zaum, so daß sich gewöhnlich eine besondere Kühlung der Scheibe erübrigt.

Beispiel Nr. 102:

Bei einem Bremsversuch mit einer elektrischen Wirbelstrombremse beträgt bei Gleichgewicht die Länge des Hebelarmes 0,8 m und das Schiebegewicht 2 kg.

Wie groß ist die abgebremste Leistung des Motors, wenn die Drehzahl desselben 1420 U/min beträgt?

Gegeben: $G = 2$ kg, $l = 0{,}8$ m, $n = 1420$ U/min

Gesucht: $N = ?$

Lösung:

$$N = \frac{2 \cdot G \cdot l \cdot \pi \cdot n}{60 \cdot 75} = \frac{2 \cdot 2 \cdot 0{,}8 \cdot 3{,}14 \cdot 1420}{60 \cdot 75} = 3{,}17 \text{ PS}$$

56. Umformer

In der Elektrotechnik unterscheidet man bekanntlich Gleichstrom, Wechselstrom und Drehstrom. Häufig ist es in der Praxis notwendig, eine vorhandene Stromart in eine andere umzuformen, oder die elektrische Spannung oder Frequenz einer Stromart zu ändern. Für diesen Zweck werden sogenannte „Umformer" benötigt. Zu ihnen gehören neben Transformatoren und Gleichrichtern, die später behandelt werden:

a) Motor-Generatoren und

b) Einanker-Umformer

a) Der Motor-Generator

Wie der Name schon sagt, besteht der Motorgenerator aus einem Motor, der mit einem Generator direkt gekuppelt ist. Der Motor formt die ihm zugeführte elektrische Energie in mechanische Arbeit um, die von der Motorwelle direkt auf die Welle des Generators übertragen wird. Durch die Umdrehungen des Ankers im Generator wird nach den uns bekannten Gesetzen in seinen Wicklungen eine Spannung induziert. Die zugeführte mechanische Arbeit wird also in eine elektrische Energie (der gewünschten Stromart und Spannungshöhe) umgeformt.

Ein solcher Maschinensatz besteht beispielsweise für die Umformung von Gleich- in Wechselstrom aus einem Gleichstrommotor und einem Wechselstrom- bzw. Drehstrom-Generator.

Abb. 235. Motorgenerator

Bei der Umformung von Drehstrom in Gleichstrom wird gewöhnlich ein Drehstrommotor zum Antrieb eines Gleichstrom-Generators verwendet. Derartige Maschinensätze („Aggregate") sind in ihrem Aufbau einfach und für rauhe Betriebe gut geeignet, sie haben jedoch im Vergleich zu den nachfolgend beschriebenen Einanker-Umformern ein höheres Gewicht und erfordern einen größeren Raumbedarf; auch sind die Anschaffungs- und Instandhaltungskosten höher.

Durch die zweimalige Umformung im Antriebsmotor und im Generator ergeben sich große Verluste, so daß der Gesamtwirkungsgrad niedrig ist. Er ergibt sich aus dem Produkt der Wirkungsgrade der einzelnen Maschinen:

$$\eta_{ges} = \eta_M \cdot \eta_G$$

Darin bedeutet:

η_{ges} = Wirkungsgrad des gesamten Maschinensatzes
η_M = Wirkungsgrad des Motors
η_G = Wirkungsgrad des Generators

Beispiel Nr. 103:

Der Motor eines Motorgenerators hat einen Wirkungsgrad von 0,82 und der Generator einen solchen von 0,78. Wie groß ist der Gesamtwirkungsgrad?

Gegeben: $\eta_M = 0{,}82$, $\eta_G = 0{,}78$

Gesucht; $\eta_{ges} = ?$

Lösung:

$$\eta_{ges} = \eta_M \cdot \eta_G = 0{,}82 \cdot 0{,}72 = 0{,}64$$

b) Der Einankerumformer

Bei Einankerumformern erfolgt die Umformung der einen Stromart in die gewünschte andere in ein und derselben Ankerwicklung des Umformers.

Der Einankerumformer ist z. B. eine Gleichstrommaschine, deren Ankerwicklungen an der einen Seite an dem Kollektor und an der anderen Seite an Schleifringe angeschlossen sind. Je nach Anzahl der Schleifringe auf der Wechselstromseite unterscheidet man Zwei-, Vier- und Sechs-Phasen-Umformer.

Der Einankerumformer kann sowohl für die Umformung von Gleichstrom in Wechsel- bzw. Drehstrom als auch umgekehrt[1]) verwendet werden. Wie bereits erwähnt, findet die Umformung in der Anker-

---

[1]) Und für Sonderzwecke auch als Umspanner.

wicklung mit zugehörigen Schleifringen und Kollektor auf elektrischem Wege statt, so daß der Umweg über die mechanische Energie wie bei einem Motor-Generator vermieden wird. Demzufolge sind die auftretenden Verluste geringer, als bei einem Motorgenerator und der Wirkungsgrad höher.

Für die Drehstromseite können wir den Einankerumformer als eine Synchronmaschine (Drehstrom-Generator) auffassen und für die Gleichstromseite als eine normale Gleichstrommaschine. Sowohl drehstrom- wie gleichstromseitig kann der Einankerumformer als Motor laufen. Mit ihm kann folglich Gleichstrom in Wechsel- bzw. Drehstrom oder Drehstrom in Gleichstrom umgeformt werden.

Abb. 236. Einankerumformer

Zwischen der Gleich- und Wechselspannung eines Einankerumformers besteht ein festes Abhängigkeitsverhältnis. Dieses ist unabhängig von der Drehzahl und ändert sich nur wenig mit der Belastung. Da die Gleich- und Wechselspannung von dem gleichen magnetischen Feld und bei derselben Drehzahl erzeugt wird, ist der Höchstwert der Wechselspannung genau so groß wie der Wert der Gleichspannung. Somit ist der wirksame Wert der Einphasen-Wechselspannung nur 70,7% der Gleichspannung (siehe hierzu auch die Ausführungen auf Seite 136). Bei der Umformung von Gleichstrom in Drehstrom ist der wirksame Spannungswert noch niedriger.

Die vom Einankerumformer erzeugte elektrische Spannung kann nur durch zusätzliche Einrichtungen in ihrer Höhe verändert werden. So kann z. B. bei der Umformung von Gleich- in Wechselstrom die erzeugte Wechselspannung je nach Bedarf mit Hilfe eines Umspanners (Transformator) erhöht oder erniedrigt werden. Das letztere ist auch durch Vorschalten einer Drosselspule möglich.

Bei der Umformung von Wechsel- oder Drehstrom in Gleichstrom ist die Änderung der Höhe der erzeugten Gleichspannung schon schwieriger, sie ist aber z. B. dadurch möglich, daß

1. die auf dem Kollektor liegenden Bürsten aus der neutralen Zone verschoben werden, wobei zur Vermeidung von Bürstenfeuer die Magnetpole in 2 oder 3 Teile aufgeteilt sein müssen,
2. die zugeführte Wechselspannung mit Hilfe eines Stufentransformators so verändert wird, daß man auf der Gleichstromseite die gewünschte Höhe der Gleichspannung erhält.

Bei der Umformung von Gleichstrom in Wechselstrom wird der Einankerumformer von der Gleichstromseite normal als Gleichstrom-Nebenschluß-Motor in Betrieb gesetzt, während bei der Umformung von Drehstrom in Gleichstrom der Einankerumformer:

1. durch einen besonderen Anwurfmotor auf synchrone Drehzahl gebracht werden muß, weil der Einankerumformer ein mit Gleichstrom erregtes Magnetfeld besitzt. Er ist daher, von der Wechselstromseite her gesehen, ein Synchronmotor (siehe hierzu auch das Kapitel „Der Synchronmotor").
2. als Asynchronmotor in Betrieb gesetzt wird, wenn im Ständer entsprechende Wicklungen vorhanden sind.

Nachfolgend werden wir uns nun mit dem Hergang einer Umformung von Wechselstrom in Gleichstrom befassen, siehe hierzu Abb. 237.

Die mit „*A*" und „*B*" bezeichneten Teile auf der rechten Seite sind Schleifringe, über die dem Einankerumformer die Wechselspannung zugeführt wird. Diese beiden Schleifringe stehen durch die angedeuteten Ankerleiter mit den Kollektorlamellen „*C*" und „*D*" auf der linken Seite in Verbindung. An die aufliegenden Bürsten ist der Gleichstrom-Verbraucherstromkreis angeschlossen.

Wir betrachten die positive Halbwelle der angelegten Wechselspannung und nehmen an, es fließe in unserem Falle Strom von dem Schleifring „*A*" über die obere Anker-Leitung zur Kollektorlamelle „*C*" und von dieser über die obere Bürste in den Verbraucher-Stromkreis. Der Strom fließt von hier über Kollektorlamelle „*D*" und untere Bürste wieder in die Maschine und gelangt durch den unteren Ankerleiter und den Schleifring „*D*" in die Wechselstromquelle zurück.

Die Kollektorlamelle „*C*" liegt während der Zeit der positiven Halbwelle unter der Bürste, die mit Plus bezeichnet ist. Nach Ablauf dieser Zeit läuft die Kollektorlamelle „*D*" bei Beginn der negativen Halbwelle unter die Plus-Bürste. In diesem Moment, in dem die Kollektorlamelle „*D*“ unter die Plus-Bürste kommt, ändert der Wechselstrom seine Richtung. Dadurch tritt er nun nicht mehr durch den

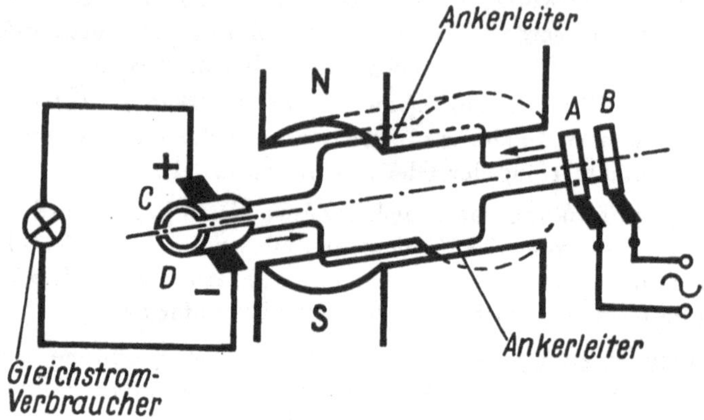

Abb. 237. Schematische Darstellung eines Einanker-Umformers mit angeschlossenem Gleichstrom-Verbraucherstromkreis

Schleifring „*A*“ in die Maschine ein, sondern durch den Schleifring „*B*“.

Damit fließt in der Ankerwicklungshälfte, die mit dem Schleifring „*A*“ verbunden ist, der Strom in umgekehrter Richtung, wie eingezeichnet; der Strom tritt also durch die Kollektorlamelle „*D*“ aus. Da sich inzwischen die Kollektorlamelle „*D*“ durch Drehung unter der Plus-Bürste befindet, tritt der Strom auch während der negativen Halbwelle über die mit Plus bezeichnete Bürste in den äußeren Stromkreis.

Wir erhalten folglich ständig den Austritt des elektrischen Stromes an ein und derselben Bürste und damit für den äußeren Stromkreis einen ständig gleichgerichteten Strom. Voraussetzung ist jedoch dabei, daß der Anker immer mit synchroner Drehzahl läuft.

In ähnlicher Weise wird mit Hilfe von Einanker-Umformern auch Drehstrom in Gleichstrom oder auch Gleichstrom in Drehstrom umgeformt. Bei der letzteren Umformung sind jedoch noch besondere Maßnahmen notwendig, die aber im Rahmen dieses Buches nicht besprochen werden.

57. Kaskaden-Umformer

Im Gegensatz zu einem Motor-Generator sind beim Kaskaden-Umformer die beiden Maschinen nicht nur mechanisch sondern auch deren Wicklungen in elektrischer Hinsicht miteinander verbunden. Die Umformung von Drehstrom in Gleichstrom erfolgt somit teilweise auf mechanischem und teilweise auf elektrischem Wege.

58. Die Umformung von Wechselstrom in Gleichstrom durch Trockengleichrichter

Zur Umformung von Wechselstrom in Gleichstrom werden in der Praxis nicht nur rotierende Umformer (Maschinen), sondern auch in großer Zahl ruhende Gleichrichter verwendet. Dies sind Quecksilberdampfgleichrichter, Röhrengleichrichter und sogenannte Trocken-Gleichrichter.

Da die Behandlung der Arbeitsweise aller ruhenden Gleichrichterarten über den Rahmen dieses Buches hinausgeht, werden wir uns nachfolgend nur mit dem Aufbau und der Arbeitsweise von Kupferoxydul- und Selen-Gleichrichtern befassen, weil sie sehr zahlreich verwendet werden.

a) Die Wirkungsweise eines Kupferoxydul-Gleichrichterelementes

Einige elektrische Halbleiter von bestimmter Zusammensetzung, wie z. B. einige Metalloxyde, besitzen in Verbindung mit einer Metallfläche die Eigenschaft, elektrischen Strom in einer Richtung bedeutend besser zu leiten, als in der umgekehrten Richtung.

Diese sogenannte Ventilwirkung besitzt z. B. ein Kupferoxydulgleichrichter. Er besteht aus einer Kupferscheibe, bei der auf einer Fläche eine Halbleiterschicht aus Kupferoxydul nach einem besonderen Verfahren aufgebracht ist. Eine solche Gleichrichterscheibe setzt dem Stromdurchfluß in der Richtung vom Kupferoxydul zur Kupferscheibe nur einen geringen Widerstand entgegen, während sie in der Richtung von der Kupferscheibe zum Kupferoxydul dem Stromdurchfluß einen bedeutend größeren Widerstand bietet.

Nehmen wir z. B. an, daß wir eine Kupferscheibe von einem Durchmesser von 40 mm mit einer aufgebrachten Oxydulschicht vor uns haben, an die wir eine Wechselspannung von 1 Volt legen, so fließt während der Dauer der positiven Halbwelle ein Strom von 5 Amp. in der Richtung Oxydulschicht—Kupferscheibe und während der Dauer der negativen Halbwelle ein Strom von nur 0,001 Amp. von der Kupfer-

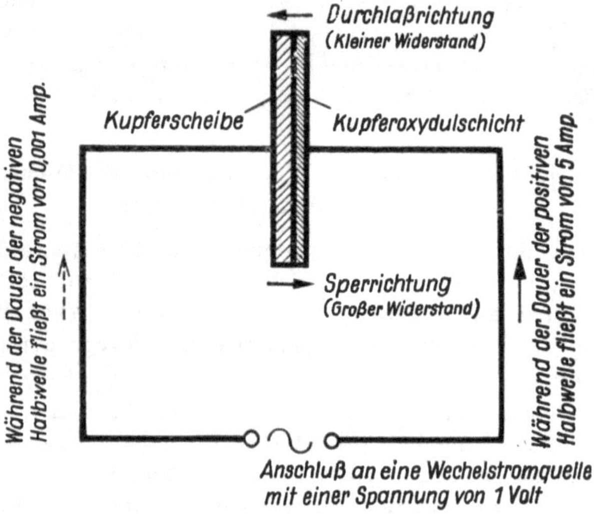

Abb. 238

scheibe zur Oxydulschicht. Das bedeutet praktisch eine Sperrung des Stromes in dieser Richtung.

Es ist jedoch so, daß der Strom in der Sperrichtung bei ansteigender Temperatur größer wird. Es ist daher ratsam, die Betriebstemperatur auf etwa 55° C zu begrenzen.

b) Aufbau eines Kupferoxydul-Gleichrichter-Elementes

Nachfolgende Abb. 240 zeigt ein einzelnes Kupferoxydul-Gleichrichter-Element in der Druckplatten-Bauart. Bei dieser werden kreisrunde Kupferscheiben bis etwa 40 mm ∅ mit einer aufgebrachten Kupferoxydulschicht von etwa 0,05 mm Stärke verwendet. Zur Erzielung eines einwandfreien Kontaktes ist die Oxydulschicht mit einem dünnen Graphit-Überzug versehen, auf den zur Stromabgabe eine sogenannte „Gegenelektrode", bestehend aus einer Bleischeibe, gepreßt wird.

Um den Übergangswiderstand an der Kontaktstelle Blei-Graphit möglichst niedrig zu halten, wird ein bestimmter Anpreßdruck, gewöhnlich durch Druckfedern, aufrechterhalten.

In dem dargestellten Gleichrichter-Element kann unter Berücksichtigung des Vorhergesagten elektrischer Strom nur von der Gegen-

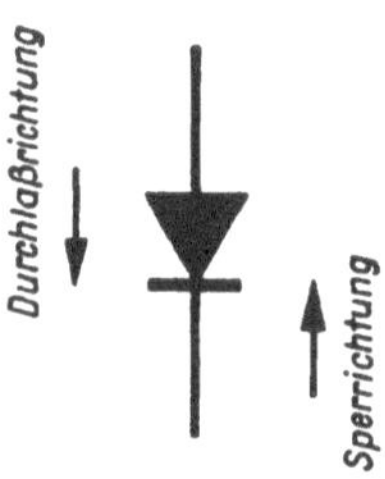

Abb. 239. Schaltsinnbild eines Einweggleichrichters

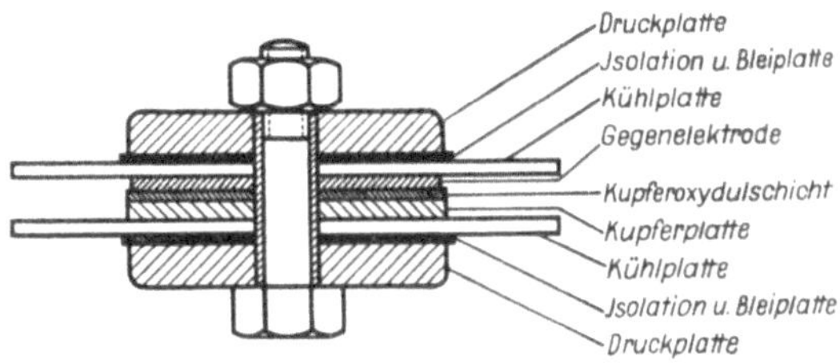

Abb. 240. Kupferoxydul-Einweggleichrichter in Druckplatten-Bauart

elektrode über die Kupferoxydulschicht zur Kupferplatte fließen. In entgegengesetzter Richtung ist der Widerstand des Gleichrichters sehr groß; der geringe Stromfluß in dieser Richtung kann praktisch vernachlässigt werden.

Je höher die gleichzurichtende Wechselspannung ist, um so mehr einzelne Gleichrichterelemente müssen hintereinander geschaltet werden.

Diese Gleichrichterscheiben werden auf einen isolierten Bolzen aufgereiht und an den Bolzenenden durch aufgeschraubte Muttern zusammengehalten. Der günstigste Anpreßdruck der Scheiben wird bei der Herstellung durch eine besondere Hilfsvorrichtung eingestellt. Zur Stromzuführung dienen die zwischengelegten Kühlplatten oder -bleche, die daher auch als Anschlußbleche bezeichnet werden. Die Kühlbleche überragen die Fläche der Kupferoxydulscheiben um ein beträchtliches Maß, so daß die an der Sperrschicht entstehende Wärme durch die Kühlbleche eine große Oberfläche findet, von der sie in die umgebende Luft übergehen kann.

Schaltet man ein einzelnes Gleichrichter-Element in einen Wechselstromkreis, wie in Abb. 241 dargestellt, so wird, wie wir aus Vorhergehendem entnehmen konnten, nur die positive Halbwelle des angelegten Wechselstromes für den angeschlossenen Gleichstromverbraucher ausgenützt; die negative Halbwelle wird praktisch unterdrückt.

Der Verbraucher wird folglich von einem elektrischen Strom durchflossen, der zwar seine Richtung nicht mehr ändert, aber in seiner Größe derart schwankt, daß er nicht für alle Zwecke verwendet werden kann.

Die in Abb. 241 dargestellte Schaltung nennt man auch „Einwegschaltung".

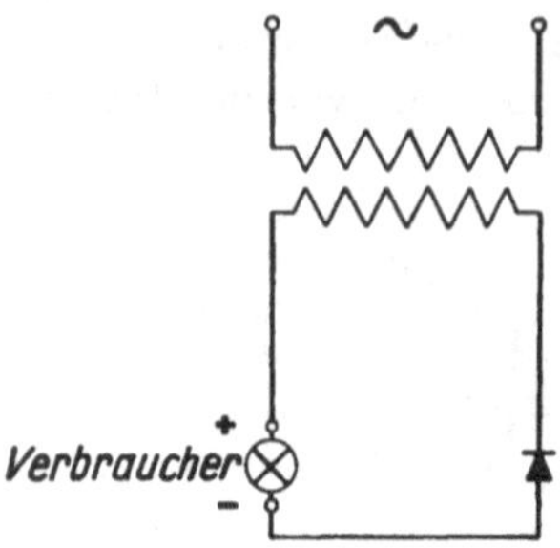

Abb. 242

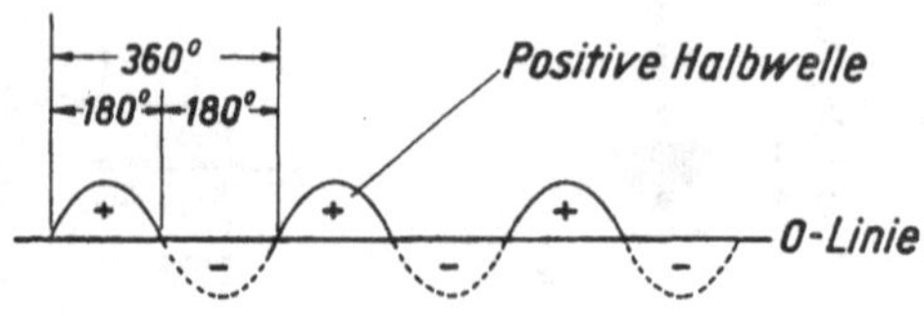

Abb. 242a

Ein einzelnes Gleichrichterelement ist je nach Größe und Kühlung für Belastungen bis etwa 0,7 A geeignet. Wie bereits erwähnt, wird in einer Gleichrichterschaltung mit einem Gleichrichterelement nur eine Halbwelle der angelegten Wechselspannung ausgenutzt. Die Gleichspannung für den Verbraucher setzt sich folglich aus einzelnen, zeitlich voneinander getrennten Halbwellen zusammen.

In der Sperrichtung vermag ein einzelnes Gleichrichterelement eine effektive Spannung bis 8 Volt zu sperren, das entspricht einer Scheitelspannung von etwa 11 Volt.

Soll sowohl die positive, wie auch die negative Halbwelle der Wechselspannung ausgenützt werden, so schaltet man 4 einzelne Gleichrichterscheiben in einer sogenannten Graetzschaltung zusammen (wie Abbildung 243 zeigt) und schließt diese an die Sekundärwicklung eines Umspanners an.

Um die Arbeitsweise einer solchen Gleichrichter-Graetzschaltung kennenzulernen, betrachten wir eine positive und negative Halbwelle der gleichzurichtenden Wechselspannung und verfolgen den Stromfluß in der dargestellten Gleichrichter-Anlage.

1. Während der Dauer der positiven Halbwelle nimmt der elektrische Strom folgenden Weg:

   Transformator: Sekundär-Wicklungsklemme „*u*", Punkt „*A*", oberer Gleichrichter links, Punkt „*B*", Anschlußklemme +, Verbraucher, Anschlußklemme —, Punkt „*D*", unterer Gleichrichter rechts, Punkt „*C*", Transformator: Sekundär-Wicklungsklemme „*v*".

2. Während der Dauer der negativen Halbwelle nimmt der Strom jetzt folgenden Weg:

   Transformator: Sekundär-Wicklungsklemme „*v*", Punkt „*C*", oberer Gleichrichter rechts, Punkt „*B*", Anschlußklemme +,

Verbraucher, Anschlußklemme —, Punkt „*D*“, unterer Gleichrichter links, Punkt „*A*“, Transformator: Sekundär-Wicklungsklemme „*u*“.

Aus dem Verlauf der Stromflüsse entnehmen wir, daß in dieser Gleichrichterschaltung der angeschlossene Verbraucher während der positiven und negativen Halbwellen der angelegten Wechselspannung immer in der gleichen Richtung vom elektrischen Strom durchflossen wird.

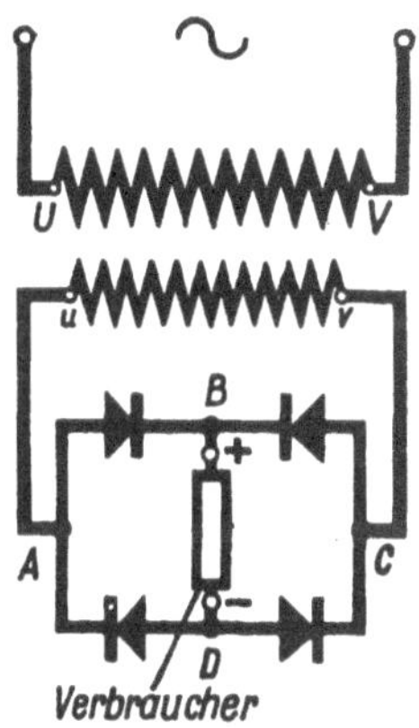

Abb. 243. Vier Einweggleichrichter in Graetzschaltung (Doppelweg-Gleichrichterschaltung)

Der Gleichstrom hat praktisch keine Unterbrechung mehr, wie dies in der vorhergehenden Gleichrichterschaltung (siehe Abb. 242 nebst Kurvenbild) der Fall ist, weil keine spannungslosen Pausen zwischen den einzelnen Halbwellen mehr auftreten.

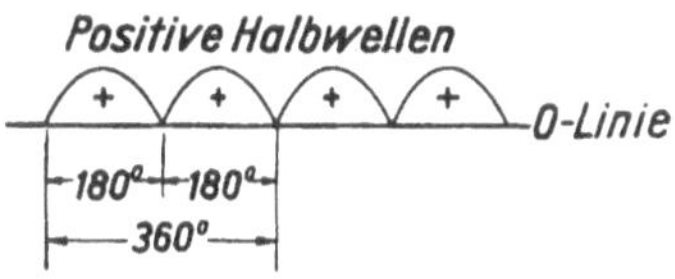

Abb. 244

Es besteht zwar noch eine gewisse Welligkeit der so erhaltenen Gleichspannung, die jedoch für viele Gleichstrom-Verbraucher belanglos ist.

Man nennt diese Schaltung auch „Einphasen-Brückenschaltung“ oder „Doppelweg-Gleichrichterschaltung“.

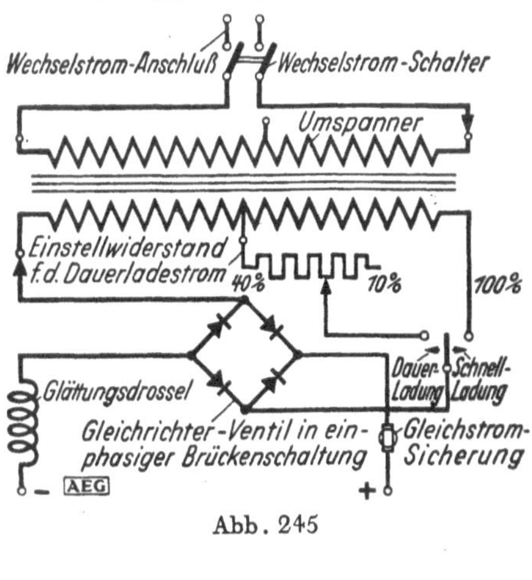

Abb. 245

In Abbildung 245 ist der Stromlaufplan eines Trockengleichrichters in Graetzschaltung für überwachten Dauerladebetrieb dargestellt. Die Anpassung des Dauerladestromes an den Verbraucherstrom der angeschlossenen Batterie erfolgt durch Verändern des Widerstandes.

Durch den Einbau einer Drosselspule erfährt der pulsierende Gleichstrom eine Glättung.

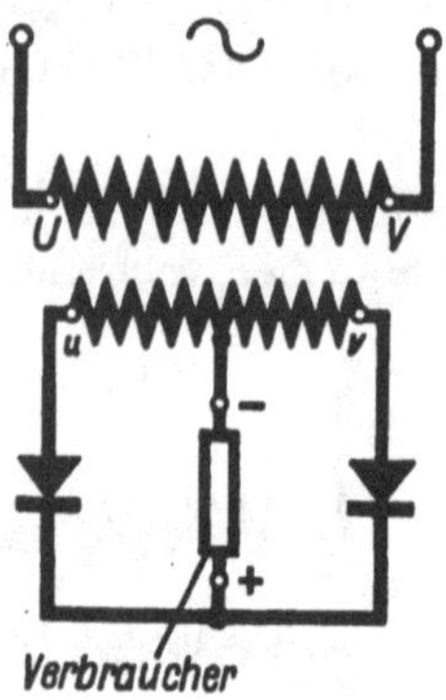

Abb. 246. Einphasen-Mittelpunkt-Gleichrichterschaltung

In nebenstehender Abbildung ist die sogenannte „Einphasen-Mittelpunktsschaltung“ dargestellt. Was vorhergehend bezüglich der Gleichspannung bei der Graetzschen Gleichrichterschaltung gesagt wurde, gilt auch bei dieser Gleichrichteranordnung. Diese Schaltung kommt bei Gleichrichter-Anlagen für sehr geringe Leistungen in Frage.

Das nachfolgende Bild zeigt einen Trokken-Gleichrichter für kleine Ladestromstärken. Man erkennt sehr gut den Transformator und die nebeneinander angeordneten Gleichrichter-Elemente. Durch die darunter liegende Haube wird das Gerät abgedeckt und so gegen Beschädigungen und Verschmutzungen geschützt.

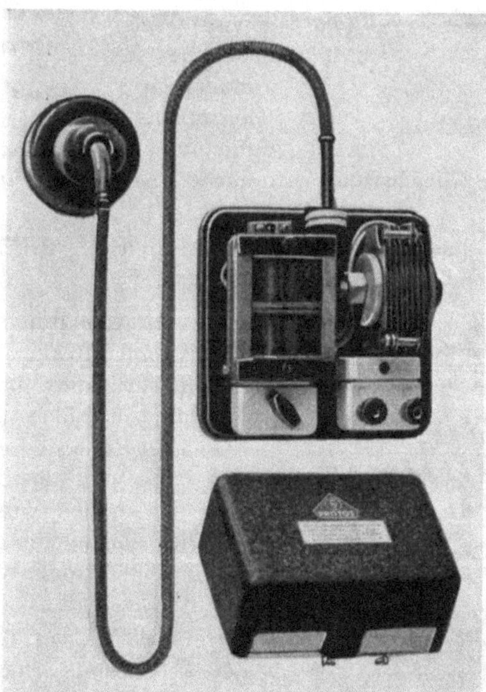

Abb. 248. Trockengleichrichter-Gerät

Für Leistungen von etwa 1 kW und mehr wird gewöhnlich die sogenannte „Drehstrom-Graetzschaltung" (auch Dreiphasen-Brückenschaltung genannt) verwendet.

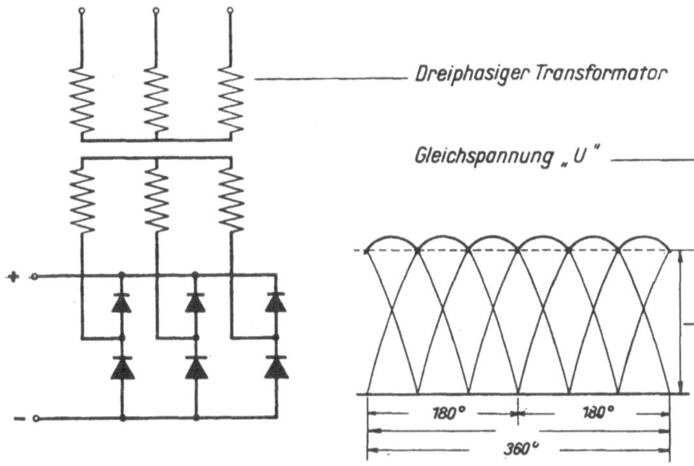

Abb. 248 u. 249. Drehstrom-Graetzschaltung mit 6 Einweggleichrichtern

Die mit einer solchen Gleichrichter-Schaltung erzielte Gleichspannung besitzt geringste Welligkeit gegenüber anderen Gleichrichter-Schaltungen.

c) Aufbau und Wirkungsweise eines Selen-Gleichrichter-Elementes

Das Element setzt sich zusammen aus einem Trägermetall (z. B. Eisen), auf dem eine Selenschicht aufgeschmolzen und deren Fläche durch eine Spritzschicht (Zinnlegierung) abgedeckt ist.

Das Element ist in Richtung vom Trägermetall zur Selenschicht und Spritzschicht stromdurchlässig. In der entgegengesetzten Richtung sperrt es. (Die Sperrschicht liegt zwischen der Selen- und Spritzschicht.)

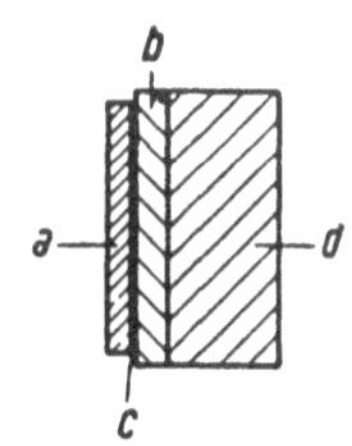

Abb. 250.
d = Trägermetall,
b = Selenschicht,
c = Sperrschicht,
a = Spritzschicht

Die Selen-Gleichrichterelemente können mit etwa der zweifachen Spannung als die der Kupferoxydul-Gleichrichterelemente beansprucht werden und haben dabei etwa den gleichen Wirkungsgrad.

Ihre elektrische Durchschlagsfestigkeit beträgt jedoch nur etwa $^3/_4$ von der eines Kupferoxydul-Gleichrichterelementes.

Selengleichrichtersäulen beanspruchen bei gleicher Leistung nur etwa $^1/_3$ des Raumes der Kupferoxydulgleichrichter. Dies liegt daran, daß die zulässige Übertemperatur des Selengleichrichters (gegeben

Abb. 251. Kupferoxydul- und Leichtmetall-Selengleichrichter gleicher Leistung

durch die Schmelzpunkte der verwendeten Werkstoffe), etwa doppelt so hoch sein darf wie beim Kupferoxydul-Gleichrichter.

Selengleichrichter werden ihrer verhältnismäßig geringen Raumbeanspruchung wegen besonders für ortsveränderliche Geräte verwendet.

59. Die Umformung von Licht in elektrische Energie

Im Jahre 1839 machte E. Becquerel zum erstenmal die Entdeckung, daß zwei in einen Elektrolyten eingetauchte Metallelektroden bei Belichtung einer der Elektroden einen Spannungsunterschied aufweisen. Im Anfang dieses Jahrhunderts wurde die gleiche Erscheinung bei Belichtung verschiedener Kristalle beobachtet.

Lange Zeit wußte man mit diesen Erscheinungen nichts anzufangen, bis es in den letzten 30 Jahren gelang, sie in sogenannten Photoelementen nutzbar anzuwenden.

Die Bezeichnung Photoelemente besagt, daß derartige Geräte, ähnlich wie galvanische Elemente und Thermoelemente, elektrische Stromquellen sind. In ihnen wird Licht in elektrische Energie umgewandelt.

Mit Photoelementen lassen sich auf dem Gebiete der verfeinerten Steuer- und Meßmethoden Aufgaben lösen, die früher nicht lösbar waren. Dazu ist jedoch zu sagen, daß bei den zahlreichen Anwendungsmöglichkeiten, die die lichtelektrischen Zellen bieten, der Kreis der gelösten Aufgaben verhältnismäßig klein ist und der Entwicklung noch ein weiter Raum offen bleibt.

Nachfolgend werden wir uns mit einigen gebräuchlichen Photozellen befassen und deren Aufbau und Wirkungsweise kennenlernen. Praktische Bedeutung haben vor allem die sogenannten Sperrschicht-, Widerstands- und Alkali-Photozellen.

a) Die Sperrschicht-Photozelle als Energieumformer

In ihrer Wirkungsweise ist die Sperrschichtzelle dem bekannten Kupferoxydul- oder Selengleichrichter ähnlich. In Abb. 252 ist der Aufbau und die Ansicht einer solchen Sperrschichtzelle dargestellt.

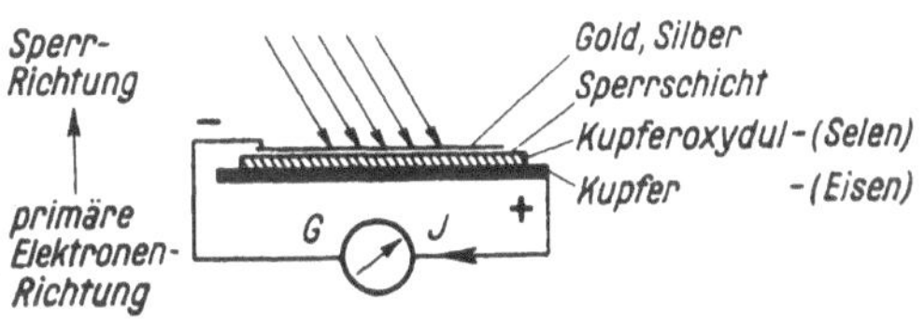

Abb. 252. Schematische Darstellung einer Sperrschichtzelle mit angeschlossenem Galvanometer

Abb. 253. Ansicht einer Sperrschichtzelle

Durch Lichtaufnahme werden in der Halbleiterschicht Elektronen frei, so daß Strom in der eingezeichneten Richtung fließt.

Die Sperrschichtzelle, in Verbindung mit einem hochempfindlichen Galvanometer als Anzeigegerät für den Zellenstrom, eignet sich für unmittelbare Helligkeitsmessungen. Sie wird als Belichtungsmesser für Photozwecke verwendet.

Für andere technische Zwecke, z. B. Steuerungen, wo die erzeugte „EMK" durch Elektronenröhren verstärkt werden muß, scheidet die Sperrschichtzelle aus, weil die Spannung, die sie der Verstärker-Einrichtung zur Verfügung stellt, zu niedrig ist.

b) Die Alkali-Photozelle für Steuer-Einrichtungen

Bei ihr sind in einem evakuierten oder gasgefüllten Glasgefäß eine Kathode und eine Anode angeordnet.

Die Kathode wird durch eine Alkali-Metallschicht gebildet, die auf einer dünnen Silberunterlage auf der inneren Glaswand aufgebracht ist.

Bei Belichtung der Kathode durch die vordere, nicht verspiegelte Seite des Glaskolbens werden aus ihr Elektronen frei, die unter dem Einfluß einer Anodenspannung (Saugspannung) zur Anode wandern. Die Zahl der ausgelösten Elektronen, also die Stromstärke, ist abhängig

Abb. 254. Alkalizellen

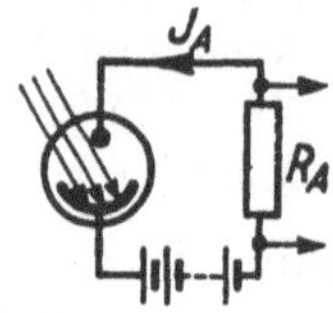

Abb. 255. Alkalizellen in einem Stromkreis zum Anschluß an einen Röhrenverstärker

von der Strahlungsenergie und der Höhe der angelegten Anodenspannung. Bei völliger Dunkelheit fließt kein Strom.

Die Ansprechempfindlichkeit der Alkalizelle bei Lichteinwirkung ist sehr groß, sie wird in Verbindung mit Röhrenverstärkern verwendet. Letztere haben die Aufgabe, die bei Belichtungsänderungen ausgelösten sehr niedrigen Steuerströme auf eine gebrauchsfähige Höhe zu verstärken. Man spricht in diesem Zusammenhang von Lichtrelais, mit denen man durch Lichteinwirkung Steuervorgänge auslösen kann.

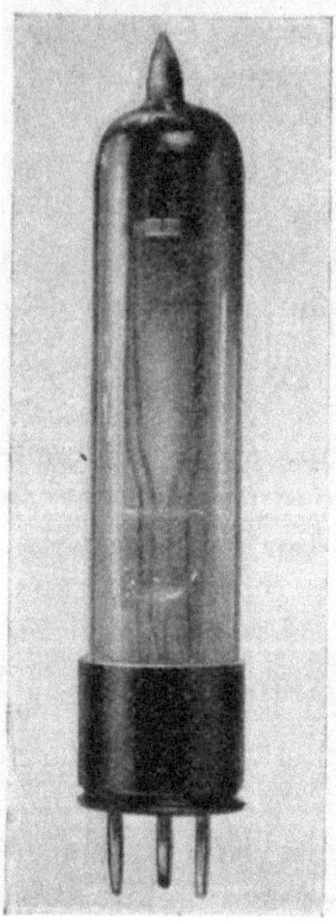

Abb. 256. Widerstandszelle, angeordnet in einem evakuiertem Glaskolben

c) Die Widerstands-Photozelle für Steuer-Einrichtungen

Diese Zelle wird in solchen Schaltungen oder Einrichtungen verwendet, bei denen es lediglich auf die Änderung der Belichtung ankommt; sie spielen jedoch eine untergeordnete Rolle.

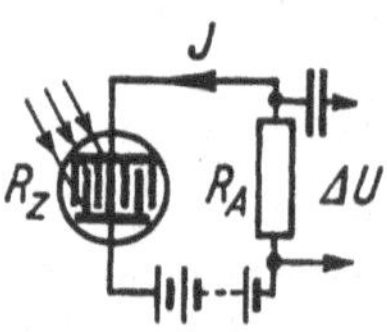

Abb. 257. Widerstandszelle in einem Stromkreis zum Anschluß an einen Röhrenverstärker

Die Widerstands-Photozellen bestehen aus zwei gleichartigen, kammförmigen Elektroden, die durch lichtempfindliches Material überbrückt sind. Dieses Gebilde ist in einem evakuierten Glaskolben angeordnet, der in Abbildung 256 dargestellt ist.

Bei Belichtung ändert sich der Widerstand dieser Photozelle. Das Verhältnis von Hell- zu Dunkelwiderstand beträgt etwa 1 : 5 bis 1 : 10.

Widerstandszellen werden in Reihenschaltung mit einer Stromquelle und einem Widerstand (siehe Abb. 257) zum Anschluß an Röhrenverstärker verwendet. Die Höhe der Spannung (ΔU, sprich delta U), die der Verstärker an dem Widerstand „R_a" abgreift, richtet sich nach der Stärke der Belichtung.

60. Die Berechnung der elektrischen Leistung in einem Wechselstromkreis

Aus dem Kapitel „Die Ohmschen und Induktiven Widerstände" haben wir entnehmen können, daß es für Wechselstromquellen nicht gleich ist, ob sie durch Ohmsche oder induktive Verbraucher belastet werden.

Je nach der Belastungsart spricht man in diesem Zusammenhang von 3 Leistungsarten:

1. Von der scheinbaren Leistung oder Scheinleistung,
2. Von der wirklichen Leistung oder Wirkleistung,
3. Von der Blindleistung

Wir werden im nachfolgenden die einzelnen Leistungsarten näher kennenlernen:

a) Die Scheinleistung

Mit der uns bereits bekannten Formel für die elektrische Leistung „$N = U \cdot J$" (siehe Seite 55) kann man nicht nur die elektrische Leistung einer Gleichstromquelle errechnen, sondern auch die einer Wechselstromquelle, wenn an ihr nur „Ohmsche Verbraucher" angeschlossen sind.

Die folgende Abbildung zeigt die Strom- und Spannungskurve eines Wechselstromkreises mit Ohmscher Belastung (z. B. durch Glühlampen). Wenn die Spannungskurve durch Null geht, verläuft zur gleichen Zeit auch die Stromkurve durch Null.

Erreicht die Spannungskurve ihren höchsten positiven oder negativen Wert, so erreicht ihn zur selben Zeit auch die Stromkurve. Strom und Spannung sind also phasengleich.

Da sich die elektrische Leistung allgemein aus der Multiplikation „Spannung × Stromstärke" ergibt, setzt sich die Leistung eines Wechselstromes aus den sich gleichzeitig schnell ändernden Augenblickswerten der Spannung und des Stromes bei Ohmscher Belastung zusammen, was in dem unteren Teil der Abb. 258 zeichnerisch dargestellt ist.

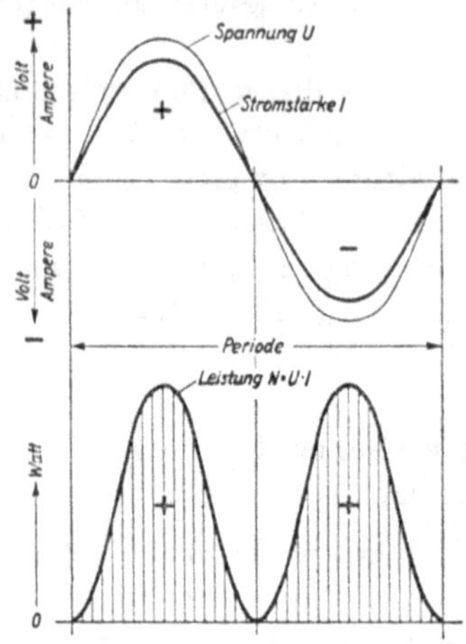

Abb. 258. Verlauf von Spannung und Stromstärke mit der sich daraus ergebenden Leistung

Anders ist es, wenn z. B. Magnetspulen angeschlossen werden. Diese setzen dem Wechselstrom nicht nur einen Ohmschen, sondern auch einen induktiven Widerstand entgegen, da in ihnen eine Selbstinduktion entsteht (siehe hierzu auch Seite 154ff.).

Wendet man die Formel „$N = U \cdot J$“ für einen Wechselstromkreis mit induktiver Belastung an, so kann man mit ihr nur die sogenannte scheinbare Leistung, die von der Wechselstromquelle aufgebracht wird, errechnen. Die Scheinleistung wird jedoch nicht in Watt, sondern in „Voltampere“ (VA) gemessen.

Die Formel für die Errechnung dieser Scheinleistung lautet:

$$N_S = U_{\text{Volt}} \cdot J_{\text{Ampere}}$$

Darin bedeutet:

N_S = Scheinleistung, gemessen in Voltampere,

U_{Volt} = Effektiver Spannungswert, den das Voltmeter an der Wechselstromquelle mit induktiver Belastung anzeigt,

J_{Ampere} = Effektiver Stromwert, den das Amperemeter in einem Stromkreis mit induktiver Belastung anzeigt.

„Kleine“ Scheinleistungen werden in Voltampere = VA und große Scheinleistungen in Kilovoltampere = kVA gemessen.

$$1 \text{ kVA} = 1000 \text{ Voltampere (VA)}$$

Beispiel Nr. 104:

Ein Wechselstrom-Generator speist einen induktiven Verbraucher. Das Voltmeter zeigt eine Spannung von 225 Volt und das Amperemeter eine Stromstärke von 14 Ampere an. Welche scheinbare Leistung wird der Stromquelle entnommen?

Gegeben: $U = 225$ V, $J = 14$ A

Gesucht: $N_S = ?$

Lösung:

$$N_S = U \cdot J = 225 \cdot 14 = 3150 \text{ VA}$$
$$= \mathbf{3{,}15\ kVA}$$

b) Die Wirkleistung

Soll die wirkliche Leistung einer Wechselstromquelle mit induktiver Belastung ermittelt werden, so muß dabei die Folgeerscheinung der Selbstinduktion berücksichtigt werden. Ein induktiver Widerstand ruft nämlich, wie wir bereits kennengelernt haben (siehe Seite 169), durch seine Selbstinduktion eine Phasenverschiebung zwischen der anliegenden Spannung und dem Strom hervor. Dadurch ist in jedem Moment der Höchstwert des Stromes gegenüber dem Höchstwert der Spannung verschoben; die Spannung eilt dem Strom voraus, was in dem oberen Teil der Abb. 259 dargestellt ist.

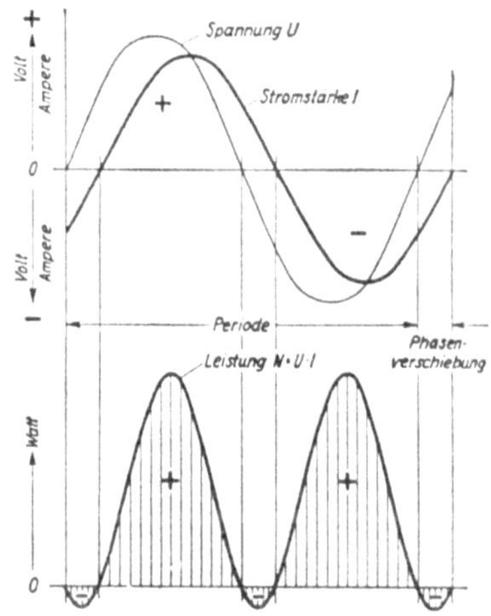

Abb. 259. Verlauf von Spannung und Stromstärke bei Phasenverschiebung. Die Leistung hat sich um den negativen Teil verringert

Die Verschiebung zwischen diesen beiden elektrischen Werten wird ausgedrückt durch den Winkel φ (sprich Phi). Er gibt an, um wieviel Grad der Strom hinter der Spannung zurückbleibt. Multipliziert man die Scheinleistung mit der Phasenverschiebung $\cos \varphi$, so ergibt sich daraus die Wirkleistung. Da der Cosinus bei induktiver Belastung stets kleiner als der Wert „1" ist, muß auch die Wirkleistung zwangsläufig immer kleiner als die Scheinleistung sein.

Die Leistung ist somit um den negativen Teil, wie aus dem unteren Teil der Abb. 259 hervorgeht, geringer.

Die Wirkleistung ergibt sich rechnerisch, indem man die Scheinleistung $(U \cdot J)$ mit der Phasenverschiebung $\cos \varphi$ multipliziert, also:

$$\boxed{N_W = U \cdot J \cdot \cos \varphi}$$

Kleine Wirkleistungen werden in Watt und große in Kilowatt = kW oder Megawatt = MW gemessen.

$$1\ \text{kW} = 1\,000\ \text{Watt}$$
$$1\ \text{MW} = 1\,000\,000\ \text{Watt.}$$

Die angezeigten elektrischen Werte der Spannungs- und Strommesser in Wechselstromanlagen mit induktiver Belastung lassen folglich keinen Schluß auf die abgegebene Wirkleistung „N_W" (in Watt) zu. Es müssen zu diesem Zweck elektrische Leistungsmesser (Wattmeter) in die Anlage geschaltet werden. Diese zeigen die Wirkleistungen, also das Produkt der schnell wechselnden Augenblickswerte der Spannung und des Stromes an. In der Anzeige der Wattmeter ist also die Phasenverschiebung zwischen Strom und Spannung berücksichtigt. Ist die Scheinleistung und Wirkleistung in einem Wechselstromkreis bekannt, so kann man die Phasenverschiebung cos φ (auch Leistungsfaktor genannt) mit folgender Gleichung berechnen:

$$\boxed{\cos\varphi = \frac{N_W}{N_S}}$$

Beispiel Nr, 105:

In einer Wechselstrom-Anlage wurden die angezeigten Werte der Strom- und Spannungsmesser abgelesen und durch Multiplikation eine scheinbare Leistung von 2400 VA ermittelt. Das angeschlossene Wattmeter zeigt eine wirkliche Leistung von 1824 Watt an.

Wie groß ist der Leistungsfaktor des angeschlossenen Verbrauchers?

Gegeben: $N_S = 2400$ VA, $N_W = 1824$ W

Gesucht: $\cos\varphi = ?$

Lösung:

$$\cos\varphi = \frac{N_W}{N_S} = \frac{1824}{2400} = \mathbf{0{,}76}$$

Beispiel Nr. 106:

In einem Wechselstromkreis ist ein induktiver Verbraucher mit einem Leistungsfaktor $\cos\varphi = 0{,}75$ geschaltet. Das angeschlossene Voltmeter zeigt eine Spannung von 225 Volt und das Amperemeter eine Stromstärke von 14 Ampere an. Welche wirkliche Leistung wird verbraucht?

Gegeben: $U = 225$ V, $J = 14$ A, $\cos = 0{,}75$

Gesucht: $N_W = ?$

Lösung:

$$N_W = U \cdot J \cdot \cos = 225 \cdot 14 \cdot 0{,}75 = 2362{,}5\ \text{W} = \mathbf{2{,}3625\ kW}$$

c) Die Blindleistung

In Stromkreisen mit Phasenverschiebungen treten Blindleistungen auf, deren Größe mit folgender Formel errechnet werden kann:

$$\boxed{N_B = N_S \cdot \sin \varphi}$$

Blindleistungen stellen nutzlose Belastungen dar und rufen einen wesentlich höheren Stromzufluß hervor als zur Aufbringung einer bestimmten Wirkleistung erforderlich ist. Wir werden uns diesen Begriff mit folgenden Beispielen klar machen.

Beispiel Nr. 107:

In einem Stromkreis mit induktiver Belastung beträgt die Wirkleistung 7,2 kW bei einer Spannung von 220 V, einer Stromstärke von 38,5 A und einem Leistungsfaktor $\cos \varphi = 0{,}85$. Wie groß ist die Blindleistung und welcher Nachteil ergibt sich aus ihr?

Lösung:

Zunächst muß die Scheinleistung und der Sinus des Verschiebungswinkels φ wie folgt ermittelt werden:

$$N_S = U \cdot I = 220 \cdot 38{,}5 = 8{,}47 \text{ kVA}$$

Einem Leistungsfaktor von $\cos \varphi = 0{,}85$ entspricht lt. Tabelle ein Verschiebungswinkel $\varphi = 31^0$. Der Sinus dieses Winkels beträgt lt. Tabelle 0,51.

Die Blindleistung hat folglich eine Große von:

$$N_B = N_S \cdot \sin \varphi = 8{,}47 \cdot 0{,}51 = 4{,}32 \text{ Blind-Kilowatt (BkW)}$$

Wäre Strom und Spannung in Phase, so könnte die Wirkleistung von 7,2 kW bei 220 V mit:

$$I = \frac{N}{U} = \frac{7200}{220} = 32{,}7 \text{ Amp.}$$

aufgebracht werden.

Wegen der durch die Phasenverschiebung hervorgerufenen Blindleistung beträgt der Strom aber 38,5 Amp. Das bedingt, daß der Leitungsquerschnitt für diese Stromstärke bemessen sein muß.

Wäre die Blindleistung nicht vorhanden, so braucht der Querschnitt nur für eine Stromstärke von 32,7 Amp. bemessen sein.

In einfacher Weise kann die Blindleistung auch graphisch ermittelt werden, wie folgendes Beispiel zeigt:

Beispiel Nr. 108:

Die Wirkleistung einer Wechselstromquelle beträgt 7,2 kW, der Leistungsfaktor $\cos \varphi = 0{,}8$. Wie groß ist 1. die Scheinleistung und 2. die Blindleistung?

Gegeben: $N_W = 7{,}2$ kW Gesucht: 1. $N_S = ?$
$\cos\varphi = 0{,}8$ 2. $N_B = ?$

Lösung:

Zu 1. Aus der Formel $\cos\varphi = \frac{N_W}{N_S}$ ergibt sich durch Umstellung die gesuchte Scheinleistung:

$$N_S = \frac{N_W}{\cos\varphi} = \frac{7{,}2}{0{,}8} = 9 \text{ kVA}$$

Zu 2.

Wir stellen die Wirkleistung und die Scheinleistung zeichnerisch als Länge dar und wählen als Längeneinheiten für:

1 kW = 10 mm
1 kVA = 10 mm

Die Wirkleistung „Nw" tragen wir mit 7,2 Längeneinheiten = 7,2 kW als Gerade auf und erhalten die beiden Punkte „B" und „C". Im Punkt „C" errichten wir nun eine Senkrechte und schlagen vom Punkt „B" mit 9 Längeneinheiten = 9 kVA einen Kreisbogen, so daß wir auf der Senkrechten den Schnittpunkt „A" erhalten und damit die Länge A—C mit 5,4 Längeneinheiten = 5,4 BkW.

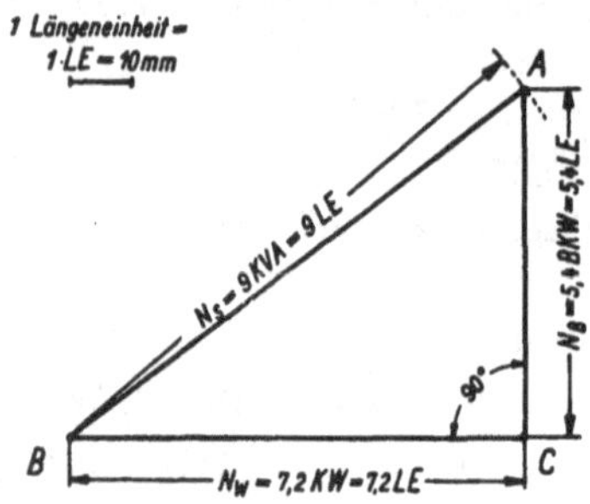

Abb. 260

Aus vorhergehenden Beispielen ergibt sich, daß die Blindleistung um so größer ist, je niedriger der Leistungsfaktor ist.

Läßt sich in besonderen Fällen die Verwendung von Verbrauchern mit niedrigen Leistungsfaktoren nicht vermeiden, so kann man u. a. Kondensatoren, wie bereits auf Seite 186 erwähnt, zur Kompensierung verwenden.

Wie sich ein niedriger Leistungsfaktor ungünstig auf die Querschnittsbemessung der Zuleitungen auswirkt, kann man rechnerisch auch wie folgt ermitteln:

Beispiel Nr. 109:

Ein Verbraucher nimmt eine wirkliche Leistung von 4600 Watt auf, sein Leistungsfaktor beträgt $\cos\varphi_1 = 0{,}8$. Er ist an eine Wechselstromquelle mit einer Spannung von 380 Volt angeschlossen. Welche Stromstärke fließt in der Zuleitung nach diesem Verbraucher?

Welche Stromstärke fließt außerdem, wenn ein gleicher Verbraucher, aber mit einem Leistungsfaktor von cos $\varphi_2 = 0{,}6$ angeschlossen wird.

Gegeben: $N_W = 4600$ W, $U = 380$ V, cos $\varphi_1 = 0{,}8$, cos $\varphi_2 = 0.6$.

Gesucht: 1. Stromstärke in der Zuleitung bei cos $\varphi_1 = 0{,}8$.
2. Stromstärke in der Zuleitung bei cos $\varphi_2 = 0{,}6$.

Lösung:

Aus der Grundformel für die elektrische Leistung in einem Wechselstromkreis mit induktiver Belastung $N_W = U \cdot J \cdot \cos\varphi$ ergibt sich durch Umstellung die Formel für die Ermittlung der Stromstärke „J".

Zu 1:
$$J = \frac{N_W}{U \cdot \cos\varphi_1} = \frac{4600}{380 \cdot 0{,}8} = 15{,}13 \text{ A}$$

Zu 2:
$$J = \frac{N_W}{U \cdot \cos\varphi_2} = \frac{4600}{380 \cdot 0{,}6} = 20{,}17 \text{ A}$$

Nutzanwendung: Durch die Wahl eines Verbrauchers mit einem besseren Leistungsfaktor wird der Strom in der Zuleitung kleiner. Je niedriger aber der Strom in der Zuleitung ist, je kleiner kann der Querschnitt bemessen werden.

61. Die elektrische Leistung in Drehstrom-Anlagen

Da sich ein Drehstrom-Generator grundsätzlich aus drei einzelnen Einphasensystemen zusammensetzt (siehe Seite 146), ist seine Gesamtleistung auch dreimal so groß, wie die Leistung eines seiner Einphasensysteme. Aus diesem Grunde muß die Leistungsformel $N = U \cdot J \cdot \cos\varphi$ für induktive Belastung in nachstehende Schreibweise umgeändert werden:

$$N = 3 \cdot U \cdot J \cdot \cos\varphi$$

wobei „U" die Phasenspannung und „J" die Stromstärke in einer Phasenwicklung bedeutet.

Da bei Drehstrom in Sternschaltung in vorstehende Gleichung die verkettete Spannung „U_v" und bei Drehstrom in Dreieckschaltung die verkettete Stromstärke „J_v" eingesetzt werden muß, muß an Stelle der Zahl „3" der Verkettungsfaktor „1,73" in die Gleichung eingesetzt werden; wir erhalten somit folgende Gleichung zur Ermittlung der elektrischen Leistung in einem Drehstromkreis:

$$\boxed{N = 1{,}73 \cdot U \cdot J \cdot \cos\varphi}$$

Darin bedeutet:

N = Drehstrom-Wirkleistung, gemessen in Watt,

$U =$ Spannung, gemessen zwischen 2 Außenleitern in Volt,
$J =$ Stromstärke, die in einem Außenleiter fließt, gemessen in Ampere,
$\cos \varphi =$ Phasenverschiebungswinkel (oder Leistungsfaktor) bei induktiver Belastung.

Beispiel Nr. 110:

In einer Drehstromanlage mit Dreieckschaltung fließt in jedem Außenleiter bei gleichmäßiger Belastung ein verketteter Strom von 8,5 Ampere. Die Stromstärke in jeder Phasenwicklung des Generators beträgt 4,9 Ampere, die Phasenspannung zwischen 2 Außenleitern 220 Volt und der Leistungsfaktor des angeschlossenen Verbrauchers $\cos \varphi = 0{,}75$. Wie groß ist die elektrische Leistung des Generators?

Gegeben:

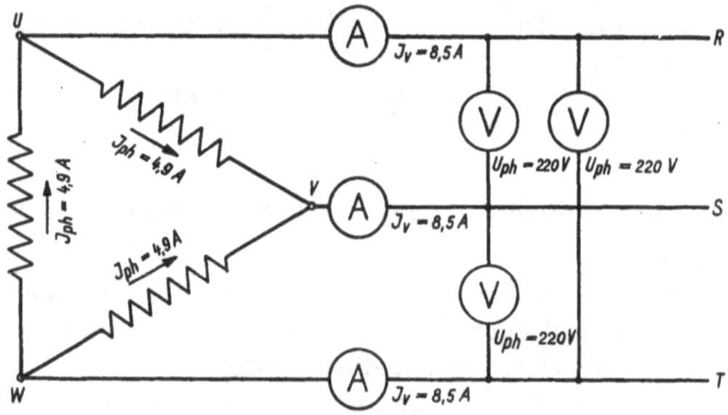

Abb. 261

Gesucht: Elektrische Leistung $N = ?$

Lösung:

$$N = 1{,}73 \cdot U \cdot J \cos \varphi = 1{,}73 \cdot 220 \cdot 8{,}5 \cdot 0{,}75 = 2422{,}5 \text{ W}.$$

Beispiel Nr. 111:

In einer Drehstromanlage, in der der Generator in Stern geschaltet ist, wird zwischen den Außenleitern eine verkettete Spannung von 380 Volt gemessen, während die Spannung einer Phasenwicklung 220 Volt beträgt. Bei gleichmäßiger Phasenbelastung fließt in jedem Phasenleiter eine Stromstärke von 6 Amp. Der angeschlossene Verbraucher besitzt einen Leistungsfaktor von $\cos \varphi = 0{,}75$. Wie groß ist die elektrische Leistung des Generators?

Gegeben:

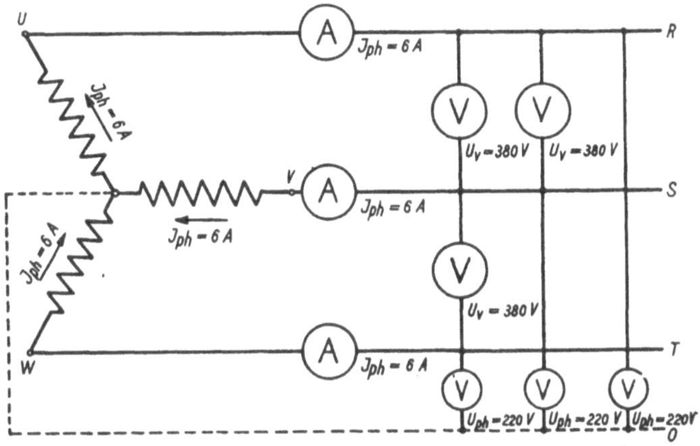

Abb. 262

Gesucht: Elektrische Leistung $N = ?$

Lösung:

$$N = 1{,}73 \cdot U \cdot J \cos \varphi = 1{,}73 \cdot 380 \cdot 6 \cdot 0{,}75 = 2958{,}3 \text{ W}$$

62. Die Berechnung von Wechselstrom- und Drehstrom-Leitungen

a) Einphasige Wechselstrom-Anlagen

Die Querschnittsberechnung in einphasigen Wechselstrom-Anlagen wird in der gleichen Weise durchgeführt, wie in Gleichstrom-Zweileiteranlagen. Bei induktiver Belastung müssen wir in der bekannten Querschnittsformel (siehe Seite 44) die Phasenverschiebung „$\cos \varphi$" einsetzen. Die Formel erhält dadurch folgendes Aussehen:

$$\boxed{F = \frac{2 \cdot l \cdot J \cdot \cos \varphi}{\varkappa \cdot u}}$$

Beispiel Nr. 112.

Ein Wechselstrom-Einphasenmotor für 220 Volt mit einer Leistung von 4 PS, einem Leistungsfaktor von $\cos \varphi = 0{,}75$ und einem Wirkungsgrad von $\eta = 0{,}74$ soll angeschlossen werden. Die Leitungslänge beträgt 98 m. Wie stark muß der Querschnitt bemessen sein, wenn der Spannungsabfall 4% der Netzspannung nicht übersteigen soll.

Gegeben: $N = 4$ PS, $\cos\varphi = 0{,}75$, $\eta = 0{,}74$, $l = 98$ m,
$U = 220$ V, u = 4% von 220 V = 8,8 V.

Gesucht: $F = ?$

Lösung:

Wir berechnen zunächst die Stromaufnahme des Motors mit Hilfe nachstehender Gleichung:

$$\boxed{J = \frac{N_{PS} \; 736}{U \cdot \cos\varphi \cdot \eta}} = \frac{4 \cdot 736}{220 \cdot 0{,}75 \cdot 0{,}74} = 24{,}1 \text{ A.}$$

Dann ergibt sich der Querschnitt zu:

$$F = \frac{2 \cdot l \cdot J \cdot \cos\varphi}{\varkappa \cdot u} = \frac{2 \cdot 98 \cdot 24{,}1 \cdot 0{,}75}{57 \cdot 8{,}8} = 7{,}07 \text{ mm}^2$$

Gewählt: $F =$ **10 mm²**.

Kontrolle auf zulässigen Spannungsabfall:

$$u = \frac{2 \cdot l \cdot J \cdot \cos\varphi}{\varkappa \cdot F} = \frac{2 \cdot 98 \cdot 24{,}1 \cdot 0{,}75}{57 \cdot 10} = \mathbf{6{,}2 \text{ V}}.$$

Der Spannungsabfall hält sich in der vorgeschriebenen Grenze.

b) Drehstrom-Anlagen

In 3phasigen Drehstrom-Anlagen muß, wie auch bei Gleichstrom-Dreileiteranlagen (siehe Seite 47) betont wurde, für gleichmäßige Phasenbelastung Sorge getragen werden.

Die Formel für die Ermittlung des Querschnittes lautet:

$$\boxed{F = \frac{1{,}73 \cdot l \cdot J \cdot \cos\varphi}{\varkappa \cdot u}}$$

Für Leitungen mit mehreren Abzweigungen gilt die Formel:

$$\boxed{F = \frac{1{,}73 \cdot \cos\varphi}{\varkappa \cdot u} \left(l_1 \cdot J_1 + l_2 \cdot J_2 + l_3 \cdot J_3 + \cdots + l_n \cdot J_n\right)}$$

Bei induktionsfreier Belastung fällt der Ausdruck „cos φ" fort. Die Formeln gelten sowohl für Dreileiter- als auch für Vierleiter-Drehstromanlagen.

Beispiel Nr. 113:

Für die in Abb. 263 dargestellte Vierleiter-Drehstromanlage mit mehreren Abzweigungen für Lichtstromkreise ist der Querschnitt zu errechnen. Das Versorgungsnetz führt 380/220 Volt. Der Spannungsabfall soll 1 % nicht übersteigen. Der Werkstoff der Leiter ist Kupfer.

Gegeben:

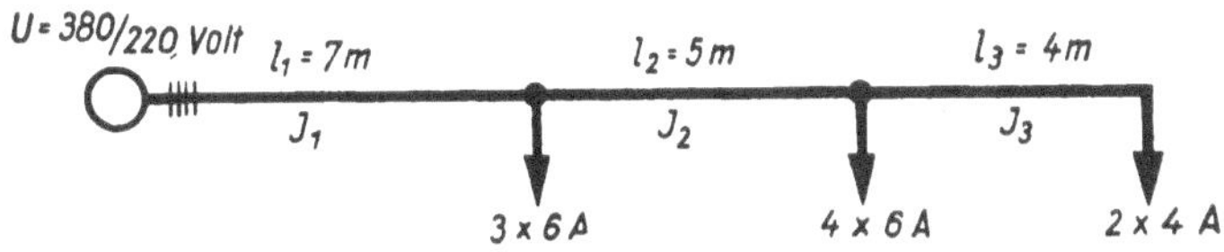

Abb. 263

$U = 380/220$ V, $u = 1\%$ von 220 V = 2,2 V, Werkstoff: Kupfer, $\varkappa = 57$.

Gesucht: Querschnitt $F = ?$

Lösung:

Wir verteilen die Belastung gleichmäßig auf alle drei Phasen- oder Außenleiter und beginnen am Ende der Leitung. Um die Stromstärke, die in jedem Außenleiter fließen wird, berechnen zu können, ermitteln wir zuerst den Anschlußwert am Ende der Leitung. Er beträgt:

$$N_3 = U \cdot J = 220 \cdot 2 \cdot 4 = 1760 \text{ W}$$

Dann ist die Stromstärke in jedem Außenleiter:

$$J_3 = \frac{N_3}{U \cdot 1{,}73} = \frac{1760}{380 \cdot 1{,}73} = 2{,}6 \text{ A}.$$

Den gleichen Berechnungsgang führen wir auch für die übrigen Belastungspunkte durch. Es ergibt sich somit:

$$N_2 = U \cdot J = 220 \cdot 4 \cdot 6 = 5280 \text{ W}$$

$$J_2 = J_3 + \frac{N_2}{U \cdot 1{,}73} = 2{,}6 + \frac{5280}{380 \cdot 1{,}73} = 10{,}6 \text{ A}.$$

Außerdem ist:

$$N_1 = U \cdot J = 220 \cdot 3 \cdot 6 = 3960 \text{ W}$$

$$J_1 = J_2 + \frac{N_1}{U \cdot 1{,}73} = 10{,}6 + \frac{3960}{380 \cdot 1{,}73} = 16{,}6 \text{ A}.$$

Aus der Belastungstabelle wählen wir entsprechend der höchsten Belastung von 16,6 Ampère einen Querschnitt von

$$F = \mathbf{4\ mm^2}$$

Kontrolle auf zulässigen Spannungsverlust. Da es sich um eine Anlage mit Abzweigungen handelt, errechnen wir, gültig für alle 3 Phasenleitungen, den Spannungsverlust in einer Leitung wie folgt:

$$u = \frac{1}{\varkappa \cdot F} \cdot (l_1 \cdot J_1 + l_2 \cdot J_2 + l_3 \cdot J_3)$$

$$= \frac{1}{57 \cdot 4} \cdot (7 \cdot 16{,}6 + 5 \cdot 10{,}6 + 4 \cdot 2{,}6)$$

$$= 0{,}004 \cdot 179{,}6 = \mathbf{0{,}72\ V}\,.$$

Der Spannungsverlust hält sich demnach unter der zulässigen Grenze, der gewählte Querschnitt reicht also aus.

Beispiel Nr. 114:

Ein Drehstrommotor mit einer Leistung von 10 PS für 380 Volt soll in einer Entfernung von 80 m angeschlossen werden. Der Leistungsfaktor beträgt $\cos\varphi = 0{,}82$ und der Wirkungsgrad $\eta = 0{,}85$. Der Spannungsabfall soll 1,5% der Netzspannung nicht übersteigen. Werkstoff der Leitung ist Aluminium.

Gegeben:

$N = 10$ PS, $U = 380$ V, u = 1,5 % von 380 V = 5,7 V, $\cos\varphi = 0{,}82$, $\eta = 0{,}85$, $l = 80$ m

Gesucht: Querschnitt $F = ?$

Lösung:

Wir berechnen die Stromaufnahme des Motors wie folgt:

$$J = \frac{N_{PS} \cdot 736}{1{,}73 \cdot U \cdot \cos\varphi \cdot \eta} = \frac{10 \cdot 736}{1{,}73 \cdot 380 \cdot 0{,}82 \cdot 0{,}85} = 16\ \text{A}.$$

Dann ergibt sich der Querschnitt zu:

$$F = \frac{1{,}73 \cdot l \cdot J \cdot \cos\varphi}{\varkappa \cdot u} = \frac{1{,}73 \cdot 80 \cdot 16 \cdot 0.82}{33 \cdot 5{,}7} = 9{,}6\ \text{mm}^2\,.$$

Gewählt: $F = \mathbf{10\ mm^2}$.

Kontrolle auf zulässigen Spannungsverlust:

$$u = \frac{1{,}73 \cdot l \cdot J \cdot \cos\varphi}{\varkappa \cdot F} = \frac{1{,}73 \cdot 80 \cdot 16 \cdot 0.82}{33 \cdot 10} = \mathbf{5{,}5\ V}\,.$$

Der gewählte Querschnitt ist also ausreichend.

63. Transformatoren

a) Allgemeines

Elektrizitätswerke (E-Werke) werden vorzugsweise an den Orten errichtet, wo Naturkräfte in großer Menge (z. B. Wasserfälle und Kohle) vorhanden sind. Von hier wird die elektrische Energie mit Hilfe von Leitungen in das zu versorgende Landgebiet übertragen.

Würde man bei der Errichtung von E-Werken auf das örtliche Vorkommen der Naturkräfte keine Rücksicht nehmen, so müßte man z. B. für den Transport der Kohle nach entlegenen E-Werken erheblich mehr Kosten aufwenden, als für den Transport der elektrischen Energie (mit Hilfe von Leitungen) nach den Verbraucherstellen.

Große Versorgungsnetze sind meistens so eingerichtet, daß sie in der wasserreichen Zeit von den Wasserwerken in gebirgigen Gegenden (also von der sogenannten weißen Kohle) und in der wasserarmen Zeit von den Dampfkraftwerken in den Kohlenbezirken (also von der schwarzen Kohle) gespeist werden.

Aus dem Kapitel „Die elektrische Leistung" wissen wir, daß man aus:

$$\text{Spannung} \times \text{Stromstärke}$$

die elektrische Leistung errechnen kann. Eine elektrische Leistung kann z. B. aus einer kleinen Stromstärke und einer hohen Spannung oder einer großen Stromstärke und einer niedrigen Spannung bestehen.

Beispiel Nr. 115:

$$10000\ \text{W} = 500\ \text{A} \cdot 20\ \text{V}$$
$$10000\ \text{W} = 50\ \text{A} \cdot 200\ \text{V}$$
$$10000\ \text{W} = 5\ \text{A} \cdot 2000\ \text{V}$$

Wir ersehen daraus, daß die Stromstärke bei Erhöhung der elektrischen Spannung beträchtlich abnimmt.

Aus diesem Grunde wird bei der Übertragung elektrischer Energie über weite Strecken immer eine niedrige Stromstärke und eine hohe Spannung gewählt, damit man infolge der niedrigen Stromstärke die Querschnitte der Fernleitungen klein bemessen kann.

Durch folgende Beispiele werden wir uns hierüber einen eindrucksvollen Überblick verschaffen.

Beispiel Nr. 116:

Eine Drehstromleistung von 2800 kW bei einer Spannung von 220 Volt und einem Leistungsfaktor von $\cos \varphi = 0{,}78$ soll auf eine Entfernung von 350 km übertragen werden. Der Spannungsabfall soll 5% der Netzspannung nicht überschreiten. Wie groß ist die Stromstärke in den Leitungen und wie groß muß der Querschnitt der Fernleitung sein?

Gegeben: $U = 220$ V, $N = 2800$ kW, $\cos \varphi = 0{,}78$, $l = 350$ km

Gesucht: 1. $J = ?$
2. $F = ?$

Lösung: Zu 1.

$$J = \frac{N}{1{,}73 \cdot U \cdot \cos \varphi} = \frac{2800000}{1{,}73 \cdot 220 \cdot 0{,}78} = \mathbf{943\ A.}$$

Zu 2.

$$F = \frac{1{,}73 \cdot l \cdot J \cdot \cos\varphi}{x \cdot u} = \frac{1{,}73 \cdot 350000 \cdot 943 \cdot 0{,}78}{56 \cdot 11} = \mathbf{926\,926\ mm^2.}$$

Beispiel Nr. 117:

Wie groß ist im letzten Beispiel die Stromstärke und der Leitungsquerschnitt bei einer Spannungserhöhung auf 110000 Volt?

Gegeben: $U = 110000$ V, $N = 2800$ kW, $\cos\varphi = 0{,}78$, $l = 350$ km

Gesucht: 1. $J = ?$

2. $F = ?$

Lösung: Zu 1.

$$J = \frac{N}{1{,}73 \cdot U \cdot \cos\varphi} = \frac{2800000}{1{,}73 \cdot 100000 \cdot 0{,}78} = \mathbf{2{,}74\ A.}$$

Zu 2.

$$F = \frac{1{,}73 \cdot l \cdot J \cdot \cos\varphi}{\varkappa \cdot u} = \frac{1{,}73 \cdot 350000 \cdot 2{,}74 \cdot 0{,}78}{56 \cdot 5000} = \mathbf{4{,}6\ mm^2.}\,^{1)}$$

Aus diesen Beispielen erkennt man den großen Vorteil, der sich durch den Gebrauch hoher Spannungen für die Querschnitte der Fernleitungen ergibt. Bei der Fernleitung elektrischer Energie arbeitet man heute mit Spannungen bis 220/380 kV.

Mit Generatoren können derartig hohe Spannungen nicht erzeugt werden. Die Grenze liegt etwa bei 10000 Volt; darüber hinaus macht die Isolierung der Generatorwicklungen zu große Schwierigkeiten.

Die elektrische Spannung muß daher am Erzeugungsort mit Hilfe von Transformatoren herauf- und in den Ortsnetzen für die Verbraucher wieder heruntergesetzt werden.

Transformatoren nennt man in der Praxis auch Umspanner, weil man mit denselben eine elektrische Energie, bestehend aus einer niedrigen Stromstärke und einer hohen Spannung in eine solche, bestehend aus einer hohen Stromstärke und einer niedrigen Spannung — oder umgekehrt — umformen bzw. umspannen kann.

b) Wirkungsweise eines Transformators

Aus dem Kapitel „Magnetismus“ (Seite 69) wissen wir, daß um einen stromdurchflossenen Leiter ein magnetisches Feld besteht. Rührt der elektrische Strom von einer Gleichstromquelle her, so besitzt das magnetische Feld bei gleichbleibender Stromstärke eine be-

[1]) Die Ermittlung der Querschnitte von Hochspannungs-Fernleitungen erfolgt in Wirklichkeit nicht in der angegebenen Weise, weil noch andere Faktoren berücksichtigt werden müssen; deren Erläuterung hier über die gestellte Aufgabe hinausgeht.

Abb. 264. Stromversorgungsanlage mit Umspannern (Transformatoren)

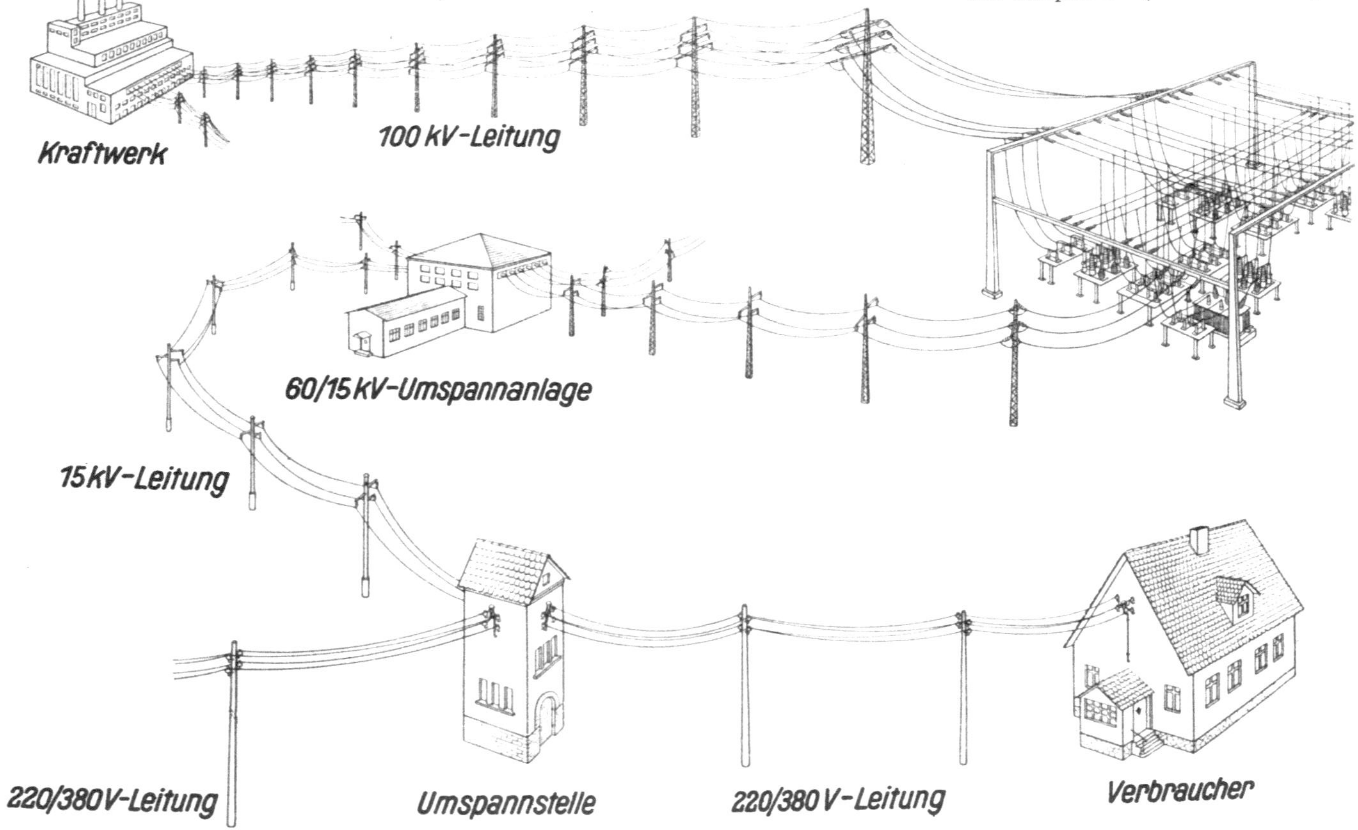

stimmte Dichte. Wird dagegen der Leiter von einem Wechselstrom, z. B. mit einer Frequenz von 5 Hz durchflossen, so hat der Strom während der Zeit einer $^1/_{10}$ Sekunde eine bestimmte Richtung und in der nächsten $^1/_{10}$ Sekunde eine entgegengesetzte Richtung usw. Der Wechselstrom ändert also ständig seine Richtung und außerdem auch seine Größe. Dadurch ändert der Kraftfluß um den Leiter auch ständig seine Richtung und Stärke.

Ordnet man zwei Spulen, wie Abbildung 265 zeigt an, und schließt eine an eine Wechselstromquelle, die andere an einen Spannungsmesser an, so wird in Spule 2 eine EMK induziert, deren Höhe der Spannungsmesser anzeigt.

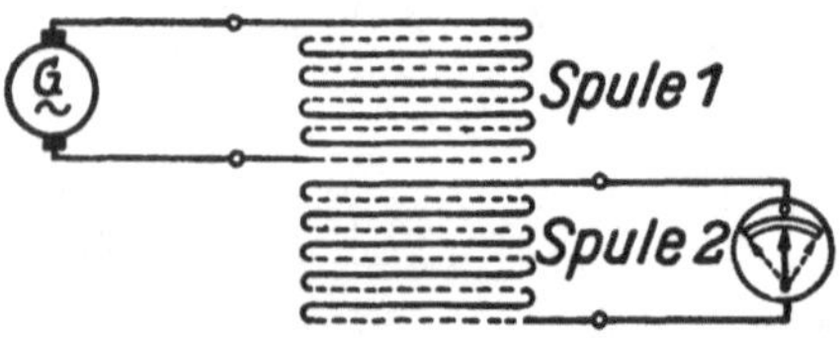

Abb. 265

Wir haben somit einen regelrechten Transformator vor uns. Sein Wirkungsgrad ist jedoch gering, weil das magnetische Wechselfeld der Spule 1 beim Ausbreiten und Zusammenfallen den großen Widerstand des Luftweges überwinden muß und daher nur eine geringe Dichte hat.

Um einen Transformator mit besserem Wirkungsgrad zu erhalten, ordnen wir die Spulen auf einem Eisenkern an, wie Abb. 266 zeigt.

Diejenige Wicklung, der die vorhandene elektrische Energie zugeführt wird, nennt man Primär- oder Erstwicklung und die Wicklung,

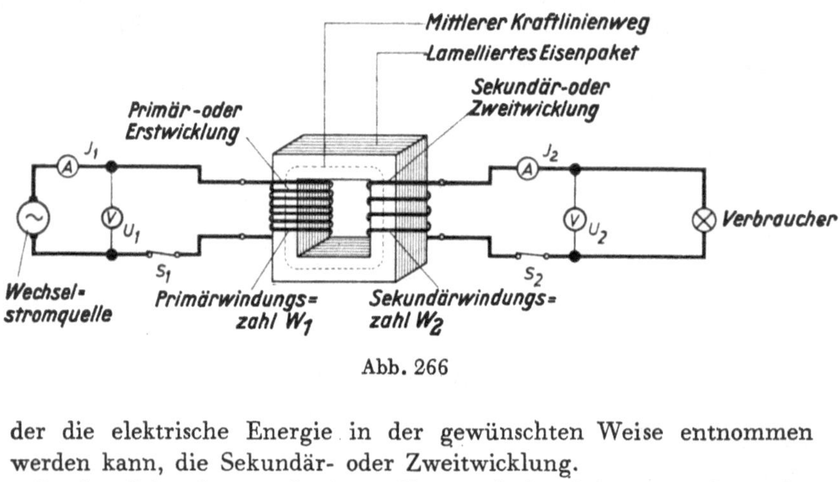

Abb. 266

der die elektrische Energie in der gewünschten Weise entnommen werden kann, die Sekundär- oder Zweitwicklung.

Ist der Sekundärstromkreis geöffnet und der Primärstromkreis des

Transformators geschlossen, so liegt an der Primärwicklung die elektrische Spannung der Stromquelle und es fließt durch die Primärwicklung Wechselstrom. Dadurch entsteht in dem Eisenkern ein magnetischer Kraftfluß, der ständig seine Dichte und Richtung ändert. Der wechselnde Kraftfluß ruft in der Primärwicklung eine EMK der Selbstinduktion „E_1“ hervor (siehe hierzu auch das Kapitel Selbstinduktion, Seite 154), die der angelegten Primärspannung entgegengerichtet ist. DieSelbstinduktionsspannung E_1 (auch Gegenspannung genannt) ist so hoch, daß sie die Primärspannung bis auf eine geringe Restspannung aufhebt.

Die restliche Primärspannung drückt einen verhältnismäßig geringen Strom durch die Primärwicklung, der gerade noch groß genug ist, um in dem Eisenkern den magnetischen Kraftfluß „$\mathfrak{B}_1$“ zu erzeugen. Dieser Kraftfluß erzeugt in der Sekundärwicklung die EMK „E_2“, die an den Klemmen der Sekundärwicklung die Spannung „U_2“ hervorruft. Bei Leerlauf des Transformators hat die Klemmenspannung U_2 fast die gleiche Höhe wie E_2.

Wir ziehen daher aus Vorhergehendem folgenden wichtigen Schluß:

Ein Transformator nimmt bei Leerlauf, also im unbelasteten Zustand, nur einen kleinen Strom auf.	31

Wird der Schalter „S_2“ im Sekundärstromkreis geschlossen, so fließt sofort elektrischer Strom durch die angeschlossenen Verbraucher und der Transformator ist somit belastet.

Durch den Wechselstromfluß in der Sekundärwicklung wird in dem Eisenkern der magnetische Kraftfluß „$\mathfrak{B}_2$“ erzeugt, der dem Kraftfluß $\mathfrak{B}_1$ der Primärwicklung entgegengerichtet ist und diesen um so mehr aufhebt, je größer die Stromstärke in der Sekundärwicklung durch die Belastung wird.

Durch diese Feldschwächung wird aber die Selbstinduktion in der Primärspule kleiner, so daß die Restspannung größer wird und folglich durch die Primärspule ein größerer Strom fließt. Wir kommen daher zu folgender Erkenntnis:

Die Stromaufnahme in der Primärwicklung eines Transformators ist abhängig von der Belastung der Sekundärwicklung.	32

Besteht die Primärwicklung eines Transformators z. B. aus 50 Windungen, die an eine Wechselspannung von 100 Volt angeschlossen ist, dann verteilt sich die angelegte Spannung so, daß an jeder Windung der Primärwicklung eine Spannung von:

100 Volt : 50 Windungen = 2 Volt

liegt.

Die entstehende EMK der Selbstinduktion ist, wie bereits erwähnt, fast ebenso hoch, wie die angelegte Wechselspannung.

Besteht die unbelastete *Sekundärwicklung* beispielsweise aus 200 Windungen, so werden diese in jedem Augenblick von dem gleichen Kraftfluß durchsetzt, wie die Windungen der Primärwicklung. Dadurch wird in jeder Windung der Sekundärwicklung eine Spannung von 2 Volt und insgesamt in allen Windungen eine solche von $200 \cdot 2 = 400$ Volt induziert. Bestände die Sekundärwicklung nicht aus 200 Windungen, sondern z. B. aus 1000 Windungen, so wäre die induzierte EMK der Sekundärwicklung $1000 \cdot 2 = 2000$ Volt also zwanzigmal so groß, wie die EMK der Primärwicklung. Daraus ergibt sich: Wenn die Sekundärwicklung zwanzigmal so viel Windungen wie die Primärwicklung besitzt, ist die in ihr induzierte EMK auch zwanzigmal so hoch, wie die in der Primärwicklung.

Hätte dagegen die Sekundärwicklung beispielsweise nur den fünften Teil der Windungen der Primärwicklung, so kann die in ihr induzierte EMK nur den fünften Teil der EMK in der Primärwicklung sein.

Aus vorhergehendem ergibt sich daher:

> Die induzierten Elektro-Motorischen Kräfte (Spannungen) verhalten sich bei Leerlauf zueinander wie die Windungszahlen der Primär- und Sekundärwicklungen. 33

Dies in einer Formel ausgedrückt, lautet:

$$\frac{E_2}{E_1} = \frac{w_2}{w_1}$$

Darin bedeutet:

E_2 = induzierte EMK in der Sekundärwicklung,
E_1 = EMK der Selbstinduktion in der Primärwicklung,
w_2 = Windungszahl der Sekundärwicklung,
w_1 = Windungszahl der Primärwicklung.

Für die verschiedenen Verwendungszwecke gibt es also Transformatoren für Spannungserhöhung oder Spannungsverminderung.

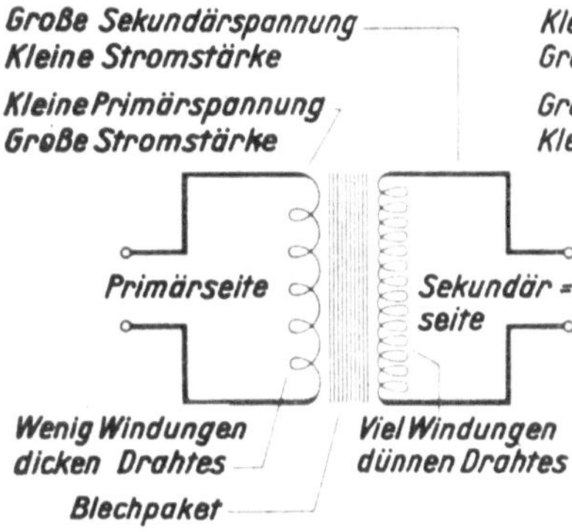

Abb. 267. Transformator für Spannungserhöhung

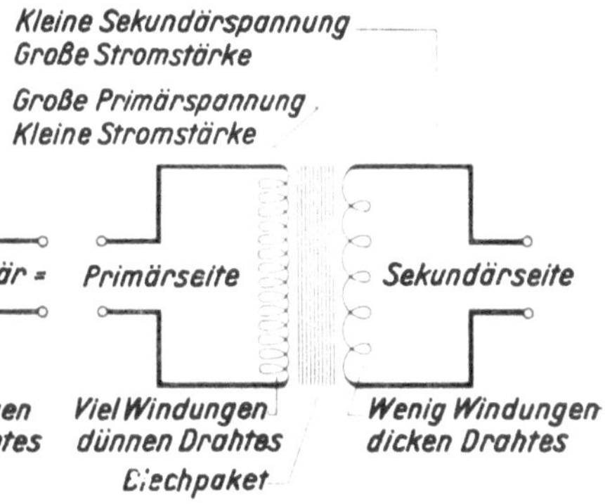

Abb. 268. Transformator für Spannungsverminderung

Beispiel Nr. 118:

An der Primärwicklung eines Transformators mit 100 Windungen liegt eine Wechselspannung von 200 Volt. Wie hoch ist die Sekundärspannung, wenn die Sekundärwicklung aus 1200 Windungen besteht.

N. B. Da die Gegenspannung E_1 eines unbelasteten Transformators fast die gleiche Höhe erreicht wie die angelegte Primärspannung U_1, setzen wir beide in diesem und den folgenden Beispielen gleich. Wir können daher schreiben $E_1 = U_1$.

Gegeben:

$E_1 = 200$ V, $w_1 = 100$ Windungen, $w_2 = 1200$ Windungen

Gesucht: $E_2 = ?$

Lösung:

Durch entsprechende Umstellung der Formel $\frac{E_2}{E_1} = \frac{w_2}{w_1}$ erhalten wir eine Formel, mit der wir die Sekundärspannung errechnen können. Diese lautet:

$$E_2 = \frac{E_1 \cdot w_2}{w_1} = \frac{200 \cdot 1200}{100} = \mathbf{2400\ V.}$$

Beispiel Nr. 119:

In vorhergehendem Beispiel wird die Windungszahl der Sekundärwicklung von 1200 Windungen auf 25 verkleinert. Wie hoch ist jetzt die Sekundärspannung?

Gegeben:

$w_2 = 25$ Windungen, $w_1 = 100$ Windungen, $E_1 = 200$ V

Gesucht: $E_2 = ?$

Lösung:

$$E_2 = \frac{E_1 \cdot w_2}{w_1} = \frac{200 \cdot 25}{100} = \mathbf{50\ V}.$$

Beispiel Nr. 120:

Die Primärwicklung eines Transformators besitzt 80 Windungen; sie ist an eine Spannung von 30 Volt angeschlossen. Die Sekundärspannung beträgt 150 Volt. Wieviel Windungen hat die Sekundärwicklung?

Gegeben:

$w_1 = 80$ Windungen, $E_1 = 30$ V, $E_2 = 150$ V

Gesucht: $w_2 = ?$

Lösung:

Durch Umstellung der Grundformel $\frac{E_2}{E_1} = \frac{w_2}{w_1}$ erhalten wir:

$$w_2 = \frac{w_1 \cdot E_2}{E_1} = \frac{80 \cdot 150}{30} = \mathbf{400\ Windungen.}$$

c) Der belastete Transformator

Ist der Sekundärstromkreis eines Transformators geöffnet, so nimmt bekanntlich die Primärwicklung einen sehr niedrigen Leerlaufstrom auf.

Belasten wir nun den in Abb. 266 dargestellten Transformator durch Schließen des Schalters „S_2" und beobachten dabei die Spannungs- und Strommesser der Primär- und Sekundärstromkreise, so stellen wir fest, daß 1. die Primärspannung höher als die Sekundärspannung ist und 2. daß die Sekundärstromstärke höher als die Primärstromstärke ist.

Parallel zu dem angeschlossenen Verbraucher schalten wir nun unter Beobachtung der Strommesser weitere Verbraucher ein und erkennen dabei, daß der Sekundärstrom und der Primärstrom bei diesem Zuschalten ansteigen. Es ist so, daß der Strom in der Sekundärwicklung mit den wenigen Windungen mehr zunimmt, als der Strom in der Primärwicklung mit den vielen Windungen. Wir können folglich daraus entnehmen:

In einem Transformator verhalten sich die Stromstärken umgekehrt wie die Windungszahlen. 34

Dies kann man auch in einer Formel wie folgt ausdrücken:

$$\frac{J_1}{J_2} = \frac{w_2}{w_1}$$

Wir nehmen nun an, daß die Primärwicklung eines Transformators 100 Windungen habe. Es liege an ihr eine Wechselspannung von $U_1 = 100$ Volt; die Primärspannung verteilt sich auf die Primärwicklung in diesem Falle so, daß jede einzelne Windung eine Spannung von 1 Volt führt. Durch das in dem Eisenkern entstehende magnetische Wechselfeld entsteht in jeder Primärwindung eine EMK der Selbstinduktion, die sehr nahe an die Größe von 1 Volt herankommt. Wir setzen deshalb bei unserer nachfolgenden Betrachtung die Größe der EMK der Selbstinduktion gleich der Höhe der angelegten Primärspannung, wie wir dies bereits im Beispiel auf Seite 287 getan haben.

Hat die Sekundärwicklung beispielsweise 10000 Windungen, so induziert das Wechselfeld der Primärwicklung in der Sekundärwicklung eine EMK von 10000 Volt; die Sekundärspannung ist also 100mal höher als die Primärspannung. Schließt man nun an die Sekundärwicklung einen Verbraucher an, dessen Widerstand eine solche Größe hat, daß in dem Sekundärstromkreis ein Strom von 1 Ampere fließt, dann hat die Sekundärwicklung $1 \cdot 10000 = 10000$ Amperewindungen. Der hierdurch entstehende magnetische Kraftfluß ist dem Kraftfluß der Primärwicklung entgegengerichtet und schwächt diesen. Dadurch wird die Gegenspannung in der Primärwicklung niedriger und die Stromstärke steigt in der Primärwicklung infolgedessen an, bis der vorherige magnetische Zustand im Eisenkern wieder hergestellt ist. Die Amperewindungszahl der Primärspule muß sich durch Ansteigen des Stromes um den gleichen Betrag erhöhen, um den sich die Amperewindungszahl der Sekundärwicklung durch den Belastungsstrom erhöht hat.

Da in unserem Falle die Primärwicklung aus 100 Windungen besteht, steigt der Strom in der Primärwicklung auf:

$$J = \frac{10000}{100} = \mathbf{100\ A}$$

an. Dieser größere Strom sorgt dafür, daß die ursprüngliche Stärke des

Magnetfeldes wieder hergestellt ist, so daß bei schwankender Belastung der Sekundärspule das Magnetfeld keine Schwächung erfährt.

Da in der Sekundärwicklung mit einer Spannung von 10000 Volt nur ein Strom von 1 Ampere fließt, haben wir in der Primärspule mit 100 Volt (also mit einer 100mal kleineren Spannung) einen 100mal höheren Strom, nämlich 100 Ampere. Daraus ergibt sich:

> Die Stromstärken in den Primär- und Sekundärwicklungen eines Transformators verhalten sich zueinander umgekehrt wie die Spannungen. 35

Dies in einer Formel ausgedrückt lautet:

$$\frac{J_1}{J_2} = \frac{U_2}{U_1}$$

Darin bedeutet:

J_1 = Primärstromstärke,
J_2 = Sekundärstromstärke,
U_2 = Sekundärspannung,
U_1 = Primärspannung.

d) Die Kurzschlußspannung eines Transformators

Wird die Sekundärwicklung eines Transformators kurzgeschlossen, so wird die Primärwicklung bei der angelegten Spannung „U_1“ einen sehr hohen Strom aufnehmen, den wir J_{K_1} nennen. Dadurch fließt in der Sekundärwicklung auch ein sehr hoher Kurzschlußstrom, den wir J_{K_2} nennen. Bei diesen hohen Strömen wird der Transformator naturgemäß schnell zerstört werden.

Wir verringern aus diesem Grunde die primär angelegte Spannung „U_1“ und messen dabei den Kurzschlußstrom J_{K_2} in der Sekundärwicklung, und erkennen, daß dieser im gleichen Maße abnimmt, wie die Primärspannung „U_1“ verringert wird. Wir merken uns daher:

> Der Kurzschlußstrom in der Sekundärwicklung eines Transformators ist der primär angelegten Spannung proportional. 36

Wir verringern nun die Primärspannung „U_1“ solange, bis der kurzgeschlossene Transformator primärseitig seinen normalen Vollast-Strom aufnimmt. Die in diesem Moment anliegende Primärspannung nennt man Kurzschluß-Spannung. Wir merken uns daher:

> Unter Kurzschluß-Spannung versteht man diejenige primär angelegte Spannungshöhe, bei der der auf der Sekundärseite kurzgeschlossene Transformator seinen normalen, primären Voll-last-Betriebs-Strom aufnimmt. 37

e) Die Leerlaufverluste und der Wirkungsgrad bei Transformatoren

Ist ein Transformator unbelastet, d. h. läuft er leer, so ist die EMK der Selbstinduktion etwas niedriger als die angelegte Primärspannung. Es kann daher nur ein geringer Magnetisierungsstrom durch die Primärwicklung fließen. Der leerlaufende Transformator nimmt infolgedessen nur eine geringe Leistung auf, die wir als Leerlaufverlust bezeichnen. Die Höhe dieses Leistungsverlustes wird in Watt angegeben.

Wird nun der Transformator belastet, so fließt Strom in den Wicklungsdrähten, und es entsteht Stromwärme, die von der aufgenommenen Primärleistung als sogenannte Kupferverluste, zu denen noch die Magnetisierungsverluste hinzugerechnet werden müssen, verlorengehen; sie betragen zusammen etwa 2—3%.

Das Verhältnis der abgegebenen Leistung ($N_2 = U_2 \cdot J_2$) zur aufgenommenen Leistung ($N_1 = U_1 \cdot J_1$) nennt man Wirkungsgrad. Wir können daher schreiben:

$$\eta = \frac{N_2}{N_1}$$

Die Verluste betragen, wie im Vorhergehenden bereits erwähnt, bis zu 3% der zugeführten elektrischen Energie, so daß wir bei Transformatoren mit Wirkungsgraden bis $\eta = 0{,}97$ und bei besonderen Ausführungen sogar mit Wirkungsgraden bis 0,99 rechnen können.

f) Aufbau der Transformatoren

Die Wicklungen der Transformatoren werden fast immer um Eisenkerne gelegt. Die letzteren bestehen aus dünnen, durch Seidenpapier voneinander isolierten Eisenblechen, damit dadurch größere Wirbelstromverluste vermieden werden. Der Bauform nach unterscheidet

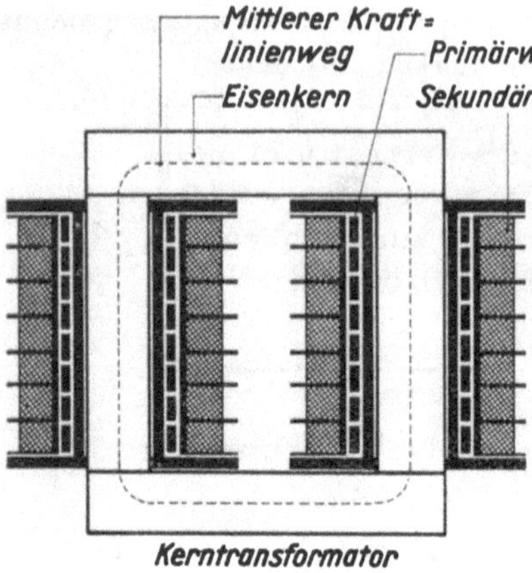

Abb. 269

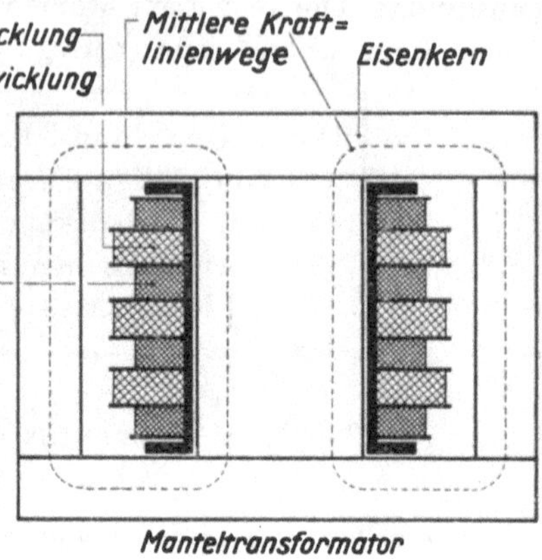

Abb. 270

man Kerntransformatoren und Manteltransformatoren, die in Abbildungen 269 und 270 dargestellt sind.

Kerntransformatoren können so ausgeführt werden, daß der eine Schenkel die Primärwicklung und der andere die Sekundärwicklung trägt. Häufig werden die Wicklungen auch je zur Hälfte auf jeden Schenkel angeordnet, wie Abb. 269 zeigt. Zur leichteren Herstellung und leichtere Reparaturen sind die Wicklungen außerdem bei größeren Transformatoren in Einzelspulen unterteilt.

Bei den Manteltransformatoren sind beide Wicklungen auf einem Kern angeordnet, und zwar in Form von übereinanderliegenden Hohlzylinderspulen. Häufig sind die Wicklungen auch scheibenförmig übereinander (abwechselnd Primär- und Sekundär-Einzelspulen) angeordnet, wie Abb. 270 zeigt. Die Wicklung, der die vorhandene Energie zugeführt wird, heißt, wie bereits erläutert, Primärwicklung und diejenige, welche die Energie abgibt, Sekundärwicklung.

Bei Transformatoren spricht man auch von Oberspannungswicklung und Unterspannungswicklung.

Die Oberspannungswicklung ist diejenige Wicklung, welche die höchste Spannung führt und die Unterspannungswicklung diejenige, welche die kleinere Spannung führt. So ist z. B. bei einem Transformator, der eine Primärspannung von 500 Volt auf eine Sekundärspannung von 6000 Volt umspannt, die 500-Volt-Wicklung die Unterspannungswicklung und die 6000-Volt-Wicklung die Oberspannungswicklung.

Die entstehende Wärme, hervorgerufen durch Wirbelstrombildung im Eisenkern und Stromfluß in den Wicklungsdrähten muß nach außen abgeführt werden, damit sie nicht ein unzulässig hohes Maß annimmt und die Isolation der Wicklungen gefährdet.

Abb. 271. Transformator mit Luftkühlung

Gewöhnlich sind Transformatoren für kleine Leistungen mit Luftkühlung und solche für große Leistungen mit Ölkühlung eingerichtet. Da das Öl außerdem isolierend zwischen den Wicklungen wirken soll, muß es vollkommen wasser- und säurefrei sein. Bei Erwärmung dehnt sich das Öl aus, und deshalb ist über den Transformatorenkesseln (siehe nachfolgendes Bild) ein Ausdehnungsgefäß angeordnet. Das Öl muß heiß eingefüllt und der Kessel dann luftdicht verschlossen werden. Wenn sich das Öl nun bei einer Abkühlung zusammenzieht, so entsteht im Ausdehnungsgefäß ein luftverdünnter Raum; dadurch wird die Bildung von Öldämpfen, die mit Luft verdünnt sind und explodieren können, vermieden.

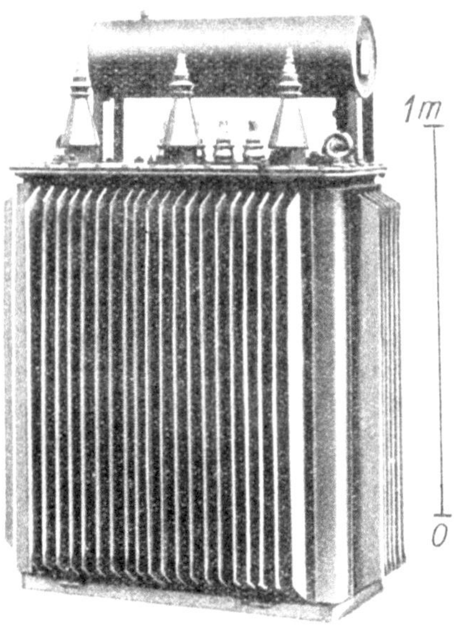

Abb. 272. Transformator mit Ölkühlung

g) Der Drehstrom-Transformator

Für die Umspannung von Drehstrom kann man drei einzelne Einphasen-Transformatoren verwenden. In der Praxis wählt man jedoch nicht für diesen Zweck einzelne Einphasen-Transformatoren, sondern besonders hergestellte Drehstrom-Transformatoren. Bei diesen sind drei Eisenkerne durch Jochstücke oben und unten (siehe Abb. 273) miteinander verbunden. Die Kerne tragen je eine Primär- und Sekundärwicklung. Die Wicklungen werden entweder in Stern oder in Dreieck geschaltet. Anfänge und Enden der Wicklungen werden aus dem Transformatorengehäuse herausgeführt. Die Anfänge der Oberspannungswicklung tragen die Bezeichnung *U—V—W* und die Enden *X—Y—Z*. Die Anfänge der Unterspannungswicklung dagegen die Bezeichnung *u—v—w* und ihre Enden *x—y—z*.

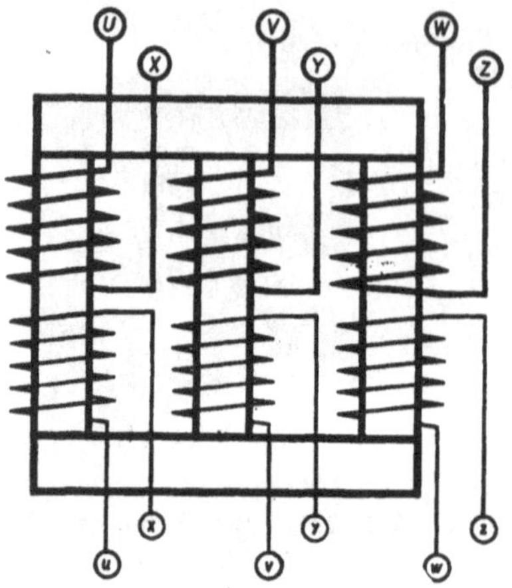

Abb. 273. Schematische Darstellung eines Drehstrom-Transformators

Werden Drehstrom-Transformatoren in Versorgungsnetzen mit überwiegender Lichtbelastung verwendet, so sind die einzelnen Phasen in der Praxis meistens sehr ungleich belastet.

Zum Zwecke eines Belastungsausgleichs wird für die Unterspannungswicklung häufig die sogenannte Zickzack-Schaltung  verwendet deren ausführliche Besprechung jedoch über die Aufgabe dieses Buches hinausgeht.

h) Das Übersetzungsverhältnis bei Transformatoren

Unter Übersetzungsverhältnis eines Transformators („Trafo") versteht man das Verhältnis der Primärspannung zur Sekundärspannung z. B. bei Spannungserhöhung 220/6000 oder bei Spannungsverminderung z. B. 5000/380. Es ist klar, daß das Übersetzungsverhältnis abhängig ist von dem Verhältnis der Sekundärwindungszahl zur Primärwindungszahl, also

$$\text{Übersetzungsverhältnis} = \frac{\text{Sekundärwindungszahl}}{\text{Primärwindungszahl}}$$

oder:

$$\boxed{\ddot{U} = \frac{W_2}{W_1}}$$

Beispiel Nr. 121:

Ein Trafo besitzt auf der Primärseite 120 Windungen, denen eine Wechselspannung von 220 Volt zugeführt wird. Die Sekundärseite besitzt 360 Windungen. Wie groß ist das Übersetzungsverhältnis und außerdem die Sekundärspannung dieses Transformators?

Gegeben: $U_1 = 220\,\text{V}, W_1 = 120$ Windungen, $W_2 = 360$ Windungen

Gesucht: Übersetzungsverhältnis: $\ddot{U} = ?$
Sekundärspannung: $U_2 = ?$

Lösung:

$$\ddot{U} = \frac{W_2}{W_1} = \frac{360}{120} = \frac{3}{1} = \mathbf{3:1}$$

Der Transformator besitzt also ein Übersetzungsverhältnis von 3 : 1, was bedeutet, daß die Sekundärspannung 3mal so groß ist wie die Primärspannung, also:

$$3 \cdot 220 = \mathbf{660\ V}\,.$$

II. Einführung in die Meßtechnik

Die Meßtechnik nimmt im Rahmen der Allgemeinen Elektrotechnik eine sehr wichtige Stellung ein. Nur derjenige vermag Meß-Instrumente selbständig richtig zu gebrauchen, der die Grundlagen der Elektrotechnik beherrscht und die Wirkungsweise der Instrumente kennt.

Messen heißt vergleichen. Wie z. B. der Vorrat und das Gewicht an Lebensgütern durch Wiegen ermittelt, d. h. mit bekannten Gewichten auf einer Waage verglichen und festgestellt wird, so werden auch elektrische Größen (z. B. Spannung, Strom und Widerstand) durch Meß-Instrumente mit bekannten Maßeinheiten verglichen und ihre Größe ermittelt.

Elektrisches Messen heißt auch wissen, unter welchen elektrischen Bedingungen elektrische Leitungen und Geräte beispielsweise in einer Kraftanlage arbeiten, und wie sie beansprucht sind.

Messen gibt aber auch Sicherheit, weil man sich dadurch Klarheit über den Zustand der elektrischen Anlage verschaffen kann.

Ist z. B. der Isolationszustand einer elektrischen Anlage einwandfrei, so ist es sicher, daß der Strom nach den elektrischen Geräten fließt und nicht zur Masse.

Messen heißt auch sparen, denn wenn man sich durch Messen von dem einwandfreien Zustand einer elektrischen Stromerzeugungs-Anlage z. B. in einem Elektizitätswerk überzeugt hat, können die elektrischen Generatoren in Betrieb gesetzt werden und die angeschlossenen Stromverbraucher gespeißt werden ohne daß möglicherweise durch Ausfall der Generatoren Schaden für das Elektrizitätswerk und die Stromabnehmer ensteht.

Messen bedeutet schließlich auch Fortschritt, denn man kann sich durch Messen darüber informieren, wo Fehler auftreten können. Dadurch kann man entsprechende Maßnahmen schon bei der Herstellung der elektrischen Anlage ergreifen und Fehler von vornherein weitgehend ausschalten.

Die sorgfältige Verwendung und pflegliche Behandlung der Meß-Instrumente ist aus vorerwähnten Gründen in der gesamten Elektrotechnik von größter Wichtigkeit.

Wir wenden uns nun den elektrischen Messungen sowie den gebräuchlichen Meßgeräten zu, die in folgender Tabelle näher benannt und bezeichnet sind.

Meßwerk	Symbol	Stromart
Drehspul-Meßgerät mit Dauermagnet		—
Drehspul-Quotienten-messer (Kreuzspul-Meßgerät)		—
Dreheisen-Meßgerät		≈
Elektro-dynamisches Meßgerät (Eisenlos)		≈
Elektro-dynamisches Meßgerät (Eisengeschlossen)		≈

Neben den in dieser Tabelle aufgeführten Symbolen und Stromart-Zeichen tragen die Meß-Instrumente noch Klassezeichen, Angaben über Anzeigefehler, Prüf- und Betriebsspannungen sowie Gebrauchslagen, die zusammen in der Aufstellung Seite 298 aufgeführt sind.

Beispiel Nr. 122:

Ein Meßinstrument trägt folgende Bezeichnungen:

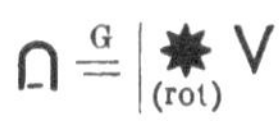

Was besagen diese Zeichen?

Lösung:

1. Das Meßinstrument besitzt ein Drehspulmeßwerk.
2. Es ist ein Betriebsmeßwerk I. Klasse.
3. Das Meßinstrument ist nur für Gleichstrom verwendbar.
4. Es ist nur für senkrechte Gebrauchslage bestimmt.
5. Es ist für eine Betriebsspannung von 101 bis 650 Volt verwendbar und mit einer Spannung von 2000 Volt geprüft.
6. Das Meßinstrument ist ein Spannungsmesser (Voltmeter).

Beispiel:

Ein Meßinstrument trägt folgende neue Bezeichnung:

Was bedeuten diese Zeichen?

Lösung:

1. Das Meßinstrument besitzt ein Drehspul-Meßwerk.
2. Es ist ein Feinmeßgerät, Klasse 0,2.
3. Das Meßinstrument ist nur für Gleichstrom verwendbar.

4. Es ist nur für waagerechte Gebrauchslage bestimmt.
5. Das Meßinstrument ist für eine Betriebsspannung von 40 bis 650 Volt verwendbar und mit einer Spannung von 2000 Volt geprüft.
6. Das Instrument ist ein Strommesser.

Alte Bezeichnungen vor dem 1. Okt. 1939	Neue Bezeichnungen ab 1. Okt. 1939
Klassenzeichen:	
E Feinmeßgeräte ...... 1. Klasse F Feinmeßgeräte ...... 2. Klasse	0,2 0,5 } Feinmeßgeräte
G Betriebsmeßgeräte ... 1. Klasse H Betriebsmeßgeräte ... 2. Klasse	1,0 1,5 2,5 } Betriebsmeßgeräte
Größte Anzeigefehler:	
Klasse E ± 0,2 ... 0,4% je nach Klasse F ± 0,3 ... 0,6% Meßwerk	Klasse 0,2 ... ± 0,2% Klasse 0,5 ... ± 0,5%
Klasse G ...... ± 1,5% Klasse H ...... ± 3,0%	Klasse 1,0 ... ± 1,0% Klasse 1,5 ... ± 1,5% Klasse 2,5 ... ± 2,5%

Prüf- und Betriebsspannungen:

Betriebssp.	Prüfsp.	Stern	Betriebssp.	Prüfsp.	Stern
bis 40 V	500 V	schwarz	bis 40 V	500 V	☆
41... 100 V	1000 V	braun	40... 650 V	2000 V	☆ 2
101... 650 V	2000 V	rot	650...1500 V	5000 V	☆ 5
651... 900 V	3000 V	blau	1,5... 3 kV	10 kV	☆ 10
901...1500 V	5000 V	grün	3... 6 kV	20 kV	☆ 20
			6... 10 kV	30 kV	☆ 30
			10... 15 kV	50 kV	☆ 50

Stromarten:

Alt		Neu
=	Gleichstrom	—
~	Wechselstrom	~
≂	Gleich- u. Wechselstrom	≂

Gebrauchslagen:

Alt		Neu
|	senkrecht	⊥
—	waagerecht	⊓
∠60°	schräg	∠60°

1. Das Drehspul-Meßinstrument

a) Der Aufbau des Meßwerks

Der ringförmig ausgebildete Magnet wurde früher gewöhnlich aus Kobalt-Stahl gefertigt. In neuerer Zeit wird fast nur noch Nickel-Eisen verwendet. In der Polbohrung ist in konzentrischer Anordnung ein Weicheisenkern (Eisenzylinder) untergebracht.

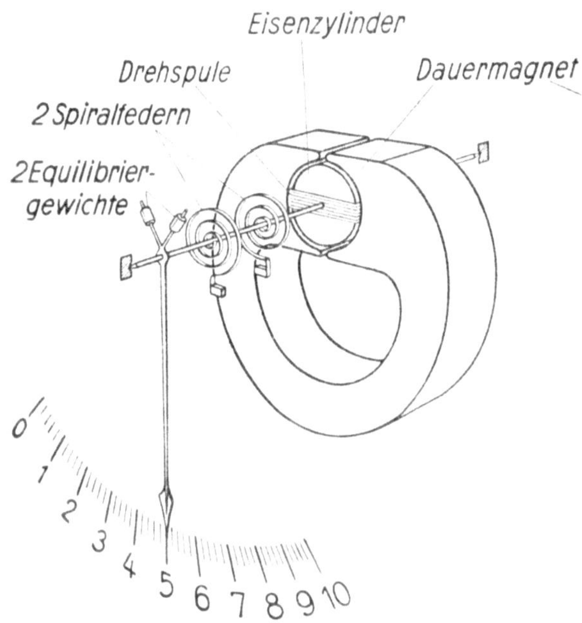

Abb. 274. Schematische Darstellung eines Drehspul-Meßwerks

Die Polschuhe sind so geformt, daß in dem Luftspalt zwischen den Polschuhen und dem Eisenkern ein gleichmäßiges magnetisches Feld herrscht.

In diesem Feld ist eine Spule, die auf ein Aluminium- oder Kupferrähmchen gewickelt ist, drehbar angeordnet. An der Achse der Spule sind je ein Ende von 2 Spiralfedern, ein Zeiger und außerdem 2 kleine Äquilibriergewichte befestigt. Letztere dienen der Auswuchtung der Drehspule. Die 2 Spiralfedern haben die Aufgabe, das Gegendrehmoment zu erzeugen; sie dienen außerdem der Stromzuführung und Zeigerrückholung auf den Nullpunkt nach beendetem Meßvorgang.

b) Die Wirkungsweise des Meßwerks

Schließt man die Drehspule an die zu messende unbekannte elektrische Größe (z. B. Strom oder Spannung) an, so fließt durch die Drehspule ein Meßstrom. Unter der Einwirkung des Meßstromes dreht sich die Spule in dem Magnetfeld.

Wir haben in einem Drehspulmeßwerk bei einem Meßvorgang dieselbe Wirkungsweise vor uns, wie bei einem Gleichstrommotor. Der Unterschied besteht lediglich darin, daß sich der Anker des Gleichstrommotors um 360° drehen kann, während die Drehspule in dem Magnetfeld nur eine Drehung von etwa 90° machen kann.

Die stromdurchflossene Spule dreht sich mit einer bestimmten Kraft, womit sie das Gegendrehmoment der Stromzuführungsfedern, das gradlinig mit der Verdrehung ansteigt, mehr oder weniger überwindet. Das Drehmoment der Spule ist abhängig von der Anzahl der Spulenwindungen und von der Größe des Meßstromes, der durch die Spulenwindungen fließt (AW-Zahl siehe Seite 72) und außerdem von der Dichte des magnetischen Feldes des Dauermagneten. Entsprechend der Größe des Meßstromes kommt die Spule nebst Zeiger auf der Skala nach einer bestimmten Drehung zum Stillstand. In dieser Stellung ist das Drehmoment der Spule durch die Größe des fließenden Meßstromes so groß, wie das mechanische Gegendrehmoment der Stromzuführungsfedern. Die Größe der überwundenen mechanischen Gegenkraft, ausgedrückt durch eine bestimmte Zeigerstellung auf der Skala, ist ein Maß für die Höhe des zu messenden Stromes, der Spannung oder des Widerstandes usw., deren Größe auf der Skala in der entsprechenden Maßeinheit aufgetragen ist. Da sich die Drehspule in einem nahezu gleichmäßigen magnetischen Feld befindet, nimmt auch ihr Drehmoment „gleichmäßig" mit der Größe des Meßstromes zu oder ab. Die Skala eines Drehspul- Instrumentes ist daher von Null bis zum Endwert gleichmäßig unterteilt. Normale Drehspul-Instrumente haben einen Zeigerausschlag von etwa 90°.

Das Drehspul-Meßwerk hat von allen elektrischen Meßsystemen die größte Genauigkeit. Der Eigenverbrauch ist (bei mittleren und besonders bei kleinen Meßbereichen) sehr gering. Die ausführbaren Meßbereiche liegen zwischen Bruchteilen eines Mikroamperes und den größten vorkommenden Stromstärken.

c) Verwendbarkeit

Da die Drehrichtung der Spule immer von der gleichen Flußrichtung des Meßstromes in der Spule abhängig ist, ergibt sich, daß ein Drehspul-Meßwerk an sich nur für Gleichstrom-Messungen verwendbar ist.

Wenn keine besonderen Vorkehrungen getroffen sind, darf sich im Drehspul-Meßwerk wohl die Höhe, aber nicht die Richtung des Meßstromes ändern. Damit der Zeiger immer nach rechts ausschlagen kann, ist also beim Anschluß auf richtige Polung zu achten. Aus diesem Grunde sind die Anschlußklemmen des Meß-Instrumentes mit + (Plus-) und — (Minus-) Zeichen versehen.

In besonderen Fällen werden auch Drehspul-Meßwerke, deren Zeiger-Nullpunkt in der Mitte der Skala liegt, verwendet.

Dies gilt z. B. für Stromerzeugungs-Anlagen in Kraftfahrzeugen in denen auch Akkumulatoren verwendet werden. Mit einem solchen Meßwerk kann wahlweise entweder die Höhe des Ladestromes — durch einen Zeigerausschlag nach links — oder die Höhe des entgegengesetzt fließenden Entladestromes (durch einen Zeigerausschlag nach rechts) gemessen werden.

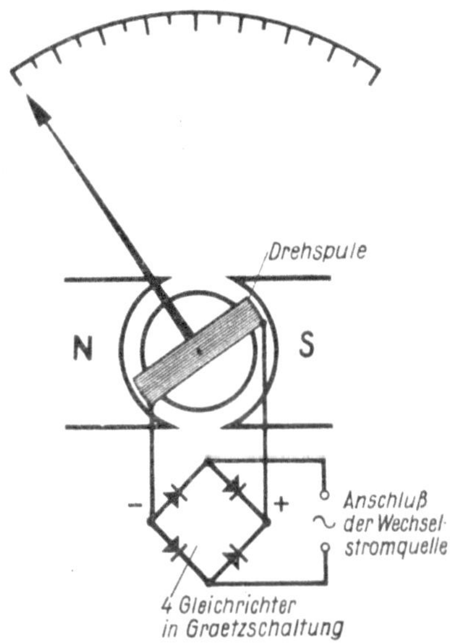

Abb. 275. Drehspul-Meßwerk (mit Gleichrichter) für Wechselstrom-Messungen niedriger Frequenz

Soll ein Drehspulinstrument auch für Wechselstrommessungen verwendet werden, so muß der Wechselstrom, bevor er in die Drehspule hineinfließt, durch einen kleinen Meßgleichrichter (—▶|— z. B. Kupferoxydul-Gleichrichter) gleichgerichtet werden.

Solche Drehspul-Meßwerke sind für Wechselstrom-Messungen bis etwa 100000 Hz geeignet. Die Meßgenauigkeit ist jedoch geringer als bei reinen Gleichstrom-Drehspul-Meßwerken; sie wird kleiner mit größer werdender Frequenz.

Derartige Geräte werden hauptsächlich zur Messung niedriger Wechselströme zwischen 0,1 und 50 mA benutzt. Höhere Ströme können unter Verwendung von Meßwandlern (Meßtransformatoren mit entsprechendem Übersetzungsverhältnis) gemessen werden.

Trockengleichrichter sind empfindlich gegen Wärme und Kälte, sie dürfen deshalb nicht in zu heißen oder zu kalten Räumen angeordnet und außerdem nicht überlastet werden. (Siehe hierzu auch Seite 259.)

Liegt die Frequenz des Wechselstromes höher als 100000 Hz, so ist es zweckmäßig, die Drehspul-Meßwerke mit Thermo-Umformern auszurüsten. Derartige Meßgeräte sind für einen Meßbereich von 0,1 mA bis 500 Amp. bei Frequenzen bis zu 1 000 000 000 Hz verwendbar.

Der Thermo-Umformer setzt sich aus dem Thermo-Element (siehe hierzu auch Seite 98) und dem Heizdraht zusammen.

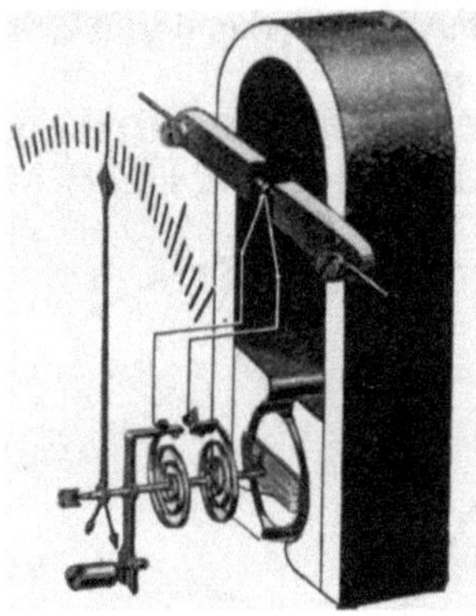

Abb. 276. Drehspul-Meßwerk (mit Thermo-Umformer) für Wechselstrom-Messungen hoher Frequenz

Der Heizdraht wird von dem zu messenden Wechselstrom durchflossen und dadurch erwärmt. Diese Erwärmung teilt sich der Heißlötstelle des Thermoelementes mit. Die dadurch entstehende EMK wird mit dem Drehspulgerät gemessen. Ihre Höhe ist ein Maß für die Größe des durch den Heizdraht fließenden Wechselstromes.

d) Die Dämpfung des schwingenden Meßorgans

Die Güte eines Drehspulmeßwerkes ist umso besser, je größer das Drehmoment der stromdurchflossenen Spule und je geringer das Gewicht des sich drehenden Meßorgans ist. Bewegt sich die Drehspule bei einem Meßvorgang aus ihrer Nullstellung, so sucht der an ihr befestigte Zeiger sich auf einen entsprechenden Skalenwert einzustellen.

Infolge Trägheit des drehbaren Systems bewegt sich jedoch der Zeiger über diesen Wert hinaus und schwingt einige Zeit hin und her, bevor er zum Stillstand kommt. Dieser Vorgang ist für eine sofortige, einwandfreie Ablesung unerwünscht. Das schwingende Meßorgan muß folglich gedämpft werden, damit sich der Zeiger augenblicklich auf den Meßwert einstellen kann.

Diese Dämpfung wird durch das Aluminium- oder Kupferrähmchen, auf das die Spule gewickelt ist, erzeugt. Sobald sich die Drehspule mit dem Rähmchen bewegt, schneidet das Rähmchen die Kraftlinien des magnetischen Feldes. Dadurch entsteht in demselben eine elektrische Spannung, die einen Stromfluß in dem Rähmchen hervorruft. Mit entgegengesetzter Bewegung ändert sich auch die Richtung der induzierten Spannung und des Stromes. Man bezeichnet daher die im Rähmchen hin und her fließenden Ströme als „Wirbelströme"; sie wirken nach dem Lenzschen Gesetz der Bewegung, der sie ihr Entstehen verdanken, entgegen und bringen so das schwingende System zum Stillstand.

2. Das Drehspul-Meßinstrument mit einer 270°-Skala

a) Der Aufbau des Meßwerks

Das 270°-Drehspul-Meßwerk besitzt für die Erzeugung des magnetischen Feldes einen Dauermagneten, der die Form eines Hohlzylinders hat. Dieser hat zwei Polschuhe, die ringförmig ausgebildet sind. Der äußere Ring ist der Nordpol und der innere Ring der Südpol. Letzterer wird über einen Steg aus Weicheisen im Innern des Magneten nach oben geführt.

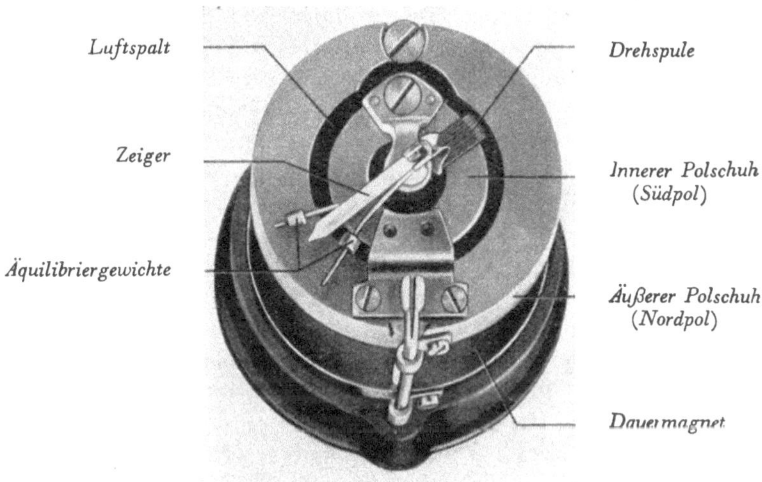

Abb. 277. Drehspul-Meßwerk mit einem 270°-Ausschlag

Die Kraftlinien verlaufen vom ganzen Umfang des äußeren Nordpols über den Luftspalt zum inneren Eisenring (Südpol) und von hier zu dem am unteren Umfang des Magneten befindlichen Südpol.

Die Drehspule ist einseitig gelagert und umfaßt den inneren Ring. Für das bei einem Meßvorgang zu erzeugende Drehmoment ist allerdings nur die eine im Luftspalt befindliche Spulenseite wirksam, im Gegensatz zu einem normalen Drehspul-Meßwerk, wo sich zwei Spulenseiten im Magnetfeld befinden.

Daraus ergibt sich, daß im Vergleich mit anderen Meßwerken, bei gleichen elektrischen Verhältnissen nur das halbe Drehmoment erzeugt werden kann.

Zwei Spiralfedern versuchen die Drehspule mit Zeiger in der Nullstellung zu halten, sie dienen zur Messung des Rähmchen-Drehmomentes.

Gleichzeitig erfolgt durch sie die Stromzuführung und die Zeigerrückholung nach beendetem Meßvorgang.

b) Die Wirkungsweise des Meßwerks

Nehmen wir an, daß der Meßstrom durch den wirksamen Teil der Spule aus der Papierebene herausfließt, so können wir mit Hilfe der „Linke-Handregel" feststellen, daß sich die Spule im Uhrzeigersinn dreht und damit auch der Zeiger, der an der Spulenachse befestigt ist.

Die Spule kann sich über den ganzen inneren Südpol bis zum Anschlag bewegen, so daß der Zeiger auf der Skala einen Teilkreis von etwa 270° beschreibt. Die Arbeitsweise des 270°-Drehspul-Meßinstrumentes beruht, wie bei einem normalen Drehspul-Instrument, auf der Kraftwirkung eines stromdurchflossenen Leiters im Magnetfeld.

Die Dämpfung geschieht durch das Rähmchen, auf das die Drehspule gewickelt ist, ebenso wie bei einem normalen Drehspul-Meßwerk (siehe Seite 302).

Die Skala ist nicht ganz linear (d. h. nicht gleichmäßig) unterteilt. Dies liegt daran, daß beim Zusammenbau des Meßwerks die Drehspule über dem ringförmigen Südpolschuh angeordnet werden muß. Dazu muß der Ring aufgetrennt werden; es entsteht folglich an dieser Stelle ein Luftspalt, der jedoch wieder ausgefüllt wird. Dennoch wird die Kraftliniendichte an dieser Stelle geringer, so daß die Skalenunterteilung in diesem Bereich etwas auseinandergezogen ist.

c) Verwendbarkeit des Meßwerks

Das 270°-Drehspul-Meßinstrument mit Dauermagnet ist nur für Gleichstrom-Messungen verwendbar. Soll es auch für Wechselstrom-Messungen verwendet werden, so muß das Meßwerk mit einem Gleichrichter versehen werden (siehe hierzu auch Seite 301). Es findet häufig Verwendung als Drehzahlmesser z. B. bei Prüfständen für Auto-Lichtmaschinen und in anderen Einrichtungen.

3. Das Kreuzspul-Meßinstrument

a) Der Aufbau des Meßwerks

Der Ringmagnet des Kreuzspul-Meßwerks besteht gewöhnlich aus Kobaltstahl. In der Polbohrung ist in konzentrischer Anordnung ein Weicheisenkern untergebracht. Die Polschuhe „*N*" und „*S*" sind so ausgebildet, daß in dem Luftspalt zwischen den Polschuhen und dem Eisenkern ein fast gleichmäßig dichtes magnetisches Feld herrscht.

In diesem Feld ist die Drehspule — auch Hauptrahmen genannt — drehbar angeordnet. Außerhalb der Polbohrung ist im Streufeld der

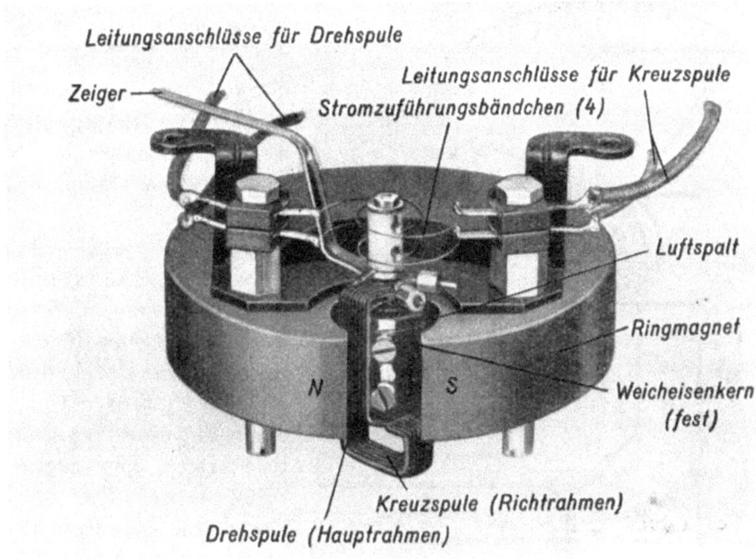

Abb. 278. Kreuzspul-Meßwerk

Polschuhe die Kreuzspule — auch Richtrahmen genannt — um 90^0 gegenüber der Drehspule versetzt angeordnet und mit dieser mechanisch verbunden.

Die Spiralfedern, die in erster Linie der Stromzuführung dienen, sind so dimensioniert, daß sie bei Drehung der Spulen nur ein ganz geringes Gegendrehmoment erzeugen, das praktisch als nicht vorhanden angesehen werden kann. Die Spiralfedern dienen außerdem der Zeigerrückholung nach beendetem Meßvorgang.

Das Kreuzspul-Meßwerk unterscheidet sich von einem Drehspul-Meßwerk dadurch, daß das Gegendrehmoment nicht durch 2 Spiralfedern, sondern durch die Kreuzspule erzeugt wird.

b) Die Wirkungsweise des Kreuzspul-Meßwerks

Kreuzspul-Meßwerke werden z. B. in Wheatstoneschen (sprich Witstonschen) Brückenschaltungen[1]) elektrischer Fernmeßanlagen

[1]) Über Brückenschaltungen siehe näheres Seite 341.

mit schwankenden Spannungen verwendet. Eine Brückenschaltung ist in Abb. 341 dargestellt.

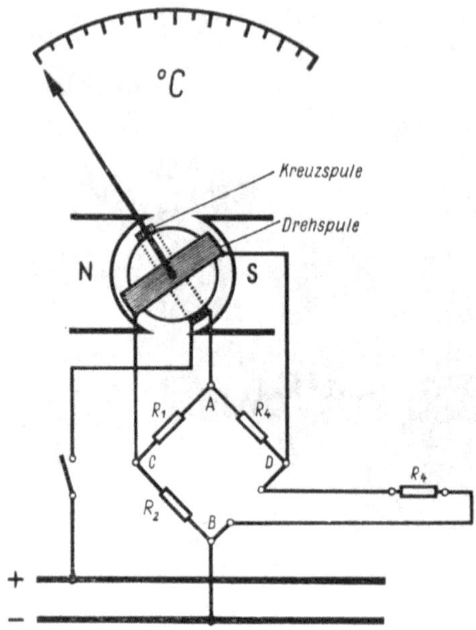

Abb. 279

Nehmen wir an, die Brücke sei abgeglichen, so fließt durch die Drehspule kein Strom. Da die Kreuzspule in der Plusleitung vor die Brücke geschaltet ist, wird sie ständig vom Strom durchflossen.

Dadurch stellt sich die Kreuzspule mit ihrem magnetischen Feld in Richtung des magnetischen Feldes des Ringmagneten ein, d. h. in Abb. 279 senkrecht, und bleibt mit einer bestimmten Richtkraft in dieser neutralen Zone stehen. Die an der Kreuzspule befestigte Drehspule muß die Bewegung der Kreuzspule mitmachen und befindet sich in diesem Zustand in der waagerechten Stellung (das ist die „elektrische Nullstellung").

Bei einer Störung der Brückengleichheit fließt von Punkt „*C*" nach „*D*" oder umgekehrt über die Drehspule Strom. Unter der Einwirkung dieses Stromflusses dreht sich die Drehspule je nach Richtung desselben nach rechts oder nach links. (Beachte dabei die Ausführungen des Kapitels „Der stromdurchflossene Leiter im Magnetfeld eines Dauermagneten", Seite 84.)

Bei dieser Drehung muß die Drehspule die Richtkraft der Kreuzspule überwinden und kommt in einer bestimmten Stellung zum Stillstand. In diesem Zustand ist ihr elektrisches Drehmoment so groß wie das der Kreuzspule.

Beim Vergleich mit einem normalen Drehspul-Meßwerk stellt die Kreuzspule in einem Kreuzspul-Meßwerk gleichsam eine „elektrische" Feder im Gegensatz zu den verwendeten Spiralfedern bei einem Drehspul-Meßwerk dar.

Die Größe des Zeigerausschlages ist ein Maß für die zu messende unbekannte elektrische Größe, welche auf der Skala abgelesen werden kann. Die Skala besitzt von 0 bis zum linken oder rechten Endwert eine gleichmäßige Unterteilung.

Der Vorteil eines Kreuzspul-Meßwerks gegenüber einem einfachen Drehspul-Meßwerk besteht darin, daß die Anzeige des Kreuzspul-Meßwerks unabhängig ist von Spannungsschwankungen der Stromquelle, was bei normalen Drehspul-Meßwerken in der vorerwähnten Brückenschaltung (wie sich aus nachfolgendem ergibt) nicht der Fall ist.

Nehmen wir an, daß die Ohmsche Größe des Widerstandes „R" in

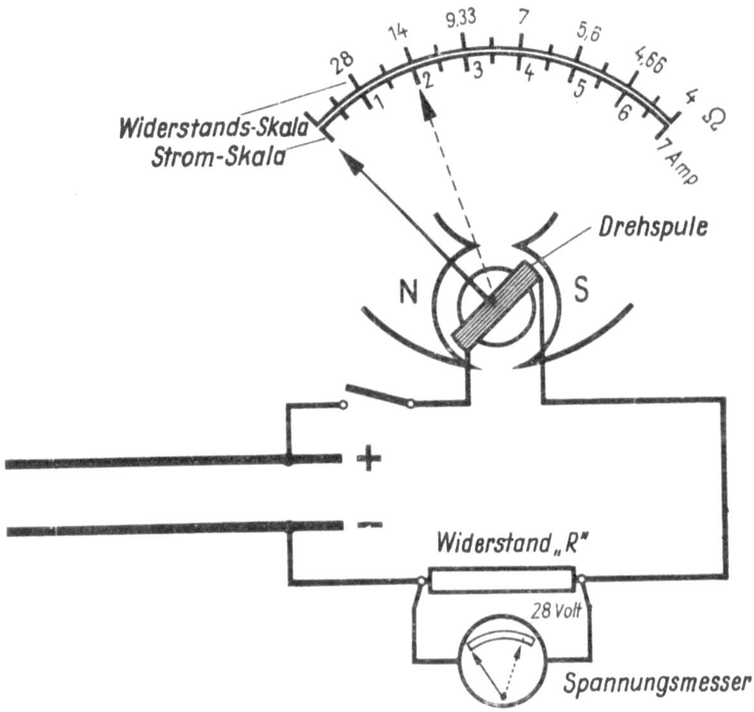

Abb. 280. Widerstandsmeßschaltung

dem in Abb. 280 dargestellten Stromkreis gemessen werden soll, zur Verwendung kommt ein Drehspul-Strommesser. Bei einer bekannten und gleichbleibenden Spannungsgröße fließt durch das Drehspul-Meßwerk ein bestimmter Strom, dessen Größe sich nach der Größe des zu messenden Widerstandes richtet. Er beträgt in unserem Fall 2 Ampere und die an dem Widerstand liegende Spannung 28 Volt.

Nach dem Ohmschen Gesetz $R = \frac{U}{J}$ kann man somit die Größe des

Widerstandes errechnen; sie beträgt: $R = \frac{28}{2} = 14\,\Omega$. Da sich die Größe des Stromes immer nach der Größe des jeweils angeschlossenen Widerstandes richtet, kann man die Skala des Strommessers auch direkt in Ohm eichen, damit man bei der Messung sofort die jeweilige Größe des Widerstandes ablesen kann.

Wenn nun bei einer fest geeichten Skala des Drehspul-Meßwerks die angelegte Spannung der Widerstandsmeßschaltung schwankt und z. B. steigt, sagen wir auf 32 Volt, so steigt auch der Strom. Der Zeiger auf der alten mit Ohm geeichten Skala macht dann einen größeren Ausschlag, trotzdem der Widerstand in seiner Größe sich nicht verändert hat. Die Spannungsschwankung ist also als Fehler in das Meßresultat eingegangen, und zwar dadurch, daß sich das Gegendrehmoment des Drehspul-Meßwerks (hervorgerufen durch die Stromzuführungsfedern), verständlicherweise nicht ändern konnte. Bei einem Kreuzspul-Meßwerk kann sich aber das Gegendrehmoment ändern, denn es wird von der Kreuzspule hervorgerufen, die an die Netzspannung angeschlossen ist. Dadurch schwankt mit der Netzspannung auch das von ihr erzeugte Gegendrehmoment. Steigt z. B. die Spannung der Widerstandsmeßschaltung an, so steigt proportional auch das Gegendrehmoment der Kreuzspule, und die Drehspule muß eine größere Gegenkraft überwinden. Dadurch kann der Zeiger keinen größeren Ausschlag auf der Skala machen wie vorher bei der konstanten Spannung, für die das Meßinstrument geeicht ist. Man kann infolgedessen mit Recht sagen, daß die Anzeige eines Kreuzspul-Instrumentes unabhängig von Spannungsschwankungen der Stromquelle ist.

Abb. 281 zeigt uns ein Kreuzspulmeßwerk, daß sich im Aufbau von dem in Abb. 278 dargestellten Kreuzspulmeßwerk unterscheidet.

Dieses Meßwerk besteht ebenfalls aus zwei festverbundenen gekreuzten Spulen. Die Kreuzspule S_2 ist jedoch nicht im sogenannten Streufeld des Magneten sondern zusammen mit der Drehspule S_1 zwischen den Polschuhen des Hufeisenmagneten — um einen Eisenkern drehbar — angeordnet. Das magnetische Feld im Luftspalt besitzt an jeder Seite eine gleichmäßige Dichte. Aus der Abbildung ist zu erkennen, daß die beiden Spulen nicht wie bei dem in Abb. 278 dargestellten Meßwerk um 90^0, sondern nur um etwa 6^0 gegeneinander versetzt sind. Der Wicklungssinn der Spulen ist entgegengesetzt gerichtet.

Dieses Kreuzspulmeßwerk kann für die gleichen Messungen verwendet werden, wie das in Abb. 278 dargestellte. Die Meßschaltungen, in denen dieses Meßwerk Verwendung findet, sind jedoch keine Brücken-

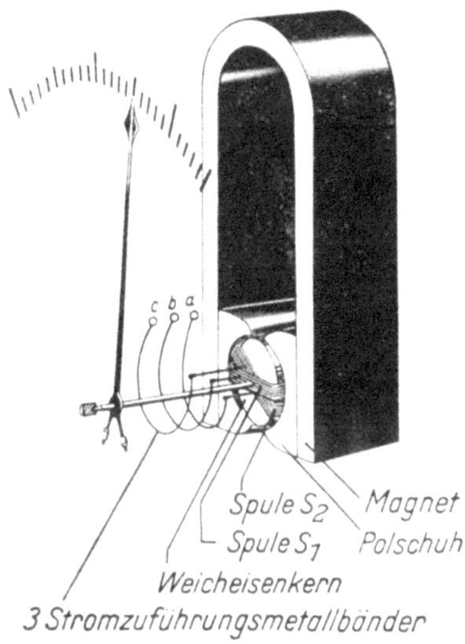

Abb. 281. Kreuzspul-Meßwerk

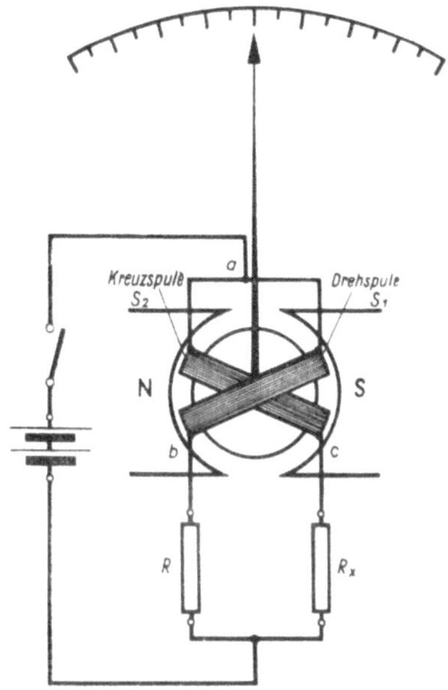

Abb. 282. Quotientenschaltung (auch Brugerschaltung genannt)

schaltungen, sondern sogenannte Quotientenschaltungen, wie Abb. 282 zeigt.

Fließen Ströme durch die beiden Spulen, so entstehen Drehmomente, die sowohl von der Höhe der Teilströme als auch von der jeweiligen Stellung der Spulen im Magnetfeld abhängig sind. Die Kreuzspule (Spule S_2) dreht sich in diejenige Stellung, bei der das Drehmoment der einen Spule dem der anderen das Gleichgewicht hält. Die jeweilige Einstellung der Spulen ist folglich nur abhängig von dem Verhältnis der Ströme in den beiden Spulen und bei Anschluß beider Spulen an dieselbe Spannung nur von dem Verhältnis der Widerstände in den beiden Spulenzweigen.

Ist der Widerstand des einen Spulenzweiges konstant und der des anderen veränderlich, so kann die Skala unmittelbar in Ohm geeicht werden. Sind beide Spulenzweige in ihrem gegenseitigen Verhältnis veränderlich, z. B. bei Stellungsrückmeldungen, so folgt der Zeiger den Änderungen des Widerstandsverhältnisses.

4. Das Drehmagnet-Meßwerk

Das Drehmagnet-Meßwerk stellt die Umkehrung der Bauform

des vorher besprochenen Kreuzspul-Meßwerks dar und unterscheiden sich dadurch, daß die bisher beweglichen Spulen fest eingebaut und der bisher ruhende Magnet drehbar angeordnet ist.

Erinnern wir uns an die Ablenkung, die eine Magnetnadel aus ihrer Nord-Südrichtung erfährt, wenn in ihrer Nähe ein stromdurchflossener Leiter angeordnet wird, so haben wir bereits die grundsätzliche Wirkungsweise der Drehmagnet-Meßwerke vor uns.

a) Aufbau und Arbeitsweise des Drehmagnet-Meßwerks

Wird ein kreisförmig ausgebildeter Magnet drehbar unter eine stromdurchflossene Spule angeordnet, so hat das Magnetfeld des kreisrunden Magneten das Bestreben sich in Richtung des Magnetfeldes der stromdurchflossenen Spule einzustellen. Dadurch dreht sich der Magnet solange, bis er schließlich die in Abbildung 283 gezeigte Stellung erreicht hat. In dieser bleibt er mit einer bestimmten Richtkraft stehen.

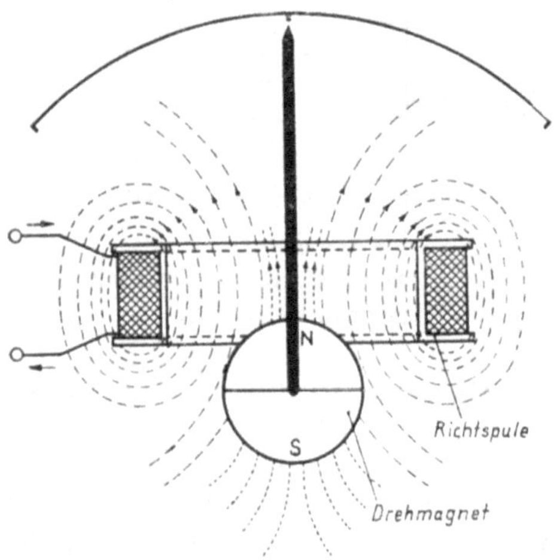

Abb. 283

Da die Spule für das Meßwerk das Richtmoment liefert, wird sie Richtspule genannt.

Ordnet man über der Richtspule eine Skala an und befestigt an dem drehbaren Magneten einen Zeiger, so macht dieser die Bewegungen des sich drehenden Magneten mit. Er befindet sich schließlich in seiner Ruhe- oder Nullstellung, wenn sich das Magnetfeld in Richtung des Magnetfeldes der Richtspule eingestellt hat.

Für einen Ausschlag des Zeigers nach rechts oder links ist an jeder Seite neben dem Drehmagneten je eine Spule in Hintereinanderschaltung angeordnet. Werden diese Spulen z. B. so vom Strom durchflossen, wie durch die eingezeichneten Pfeile (Abb. 284) gekennzeichnet, während die Richtspule stromlos ist, so erzeugen sie ein Magnetfeld, das im Innern der Spule waagerecht gerichtet ist.

Der Drehmagnet mit seinem Magnetfeld hat nun das Bestreben, sich in Richtung des waagerecht verlaufenden Magnetfeldes einzustellen und macht mit dem an ihm befestigten Zeiger eine Drehbewegung nach rechts. Diese Drehbewegung ist entgegengesetzt, wenn der Strom in den Drehspulen entgegengesetzt wie vorher fließt.

Diese Spulen liefern das Meßmoment. Sie werden deshalb Meß- oder Hauptspulen genannt.

Ist die Richtspule auch stromdurchflossen, so erzeugt sie ebenfalls ein Magnetfeld. Die Magnetfelder der Richtspule und der Drehspulen überlagern sich und es bildet sich aus den beiden ursprünglichen Richtungen eine neue resultierende Richtung, in die sich der Drehmagnet mit seinem Magnetfeld einstellt. Der Zeiger macht infolgedessen einen entsprechenden Ausschlag auf der Skala beispielsweise nach der rechten Seite. Ändert sich die Richtung des Meßstromes in der Meßspule, so schlägt der Zeiger nach der anderen Seite aus. Die Größe des Ausschlages ist abhängig von der Größe der Drehmomente, die von der Richtspule und von den Meß- oder Hauptspulen auf den Drehmagneten ausgeübt werden.

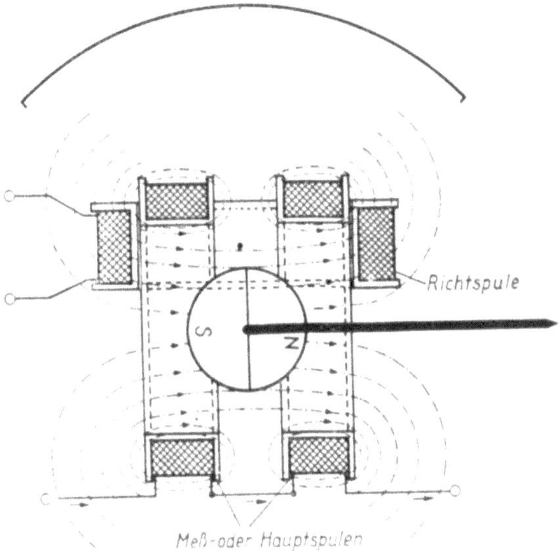

Abb. 284

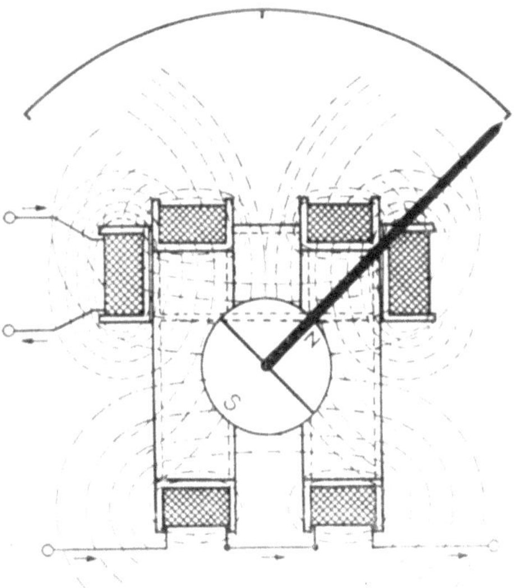

Abb. 285

In Abb. 286 ist die Anordnung der Spulen sowie die Anordnung der Drehmagneten im Innern der Spulen dargestellt. Das Drehmagnet-Meßwerk kann in Verbindung mit der bereits beschriebenen Brückenschaltung Seite 306 verwendet werden. An Stelle des Haupträhmchens der bisher verwendeten gewöhnlichen Kreuzspul-Meßwerke (siehe Seite 305) treten die beiden Hauptspulen und an Stelle des Richträhmchens die Richtspule, wie in nachfolgendem Schaltbild dargestellt ist.

Abb. 286
Drehmagnet-Meßwerk

Der Meßvorgang ist der gleiche wie in Kapitel 3 Abschnitt b) beschrieben. Der Brückenstrom fließt je nach Höhe des Widerstandes „R_4“ in verschiedenen Richtungen durch die beiden Hauptspulen. Er erzeugt ein Feld, das waagerecht zu dem senkrechten Feld der Richtspule verläuft.

Trägt man die Richtkräfte der Spulen in einem bestimmten Maßstab als Vektoren so auf, wie Abb. 288 zeigt, so ergibt sich aus der geo-

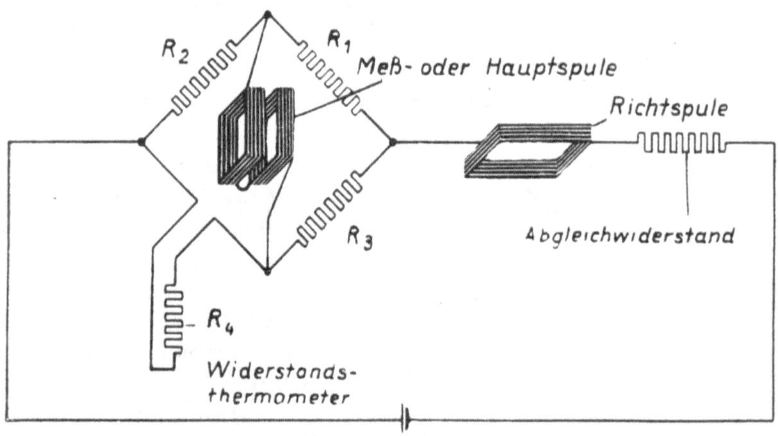

Abb. 287

metrischen Summe der beiden Vektoren die Richtung und Größe des resultierenden Drehmomentes, das auf den Drehmagneten für jeden beliebigen Skalenpunkt wirkt.

Da sowohl das Brückenkreuzspul-Meßwerk als auch das Drehmagnet-Meßwerk in der gleichen Brückenschaltung verwendet werden, können die Anzeiger unter sich ausgetauscht werden, wenn sie auf denselben Meßbereich geeicht sind. Es ist also für den Einbau unwichtig zu wissen, welches Meßwerk in einem Anzeiger eingebaut ist.

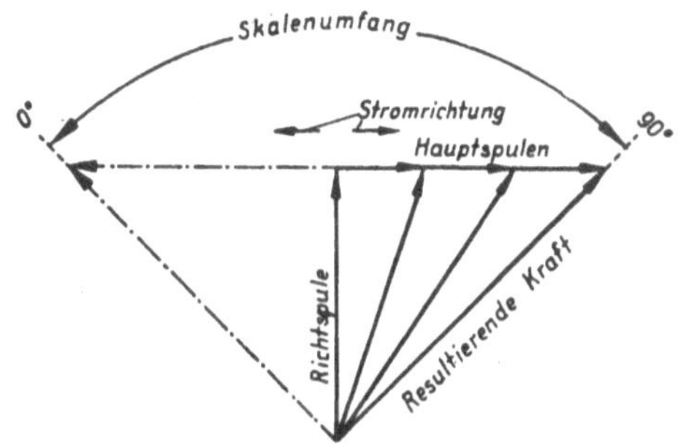

Abb. 288

Zum Zwecke der Dämpfung des Zeigerausschlages ist um den Drehmagneten halbkreisförmig eine Kupferhülse angeordnet (siehe Abb. 286). Bei Bewegung des Drehmagneten werden nach den uns bekannten Gesetzen in dieser Wirbelströme induziert, deren Magnetfelder die Drehbewegung des Magneten dämpfen.

Wie bei allen Meßwerken wird auch beim Drehmagnet-Meßwerk das drehbare Meßorgan (Magnet und Zeiger) ausgewuchtet. Es ist dadurch in jeder Lage im Gleichgewicht. Der Ausschlag des Zeigers ist daher unabhängig von der jeweiligen Lage des Meßwerkes. Damit der Zeiger in spannungslosem Zustand auf „0“ zurückgeht und dadurch eine Fehlanzeige unmöglich wird, ist hinter dem Meßwerk ein kleiner zylindrischer Stabmagnet angeordnet, der den Drehmagneten beeinflußt und bei Ausfall der Meßspannung in seine Nullstellung bewegt. Die Richkraft des Rückstellmagneten ist immer wirksam; sie wird bei der Eichung der Anzeiger eingeeicht.

Die Vorteile des Drehmagnet-Meßwerkes gegenüber dem Brücken-Kreuzspulmeßwerk beruhen hauptsächlich in der Einsparung von Magnetwerkstoffen, sowie in der Möglichkeit, bei leichter Montage einen robusten Aufbau des Meßwerkes zu erhalten.

5. Das Dreheisen-Meßinstrument

a) Der Aufbau des Meßwerks

In nachstehender Abbildung ist ein Rundspul-Dreheisen-Meßinstrument dargestellt. In dem Hohlraum der Spule ist ein länglich ausgebildetes Eisenplättchen fest angeordnet, ferner ein zweites Eisenplättchen beweglich an dem Zeiger befestigt. Eine Spiralfeder versucht den Zeiger in seiner Null-Stellung zu halten.

Damit sich der Zeiger bei einem Meßvorgang sofort auf den gemessenen Wert einstellen kann, ohne vorher um diesen zu schwingen, ist an ihm ein Dämpfungsflügel in einer Luftdämpfungskammer befestigt.

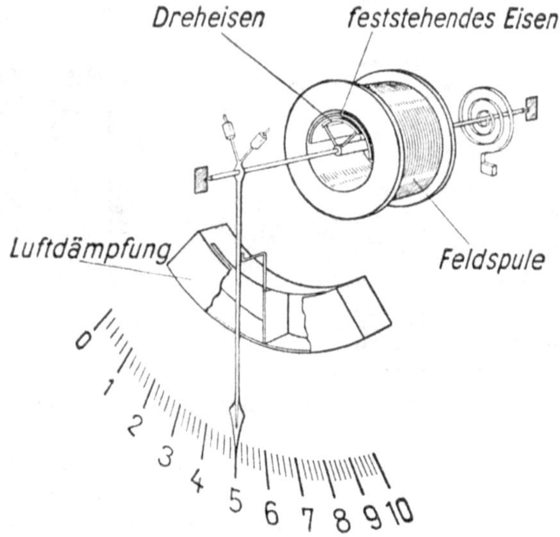

Abb. 289. Schematische Darstellung eines Dreheisen-Meßwerks

b) Die Wirkungsweise des Meßwerks

Ist die zu messende unbekannte elektrische Größe an die Feldspule angeschlossen, so fließt ein elektrischer Meßstrom durch die Spule. Es entsteht sofort im Hohlraum derselben ein magnetisches Feld. Dadurch wird das bewegliche und das feststehende Eisenplättchen gleichnamig magnetisch und das bewegliche Eisenplättchen von dem festen abgestoßen, so daß der Zeiger auf der Skala einen Ausschlag macht.

Je größer der Meßstrom in der Feldspule ist, je größer ist die abstoßende Kraft und um so mehr kann das bewegliche Eisenplättchen das Gegendrehmoment der Spiralfedern überwinden. Die Achse mit dem beweglichen Eisenplättchen dreht sich soweit, bis die zunehmende Spannung der Spiralfeder dem Drehmoment des Plättchens das Gleichgewicht hält.

Die Größe des Zeigerausschlages ist ein Maß für die zu messende unbekannte elektrische Größe, die auf der Skala abgelesen werden kann. Die Skala besitzt allerdings eine ungleichmäßige Unterteilung, wodurch die genaue Ablesung etwas erschwert ist. Durch besondere Formgebung des festen und beweglichen Eisenplättchens ist die Ungleichmäßigkeit der Skalen-Unterteilung jedoch gering.

c) Verwendbarkeit

Bei der Messung mit einem Dreheisen-Meßwerk ist die Richtung des Zeigerausschlages unabhängig von der Stromrichtung in der Feldspule, weil die beiden Eisenplättchen in jedem Falle im gleichen Sinne magnetisiert werden. Daraus ergibt sich, daß beim Anschluß auf eine bestimmte Polung nicht geachtet werden muß und demzufolge Dreheisen-Meßwerke sowohl für Gleichstrom- als auch für Wechselstrom-Messungen verwendbar sind.

Werden Dreheisen-Meßwerke für Messungen in Wechselstrom-Anlagen verwendet, so ist der Zeigerausschlag infolge der Selbstinduktion in der Spule etwas kleiner als bei denselben Gleichstromverhältnissen. Der Unterschied ist jedoch so gering, daß bei Betriebsmeßgeräten „eine" Skala ausreichend ist. Die vom VDE vorgeschriebenen Fehlergrenzen werden bei diesen Meßgeräten nicht überschritten.

Für Meßgeräte mit hoher Genauigkeit werden die Skalen entweder nur für Gleichstrom oder nur für Wechselstrom geeicht, was aus dem Stromart-Zeichen auf der Skalenscheibe ersehen werden kann.

Dreheisen-Meßwerke zeichnen sich gegenüber anderen Meßwerken durch ihre kräftige Bauart und verhältnismäßig große Unempfindlichkeit bei Überlastungen aus. So lassen z. B. Meßwerke mit besonders geformten Eisenkernen eine 50fache Überlastung eine Sekunde lang ohne Schaden (kleinere Überlastungen entsprechend länger) zu.

Der Eigenverbrauch ist im Vergleich mit einem Drehspulmeßwerk bei einem Dreheisenmeßwerk wesentlich höher, weil sich dieses das magnetische Feld selbst erzeugen muß. Der kleinste ausgeführte Meßbereich beträgt etwa 0—0,2 Amp., der größte 0—400 Amp. Größere Meßbereiche können durch Verwendung von Stromwandlern erreicht werden.

6. Die elektrodynamischen Meßinstrumente

a) Das eisenlose elektrodynamische Meßwerk mit innenliegender Feldspule

Ersetzt man bei einem normalen Drehspul-Meßwerk den Dauermagnet durch einen Elektromagneten (stromdurchflossene Spule) so hat man ein elektrodynamisches Meßwerk vor sich. In Abb. 290 ist die Drehspule außen um die Feldspule drehbar gelagert. Wir nennen daher dieses Instrument elektrodynamisches Meßwerk mit „innenliegender“ Feldspule. Zwei Spiralfedern versuchen die Drehspule mit Zeiger in der Nullstellung zu halten; sie dienen außerdem der Stromzuführung und Zeigerrückholung nach beendetem Meßvorgang.

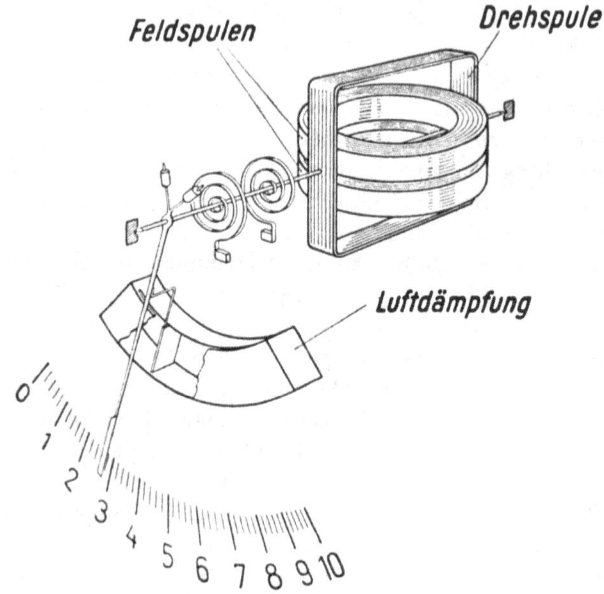

Abb. 290. Schematische Darstellung eines eisenlosen elektrodynamischen Meßwerks

b) Die Wirkungsweise

Die Wirkungsweise beruht auf der mechanischen Kraftwirkung, die zwei stromdurchflossene Spulen aufeinander ausüben, oder mit anderen Worten, auf der Bewegungskraft, die ein stromdurchflossener Leiter in einem Magnetfeld erfährt.

Die Feldspule wird an die Netzspannung angeschlossen und erzeugt infolge des sie durchfließenden Stromes ein magnetisches Feld, in dem die vom Meßstrom durchflossene Drehspule gelagert ist. Unter der Einwirkung des fließenden Meßstromes erzeugt die Drehspule ebenfalls ein magnetisches Feld. Das Magnetfeld der Drehspule versucht sich in Richtung des Magnetfeldes der festen Feldspule einzustellen; dabei dreht sich die Drehspule. Bei dieser Bewegung überwindet die Drehspule das

Gegendrehmoment ihrer Stromzuführungsfedern und kommt in einer bestimmten Stellung zum Stillstand. In dieser ist das Drehmoment der Spule genau so groß wie das Gegendrehmoment der Stromzuführungsfedern. Die Größe des Zeigerausschlages ist folglich ein Maß für die zu messende elektrische Größe, die auf der entsprechend geeichten Skala direkt abgelesen werden kann.

Die Skalen elektrodynamischer Meßwerke sind fast gleichmäßig unterteilt. Die Meßwerke besitzen jedoch den Nachteil, daß ihre magnetischen Felder sehr schwach sind, weil sie durch Luft verlaufen. Deshalb kann bei Feinmeßgeräten dieser Art, im Falle nicht genügender metallischer Abschirmung mittels Eisenzylinder, ein Meßfehler durch das Magnetfeld der Erde hervorgerufen werden.

c) Verwendbarkeit

Die Ausschlagrichtung des Zeigers ist abhängig von der Richtung des Stromflusses in den Windungen der Feldspule und in den Spulenwindungen der Drehspule. Ändert man die Stromrichtung sowohl in der Drehspule wie auch in der Feldspule, so bleibt die Ausschlagrichtung des Zeigers die gleiche wie vorher. Das elektrodynamische Meßwerk ist aus diesem Grunde für Gleich- und Wechselstrommessungen verwendbar. Es dient hauptsächlich zur Messung elektrischer Leistungen. Bei Präzisions-Meßgeräten für genaue Messungen werden eisenlose Meßwerke bevorzugt.

7. Das eisengeschlossene elektrodynamische Meßwerk mit außenliegender Feldspule und Eisenkern

a) Der Aufbau des Meßwerks

Da bei dem eisenlosen elektrodynamischen Meßinstrument der magnetische Kraftfluß der Feldspule durch die Luft verläuft, hat er eine geringe Dichte. Demzufolge ist auch das Drehmoment der Drehspule gering und der Zeigerausschlag klein. Bei Betriebs-Meßgeräten werden vorwiegend eisengeschlossene elektrodynamische Meßwerke verwendet.

Der Eisenschluß bewirkt ein stärkeres Drehmoment des Zeigers und schützt gegen den Einfluß fremder Magnetfelder.

Die Wirkungsweise dieser Meßwerke ist so wie im letzten Abschnitt beschrieben.

Abb. 291. Eisengeschlossenes elektrodynamisches Meßwerk

8. Die Temperaturkompensation

Aus dem Kapitel „Die Widerstandsveränderung durch Temperaturänderung“ (Seite 24) haben wir entnehmen können, daß viele Leiterwerkstoffe, so z. B. auch Kupfer mit steigender Temperatur ihren Widerstand erhöhen.

Da für Meßwerke, insbesondere für die Drehspule, Kupferleiter verwendet werden, ändern auch diese mit steigender Temperatur ihren Widerstand, und es entstehen dadurch Anzeigefehler. Um die Angaben der Meßwerke weitgehend unabhängig von Temperaturerhöhungen zu machen, wird z. B. bei den Betriebsmeßgeräten vor die Drehspule ein Manganinwiderstand geschaltet, wie nebenstehende Abbildung zeigt.

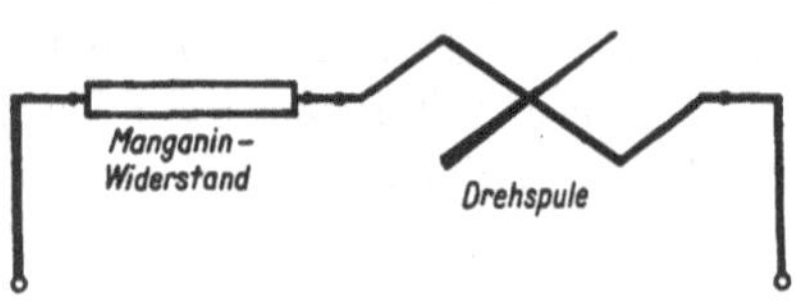

Abb. 292

Manganin hat die Eigenschaft, bei Temperaturerhöhungen seinen Widerstand nur geringfügig zu ändern, so daß er in dem höchsten in Frage kommenden Temperaturbereich von — 60 bis + 60° C als konstant (gleichbleibend) angesehen werden kann.

Aus der Tabelle auf Seite 362 können wir den Temperaturkoeffizienten von Manganin entnehmen, er beträgt $\alpha = 0{,}00002$.

Je nach der Größe des Meßbereichs eines Meßgerätes wird die Größe des vorzuschaltenden Manganinwiderstandes gewählt. Er beträgt beispielsweise bei einem Drehspul-Voltmeter mit einem Meßbereich bis 40 Volt und einem inneren Widerstand von 9 Ohm etwa 6000 Ohm. Dadurch wird der Gesamt-Temperaturkoeffizient des Meßkreises auf ein genügend kleines Maß herabgedrückt. Ist der Temperaturfehler in besonderen Fällen noch zu groß, so kann man eine weitere Verringerung dadurch erreichen, daß man parallel zur Drehspule und dem Manganinwiderstand einen zweiten Manganinwiderstand schaltet.

9. Schüttelfeste Instrumente

Bevor wir nun zu den eigentlichen Messungen übergehen, werden wir uns noch in großen Zügen mit der besonderen Ausbildung schüttelfester Meßinstrumente befassen.

In vielen Betrieben sind die Meßgeräte dauernden Erschütterungen und Stößen ausgesetzt und werden dadurch erfahrungsgemäß langsam unbrauchbar.

Lockerung von Schrauben- und Lötverbindungen, Bruch dünner Drähte und Abplatzen von Lackteilen sind häufig festgestellte Fehler, deren Vermeidung jedoch im Bereich der Möglichkeit liegt.

Unvermeidbar dagegen ist z. B. bei spitzengelagerten, schwingenden Meßorganen die ständige Beanspruchung der Lagerpfannen und Achsspitzen, unter dem Einfluß von Beschleunigungskräften.

Dies liegt daran, daß die Achsenspitzen des schwingenden Meßorgans mit Rücksicht auf Reibung und Temperaturdehnung nicht vollkommen spielfrei in den Pfannen gelagert werden dürfen.

Die Folge davon ist, daß das bewegliche Organ mit seinem Eigengewicht gegen die Lagerpfannen hämmert und sie unter gleichzeitiger Zerstörung der Achsspitzen langsam ausarbeitet. Dadurch vergrößert sich der Reibungsfehler und es entstehen Fehlanzeigen. Das schwingende Meßorgan kann dadurch unter Umständen die festen Meßwerksteile berühren und womöglich aus den Lagerpfannen springen.

Um dies zu vermeiden und dadurch die Lebensdauer der Meßinstrumente zu erhöhen, wurden schüttelfeste Meßinstrumente entwickelt, von denen Dauerbewährung bei rauhem Betrieb verlangt werden kann.

Nach der Wahl geeigneter Werkstoffe für Lagerpfannen (z. B. Kupferberyllium und für Achsspitzen sogenannter Nadelstahl) ist der Krümmungsradius der Achsspitzen für schüttelfeste Meßinstrumente gegenüber anderen Instrumenten größer, wodurch jedoch eine stärkere Anfangsreibung vorhanden ist.

Schüttelfeste Meßwerke weisen daher im Ruhezustand einen erheblichen Reibungsfehler auf, der jedoch durch Erschütterung des Meßwerks im Betrieb aufgehoben wird.

Außerdem ist bei schüttelfesten Meßinstrumenten das Gewicht des schwingenden Meßorgans so klein wie eben möglich, weil dieses letzten Endes neben den schädlichen Beschleunigungskräften in hohem Maße die Schuld an den vorerwähnten Zerstörungen trägt.

10. Die elektrischen Messungen

a) Die elektrische Strommessung

Für Strommessungen werden hauptsächlich Dreheisen- und Drehspul-Meßwerke, die auf ihrer Frontplatte durch ein „A" (Ampere) gekennzeichnet sind, verwendet.

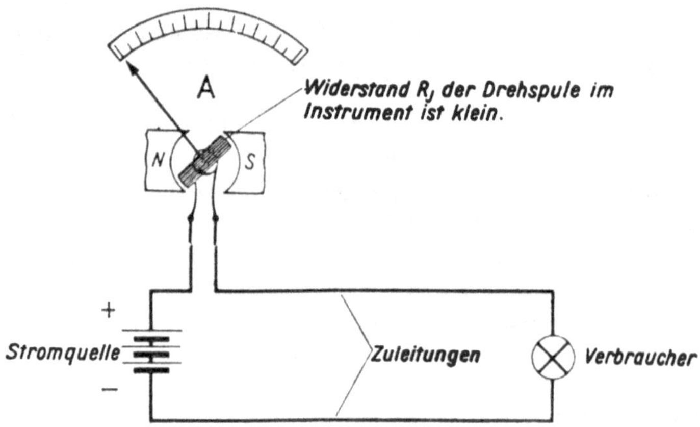

Abb. 293

Strommesser (auch Amperemeter genannt) werden in die Zuleitung zwischen Stromquelle und Verbraucher eines Stromkreises geschaltet. Der ganze elektrische Strom, der durch die Leitung fließt, muß folglich auch durch das Meßwerk fließen (siehe Abb. 293). Wir haben also eine Hintereinanderschaltung vor uns, in der wir den Strommesser als einen dem Verbraucher vorgeschalteten Widerstand auffassen müssen. Damit der Verbraucher die volle Nennspannung erhält, für die er gebaut ist, muß der Spannungsabfall durch den Strommesser so klein wie möglich sein. Dies wird dadurch erreicht, daß man dem Strommesser bei der Herstellung einen niedrigen inneren Widerstand gibt.

b) Vergrößerung des Meßbereichs eines Amperemeters

Wenn in der Praxis große Stromstärken gemessen werden müssen, jedoch nur ein Amperemeter für kleine Stromstärken zur Verfügung steht, muß der Meßbereich des Instrumentes vergrößert werden. Dies erreicht man dadurch, daß der überschüssige Strom, um den der Meßbereich vergrößert werden soll (und der das Meßinstrument mit kleinem Meßbereich beschädigen würde), über einen Widerstand (Shunt) neben dem Instrument vorbeigeleitet wird.

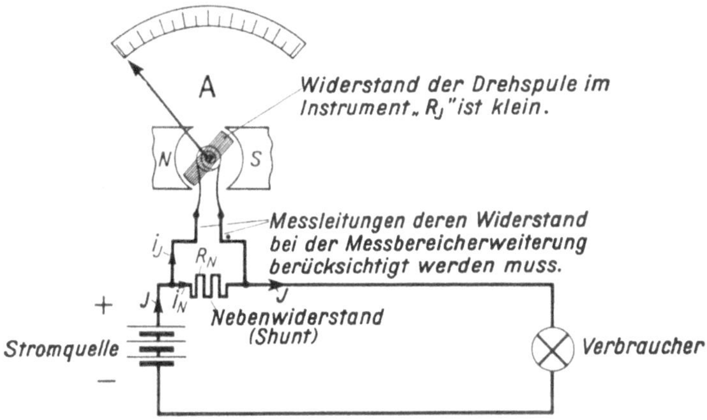

Abb. 294

Je nachdem in welchem Maße der Meßbereich vergrößert werden soll, muß der Nebenwiderstand eine bestimmte Ohmsche Größe haben. Es kommt also für uns bei der Meßbereicherweiterung auf die Ermittlung der Größe des Nebenwiderstandes an.

Wir ermitteln diese mit Hilfe eines der Kirchhoffschen Gesetze (siehe Seite 34), das lautet:

> In jedem Stromverzweigungspunkt verhalten sich die Größen der abfließenden Teilströme umgekehrt wie die Ohmschen Größen der Zweigwiderstände. 38

Dieser Lehrsatz, in einer Formel ausgedrückt, lautet:

$$i_1 : i_2 = r_2 : r_1$$

oder mit den in der letzten Abbildung gewählten Bezeichnungen:

$$i_J : i_N = R_N : R_J$$

Darin bedeutet:

i_J = Stromstärke für die das Meßinstrument gebaut ist, gemessen in Ampere bei Vollausschlag des Zeigers.

i_N = überschüssige Stromstärke, die über einen Widerstand neben dem Instrument vorbei geleitet werden muß, gemessen in Ampere.

R_N = Ohmsche Größe des Nebenwiderstandes (Shunt), gemessen in Ohm.

R_J = Innerer Widerstand des Meßinstrumentes, gemessen in Ohm.

Die letzte Formel muß so umgestellt werden, daß wir eine neue Formel für die Ermittlung des gesuchten Nebenwiderstandes „R_N" erhalten. Wir tun dies, indem wir zunächst das Produkt der Außenglieder gleich dem Produkt der Innenglieder setzen und schreiben

$$i_J \cdot R_J = i_N \cdot R_N$$

Daraus ergibt sich dann durch Umstellung die gewünschte Formel:

$$\boxed{R_N = \frac{i_J \cdot R_J}{i_N}}$$

Beispiel Nr. 123:

Ein Amperemeter, das für einen Höchststrom bis 10 Milliampere gebaut ist, soll für Strommessungen bis 20 Ampere verwendet werden, der innere Widerstand beträgt 10 Ohm. Wie groß muß der Nebenwiderstand sein?

Gegeben: $i_J = 10\,\text{mA}$
$R_J = 10\,\Omega$
$i_N = 20 - 0{,}01 = 19{,}99\,\text{A}$

Gesucht: $R_N = ?$

Lösung:

$$R_N = \frac{i_J \cdot R_J}{i_N} = \frac{0{,}01 \cdot 10}{19{,}99} = \frac{0{,}1}{19{,}99} \approx \mathbf{0{,}005\,\Omega}$$

Strommesser werden gewöhnlich immer in Verbindung mit Nebenwiderständen verwendet, es fließt folglich nur ein Teil des zu messenden Stromes durch die Drehspule.

Bei Meßgeräten für kleine Stromstärken ist der Nebenwiderstand im Gehäuse des Gerätes untergebracht, während bei größeren Stromstärken der Nebenwiderstand als selbständiges Gerät (siehe Abb. 295), vom Anzeiger getrennt, angeordnet wird.

Der Widerstand der Meßleitung zwischen Anzeige-Gerät und Nebenwiderstand muß dabei innerhalb der vom Hersteller angegebenen

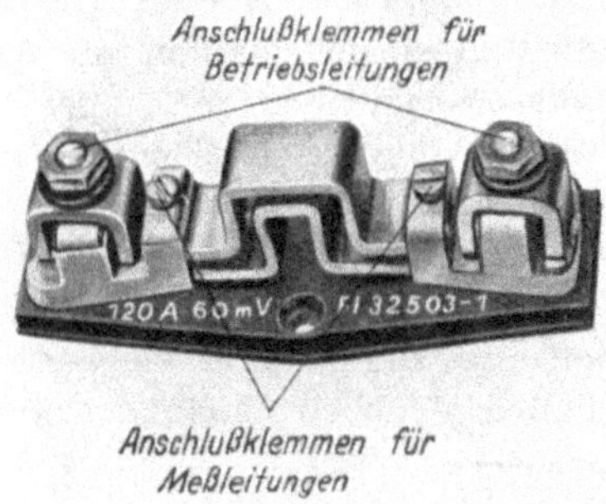

Abb. 295. Nebenwiderstand

Grenzen liegen, weil sonst der Widerstand in dem Meßkreis willkürlich vergrößert werden kann, wodurch Meßfehler enstehen.

Besonders ist auch auf richtigen Anschluß der Meßleitungen an den Nebenwiderstand zu achten, was in folgenden Abbildungen dargestellt ist.

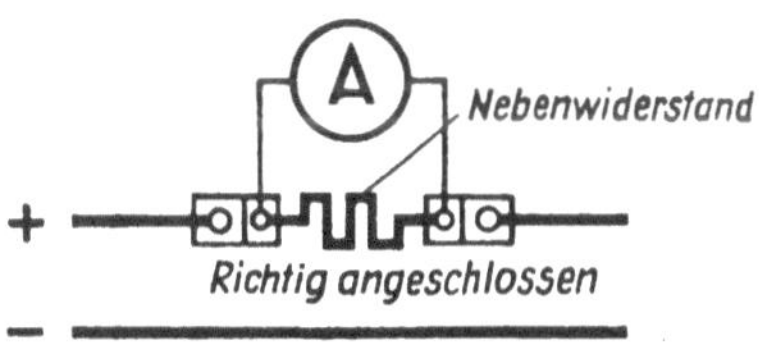

Abb. 296

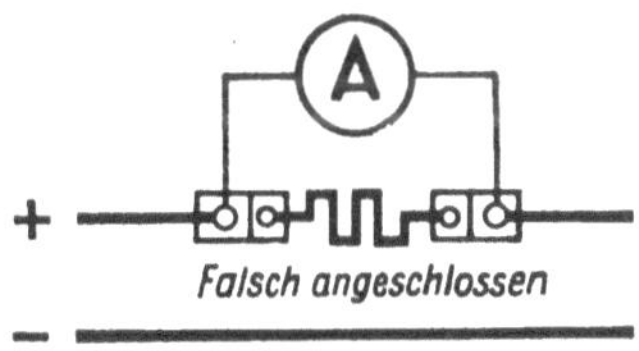

Abb. 297

Die äußeren Klemmen dienen zum Anschluß der Betriebsleitungen, während die inneren Klemmen zum Anschluß der Meßleitungen bestimmt sind.

Die Größen der Nebenwiderstände für normale Strommesser werden gewöhnlich so gewählt, daß an den Klemmen zum Anschluß der Meßleitungen ein Spannungsabfall von 60 mV auftritt. Der innere Widerstand der Anzeigegeräte beträgt z. B. etwa 10 Ohm. Er setzt sich zusammen aus dem Widerstand der Drehspule, dem Temperaturkompensierwiderstand und dem Abgleichwiderstand.

Der große Vorteil bei Verwendung von Strommessern mit Nebenwiderständen ergibt sich daraus, daß die hohen Verbraucherströme nicht über lange Leitungen zum Anzeige-Instrument geleitet werden müssen.

Die Betriebs- oder Verbraucherleitungen können bei dieser Anordnung auf dem kürzesten Weg zwischen Stromquelle und Verbraucher verlegt werden und der Nebenwiderstand kann im Zuge dieser Leitungen an einer günstigen Stelle eingebaut werden. Das Anzeige-Instrument wird dann über Meßleitungen, die nur von geringen Strömen durchflossen werden, an den Nebenwiderstand angeschlossen. Die hohen Verbraucherströme werden so vom Anzeige-Instrument ferngehalten.

c) Die Spannungsmessung

Bei der elektrischen Spannungsmessung wird das Voltmeter an diejenigen Punkte einer Stromquelle oder einer stromführenden Versorgungsanlage geschaltet, zwischen denen ein Spannungsunterschied

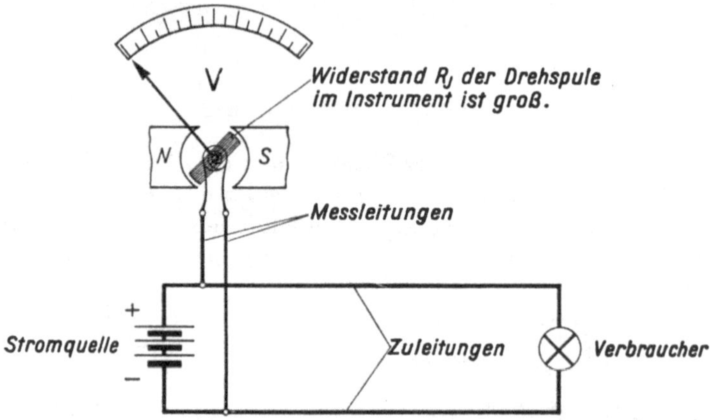

Abb. 298

besteht. Dies ist z. B. bei einer Gleichstrom-Anlage zwischen der +(Plus)- und —(Minus)-Leitung der Fall. Aus vorstehendem Schaltbild erkennen wir, daß die Stromquelle bei der Spannungsmessung über das Voltmeter kurz geschlossen ist. Daraus ergibt sich, daß der innere Widerstand eines Voltmeters groß sein muß, damit nur ein kleiner Strom (Milli-Ampere) durch das Instrument fließen kann.

Wäre der innere Widerstand klein, so würde er bei der Spannungsmessung von einem großen Strom durchflossen, die Drehspule würde dadurch eine unerträglich große Stromwärme erfahren und schließlich zerstört werden.

Gewöhnlich werden bei Drehspul-Meßwerken für einfache Strom- und Spannungsmesser Drehspulen gleicher Größe verwendet. Bei Verwendung einer solchen Normal-Drehspule in einem Spannungsmesser wird der Drehspul-Widerstand durch Vorschalten eines entsprechend großen Widerstandes gewöhnlich aus dem Werkstoff Manganin, der gleichzeitig als Temperaturkompensierwiderstand benutzt wird, erhöht.

Pro 1 Volt Anzeige auf der Skala rechnet man etwa mit einem inneren Widerstand des Meßwerks von 1000 Ohm. So hat z. B. ein Spannungsmesser mit einem Meßbereich von 0 bis 40 Volt einen inneren Widerstand von etwa 40000 Ohm.

d) Vergrößerung des Meßbereichs eines Voltmeters

Soll ein Voltmeter für eine größere Spannungsmessung gebraucht werden als für die es gebaut ist, so muß der innere Widerstand des Voltmeters durch einen äußeren Vorwiderstand vergrößert werden.

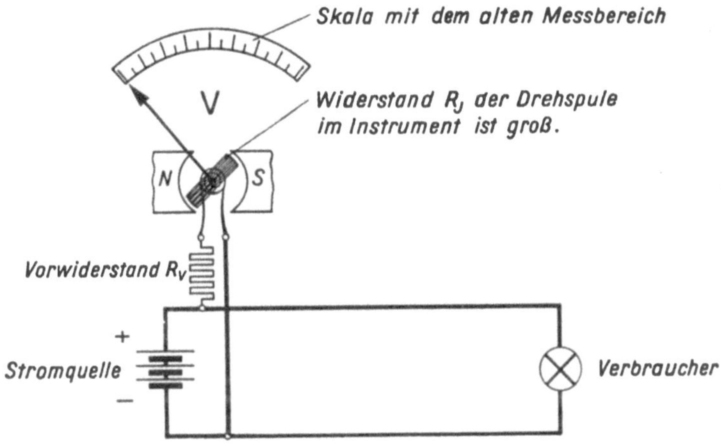

Abb. 299

Die Ohmsche Größe des Vorwiderstandes kann man mit Hilfe nachstehender Gleichung errechnen:

$$R_V = \frac{(M_N - M_A) \cdot R_J}{M_A}$$

Darin bedeutet:

R_V = Größe des Vorwiderstandes, gemessen in Ohm

M_N = Neuer gewünschter Meßbereich, angegeben in Volt

M_A = Alter Meßbereich, für den das Instrument gebaut ist, angegeben in Volt

R_J = Innerer Widerstand des Meßinstrumentes, gemessen in Ohm.

Beispiel Nr. 124:

Ein Voltmeter mit einem Meßbereich bis 4 Volt soll für einen neuen Meßbereich bis 30 Volt verwendet werden, der innere Widerstand des Meßinstrumentes beträgt 4000 Ohm. Welche Ohmsche Größe muß der Vorwiderstand haben?

Gegeben: $M_N = 30$ V
$M_A = 4$ V
$R_J = 4000\ \Omega$

Gesucht: $R_V = ?$

Lösung:

$$R_V = \frac{(M_N - M_A) \cdot R_J}{M_A} = \frac{(30 - 4) \cdot 4000}{4} = \frac{26 \cdot 4000}{4} = 26000\ \Omega$$

e) Die Ermittlung der Ablesekonstante

Da bei der Erweiterung des Meßbereichs eines Meßinstrumentes dieses nach wie vor seine alte Skala besitzt, muß der angezeigte Meßwert mit einer sogenannten Ablesekonstante multipliziert werden, damit man den wirklich gemessenen Wert erhält.

Die Ablesekonstante ergibt sich aus folgender Gleichung:

$$\text{Ablesekonstante} = \frac{\text{Neuer Meßbereich}}{\text{Alter Meßbereich}}$$

Oder:

$$A_K = \frac{M_N}{M_A}$$

Beispiel Nr. 125:

Der Meßbereich eines Strommessers wird von 2 Amp. auf 40 Amp. erweitert. Wie groß ist die Ablesekonstante?

Gegeben: $M_N = 40$ A
$M_A = 2$ A

Gesucht: $A_K = ?$

Lösung:

$$A_K = \frac{M_N}{M_A} = \frac{40}{2} = 20$$

Beispiel Nr. 126:

Der Meßbereich eines Voltmeters wird von 4 Volt auf 30 Volt erweitert, wie groß ist die Ablesekonstante?

Gegeben: $M_N = 30$ V
$M_A = 4$ V

Gesucht: $A_K = ?$

Lösung:

$$A_K = \frac{M_N}{M_A} = \frac{30}{4} = 7{,}5$$

11. Die Leistungsmessung

a) In Gleichstrom-Anlagen

Die Wirkleistung in Gleich- und Wechselstromkreisen mit induktions- und kapazitätsfreier Belastung kann, wie auf Seite 55 angegeben, mit der Formel:

$$N = U \cdot J$$

errechnet werden. Wird in einem Gleichstromkreis die Größe des fließenden Stromes und außerdem die an dem Verbraucher liegende elektrische Spannung gemessen, so kann aus der Multiplikation der gemessenen Werte, wie obige Formel zeigt, die Leistung errechnet werden. Hierbei ist immer zu berücksichtigen, daß die aufgenommene Leistung eines Verbrauchers nur dann richtig gemessen werden kann, wenn die Spannungshöhe, für die der angeschlossene Verbraucher gebaut ist, auch tatsächlich vorhanden ist. Ist diese höher als auf dem Leistungsschild vorgeschrieben, so ist nach $N = U \cdot J$ auch die Leistung größer; umgekehrt ist sie kleiner, wenn die anliegende Spannung niedriger ist.

Abb. 300. Anzeigegerät für Leistungsmessungen

Diese Methode wird mit *indirekter* Leistungsmessung bezeichnet. Da zu ihrer Durchführung zwei Meß-Instrumente notwendig sind, ist sie umständlich und außerdem ungenau. Diese Ungenauigkeit tritt durch etwa entstehende Ablesefehler auf und wird durch Multiplikation der abgelesenen Werte noch vergrößert.

Einfacher kann die Messung mit Hilfe eines elektrodynamischen Meßwerkes (siehe Abb. 291) geschehen. Diese Methode ist außerdem genauer; man nennt sie die *direkte* Meßmethode. Das Ergebnis erhält man nicht auf dem Umweg der Rechnung, sondern das Meßwerk zeigt die Höhe der elektrischen Leistung durch einen entsprechend großen Ausschlag seines Zeigers auf der Skala an. Dieser Leistungsmesser mit einem elektrodynamischen Meßwerk, besteht aus einer festen Stromspule (Drehspule) und einer beweglichen Spannungsspule

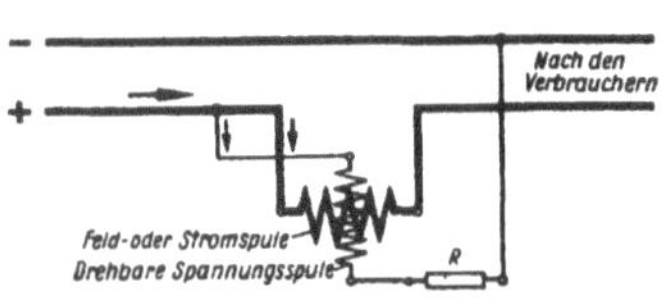

Abb. 301. Schaltbild eines Leistungsmessers

(Feldspule). Man kann auch sagen, der Leistungsmesser besteht aus einem Strommesser und einem Spannungsmesser, die in einem gemeinsamen Gehäuse untergebracht sind. Die Größe des Zeigerausschlages ist abhängig von dem Produkt der magnetischen Kräfte der Spannungsspule und Stromspule. Das Meßwerk zeigt folglich „Spannung mal Stromstärke", also die elektrische Leistung in Watt an.

b) Die Leistungsmessung in Wechselstromanlagen

Mit der zu Beginn dieses Kapitels besprochenen indirekten Leistungsmessung (mit Hilfe eines Voltmeters und eines Amperemeters) können unter Berücksichtigung der erwähnten Nachteile auch in Wechselstromkreisen Leistungsermittlungen durchgeführt werden, wenn zwischen Strom und Spannung keine Phasenverschiebung besteht. Ist eine Phasenverschiebung durch induktive oder kapazitive Belastung vorhanden, so muß ein Leistungsmesser mit einem elektrodynamischen Meßwerk verwendet werden.

Ein solcher Leistungsmesser berücksichtigt den Leitsungsfaktor und zeigt die „Wirkleistung" an. Der Anschluß des Leistungsmessers in Wechselstromanlagen erfolgt so wie in Gleichstromanlagen, siehe Abb 301.

c) Meßkoffer für Wechselstrom-Leistungsmessungen

Für häufige Leistungsmessungen im Betrieb oder auf Montagen

Abb. 302. Meßkoffer für Wechselstrom-Leistungsmessungen

eignet sich der in vorhergehender Abb. dargestellte Meßkoffer. In ihm sind alle erforderlichen Meßgeräte, Stromwandler, Vorwiderstände und Umschalter fest eingebaut und angeschlossen, so daß sich ein umständlicher Aufbau erübrigt.

Der Meßsatz besteht aus je einem Strom-, Spannungs- und Leistungsmesser, zwei Präzisions-Stromwandlern, einem Vorwiderstand für Einphasenstrom und Drehstrom und den notwendigen Umschaltern. Er kann für folgende Nenngrößen verwendet werden: 5, 15, 50, 100, 150, 200, 300, 600 Amp. und 125, 250, 500, 625 Volt. Außerdem dient die Einrichtung zur Messung von Einphasenstrom und Drehstrom gleicher und ungleicher Phasenbelastung.

Infolge übersichtlicher Anordnung und eindeutiger Beschriftung aller Klemmen und Schalter kann der Anschluß und eine Messung schnell und sicher ausgeführt werden.

Die Meßgenauigkeit beträgt für alle Messungen $\pm 1\%$ vom Endausschlag der Anzeigegeräte.

12. Der kombinierte Strom- und Spannungsmesser

a) Aufbau des Meßwerks

Der Stromspannungsmesser besitzt ein Drehspul-Meßwerk. Zwischen den Anschlußklemmen „2" und „4" des Schaltbildes (Abb. 304) haben wir den Strom-Meßkreis vor uns. Über den Schalter ist der Justierwiderstand „*A*", auch Abgleichwiderstand genannt, mit der

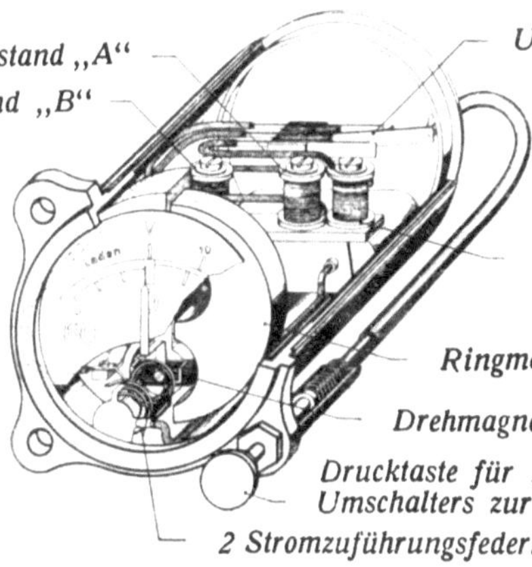

Abb. 303. Strom-Spannungsmesser

Drehspule hintereinandergeschaltet. Er besteht aus dem Werkstoff Manganin. Seine Ohmsche Größe wird bei der Herstellerfirma festgelegt und für den Strom-Meßbereich abgeglichen. Dieser Widerstand dient ferner der Temperaturkompensierung des Meßwerks (siehe hierüber Näheres Seite 318).

Zwischen den Anschlußpunkten „1" und „4" haben wir den „Spannungsmeßkreis" vor uns. Über ein kleines Gestänge und eine Drucktaste außerhalb des Meßinstrumentes kann man mit Hilfe des Schalters die Widerstände „*B*" und „*C*" mit der Drehspule hintereinanderschalten. Dadurch wird aus dem bisherigen Strommesser ein Spannungsmesser.

Der Widerstand „*B*" ist ein fester Vorwiderstand und der Widerstand „*C*" ein Justierwiderstand, dessen Ohmsche Größe von der Hersteller-

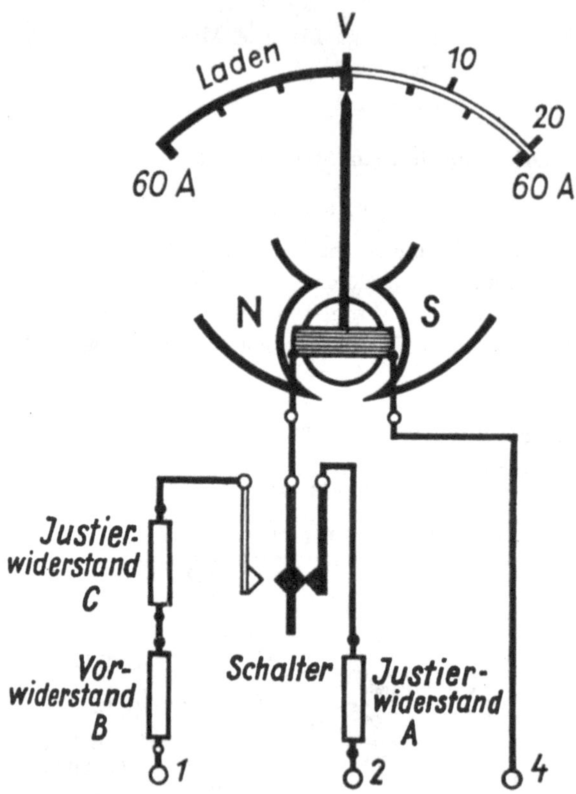

Abb. 304. Schaltbild eines Stromspannungsmessers

firma für den gewünschten Spannungsmeßbereich abgeglichen wird. Der Justierwiderstand besteht aus dem Werkstoff Manganin und dient gleichzeitig der Temperaturkompensierung des Meßwerkes. Der Nullpunkt der Skala befindet sich in der Mitte, der Zeiger kann folglich nach rechts oder nach links ausschlagen.

13. Das „Multizett"-Meßinstrument

a) Aufbau und technische Daten

Abb. 305. Multizett-Meßinstrument

In den Abbildungen 305 und 306 ist die Außenansicht und das Innenschaltbild des in der Praxis häufig verwendeten Multizett-Meßinstrumentes dargestellt.

Das Meßinstrument besitzt 24 Bereiche für Strom- und Spannungsmessungen in Gleich- und Wechselstrom-Anlagen. Die Bereiche sind in folgender Aufstellung (siehe Seite 333) mit den jeweiligen Strom- und Leistungsaufnahmen angegeben.

Aus dem Schaltbild ersehen wir, daß das Instrument zwei Anschlußklemmen „*a*" und „*b*" besitzt. Für einen Meßvorgang wird an diesen die zu messende elektrische Größe unter Beachtung der Polarität angeschlossen. Das Instrument besitzt einen Meßbereichwähler „*c*", mit dem nach Belieben einer der 24 Hauptbereiche vorgewählt werden kann. Der Umschalter „*d*", der beim

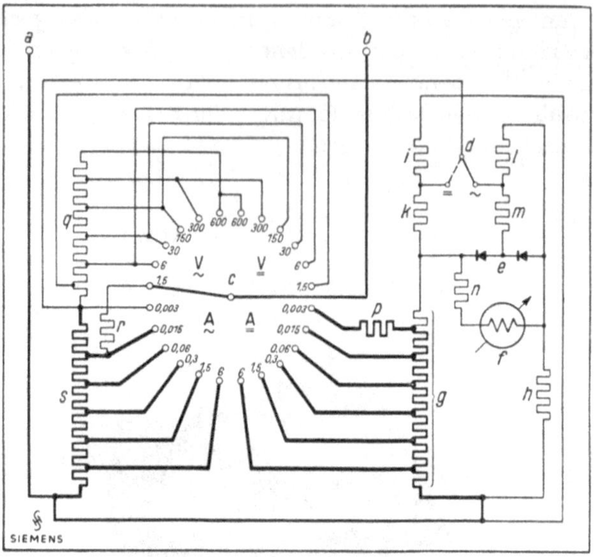

Abb. 306. Schaltbild des Multizett-Meßinstrumentes

a, *b* = Eingangsklemmen, *c* = Meßbereichwähler, *d* = „Stromartwähler", mechanisch gekuppelt mit dem Meßbereichwähler, *e* = Gleichrichter, *f* = Meßwerkrahmen, *g*, *h* = Nebenwiderstände zum Meßwerkrahmen (*g* zugleich Nebenwiderstände für Gleichstrom), *i*, *k*, *l*, *m*, *n*, *p* = Abgleichwiderstände, *q*, *r* = Vorwiderstände, *s* = Nebenwiderstände für Wechselstrom

Übergang von der einen Strom- oder Spannungsart auf die andere betätigt werden muß, ist mit dem Meßbereichwähler „c" mechanisch verbunden; er befindet sich im Innern des Instrumentes.

Durch diese mechanische Verbindung ist eine falsche Messung (bei Übersehen der Umschaltung von einer Strom- oder Spannungsart auf die andere) unmöglich.

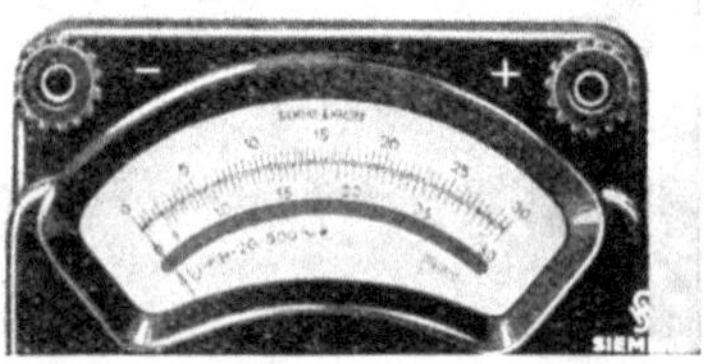

Abb. 307. Skala des Multizett-Meßinstrumentes

Nebenstehende Abbildung zeigt in vergrößerter Form die Skala.

Der obere Skalenteil gilt für Gleichspannungen und Gleichströme; er ist wie üblich gleichmäßig unterteilt.

Der Bereich 3 mA hat rechnungsmäßig einen Spannungsabfall von 98,5 mV bei Endausschlag; er kann im Bedarfsfalle auf 100 mV zur Messung höherer Gleichströme, über außenliegende Nebenwiderstände, abgeglichen werden.

Spannungs- oder Stromart	Bereich	Bei Endausschlag wird aufgenommen	
	Endwert V	Strom mA	Leistung W
Gleichspannung	1,5	3	0,0045
	6	3	0,018
	30	3	0,09
	150	3	0,45
	300	3	0,9
	600	3	1,8
Wechselspannung	1,5	15	0,023
	6	3	0,018
	30	3	0,09
	150	3	0,45
	300	3	0,9
	600	3	1,8
	Endwert A	Spannung V	Leistung W
Gleichstrom	0,003	0,099	0,0003
	0,015	0,109	0,0016
	0,06	0,111	0,0067
	0,3	0,112	0,034
	1,5	0,112	0,17
	6	0,112	0,67
Wechselstrom	0,003	0,600	0,0018
	0,015	0,840	0,013
	0,06	0,885	0,052
	0,3	0,897	0,27
	1,5	0,900	1,4
	6	0,900	5,4

Die für 0,3 bis 6 Amp. angegebenen Werte sind untere Grenzwerte. Die wahren Werte hängen von dem unveränderlichen Übergangswiderstand des Strombereich-Wählers ab.

Wechselstrommessungen können mit dem Multizett in einem Frequenzbereich von 20 bis 500 Hz vorgenommen werden. Das Meßinstrument zeigt bei Messungen auch unter 20 Hz noch richtig an; der Zeiger beginnt jedoch zu zittern.

Die Frequenzfehler betragen:

1. Zwischen 20 und 500 Hz in allen Bereichen innerhalb	± 0,2%	vom Endwert
2. Bis 2000 Hz im Bereiche 6 A, bis etwa	+ 0,5%	vom Endwert
Im Bereich 600 V, bis etwa	— 0,5%	vom Endwert
In den übrigen Bereichen innerhalb	± 0,2%	vom Endwert
3. Bis 5000 Hz im Bereich 6 A, bis etwa	+ 2,5%	vom Endwert
Im Bereich 600 V, bis etwa	— 2,5%	vom Endwert
In den übrigen Bereichen bis etwa	± 1%	vom Endwert
4. Bis 10000 Hz in den Bereichen 6 A und 600 V, bis etwa	± 10%	vom Endwert
In den übrigen Bereichen bis etwa	± 4%	vom Endwert

Das Meßwerk ist für alle Bereiche, außer dem Wechselstrombereich 6 A, ständig wenigstens 1,2fach überlastbar.

Die für alle Wechselspannungen und Wechselströme gemeinsame untere Skalenteilung ist am Skalenanfang etwas gedrängt; sie beginnt etwa bei einem Sechstel des Skalenendwertes. Die einzelnen Wechselstrombereiche haben mit Ausnahme der höheren Spannungsbereiche alle den gleichen Skalenverlauf. Die letzteren weichen nur sehr wenig von den übrigen ab. Damit die Abweichungen nach unten — von einer gewissen niedrigeren Spannung an — nicht übermäßig groß werden können, werden, wie in den höheren Bereichen die Spannungen nicht über den angezapften Vorwiderstand „q" gemessen. Der 1,5-Volt-Bereich ist mit einer besonderen Schaltung versehen (siehe Abb. 306). Diese Anordnung bedingt zwar eine höhere Stromaufnahme, der wahre Skalenverlauf weicht dafür aber vernachlässigbar wenig, und zwar noch weniger als der 6-Volt-Bereich, von dem ausgeführten Verlauf der übrigen Bereiche ab.

Die Abweichungen des wahren Skalenverlaufs von dem ausgeführten gemeinsamen mittleren Skalenverlauf sind in den vom Hersteller angegebenen Fehlergrenzen enthalten.

Diese betragen:

1. Für die Gleichspannungs-Bereiche außer 100 mV und für alle Gleichstrombereiche bei 20° C	± 1%	vom Endwert

2. Für den Bereich 100 mV Gleichspannung bei 20° C . . . . ± 2% vom Endwert

3. Für alle Wechselspannungs- und Wechselstrombereiche bei 20° C und 20 bis 500 Hz ± 1,5% vom Endwert.

Der Temperatureinfluß, bezogen auf je 10% Temperaturzunahme, beträgt:

1. In den Gleichspannungsbereichen außer 100 mV und in allen Gleichstrombereichen etwa . . . . — 0,5% vom Endwert
2. Im Bereich 100 mV Gleichspannung etwa — 1% vom Endwert
3. In allen Wechselspannungs- und Wechselstrombereichen bis etwa . . . . ± 0,7% vom Endwert
seine zugesicherten Grenzen sind in allen Bereichen . . . . ± 1,2% vom Endwert.

b) Arbeitsweise des Multizett-Meßinstruments

Zum Drehspul-Meßwerk „*f*" (siehe Abb. 306) gehören:

1. Die Gleichrichter „*s*".
2. Die Nebenwiderstände „*g*" und „*k*".
3. Die Abgleichwiderstände „*i*", „*k*", „*l*" und „*m*".

Mit diesen Teilen zusammen werden gewissermaßen die an den Nebenwiderständen „*s*" von den zu messenden Strömen erzeugten Spannungsabfälle in der Höhe von 0,6 bis 0,9 Volt gemessen.

Aus diesem Grunde wurden, wie nachfolgend erläutert, die Gleichrichter „*s*" nicht in der sogenannten Graetzschaltung (siehe Seite 263) angeordnet, sondern so, wie aus dem Schaltbild der Abb. 306 ersichtlich ist.

Diese Gleichrichteranordnung erfordert unter sonst gleichen Bedingungen nur eine halb so hohe Gesamtspannung wie die vorerwähnte Graetzschaltung. Die Fertigung von Gleichrichter-Spannungsmesser bereitet nämlich für noch niedrigere Spannungen als 0,1 bis 0,15 Volt, erhebliche Schwierigkeiten. In unserem Falle müßte deshalb die Zahl der Meßbereiche wegen der noch stärkeren Drängung am Skalenanfang vermehrt werden.

Da aber der Anschluß einer Spannung von 0,9 Volt oft schon unbequem hoch ist, ist das Multizett-Instrument außer dem Satz Nebenwiderständen für Wechselströme noch mit einem getrennten Satz für Gleichströme ausgerüstet; an diesem entsteht durchschnittlich ein Spannungsabfall von nur 110 m V.

14. Der Oszillograph

a) Allgemeines und Wirkungsweise

Der Oszillograph oder Schwingungsschreiber ist ein Meßgerät, das schnellverlaufende und zeitlich veränderliche Vorgänge elektrischer oder mechanischer Art bei großer Zeitauflösung photographisch festhält.

Die Tatsache, daß mit ihm in einfacher Weise objektive Aufzeichnungen von verwickelten Vorgängen gemacht werden können, stempelt ihn zu einem unentbehrlichen Hilfsgerät für nahezu alle Gebiete der Technik.

Eine fortlaufende Aufzeichnung von Meßgrößen könnte man schon erreichen, wenn man am Ende des Zeigers eines Meßinstrumentes einen Schreibstift anbringen und unter diesem einen Papierstreifen mit geregelter Geschwindigkeit hinwegziehen würde.

Das ist übrigens das Prinzip eines Tintenschreibers.

Vorgenannte Methode ist für einige Gebiete der Meßtechnik durchaus brauchbar und wird in der Praxis vielfach angewendet.

Für genauere Messungen wendet man statt der mechanischen Schreibvorrichtung ein photographisches Verfahren an.

An Stelle des Zeigers beim Meßinstrument tritt damit der masselose Lichtstrahl und an die Stelle der mit erheblicher Reibung arbeitenden Schreibvorrichtung die photographische Belichtung. Ein auf dieser Grundlage aufgebauter Oszillograph arbeitet, wie in Abbildung 308 dargestellt ist.

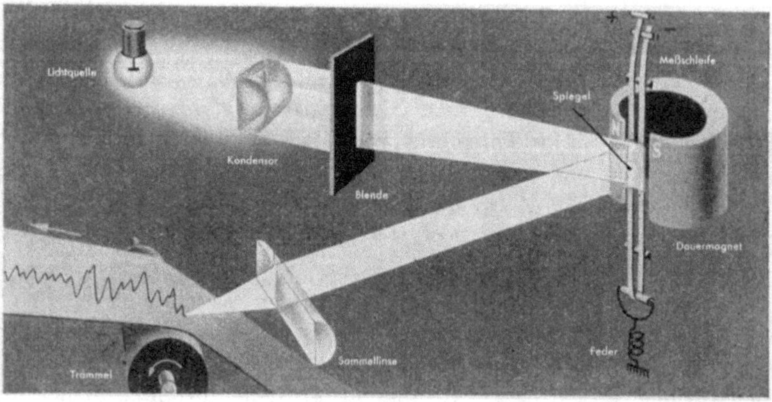

Abb. 308. Wirkungsweise des Einschleifen-Oszillographen

Der beispielsweise zu untersuchende elektrische Strom, den eine Dynamomaschine an Verbraucher abgibt, wird über eine Meßschleife (Spule, bestehend aus einer Windung siehe Abb. 308) geleitet. Da die Schleife drehbar in dem Magnetfeld eines Dauermagneten gelagert ist, führt sie — entsprechend den Stromschwankungen — Drehbewegungen aus (siehe hierzu auch das Kapitel Drehspul-Meßinstrumente, Seite 299).

An der Schleife ist, wie aus der letzten Abbildung ersichtlich, ein kleiner Spiegel befestigt. Durch einen Lichtstrahl, der von einer Glühlampe über Kondensor und Blende auf das Spiegelchen geworfen und von diesem reflektiert wird, lassen sich die Drehbewegungen der Meßschleife in Form eines Lichtbandes abbilden. Auf dem lichtempfindlichen Papier eines gleichmäßig ablaufenden Registrierstreifens wird alsdann dieses Lichtband zu einem Kurvenzug auseinandergezogen und als Meßgröße in Abhängigkeit von der Zeit dargestellt.

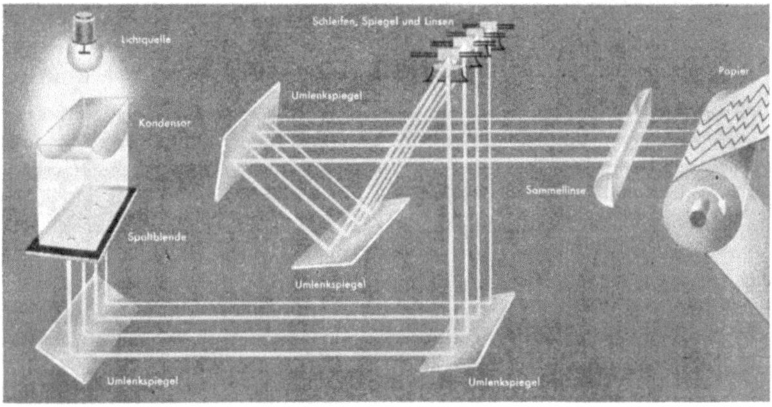

Abb. 309. Die optischen Vorgänge im Vierschleifen-Oszillographen

Um mehrere gleichzeitig verlaufende Vorgänge, die voneinander abhängig sein können, aufzuzeichnen, sind in dem in Abb. 309 dargestellten Oszillographen „vier" Meßschleifen angeordnet. Hinter dem Kondensor befinden sich daher statt einer Blende vier Blenden. Hierdurch werden aus dem Lichtbündel vier Strahlen ausgewählt. Die Strahlen wiederum werden über feststehende Umlenkspiegel den Spiegeln und Linsen der vier Meßschleifen zugeführt. Von dort reflektiert, belichten sie — nachdem sie weitere Umlenkspiegel und eine Sammellinse passiert haben — den auf einer Trommel anlaufenden Registrierstreifen.

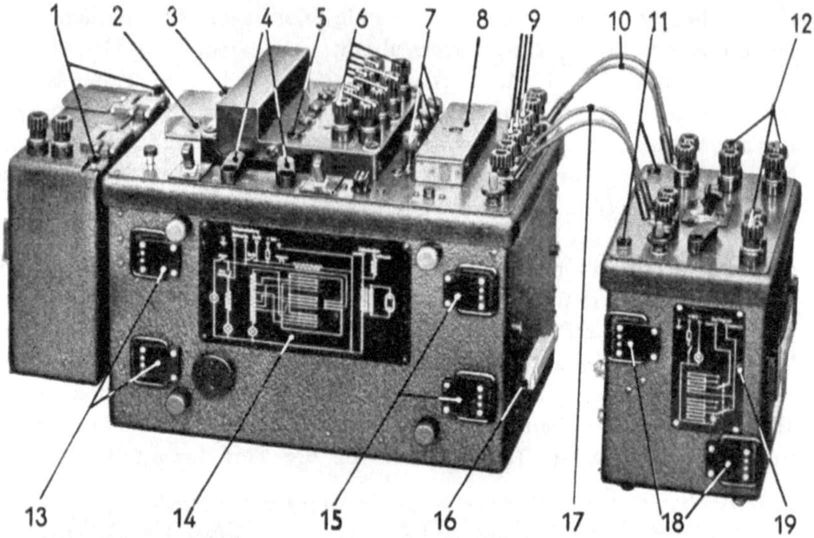

Abb. 310. Äußere Ansicht eines Vierschleifen-Oszillographen

Die eingetragenen Zahlen bedeuten: 1 = Druckknöpfe zum Ablösen der Kassette, 2 = Abdeckplatte für Schauloch, 3 = Druckknopf zur Spaltbildkontrolle, 4 = Umschaltung der Getriebestufen für verschiedene Papiergeschwindigkeiten, 5 = Justierschrauben für Meßschleifen, 6 = Anschlüsse für Meßschleifen, 7 = Verstellung für Spaltblenden, 8 = Abdeckung für Glühlampe, 9 = Anschlüsse für Fernbedienung, 10 = Verbindung Kontaktuhr-Zeitschreibeeinrichtung, 11 = Druckknöpfe zum Ablösen der Kontaktuhr, 12 = drei Paar Klemmen zum Anschluß weiterer Oszillographen, 13 = Aufhängeösen, 14 = Grundschaltbild, 15 = Aufhängeösen, 16 = Einhängeschiene, 17 = Anschlüsse für Bordnetzspannung, 18 = Aufhängeösen, 19 = Grundschaltbild

b) Ein Beispiel aus der Praxis

Nachfolgend ist die Art der Aufzeichnung bei der Vermessung einer Stromversorgungsanlage und deren Auswertung deutlich gemacht.

Der vorstehende Ausschnitt aus einem Registrierstreifen (kurz „Schrieb" genannt) bietet ein aufschlußreiches Bild über den Strom- und Spannungsverlauf in dieser Anlage.

Schleife 4 zeichnete die Netzspannung auf, Schleife 3 die Generatorspannung, Schleife 2 den Generatorstrom und Schleife 1 die gemeinsame Null-(Bezugs-)Linie. Die Ablaufgeschwindigkeit des Papieres ist so eingestellt, daß die Augenblickswerte deutlich zu erkennen sind.

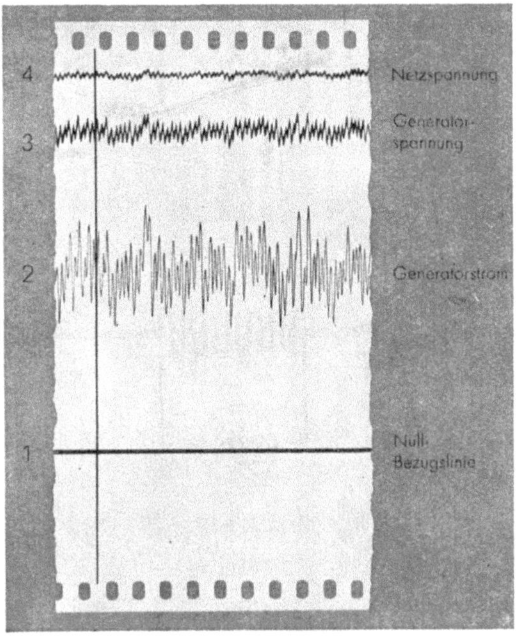

Abb. 311

15. Die elektrische Messung von Widerständen

a) Die Messung eines Widerstandes mit Hilfe von Strom- und Spannungsmessern (indirekte Meßmethode)

Der in seiner Ohmschen Größe unbekannte Widerstand „R" wird an eine Stromquelle angeschlossen, wie folgende Abbildung zeigt.

Der Strommesser zeigt nach Schließen des Stromkreises die Stromstärke an, die durch den Widerstand und den parallelgeschalteten Spannungsmesser fließt. Der Spannungsmesser zeigt dabei die Größe der Spannung an, die an dem Widerstand liegt.

Diese Spannung ist um den erlittenen Spannungsabfall „u" im Strommesser und in den Zuleitungen zum Widerstand kleiner als die Spannung „U_1" der Stromquelle.

Die gesuchte Größe des Widerstandes kann mit Hilfe nachstehender Formel errechnet werden:

$$\boxed{R = \frac{U_2}{J}}$$

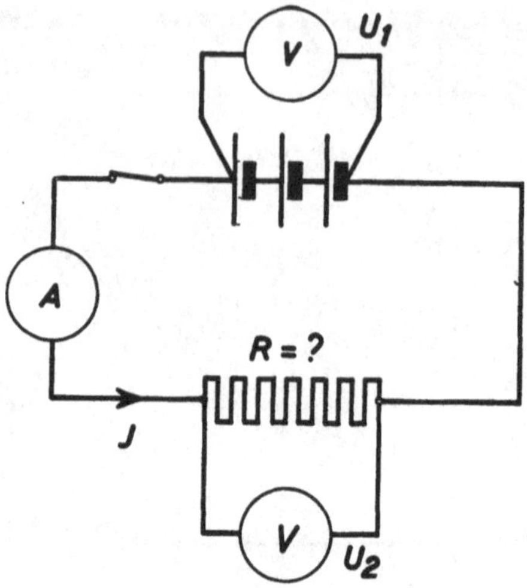

Abb 312

Beispiel Nr. 127:

Vor einen Widerstand, dessen Größe ermittelt werden soll, ist ein Amperemeter geschaltet, das eine Stromstärke von 0,7 Amp. anzeigt. Das Voltmeter, parallel zum Widerstand geschaltet, zeigt eine Spannung von 21 Volt an. Wie groß ist der Widerstand und der Spannungsverlust in der Zuleitung? Die Spannung U_1 der Stromquelle beträgt 24 Volt.

Gegeben: $J = 0{,}7$ Amp., $U_2 = 21$ Volt.

Gesucht: $R = ?$

Lösung:

1. $$R = \frac{U_2}{J} = \frac{21}{0{,}7} = 30\ \Omega$$

2. Der Spannungsverlust in den Zuleitungen beträgt:

$$u = U_1 - U_2 = 24 - 21 = 3\ \text{V}.$$

Ist der zu messende Widerstand „R“ beispielsweise von der gleichen Größe wie der des Spannungsmessers oder vielleicht noch größer, so ist diese Widerstandsmeßmethode in starkem Maße fehlerhaft. Sie eignet sich daher nur zur Messung von Widerständen, die im Verhältnis zum Widerstand des Spannungsmessers sehr klein sind.

Schaltet man z. B. den Spannungsmesser nicht nur parallel zum Widerstand „R“, sondern auch parallel zum Strommesser und errechnet dann mit der obengenannten Formel den Widerstand, so ist auch dieses Resultat fehlerhaft, wenn der zu messende Widerstand „R" von ähnlicher Größe oder sogar kleiner als der Widerstand des Strommessers ist.

Die Meßschaltung eignet sich also nur zur Messung von Widerständen, die im Verhältnis zum Widerstand des Strommessers sehr groß sind.

Wir entnehmen folglich aus Vorhergehendem, daß die vorbeschriebenen Meßmethoden für die Messung von Widerständen nur bedingt geeignet sind. Dazu dienen in der Praxis besser Widerstands-Meßbrücken.

b) Die Widerstandsmessung in Brückenschaltung (direkte Meßmethode)

Aufbau und Wirkungsweise einer Brückenschaltung

Schaltet man 2 Widerstandsgruppen, bestehend aus je 2 hintereinandergeschalteten Widerständen, parallel und verbindet dann die Mitte der linken Widerstandsgruppe und die Mitte der rechten Widerstandsgruppe über eine sogenannte Brückenleitung, so hat man eine Brückenschaltung vor sich. Man nennt diese nach dem Erfinder „Wheatstonsche (sprich Witstonsche) Brückenschaltung".

Die in Abb. 313 dargestellte Brückenschaltung besteht aus 3 bekannten Einzelwiderständen, die mit R_1, R_2 und R_3 bezeichnet sind, R_3 ist ein veränderlicher Widerstand, dessen eingestellte Ohmsche Größe auf seiner Skala sofort abgelesen werden kann. Mit R_x bezeichnet man den unbekannten Widerstand, dessen Größe gemessen werden soll.

In Abb. 313 sind die Ohmschen Größen der „bekannten" Widerstände eingesetzt mit $R_1 = 300$ Ohm, $R_2 = 100$ Ohm und $R_3 = 300$ Ohm.

Um die Wirkungsweise der Brückenschaltung leicht verstehen zu können, nehmen wir an, der unbekannte Widerstand „R_x" sei 100 Ohm groß und die angelegte Stromquelle habe eine elektrische Spannung von 24 Volt.

Die angelegte Spannung von 24 Volt verteilt sich auf den linken und rechten Brückenzweig zu gleichen Teilen. Die Spannung fällt von Punkt „A" aus sowohl nach Punkt „C" wie nach „D" um den gleichen Spannungsverlust ab. Es herrscht folglich zwischen den Punkten „C" und „D" kein Spannungsunterschied; es fließt daher durch die Brückenleitung mit Anzeigegerät von Punkt „C" nach „D" und umgekehrt kein Strom. Der Zeiger des Anzeigegerätes bleibt somit auf „Null" stehen.

In diesem Zustand besteht eine Verhältnisgleichheit zwischen der linken Widerstandsgruppe und der rechten Widerstandsgruppe, d. h. das Verhältnis der Widerstände R_1 zu R_2 ist so groß wie das Verhältnis der Widerstände R_3 zu R_x, wir können also schreiben:

$$R_1 : R_2 = R_3 : R_x$$

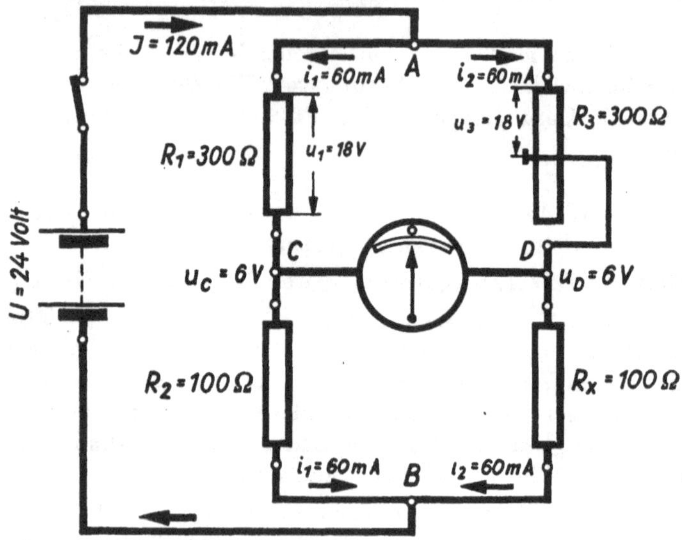

Abb. 313. Wheatstonesche Brückenschaltung

Äußerlich tritt das Bestehen der Verhältnisgleichheit bei einem Meßvorgang dadurch in Erscheinung, daß der Zeiger des Meßinstrumentes auf 0 steht.

Wir untersuchen rechnerisch nachfolgend diesen Zustand mit den in Abb. 313 eingetragenen Werten.

Zunächst berechnen wir den Gesamtstrom „J", der in den Zuleitungen fließt. Zu diesem Zweck muß erst der Gesamtwiderstand der vier Brückenwiderstände errechnet werden.

Der Widerstand des linken Brückenzweiges beträgt:

$$R_{\text{links}} = R_1 + R_2 = 300 + 100 = 400\,\Omega$$

und der des rechten Brückenzweiges:

$$R_{\text{rechts}} = R_3 + R_x = 300 + 100 = 400\,\Omega$$

somit ergibt sich der Gesamtwiderstand:

$$R_{\text{ges}} = \frac{R_l \cdot R_r}{R_l + R_r} = \frac{400 \cdot 400}{400 + 400} = 200\,\Omega$$

Wir können nun den Gesamtstrom errechnen, er beträgt:

$$J_{ges} = \frac{U}{R_{ges}} = \frac{24}{200} = 0{,}12\ \text{A} = \mathbf{120\ mA}.$$

In Punkt A zerteilt sich der Strom „J" in die Teilströme i_1 und i_2, sie betragen:

$$i_1 = \frac{U}{R_{links}} = \frac{24}{400} = 0{,}06\ \text{A} = \mathbf{60\ mA}$$

$$i_2 = \frac{U}{R_{rechts}} = \frac{24}{400} = 0{,}06\ \text{A} = \mathbf{60\ mA}.$$

An den Widerständen „R_1" und „R_3" der Brückenschaltung treten somit Spannungsabfälle in folgender Höhe auf.

An den Klemmen des Widerstandes „R_1":

$$u_1 = i_1 \cdot R_1 = 0{,}06 \cdot 300 = \mathbf{18\ V}$$

An den Klemmen des Widerstandes „R_3":

$$u_3 = i_2 \cdot R_3 = 0{,}06 \cdot 300 = \mathbf{18\ V}$$

Zieht man die an den Widerständen „R_1" und „R_3" auftretenden Spannungsabfälle „u_1" und „u_3" wie folgt von der angelegten Spannung „U" ab, so besteht zwischen den Punkten „C" und „B" eine Restspannung von:

$$U_C = U - u_1 = 24 - 18 = \mathbf{6\ V}$$

und zwischen den Punkten „D" und „B" eine Spannung von:

$$U_D = U - U_3 = 24 - 18 = \mathbf{6\ V}$$

Es besteht folglich zwischen den Punkten „C" und „D" kein Spannungsunterschied und es kann von Punkt „C" nach „D" oder umgekehrt kein Strom fließen.

Durch Anschluß eines unbekannten Widerstandes „R_x" von mehr als 100 Ohm, sagen wir 200 Ω, was in nachstehender Abbildung dargestellt ist, wird die Brückengleichheit gestört.

Es entsteht dadurch im Punkt „D" eine höhere Spannung als in Punkt „C" ,was sich auch aus folgendem Rechnungsgang ergibt:

Durch Vergrößerung des Widerstandes „R_3" des rechten Brückenzweiges sinkt der Teilstrom i_2 von 60 mA auf:

$$i_2 = \frac{U}{R_3 + R_x} = \frac{24}{300 + 200} = 0{,}048\ \text{A} = \mathbf{48\ mA}$$

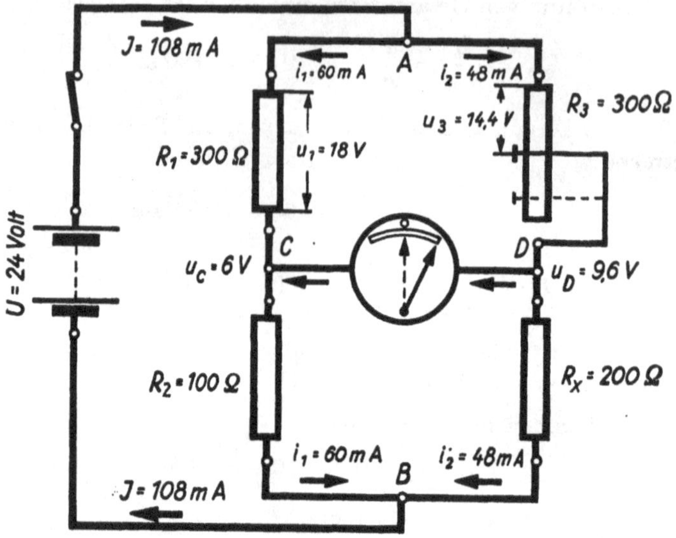

Abb. 314. Brückenschaltung mit gestörter Verhältnisgleichheit

Der Spannungsabfall „u_3" an den Klemmen des Widerstandes „R_3" beträgt nun:

$$u_3 = i_2 \cdot R_3 = 0{,}048 \cdot 300 = \mathbf{14{,}4\ V}$$

Wir ziehen diesen Spannungsabfall von der angelegten Spannung „U" ab und erhalten zwischen den Punkten „D" und „B" eine Restspannung von:

$$u_D = U - u_3 = 24 - 14{,}4 = \mathbf{9{,}6\ V}$$

Zwischen den Punkten „C" und „D" herrscht jetzt ein Spannungsunterschied von:

$$u_D - u_C = 9{,}6 - 6{,}00 = \mathbf{3{,}6\ V}$$

der von Punkt D nach C einen Strom fließen läßt, dessen Höhe das in die Brückenleitung geschaltete Meßgerät durch einen Zeigerausschlag nach rechts angibt.

Um die Verhältnisgleichheit der Widerstände in der Brückenschaltung wieder herzustellen, muß der Abgreifer des Widerstandes „R_3" von 300 Ohm verstellt werden auf:

$$R_3 = \frac{R_1 \cdot R_x}{R_2} = \frac{300 \cdot 200}{100} = 600\ \Omega$$

Der Teilstrom „i_2" sinkt nun von 48 mA auf:

$$i_2 = \frac{U}{R_3 + R_x} = \frac{24}{600 + 200} = 0{,}03 \text{ A} = 30 \text{ mA}\,,$$

es tritt dadurch an den Klemmen des Widerstandes „R_3" ein Spannungsabfall von

$$u_3 = i_2 \cdot R_3 = 0{,}03 \cdot 600 = \mathbf{18\ V}$$

auf. Wir ziehen diesen Spannungsabfall von der angelegten Spannung „U" ab und erhalten zwischen den Punkten „D" und „B" eine Restspannung von

$$u_D = U - u_3 = 24 - 18 = 6 \text{ V}$$

Zwischen den Punkten „D" und „C" besteht folglich nun kein Spannungsunterschied mehr, so daß auch kein Strom von Punkt „D" nach „C" fließen kann. Der Zeiger des Meßgerätes steht infolgedessen wieder in seiner Nullstellung, woraus hervorgeht, daß die Gleichheit der Brückenschaltung wieder hergestellt ist.

Wir setzen unsere Versuche fort und schließen nun einen unbekannten Widerstand „R_x" von 50 Ohm an, wie Abbildung 315 zeigt:

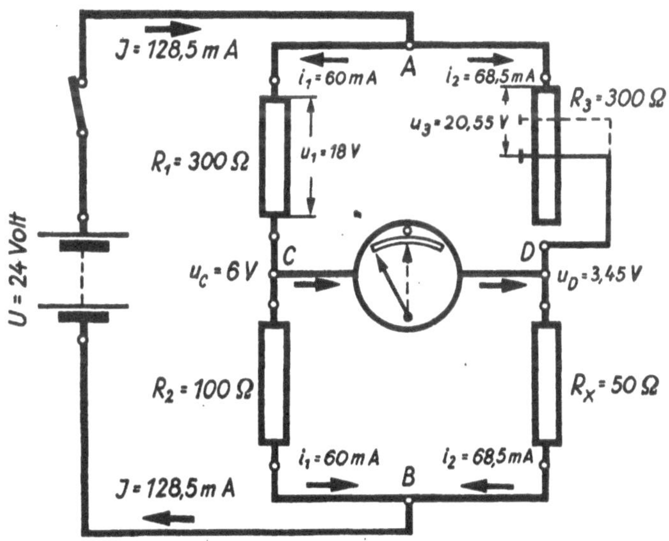

Abb. 315. Brückenschaltung mit gestörter Verhältnisgleichheit

Dadurch ist die Brückengleichheit wieder gestört, jedoch entsteht nun im Gegensatz zu vorher in Punkt „C" eine größere Spannung als in Punkt „D", was sich wiederum aus folgendem Rechnungsgang ergibt:

Durch Verkleinerung des Widerstandes R_x des rechten Brückenzweiges, steigt der Teilstrom i_2 auf folgenden Wert an:

$$i_2 = \frac{U}{R_3 + R_x} = \frac{24}{300 + 50} = 0{,}0685 \text{ A} = \mathbf{68{,}5\ mA}$$

Der Spannungsabfall „U_3" an den Klemmen des Widerstandes R_3 beträgt nun:

$$u_3 = i_2 \cdot R_3 = 0{,}0685 \cdot 300 = \mathbf{20{,}55\ V}$$

Wir ziehen diesen Spannungsabfall von der angelegten Spannung „U" ab und erhalten zwischen den Punkten „D" und „B" eine Restspannung von:

$$u_D = U - u_3 = 24 - 20{,}55 = \mathbf{3{,}45\ V}$$

Zwischen den Punkten C und D herrscht nun ein Spannungsunterschied von

$$u_C - u_D = 6 - 3{,}45 = 2{,}55 \text{ V}$$

der von Punkt „C" nach „D" einen Strom fließen läßt, dessen Höhe das Anzeigegerät durch einen Zeigerausschlag nach links anzeigt.

Um die gestörte Verhältnisgleichheit der Brückenschaltung wieder herzustellen, muß der Widerstand „R_3" verkleinert werden auf:

$$R_3 = \frac{R_1 \cdot R_x}{R_2} = \frac{300 \cdot 50}{100} = 150\ \Omega$$

Der Teilstrom i_2 steigt somit von 68,5 mA auf

$$i_2 = \frac{U}{R_3 + R_y} = \frac{24}{150 + 50} = 0{,}120 \text{ A} = 120 \text{ mA}$$

an. Dadurch tritt nun an den Klemmen des Widerstandes R_3 ein Spannungsabfall von

$$u_3 = i_2 \cdot R_3 = 0{,}120 \cdot 150 = 18 \text{ V}$$

auf. Wir ziehen diesen Spannungsabfall von der angelegten Spannung „U" ab und erhalten zwischen den Punkten „D" und „B" eine Restspannung von:

$$u_D = U - u_3 = 24 - 18 = \mathbf{6\ V}$$

Zwischen den Punkten „C" und „D" besteht nun kein Spannungsunterschied mehr, so daß von Punkt „C" nach „D" kein Strom mehr fließen kann.

Infolgedessen steht der Zeiger des Meßgerätes wieder in seiner Nullstellung und gibt so das Bestehen der Verhältnisgleichheit zwischen den Widerständen des linken und rechten Brückenzweiges an.

Wie im Vorhergehenden bereits erwähnt, dienen Wheatstonesche Brückenschaltungen also dazu, die unbekannten Größen von Widerständen zu ermitteln.

Ein solcher Meßvorgang spielt sich praktisch wie folgt ab:

Nach dem Anschluß des Widerstandes R_x und Schließen des Schalters wird der Zeiger des Instrumentes nach rechts oder links auf der Skala ausschlagen. Durch Veränderung des Widerstandes R_3 gelingt es schließlich, den Zeiger in seine 0-Stellung zu bringen. In diesem Zustand besteht die Verhältnisgleichheit zwischen der linken Widerstandsgruppe und der rechten Widerstandsgruppe d. h. das Verhältnis der Widerstände R_1 zu R_2 ist so groß wie das Verhältnis der Widerstände R_3 zu R_x. Wir können also schreiben:

$$R_1 : R_2 = R_3 : R_x$$

Da im Zustand dieser Brückengleichheit die Widerstände R_1 und R_2 als feste Widerstände bekannt sind und der eingestellte Widerstand R_3 auf seiner Skala sofort abgelesen werden kann, läßt sich durch die Umstellung der vorstehenden Verhältnisgleichung der Widerstand R_x errechnen.

Die Formel hierfür lautet:

$$\boxed{R_x = \frac{R_2 \cdot R_3}{R_1}}$$

Beispiel Nr. 128:

Die Ohmsche Größe eines Widerstandes soll mit einer Meßbrücke festgestellt werden. Die festen Brückenwiderstände besitzen $R_1 = 8$ Ohm, $R_2 = 4$ Ohm.

Wie wird die Messung durchgeführt und wie groß ist der gesuchte Widerstand R_x?

Lösung:

1. Zur Herstellung der Verhältnisgleichheit muß der Schiebewiderstand R_3 solange verstellt werden, bis der Zeiger auf 0 steht. Bei dieser Verhältnisgleichheit lesen wir auf der Skala des Schiebewiderstandes eine eingestellte Größe von 6 Ohm ab.
2. Somit ergibt sich rechnerisch die Größe des gesuchten Widerstandes R_x wie folgt:

$$R_x = \frac{R_2 \cdot R_3}{R_1} = \frac{4 \cdot 6}{8} = 3\,\Omega$$

c) Die Wheatstonesche „Schleifdraht"-Brückenschaltung

Bei der „Schleifdraht"-Brückenschaltung sind die Widerstände R_1 und R_2 durch einen Widerstandsdraht, der auf einer Meßskala mit Millimeterteilung ausgespannt ist, ersetzt.

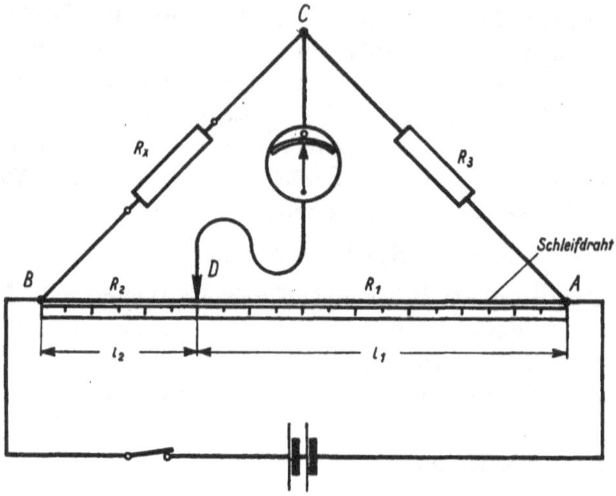

Abb. 316. Wheatstonesche Schleifdraht-Brückenschaltung

Bei der zuerst besprochenen Brückenschaltung, Abb. 313, ist der Punkt „D" eine feste Verbindungsstelle. Bei der Schleifdrahtbrücke ist an diesem Ende der Brückenleitung ein Schleifer befestigt, der auf dem ausgespannten Widerstandsdraht nach links oder rechts verschiebbar angeordnet ist. Durch diesen Schleifkontakt ist daher der Widerstandsdraht in die Längenabschnitte l_1 und l_2 (entsprechend den Widerständen R_1 und R_2) unterteilt.

Grundsätzlich liegen daher bei dieser Brückenschaltung die gleichen Verhältnisse vor wie bei der zuerst beschriebenen.

Meistens ist der Widerstand R_3 ein Stöpselwiderstand und in seiner Größe so gewählt, daß er durch die Zahl 10 teilbar ist. Durch Ziehen der einzelnen Stöpsel kann man bei einem Meßvorgang den Widerstand R_3 in seiner Größe verändern.

Beim Messen eines unbekannten Widerstandes R_x muß der Schleifkontakt solange nach rechts oder links verstellt werden, bis der Zeiger des Meßgerätes in der Mitte der Skala auf „Null" steht. In diesem Zustand ist die Verhältnisgleichheit der Brückenschaltung hergestellt.

Da es nur auf das „Verhältnis" der Widerstände R_1 und R_2 ankommt und der Widerstand des Drahtes pro Längeneinheit als konstant angenommen wird, können statt der Ohmschen Widerstandswerte auch die Längen l_1 und l_2 der Drahtabschnitte in die Brückengleichung eingesetzt werden.

Wir erhalten somit folgende Verhältnis-Gleichung:

$$l_1 : l_2 = R_3 : R_x$$

Lösen wir diesen Ausdruck nach R_x auf, so erhalten wir zur Ermittlung des unbekannten Widerstandes die Gleichung:

$$\boxed{R_x = \frac{l_1 \ R_3}{l_2}}$$

Beispiel Nr. 129:

Bei der Messung eines unbekannten Widerstandes mit einer Schleifdrahtbrücke ergibt sich bei der Einstellung $l_1 = 30$ und $l_2 = 70$ Stromlosigkeit des Anzeigegerätes. Der Zeiger befindet sich in diesem Zustand in seiner Nullstellung. Der Widerstand R_3 hat eine Größe von 20 Ohm. Wie groß ist der Widerstand R_x?

Gegeben: $l_1 = 30$, $l_2 = 70$, $R_3 = 20\,\Omega$

Gesucht: $R_x = ?$

Lösung:

$$R_x = \frac{l_1 \cdot R_3}{l_2} = \frac{30 \cdot 20}{70} = 8{,}57\,\Omega$$

16. Die Z-Meßbrücke in Wheatstoneschaltung

Nachfolgend werden wir uns nun mit einer Meßbrücke beschäftigen, die für Messungen bei Montagearbeiten und in elektrotechnischen Fabriken viel verwendet wird.

Sie kann für Messungen mit Gleich- und Wechselstrom benutzt werden. Der Meßbereich geht von 0,05 Ohm (bei Gleichstrom) bzw. 0,5 Ohm (bei Wechselstrom) bis 50000 Ohm. Die Wechselstrommessung erfolgt mit einer Frequenz von 1000 Hz, sie wird besonders beim Messen von Elektrolyten angewendet. Induktivitäten und Kapazitäten können mit dieser Meßbrücke nicht gemessen werden.

a) Aufbau und Wirkungsweise

Die Meßbrücke arbeitet nach dem Verfahren der Wheatstone-Brückenschaltung mit Schleifdraht und einem bekannten Vergleichswiderstand. Der Schleifdraht zum Einstellen des Brückenverhältnisses „*a*/*b*" (siehe Stromlaufplan der Abb. 318) ist zur Erzielung eines großen Ohmwertes als Raupendraht ausgebildet, sein Schleif-

Abb. 317. Wheatstonesche Schleifdraht-Meßbrücke

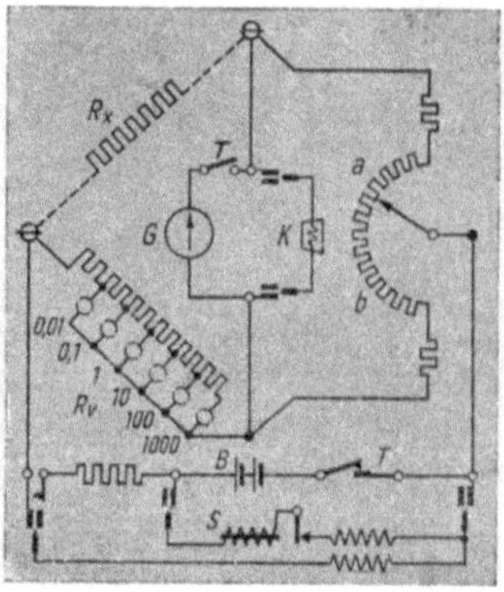

Abb. 318. Stromlaufplan der Wheatstoneschen Schleifdraht-Meßbrücke

kontakt wird durch einen Drehknopf mit einer Skaleneinteilung von 4—50 geregelt.

Als Vergleichswiderstand ist der Stöpselwiderstand „R_v" eingebaut, mit dem die Meßbereichsfaktoren von 0,01—0,1—1—10—100—1000 eingestellt werden können.

Für Gleichstrommessungen besitzt das Gerät die leicht auswechselbare Taschenlampenbatterie „*B*" von 4,5 V und das Nullgalvanometer „*G*" mit 15...0...15 Teilstrichen. Bei Messungen mit Wechselstrom muß an die Batterie der Stecksummer „*S*" für 1000 Hz und (an Stelle des Galvanometers) der Meßhörer „*K*" angeschlossen werden. Die Steckbuchsen für den Summer befinden sich an der linken Gehäuseseite, die für den Hörer an der vorderen Gehäuseseite (Bild 317). Mit der eingebauten Taste „*T*" können Batterie- und Galvanometerkreis folgerichtig geöffnet und geschlossen werden. Solange die Zusatzgeräte für Wechselstrom gesteckt sind, kann mit Gleichstrom nicht gemessen werden.

b) Bedienung

1. Die Messung eines Ohmschen Widerstandes mit Hilfe von Gleichstrom.

Der zu messende Widerstand „R_x" wird an die in Frage kommenden Klemmen angeschlossen und beispielsweise der Meßbereich 10 gestöpselt, sodann die Taste „T" gedrückt. Bei Linksausschlag des Galvanometers ist die Drehskala nach rechts, bei Rechtsausschlag nach links zu drehen, bis der Zeiger des Galvanometers auf Null zeigt. Wenn keine Nullstellung erreicht werden kann, ist ein anderer Meßbereich zu stöpseln. Eine besonders genaue Einstellung auf den Nullpunkt erreicht man durch rhythmische Bewegung der Taste im Takt der Zeigerschwingungen.. Die Ablesung der Drehskala multipliziert mit dem Meßbereichfaktor ergibt dann den gesuchten Widerstandswert. Die Meßgenauigkeit beträgt in den mittleren Meßbereichen etwa $\pm$ 1%.

Beim Meßbereich 1000 läßt sich die Meßempfindlichkeit dadurch erhöhen, daß man an Stelle der eingebauten Batterie eine Anodenbatterie von 60 V verwendet. Die Anodenbatterie darf jedoch nur bei diesem Meßbereich benutzt werden, weil beim Stöpseln anderer Meßbereiche die Empfindlichkeit so groß ist, daß keine einwandfreie Nulleinstellung mehr erzielt werden kann.

2. Die Messung eines Ohmschen Widerstandes mit Hilfe von Wechselstrom.

Für diese Messung muß ein Zusatzkasten zur Erzeugung von Wechselstrom und ein Kopfhörer an das Gerät angeschlossen werden.

Eine solche Messung kommt beispielsweise dann in Frage, wenn bei Dunkelheit eine einwandfreie Ablesung des Galvanometers nicht möglich ist. Die Brückengleichheit ist in diesem Fall dann erreicht, wenn im Kopfhörer der leiseste Ton hörbar wird.

Die Einstellung auf Tonminimum erfolgt durch Drehen des Skalenknopfes. Sollte der in den Zusatzkasten eingebaute Summer nicht sofort ansprechen, so ist er durch Stöpseln eines anderen Meßbereiches oder durch leichte Erschütterung anzustoßen.

Die Meßgenauigkeit beträgt in den mittleren Meßbereichen etwa $\pm$ 2%.

17. Selbstabgleichende Brückenschaltung

In Abb. 319 ist eine sich selbst abgleichende Wheatstonsche Brückenschaltung dargestellt. Sie unterscheidet sich von den vorherbesprochenen Brückenschaltungen dadurch, daß die Widerstände „R_1 und R_2" ein

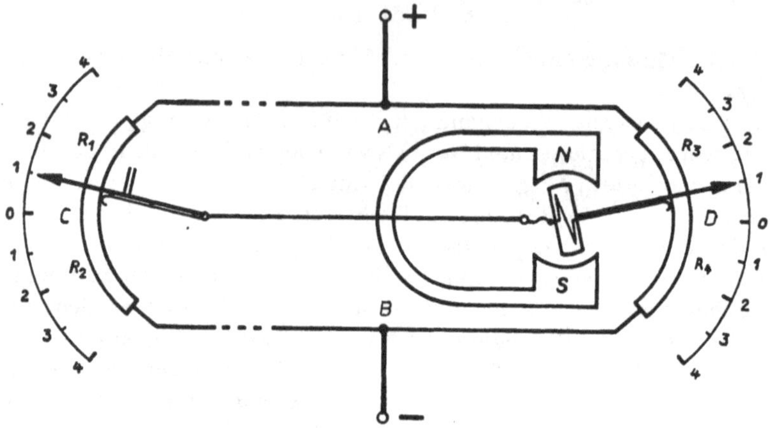

Abb. 319. Selbstabgleichende Brückenschaltung

Potentiometer bilden. Das gleiche gilt von den Widerständen „R_3 und R_4".

Der Punkt „C" des Potentiometers links (auch Geberpotentiometer genannt) kann durch Bewegung des Schleifers, der fest mit dem Zeiger verbunden ist, von Hand nach oben oder unten verschoben werden, wobei die jeweilige Stellung auf der zugehörigen Skala abgelesen werden kann.

Der Schleifer des Potentiometers rechts (auch Meßwerk-Potentiometer genannt) ist ebenfalls fest mit dem Zeiger des in der Brückenleitung angeordneten Drehspulmeßwerkes verbunden.

Besteht in der normalen Ruhelage Verhältnisgleichheit in der Brückenschaltung, so befindet sich der Schleifer des Geberpotentiometers auf Punkt „C" und der verlängerte Zeiger in Nullstellung.

Der Schleifer des Meßwerkpotentiometers befindet sich in diesem Zustand auf Punkt „D" und damit der Zeiger des Drehspulmeßwerkes auf dem Nullpunkt seiner Skala.

Wird nun der Schleifer des Geberpotentiometers z. B. nach oben bis Skalenstrich „1" verschoben, so ist die Verhältnisgleichheit der Brückenschaltung gestört und es fließt Strom von Punkt „C" über Schleifer, Brückenleitung, Drehspule und Schleifer nach Punkt „D" des Geberpotentiometers. Der durch die Spule fließende Strom ruft ein Drehmoment hervor, das den Schleifer des Meßwerkpotentiometers soweit nach oben bewegt, bis die Verhältnisgleichheit der Brückenschaltung wieder erreicht ist. Dies ist dann der Fall, wenn der Zeiger sich auf den Skalenwert eingestellt hat, auf den der Schleifer des Geberpotentiometers vorher mechanisch gestellt wurde.

Wird der Schleifer des Geberpotentiometers nun wieder auf Null bzw. „*C*" gestellt, so ist die Verhältnisgleichheit aufs neue gestört und es fließt jetzt Strom entgegengesetzt wie vorher durch die Drehspule von „*D*" nach „*C*". Dadurch dreht sich die Spule entgegengesetzt wie vorher und der Zeiger bewegt sich mit dem Schleifer solange nach unten, bis die Gleichheit der Brückenschaltung wieder herbeigeführt ist. Dies ist dann der Fall, wenn der Zeiger auf Null bzw. der Schleifer auf Punkt „*D*" des Potentiometers angekommen ist.

Bei jeder Verstellung des Geberpotentiometers wird somit die Brücke verstimmt und durch das Drehspulmeßwerk selbsttätig wieder abgeglichen.

Das Drehspulmeßwerk muß so bemessen sein, daß es den maximalen Strom aushält, der dann durch die Drehspule fließt, wenn der Schleifer des Geberpotentiometers an einem Anschlag und der Schleifer des Meßwerkpotentiometers am entgegengesetzten Anschlag liegt.

Zur Vergrößerung der Ablesegenauigkeit ist es in vielen Fällen erwünscht, einen Ausschlag am Anzeigegerät von 180 bzw. 270° zu haben. Im Gegensatz zu den Kreuzspulmeßwerken, die nur unter besonderen Schwierigkeiten als 270° Meßwerk ausgeführt werden können, läßt sich das Drehspulmeßwerk wesentlich einfacher als 270°-Instrument bauen.

In selbstabgleichenden Brückenschaltungen werden daher meistens 270° Drehspulmeßwerke verwendet.

Selbstabgleichende Brückenschaltungen eignen sich dazu z. B. mechanische Bewegungsvorgänge von einer entfernten Stelle aus zu beobachten. Man nennt solche Einrichtungen deshalb auch Stellungsrückmeldeanlagen.

18. Die Messung von Isolationswiderständen

a) Allgemeines

Nach Fertigstellung einer elektrischen Anlage oder nach Erledigung von Reparaturarbeiten muß vor Inbetriebsetzung eine Messung des Isolationswiderstandes mit Hilfe eines Isolationsprüfers (Ohmmeter) vorgenommen werden.

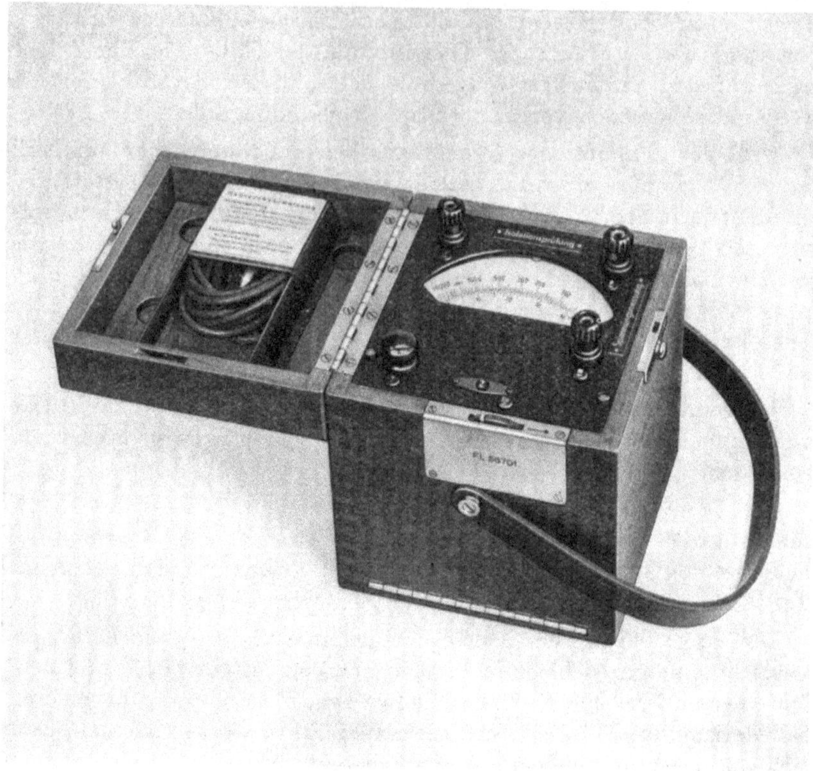

Abb. 320. Isolations-Meßgerät

Die Abb. 320 zeigt ein vielfach verwendetes Isolations-Meßgerät.

Neben seinem Hauptverwendungszweck ist das Gerät auch zur Messung von Gleichspannungen bis 40 Volt verwendbar.

Klemme I und Klemme II (siehe auch in Abb. 320 diese beiden Klemmen über der Ableseskala) dienen zur Isolationsmessung und Klemme II und III (siehe diese Klemmen in Abb. 320 seitlich der Ableseskala) zur Spannungsmessung. Die bei der Isolationsmessung notwendige Meßspannung wird zehn auswechselbaren Taschenlampenbatterien entnommen, die im unteren Teil des Meßgerätes untergebracht sind.

Da die Höhe der Spannung für eine genaue Isolationsmessung von besonderer Bedeutung ist, kann der Entladungszustand der Gleichstrom-Batterie durch Drücken der Taste des Meßgerätes kontrolliert werden.

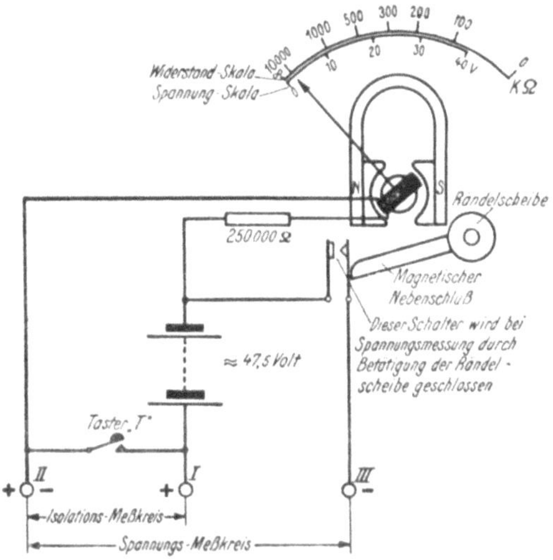

Abb. 321. Schaltbild des Isolations-Meßgerätes

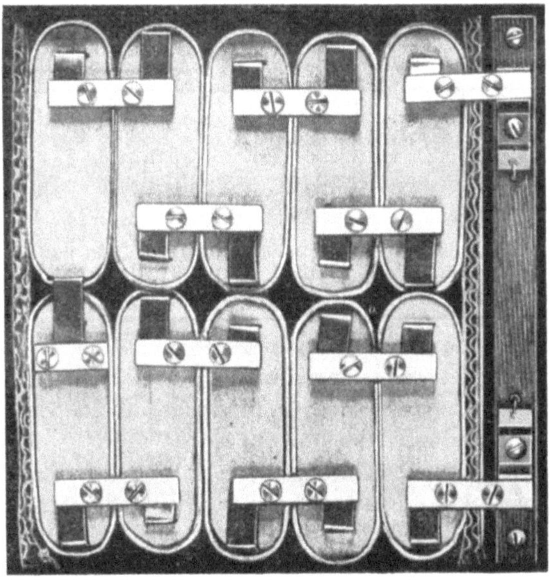

Abb. 322. Zehn auswechselbare Taschenlampen-Batterien

Mit Hilfe der in die Seitenwand (siehe Abb. 320) eingelassenen Rändelscheibe kann ein magnetischer Nebenschluß zur Anpassung der Meßwerk-Empfindlichkeit an die etwa gesunkene Batteriespannung betätigt werden.

Abweichungen der Zeigerstellung vom mechanischen Nullpunkt (0-Volt bzw. 0 — kΩ) kann man durch Betätigen der mit „*z*" bezeichneten Schraube auf der Frontplatte des Gerätes berichtigen.

b) Die Messung von Isolationswiderständen

Vor der Isolationsmessung muß dafür gesorgt werden, daß die zu prüfende Anlage spannungslos ist. Ferner muß vor der Messung die Meßgerätebatterie auf ihren Spannungszustand wie folgt geprüft werden.

Wie bereits erwähnt, kann man durch Betätigung eines magnetischen Nebenschlusses die Empfindlichkeit des Meßwerks, der etwa gesunkenen Batteriespannung anpassen. Dieser magnetische Nebenschluß wird durch die aus der Kastenwand herausragende Rändelscheibe, bei gleichzeitigen Drücken der Taste „*T*", betätigt. Dabei muß die Rändelscheibe solange gedreht werden, bis der Zeiger genau auf dem Skalenpunkt „0 kΩ" steht. Ist das nicht möglich, so ist die Batterie verbraucht und muß erneuert werden. Nach diesen Vorbereitungen ist das Gerät für eine Isolationsprüfung verwendbar.

Der Isolationswiderstand ist im Gegensatz zum festen Widerstand eines Leiters eine „veränderliche Größe" und in hohem Maße abhängig:

1. Von der Größe der elektrischen Anlage
2. Von der Höhe der Betriebsspannung
3. Von dem Feuchtigkeitsgehalt der Luft, welche die elektrische Anlage umgibt 39
4. Von der gewissenhaften und handwerksgerechten Ausführung der Anlage.

Der zu messende Isolationswiderstand einer Leitung z. B. wird an den Isolationsprüfer so angeschlossen, wie nachfolgende Abbildung zeigt. Wir haben also eine Hintereinanderschaltung der Stromquelle mit Meßwerk und Isolationswiderstand vor uns.

Ist der Isolationswiderstand groß, so fließt durch den gebildeten Isolations-Meßstromkreis nur ein kleiner Fehlerstrom. Die Drehspule zeigt dies durch einen kleinen Zeigerausschlag an.

Ist der Isolationswiderstand unendlich groß, dann ist der Fehlerstrom Null. Infolgedessen macht das Ohmmeter keinen Ausschlag, der Zeiger zeigt somit einen unendlich (∞) großen Isolationswiderstand an.

Ist dagegen der Isolationswiderstand sehr klein, so fließt ein großer Fehlerstrom durch die Drehspule; der Zeiger macht infolgedessen einen großen Ausschlag auf der Skala und zeigt so einen kleinen Isolationswiderstand an. In Wirklichkeit ist also eine Isolationsprüfung eine Strommessung, denn die Größe des fließenden Stromes ist bei einer bestimmten Meßspannung nach dem Ohmschen Gesetz ein Maß für die Größe des Isolationswiderstandes. Die Skala eines Isolations-Prüfers ist jedoch nicht in Ampere, sondern direkt in Ohm oder Kilo-Ohm (kΩ) geeicht.

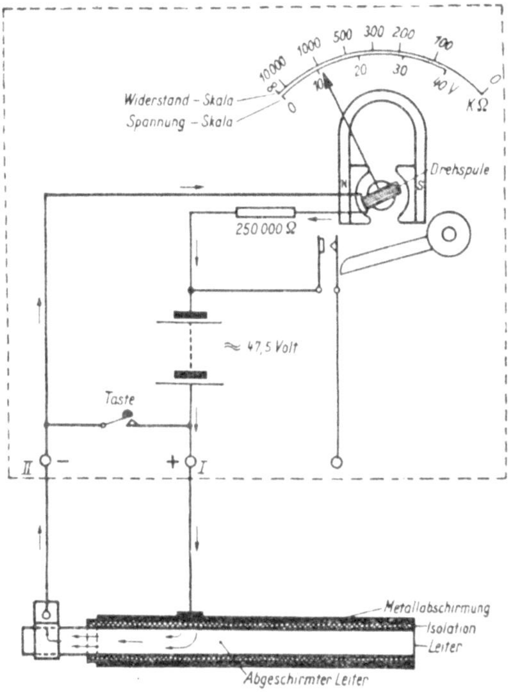

Abb. 323. **Anschlußbild und Fehlerstrom-Verlauf bei der Isolationsmessung an einer Leitung**

Der Zeigerausschlag eines Isolations-Prüfers ist bei einer Isolationsmessung um so größer, je kleiner (oder schlechter) der Isolationswiderstand ist. Der Zeigerausschlag ist dagegen um so kleiner, je größer (oder besser) der Isolationswiderstand ist.	40

c) Die Spannungsmessung

Das Isolationsmeßgerät ist, wie bereits erwähnt, so eingerichtet, daß mit demselben auch Gleichspannungen bis 40 Volt gemessen werden können. Vor einer solchen Messung muß die Rändelscheibe nach rechts bis zum Anschlag gedreht werden. In dieser Stellung kommt die Marke auf der Rändelscheibe unter das auf dem Abdeckblech befindliche Spannungszeichen „*Sp*" zu stehen, wobei sich ein aus dem Schaltbild ersichtlicher Schalter schließt. Nach dieser Vorbereitung ist das Meßgerät verwendbar.

Der elektrische Stromkreis, dessen Spannung gemessen werden soll, wird an die Klemmen „II" und „III" so angeschlossen, wie beispielsweise in folgender Abbildung dargestellt ist.

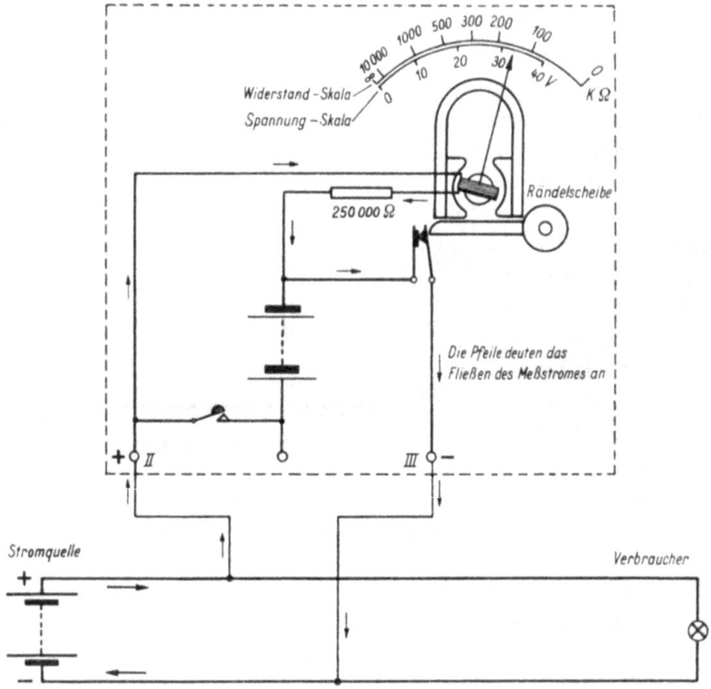

Abb. 324. Anschlußbild und Meßstrom-Verlauf bei einer Spannungsmessung

Bei dem Anschluß ist auf richtige Polung zu achten. Der gemessene Spannungswert wird an der unteren Skala mit gleichmäßiger Teilung abgelesen.

19. Der Leitungsprüfer

Im nachfolgenden Abb. 325 und 326 ist die Außenansicht und das Innenschaltbild eines Leitungsprüfers dargestellt.

Er dient hauptsächlich zum Prüfen von Leitungen auf Durchgang und Masseschluß und ferner zur größenmäßigen Feststellung von Widerständen. Häufig wird er auch zur Untersuchung von Schaltungen z. B. auf richtigen Anschluß usw. verwendet.

Das Anzeige-Instrument hat eine Skala von etwa 36 mm Länge. Um die Meßgenauigkeit leicht kontrollieren zu können, ist unter der in Ohm geeichten Skala noch eine proportionale Skalenteilung angeordnet.

Abb. 325. Leitungsprüfer

Der Leitungsprüfer besteht aus einem Drehspul-Meßwerk in Hintereinanderschaltung mit einer handelsüblichen Taschenlampenbatterie. Die beiden Vorwiderstände R_1 und R_2 dienen der Begrenzung des Meßstromes auf eine gefahrlose Höhe, z. B. bei Verwendung für Minenprüfungen.

Der Kurzschlußstrom beträgt bei einer Batteriespannung von 4,5 Volt und leitender Verbindung der beiden Anschlußklemmen etwa 22 mA.

Das Isolierpreßstoffgehäuse ist mit 2000 Volt auf seine elektrische Durchschlagsfestigkeit geprüft.

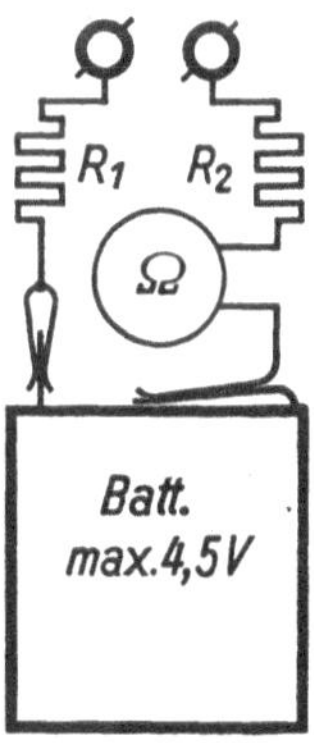

Abb. 326. Schaltbild eines Leitungsprüfers

Zum Ausgleich der mit der Zeit abnehmenden Batteriespannung hat das Anzeige-Instrument parallel zu den Polschuhen des Ringmagneten einen magnetischen Nebenschluß, dessen Regelbereich die Verwendung der Batterie solange gestattet, bis ihre Spannung nicht unter 3,6 Volt gesunken ist. Die obere Schlitzschraube auf der Rückseite des Instrumentengehäuses dient zum Einregeln der Meßempfindlichkeit bei abgefallener Batteriespannung.

Vor jeder Messung muß der magnetische Nebenschluß auf die momentane Batteriespannungshöhe eingeregelt werden. Zu diesem Zweck sind die beiden Anschlußklemmen kurzzuschließen und der magnetische Nebenschluß durch Verdrehen der Schlitzschraube mit Hilfe eines Schraubenziehers so lange zu verstellen, bis sich der Zeiger auf den Nullpunkt ler Ohmskala und damit auf den höchsten Meßstrom eingestell hat. Danach wird der Kurzschluß der Anschlußklemmen aufgehoben ınd der Leitungsprüfer ist betriebsbereit.

Bei einer Messung muß diese Einstellung des magnetischen Neben-schlusses selbstverständlich unverändert bestehen bleiben.

Kann der Zeiger durch Verstellen des magnetischen Nebenschlusses ıicht mehr auf dem Teilstrich „0" der Skala eingeregelt werden, sc st die eingebaute Batterie verbraucht und muß gegen eine neue aus-gewechselt werden.

Dies kann nach Lösen der unverlierbaren Schraube, die sich auf der Rückseite des Gehäuses unten befindet und nach Hochklappen der ınteren Deckelhälfte erfolgen.

20. Tabellen

ı. Strom-Belastungstabelle der Normalquerschnitte (Isolierte Leitungen bei Rohrverlegung)

Kupfer			Aluminium		
Querschnitt in mm²	Höchststrombel. in Amp.	Absicherung in Amp.	Querschnitt in mm²	Höchststrombel. in Amp.	Absicherung in Amp.
0,75	—	—		—	—
1	12	6		—	—
1,5	16	10		—	—
2,5	21	15	2,5	17	10
4	27	20	4	22	15
6	35	25	6	28	20
10	48	35	10	38	25
16	66	60	16	53	35
25	90	80	25	72	60
35	110	100	35	90	80
50	140	125	50	110	100
70	175	160	70	140	125
95	215	200	95	175	160
120	255	225	120	205	200
150	295	260	150	235	225
185	340	300	185	270	260
240	400	350	240	320	300
300	470	430	300	375	350

2. Spezifischer elektrischer Widerstand und elektrische Leitfähigkeit einiger Werkstoffe bei einer Temperatur von 20° Celsius

Werkstoff	Spez. Widerstand ϱ	Leitfähigkeit $\varkappa$
Aluminium hartgez.	0,029	34,8
Aluminiumguß	0,053	19
Siluminguß	0,06	17
Blei	0,2	5
Bronzedraht Bz I	0,021	48
Bronzedraht Bz II	0,028	36
Bronzedraht Bz III	0,056	18
Walzbronze W-Bz 6	0,14	7
Gußbronze G-Bz 10	0,17	6
Gußbronze G-Bz 14	0,2	5
Gußbronze G-Bz 20	0,25	4
Kupfer E-Cu weich	0,01754	57
Kupfer hartgezog.	0,01786	56
Kupferguß G-Bz 1	0,045	22
Kupferguß Si-Cu	0,022	45
Kupferguß Be-Cu	0,02	50
Messing Ms 58	0,059	17
Messing Ms 63	0,071	14
Messingguß G-Ms 63	0,071	14
Neusilber Ni-Ms	0,5···0,15	2,0···6,7
Rotguß Rg 9	0,125	8
Rotguß Rg 5	0,09	11
Stahl, Flußstahl	0,12	8
Elektrolyt-Eisen	0,10	10
Grauguß	1	1
Stahldraht DIN/VDE 8300	0,14	7
Zink	0,062	16
Chromnickel	1···1,2	1···0,83
Konstantan	0,5	2
Kruppin	0,85	1,18
Manganin	0,4	2,5
Nickelin	0,5	2
Al-Cr-Stahl	1,4	0,7
Palladium	0,11	9
Palladium-Silber 20/80	0,14	7
Rhodium	0,05	20
Wolfram	0,059	17

Fortsetzung

Werkstoff	Spez. Widerstand ϱ	Leit-fähigkeit $\varkappa$
Gold	0,022	45
Platin	0,098	10,2
Silber	0,01629	61,4
Quecksilber	0,960	1,042
Bogenlichtkohle	13···100	0,08···0,01

ϱ ist der Widerstand eines Leiters von 1 m Länge und 1 mm² Querschnitt bei 20° Celsius. $\varkappa$ beträgt z. B. für Kupfer 57, d. h. ein Kupferdraht von 57 m Länge und 1 mm² Querschnitt hat bei 20° Celsius einen Widerstand von 1 Ohm.

3. Widerstandszunahme eines Leiters durch Erwärmung

Werkstoff	α	Werkstoff	α
Aluminium	0,0037	Aluminiumbronze	0,0005
Blei	0,0037	Chromnickel	0,0007
Eisen	0,0046	Elektron	0,0022
Kupfer	0,004	Konstantan	0,00002
Nickel	0,0042	Manganin	0,00002
Silber	0,0036	Nickelin	0,0002
Stahldraht	0,0052	Neusilber	0,00072

Die Zahlen geben die Widerstandszunahme eines Leiters von 1 Ohm bei 1° Temperaturerhöhung an.

4. Elektrochemische Gegenwerte (Äquivalent)

Werkstoff	a	Werkstoff	a
Aluminium	0,093	Platin	0,504
Blei	1,072	Quecksilber	1,036
Eisen	0,29	Silber	1,118
Gold	0,68	Zink	0,339
Kupfer	0,329	Zinn	0,305
Magnesium	0,125	Wasserstoff	0,0104
Nickel	0,304	Sauerstoff	0,0829

Die Zahlen geben die abgeschiedene Metallmenge in Milligramm durch 1 Amp. in 1 Sekunde an.

Sachverzeichnis

FSC
www.fsc.org
MIX
Papier | Fördert
gute Waldnutzung
FSC® C083411

Zeitfracht Medien GmbH
Ferdinand-Jühlke-Straße 7
99095 Erfurt, Deutschland
produktsicherheit@kolibri360.de